石油教材出版基金资助项目

石油高等院校特色规划教材

机械设备故障诊断技术及应用

王江萍　主编

石油工业出版社

内 容 提 要

本书全面、系统地论述了机械设备故障诊断原理和技术。本书共十章,第一章至第六章主要叙述了机械设备故障诊断技术的基本概念、机械故障诊断中信号分析与处理、机械物理信号建模方法及时序模型在机械设备故障诊断中的应用、设备状态识别原理和常用方法,以及智能故障诊断技术等;第七章至第十章讨论各类机械设备故障分析与诊断方法,包括机械设备的油样分析技术,旋转机械、往复机械、滚动轴承和滑动轴承、齿轮等传动零部件等的故障机理分析与诊断技术。

本书可作为高等院校机械工程及相关专业的本科、研究生教学用书,也可供机械工程及设备维护管理方面工程技术人员参考。

图书在版编目(CIP)数据

机械设备故障诊断技术及应用/王江萍主编. —北京:石油工业出版社,2017.6(2019.6重印)
石油高等院校特色规划教材
ISBN 978—7—5183—1859—9

Ⅰ.①机…　Ⅱ.①王…　Ⅲ.①石油机械—故障诊断—高等学校—教材　Ⅳ.①TE9

中国版本图书馆 CIP 数据核字(2017)第 070692 号

出版发行:石油工业出版社
　　　　　(北京市朝阳区安华里 2 区 1 号楼　　100011)
　　　　　网　　址:www.petropub.com
　　　　　编辑部:(010)64523693
　　　　　图书营销中心:(010)64523633　　(010)64523731
经　　销:全国新华书店
排　　版:北京市密东科技有限公司
印　　刷:北京中石油彩色印刷有限责任公司
2017 年 6 月第 1 版　2019 年 6 月第 2 次印刷
787 毫米×1092 毫米　开本:1/16　印张:19.25
字数:490 千字
定价:39.00 元
(如发现印装质量问题,我社图书营销中心负责调换)

前　言

机械设备故障诊断技术是一门多学科相互渗透、相互交叉、生命力旺盛的综合学科，它已经成为保证生产系统安全稳定运行、提高产品质量的重要手段和关键技术。近年来，现代检测技术、信息技术、计算机技术等的快速发展，为机械设备故障诊断技术提供了先进的、多样化的技术手段，使之不断地完善和充实。

本教材是编者根据多年科研、教学实践和故障诊断技术的发展情况，参考大量相关资料，取长补短、优化组合，编著的一本适用于机械类专业教学用书。

本书具有如下特点：

（1）本书的内容比较完整，着重阐明故障诊断的原理和方法，反映故障诊断技术的最新发展，如机械设备故障诊断中的信号分析与处理、机械设备故障诊断的时序模型分析方法、状态识别与判决方法原理和智能故障诊断技术等。

（2）注重各种诊断方法的具体实现及其应用。不管是基本诊断方法还是智能诊断技术，均给出了大量的诊断实例，并详细介绍了主要机械设备的故障机理与诊断技术。本书具有较高的实用价值。

（3）适应范围广。本书根据需求，既可用于机械类专业本科生、研究生教学，也可作为工程技术相关人员的参考书。

（4）本书所提供的数据和图表，部分是编者在实验室及工程实践中的研究结果，有些采用参考文献中的结果，主要是为了说明方法原理和基本规律。

本书由王江萍、薛继军、邵军、曹银萍共同完成，王江萍任主编。其中第一章、第二章及第六章第一、二、四、五节由王江萍执笔，第三、八、九、十章由薛继军执笔，第四章及第六章第三节由曹银萍执笔，第五、七章由邵军执笔。全书由王江萍整理定稿。

本书的编写得到了石油工业出版社"石油教材出版基金"的立项资助,在编写过程中得到了西安石油大学教务处和机械工程学院有关老师及研究生的支持和帮助;同时,本书参考或引用了许多学者的资料,在此一并致以诚恳的感谢。

本书错误与不安之处在所难免,编者恳请读者批评指正,以利于编者的提高。

编　者

2016 年 11 月

目　　录

第一章
绪　论

第一节　机械设备故障诊断的意义

随着科学技术与生产的高度发展,各学科相互渗透、相互交叉、相互促进,形成了机械设备故障诊断技术这一生命力旺盛的新兴学科。它是一种了解和掌握设备在使用过程中的状态,确定其整体或局部是否正常,早期发现故障及其原因,并能预报故障发展趋势的技术,它已经成为保证生产系统安全稳定运行和提高产品质量的重要手段和关键技术。

在连续生产系统中,设备和系统一旦发生故障,就会影响到整个生产系统安全稳定的运行,轻则降低系统的生产效率,重则导致系统停机、生产停顿,造成重大经济损失,甚至出现设备损坏、危及人员生命财产安全的恶性事故,造成灾难性后果。1984 年印度博帕尔农药厂的异氰酸甲酯毒气泄漏,造成 2000 多人死亡、20 多万人受害的空前大事故;1985 年美国航天飞机"挑战者号"坠毁、1986 年苏联切尔诺贝利核电站事故逸出的放射性物质污染了西欧上空、1986 年欧洲莱茵河瑞士化学工业污染事故,以及 1998 年德国高速列车轮箍踏面断裂导致翻车事故,都是设备故障造成的震惊世界的恶性事故,人们尚记忆犹新。进入 21 世纪,2002 年我国三峡工地塔带机断裂事故、2003 年美国哥伦比亚载人航天飞机失事、2005 年我国吉林化工厂设备恶性爆炸、2007 年美国空军 F15 战机空中解体事件、2008 年我国华能伊敏煤电公司600MW 机组发生转子裂纹事故、2009 年波音 737 及空客 330 先后失事等事故令人触目惊心。准确及时识别运行过程中萌生和演变的故障,对机械系统安全运行、避免重大和灾难性事故意义重大。

重要设备因事故停机造成的经济损失极为严重。据国内石化行业统计,1976 年至 1985年 10 年间,化肥五大机组由事故停机造成的直接经济损失达 4.5 亿多元,如 1982 年江苏某化肥厂合成氨压缩机组发生强烈振动,三次停机,损失达 1000 万元以上;一个乙烯球罐停产一天,损失产值 500 万元、利润 200 万元;一台大型化纤设备停产一小时,损失产值80 万元。英国有人在 1984 年发表论文认为,对大型汽轮发电机组进行振动监视,获利与投资之比为 17:1,在英国西南地区,每台发电机组如减少 2.5% 的事故与检修损失,每年获利可达 5.5 亿英镑。这表明,采用设备诊断技术、保证设备可靠而有效地运行是极为重要的。

机械设备故障诊断技术日益获得重视与发展的另一个重要原因是能改革维修体制,大量节省维修费用。当前,国内外对机械设备主要采用计划维修或定期检修。在许多场合下,这种缺乏科学依据的维护是非常不合理的,带有一定的盲目性:不该修的修了,不仅费时花钱,甚至人为的因素造成设备工作性能降低;该修的又没修,不仅降低设备寿命,而且导致事故。据美国国家统计局统计,1980 年美国在设备维修上花费了 2460 亿美元,而同年全国税收只有 7500 亿美元,据美国专家分析,在这 2460 亿美元中有 750 亿是浪费的,是不恰当的维修方法造成的。英国曾对 2000 家工厂调查,结果表明采用诊断技术后,每年设备维修费可节约 3 亿英镑。日本有资料指出,采用诊断技术后,每年设备维修费减少 20%～50%,故障停机减少 75%。我国的大型钢厂,每年设备维修费达 2 亿元至 3 亿元人民币。某港口有 5 台 15 吨带斗机,原规定每台每年小修停机 45 天,实行状态监测与维护后 5 台每年共停机 45 天,多获产值 160 万元人民币。某机械施工单位拥有工程机械 232 台,采用状态维修后,维修材料费降低 30%,维修工作量降低 47%。有资料表明,大量生产的发动机,其修理劳动量是制造劳动量的 5～10 倍。日本航空公司很早就对 JT3D 喷气发动机采用监控技术,使大修寿命从 1200 小时提高到 12000 小时以上,直至取消大修。大量正反事例都表明及时而正确地对各类运行中的机械设备的异常或故障作出诊断以便确定最佳维修决策、提高运营经济效益的必要性与迫切性。

机械设备故障诊断不仅对于机械设备安全运行意义重大,而且机械设备故障诊断技术的开展有助于检验相关理论的发展完善程度,寻找最佳故障诊断方法,完善机械设备故障诊断理论与技术;通过实施机械设备故障诊断,带动与故障诊断有关的一系列相关理论,如信号采集、信号分析、模式识别等相关学科的发展;同时还可为下一代机械设备的优化设计、正确制造提供反馈信息及理论依据,以保证设计出更完善更符合要求的新产品。正因为如此,机械设备故障诊断理论与技术已成为国内外的研究热点。近年来,机械设备故障诊断技术在国内外受到高度重视,许多著名研究机构分别就故障诊断前沿问题召开国际会议。设备状态监测与故障诊断国际学术会议(International Conference on Condition Monitoring and Diagnosis,CMD)两年一届,由 IEEE 等国际性学术组织技术支持,主要针对电力系统的设备状态监测与故障诊断。世界维修大会由巴西维修协会和欧盟国家维修联合会共同倡议,并得到许多国家积极响应,每两年召开一届,由各国申请轮流主办。国际结构、材料和环境健康监测大会(HMSME)每两年在世界不同国家举办一次,是国际结构健康监测和结构控制研究领域的盛会。状态监测与诊断工程管理国际会议(Condition Monitoring and Diagnostic Engineering Management,COMADEM)是每年举行一次的国际会议,至 2016 年已举办 29 届,交流和讨论工业系统性能检测、失效模式分析、故障诊断与故障预示和主动维护等技术在近期的发展、创新、应用情况。在国内,中国振动工程学会、中国机械工程学会、中国设备管理协会等均每年召开一次故障诊断会议,中国振动工程学会故障诊断专业委员会每两年召开学术会议,旨在加强学术交流和推广成果应用。国家中长期规划(2006—2020 年)和国家自然科学基金委学科发展战略研究报告(2006—2010 年),均将与机械设备故障诊断相关的重大产品和重大设施运行可靠性、安全性、可维护性关键技术列为重要的研究方向。

随着基础学科和前沿学科的不断发展与交叉渗透,机械设备故障诊断学在基础理论和技术上不断创新,取得了令人瞩目的成就,已初步形成比较完备的科学体系。研究开发有效的早期故障诊断技术、定量故障诊断程度并预测其扩展趋势和剩余寿命,保证各类机械设备无故障、安全可靠地运行,以便发挥其最大的设计能力和使用有效性,具有重要的科学理论意义和工程应用价值。

因此,机械设备故障诊断技术是大型机械设备稳定可靠运行的关键技术之一,也是各种自动化系统及机械系统提高运行效率及可靠性、进行预知维修及科学管理的重要基础。

第二节 机械设备故障诊断的内容

"诊断"包括两方面内容："诊"是对设备客观状态作检测；"断"则是确定故障的性质、故障的程度、故障的部位,说明故障产生的原因,提出对策等。所谓故障,是指设备丧失其规定的功能。显然,故障不等于失效,更不等于损坏。失效与损坏是严重的故障。

从机械设备故障诊断技术的起源与发展来看,状态监测和故障诊断的目的应是"保证可靠地、高效地发挥设备应有的功能"。这包含了三点：一是保证设备无故障,工作可靠,这需要及时、正确地对机械各种异常状态或故障状态作出诊断,预防或消除故障,提高机械运行的可靠性、安全性和有效性,将机械设备故障的损失降低到最低水平；二是保证物尽其用,设备要发挥其最大的效益,制定合理的检测维修制度,充分挖掘机械潜力,延长机械服役期和使用寿命,降低其全寿命周期费用；三是保证设备在将有故障或已有故障时能及时诊断出来,正确地加以维修,以减少维修时间、提高维修质量、节约维修费用,应使重要的设备能按其状态进行维修(即视情维修或预知维修),改革目前按时维修的体制。应指出,机械设备故障诊断技术应为设备维修服务,可视为设备维修技术的内容,但它绝不仅限于为设备维修服务,正如前两点所示,它还应保证设备能处于最佳的运行状态,这意味着通过检测监视、故障分析、性能评估等,为机械结构修改、优化设计、合理制造及生产过程提供有效的数据和信息。例如,它应能保证动力设备具有良好的抗振、消振、减振能力,具有良好的出力能力等。

与机械设备故障诊断技术的目的相对应,它最根本的任务是通过测取设备的信息来识别设备的状态,因为只有识别了设备的有关状态,才有可能达到设备诊断的目的。概括起来,正如对人体进行诊断一样,一是预防与保健,二是看病与处置。对于设备的诊断,一是防患于未然,早期诊断；二是诊断故障,采取措施。具体讲,机械设备故障诊断应包括以下五方面内容。

一、正确选择与测取设备有关状态的特征信号

显然,所测取的信号应该包含设备有关状态的信息。例如,诊断起重机桁架有无裂纹绝不能靠测取桁架各点温度来判定,因温度信号中不包含裂纹有无的信息,而测取桁架的振动信号则可达到目的,因为振动信号中包含了结构有无裂纹的信息。这种信号可称为特征信号。

二、正确地从特征信号中提取设备有关状态的有用信息

一般来讲,从特征信号来直接判明设备状态的有关情况,查明故障的有无,是比较难的。一般难于从结构的振动信号直接判明结构有无裂纹,还需要根据振动理论、信号分析理论、控制理论等提供的理论与方法,加上试验研究,对特征信号加以处理,提取有用的信息(称为征兆),才有可能判明设备的有关状态。例如,理论分析与试验研究表明,从振动信号中计算出的固有频率这一征兆固然可用,但对结构有无裂纹产生并不敏感,而计算出的频率特性(或称频响函数)却存在着十分敏感的频带,因此,以频率特性作为征兆则更为合适。

征兆,可以是结构的物理参数(如质量、刚度等)、结构的模态参数(如固有频率、模态阻尼、模型等),可以是设备的工作特征(如耗油率、工作转速、功率等),可以是信号的统计特性(如均值、方差、自功率谱等),也可以是由信号中得出的其他特征量(如自回归模型参数等)。

三、根据征兆正确地进行设备的状态诊断

一般来讲，还不能直接采用征兆来进行设备的故障诊断、识别设备的状态。这时，可以采用多种模式识别理论与方法，对征兆加以处理，构成判别准则，进行状态的识别与分类。例如，对发动机的正常状态、阀撞击状态与连杆撞击状态，在测取振动信号、采用时序方法加以处理、建立自回归模型、将自回归参数与残差方差作为征兆后，可用此征兆构成 Kullback-Lieber 信息距离这一判别准则，来识别发动机所处的状态。显然，状态诊断这一步是设备诊断重点之所在。当然，这绝不表明设备诊断的成败只取决于状态诊断这一步，特征信号与征兆的获取正确与否，应该是能否进行正确的状态诊断的前提。

四、根据征兆与状态正确地进行设备的状态分析

当状态为有故障时，则应采用有关方法进一步分析故障位置、类型、性质、原因与趋势等。例如，故障树分析是分析故障原因的一种有效方法，当然，故障的原因往往是次一级的故障；如轴承烧坏是故障，其原因是输油管不输油，不输油是因油管堵塞，后者是因滤油器失效，等等，这些原因就可称为第二、三、四级故障。正因为故障的原因可能是次级故障，从而有关的状态诊断方法也可用于状态分析。当状态为无故障时，则可用 kalman 滤波、时序模型等方法进一步分析状态趋势，预计未来情况。

五、根据状态分析正确地作出决策

干预设备及其工作进程，以保证设备可靠、高效地发挥其应有功能，达到设备诊断的目的。所谓干预，包括人为干预和自动干预，即包括调整、修理、控制、自诊断等等。

应当指出，实际上往往不能直接识别设备的状态，因此事先要建立同状态——对应的基准模式，由征兆所做出的判别准则，此时是同基准模式相联系来对状态进行识别与分类。将上述设备诊断内容加以概括，可得到如图 1-1 所示的机械设备故障诊断过程框图。

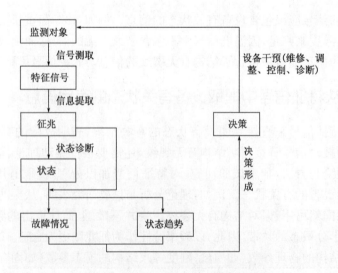

图 1-1　机械设备故障诊断过程框图

从系统分析观点出发，工况监测与故障诊断可以理解为识别机械设备运行状态的科学，即利用检测方法和监视诊断手段，从所检测的信息特征判别系统的工况状态，分析故障形成原因和发展趋势，以防患于未然。工况监测与故障诊断的最终目的是保证机械系统运行的可靠性，提高设备使用效率和产品质量。一般所谓工况监测实际上是状态监视，故障是设备的异常状态；因此，工况监测是故障诊断(亦即设备诊断)的基础。设备诊断过程可以说是设备的工况监控、分析与干预过程。

第三节　机械设备运行状态监测与诊断信息获取

机械设备故障一般发生在机械设备系统的内部，而诊断是在机械设备系统不拆卸的情况下进行的，所以机械设备系统的内部故障反映到机械设备外部的信息，为人们提供了判断或识别机械设备运行状态的重要依据。机械设备状态信号是机械设备异常或故障信息的载体，也就是说，系统故障信息通常来自于设备运行中的各种参数变化。可作为设备监测与诊断的信息参数多种多样，如振动、声音、变形、位移、应力、磨损、温度、压力、流量、转矩、功率等，充分检测足够量的、能反映设备状态的信号参数对诊断来说至关重要。设备状态监测与诊断信息获取方法很多，常见的方法主要有以下6种。

一、振动信号监测技术

振动信号中包含有丰富的机械运行状态信息。机器设计是否合理、零部件是否存在缺陷、制造和安装质量是否符合要求等诸多原因产生的故障，均可在振动信号中反映出来。据统计，由各种原因引起的机械振动故障率达60%以上，利用振动信号诊断故障已成为当前各种监测技术中的主要方法。根据检测的振动信号，可采用以下方法对机器状态进行诊断：

(1)振动法：对机器主要部位的振动值如位移、速度、加速度、转速及相位值等进行测定，与标准值进行比较，据此可以宏观地对机器的运行状况进行评定，这是最常用的方法。

(2)特征分析法：对测得的上述振动量在时域、频域、时—频域进行特征分析，用以确定机器各种故障的内容和性质。

(3)模态分析与参数识别法：利用测得的振动参数对机器零部件的模态参数进行识别，以确定故障的原因和部位。

(4)冲击能量与冲击脉冲测定法：利用共振解调技术以测定滚动轴承的故障。

二、噪声信号监测技术

噪声监测与分析通常有两个目的：一是寻找机器发出噪声的主要声源，以便采取相应措施降低噪声；二是利用噪声信号可以了解机器运行情况并判断故障。

(1)声音监听法：利用听棒或设备听诊器监听机器内部的振动噪声，判断机器运转是否正常，内部零件有否损坏，设备和管道内有无流体冲击、脉动和泄漏。

(2)频谱分析法：与振动诊断相类似，可以从噪声的频谱中找出与机械系统工作特性有关的频率分量。

(3)声强法：声强是单位时间内声波通过垂直与传播方向单位面积上的声能，根据各点所测声强值的大小和正负值,可判断机器各部分发射噪声的大小和方向。

三、无损检测技术

无损检测技术是在不破坏材料表面和内部结构的情况下检测机械结构缺陷。材料裂纹及缺陷损伤一般可采用下述方法进行检测:

(1)超声波探伤法:成本低,可测厚度大,速度快,对人体无害,主要用来检测平面型缺陷。

(2)射线探伤法:多采用 X 射线和 γ 射线,主要用于展示体积型缺陷,适用于一切材料,测量成本较高,对人体有一定损害,使用时应注意。

(3)渗透探伤法:主要有荧光渗透与着色渗透两种,操作简单,成本低,应用范围广,可直观显示,但仅适用于有表面缺陷的损伤类型。

(4)磁粉探伤法:使用简便,较渗透探伤法更灵敏,能探测近表面的缺陷,但仅适用于铁磁性材料。

(5)涡流探伤法:对封闭在材料表面下的缺陷有较高的检测灵敏度,属于电学测量方法,容易实现自动化和计算机处理。

(6)激光全息检测法:它是 20 世纪 60 年代发展起来的一种技术,可检测各种蜂窝结构、叠层结构、高压容器等。

(7)微波检测技术:它也是近几十年来发展起来的一种新技术,对非金属的贯穿能力远大于超声波方法,其特点是快速、简便,是一种非接触式的无损检测。

(8)声发射技术:主要对大型构件结构的完整性进行监测和评价,对缺陷的增长可实行动态、实时监测,且检测灵敏度高,目前在压力容器、核电站重点设备及放射性物质泄漏、输送管道焊接部位缺陷等方面的检测获得了广泛应用。

四、设备零部件材料的磨损及腐蚀检测

这类故障除采用上述无损检测中的超声探伤法外尚可用下列方法:

(1)光纤内窥技术:利用特制的光纤内窥探测器直接观测材料表面磨损及腐蚀情况。

(2)油液分析技术:可分为两大类,一类是油液本身的物理、化学性能分析,另一类是对油液污染程度的分析,根据磨损残渣在润滑油中含量及颗粒分布可以判断机器的磨损部位、程度和性质,并可预防机器故障的发生,具体的方法有光谱分析法与铁谱分析法。

五、温度、压力、流量变化引起的故障检测

机器设备系统的有些故障往往反映在一些工艺参数如温度、压力、流量的变化中,在温度测量中常使用装在机器上的热电阻、热电偶等接触式测温仪,监测机体、管道、轴承、润滑油和工作介质的温度变化,用于了解设备或零部件摩擦面是否磨损,轴承与轴颈的装配间隙是否过小,轴承润滑是否正常,高温设备和管道保温隔热是否良好,以及流体介质的热交换情况和物料反应是否正常等。目前在一些特殊场合使用的非接触式测温方法有红外测温仪和辐射温度计等,它们都是依靠物体的热辐射进行测量,主要用于高温物料或金属的非接触温度测量。例如,测量加热炉和蒸汽管道及周围的温度,可以了解保温情况的好坏,检查是否发生泄漏或堵塞;测量高压输电线路和变电站接头、开关、变压器及大型发电机铁芯的温度和温度分布,可预知潜在故障和缺陷位置;对旋转机器和铁路车辆轴承进行温度检测,可以及早排除其中的隐

患;尤其是化工装置,工艺流程复杂、设备众多、温度高低相差很大,需大面积测量多种设备的表面温度,红外测温技术提供了非常理想的无损检测手段。

以机械系统中的气体、液体的压力、流量作为信息源,在机器运行过程中通过压力与流量参数的变化特征来监测机器的运行状态。例如,可根据轴瓦下部油压变化了解转子对中情况。

六、设备性能指标的测定

机械设备的性能指标反映了机械设备的工作状态和工作性能,可用来判断机械设备的故障。设备性能包括整机性能及零部件性能。通过测量机器性能及输入与输出之间的关系变化信息来判断机器的工作状态也是一种重要方法。例如,柴油机耗油量与功率的变化、泵的扬程的变化、机床加工零件精度的变化,风机效率、压缩机的压力与流量的变化等,均包含着故障信息。

对机器零部件性能的测定,主要是测量关键零部件的性能,如应力、应变等。这对预测机器设备的可靠性、预报设备破坏性故障具有重要意义。

第四节　机械设备故障诊断的主要理论和方法

一、机械设备故障诊断的基本类型

(一)功能诊断和运行诊断

功能诊断是针对新安装或刚维修后的机械设备,检查它们的运行工况和功能是否正常,并根据监测和判断的结果对其进行调整,如发动机安装或修理好后的检查。功能诊断的主要目的是观察机械设备能否达到规定的功能。

运行诊断是针对正常运行中的机械设备,监测其故障的发生和发展而进行的诊断。运行诊断的目的是发现正常工作中的机械设备是否发生异常现象,以便及早发现、及时排除故障。

(二)定期诊断和连续诊断

定期诊断不同于定期维修。定期维修是每隔一定的时间间隔,不管机械的状态如何,都对机械进行维修护理,更换关键零部件。而定期诊断则是每隔一定的时间间隔对工作状态下的机械设备进行测量和诊断,诊断中发现机械设备有故障时才进行修理。

连续诊断是采用仪器及计算机信号处理系统对机械设备的运行状态进行连续的监视或检测,因此,连续诊断又称连续监测、实时监测或实时诊断。

对于一台机械设备,究竟采用哪种诊断方法主要取决于机械设备的关键程度、机械设备产生故障后对整个机械设备系统影响的严重程度、运行中机械设备性能下降的快慢、机械设备故障发生和发展的可预测性。表1-1列出了采用定期诊断或者连续监测的条件。

表 1-1　采用定期诊断或连续监测的条件

性能下降快慢	故障不可预测	故障可预测
快	连续监测	定期更换
慢	定期诊断	定期诊断

(三)常规工况下诊断和特殊工况下诊断

多数诊断在机器正常工作条件下采集信号进行的,只有在个别情况下才需要创造特殊的工作条件来拾取信息。例如,动力机组的启动和停车过程,需要跨过转子扭转、弯曲的几个临界转速,利用启动和停车过程的振动信号作出的瀑布图,常包含着许多在常规诊断中所得不到的诊断信息。

(四)在线诊断和离线诊断

在线诊断是为了保证大型、重要的设备安全和可靠运行,需要对所监测的信号自动、连续、定时地进行采集与分析,对出现的故障及时作出诊断;离线诊断是通过记录仪或数据采集器将现场的检测信号记录并储存起来,带回实验室再进行回放分析,结合诊断对象的历史档案作进一步分析和诊断。一般中小型设备往往采用离线诊断方式。

二、基于故障机理的诊断方法

故障机理是指故障发生与发展的过程和原理。在多数情况下,故障机理的外在表现形式是机器的磨损、疲劳、断裂、腐蚀以及老化等。基于故障机理的诊断方法注重从动力学的角度出发去研究故障的发生、发展机理及其出现故障之后对应的状态,它是其他各种诊断方法的基础。

故障机理研究的主要手段是实验研究、仿真模拟及理论研究。它是根据研究对象的物理特点建立相应的力学模型,通过仿真研究获得其响应特征,再结合实验修正模型,准确获得某一故障的表征,即通过理论或大量的实验分析建立反映设备故障状态信号与设备系统参数之间联系的数学模型,按该模型改变系统的参数可改变设备的系统信号。这一反复过程是故障机理及故障征兆研究的有效手段。由于通常获得某一系统较全面的故障数据样本是不现实的,故障机理研究可以揭示故障萌生和演化的一般机理,建立故障与征兆间的内在联系和映射关系,才能对系统的未知故障、弱故障具有较强的预知和识别能力,才能避免漏诊、误诊。所以,故障机理研究是机械设备故障诊断技术的重要基础和依据,对准确识别故障特征、确诊故障类型和分析故障原因都具有重要意义。

例如分析由油膜轴承支承的转子系统在转子与定子碰摩时的振动特征,模型考虑了碰撞时定子的线性变形以及摩擦时的库仑摩擦。分析表明,系统除具有各种形式的周期和准周期振动以外,还具有丰富的混沌运动、倍周期分岔和 Hopf 分岔现象。碰摩转子系统所展示的混沌运动以及所具有的各种现象,作为这类系统的显著特征,可以用于诊断汽轮发电机组中经常发生的碰摩故障和早期预测。

三、基于信号分析与处理的故障诊断方法

机械设备动态信号中,蕴含着设备状态变化和故障特征的丰富信息,信号处理则是提取故障特征信息的主要手段,而故障特征信息则是进一步诊断设备故障原因并采取防治对策的依

据。机械系统结构复杂,部件繁多,采集到的动态信号是机械各零部件的综合反映,且传递途经、环境噪声的影响增加了信号的复杂程度。如果单从时域波形上直接观察,往往很难看出设备究竟是正常还是异常,有无故障及故障的性质和部位等。为此,必须对监测到的信号进行加工处理,以便更全面、更深刻地揭示出动态信号中所包含的多种信息。在诊断过程中,首先分析设备运转中所获取的各种信号,提取信号中的各种特征信息,从中获取与故障相关的征兆,利用征兆进行故障诊断。

工程领域中的各种物理信号随时间的变化过程表现为多种形式,如简谐的、周期的、瞬态的、随机的等等。实践表明,不同类型的机械设备故障在动态信号中会表现出不同的特征波形,如旋转机械失衡振动的波形与正弦波相似;内燃机燃爆振动波形具有高斯函数包络的高频信号;齿轮、轴承等机械零部件出现剥落、裂纹等故障,往复机械的气缸、活塞、气阀磨损缺陷,它们在运行中产生冲击振动呈现接近单边振荡衰减的响应波形,而且随着损伤程度的发展,其特征波形也会发生改变。

动态信号的分析处理方法有多种,诸如时域处理、频域处理、幅值域处理、时差域处理以及传递特性分析等。近年来,广泛应用的傅里叶变换、短时傅里叶变换等可以实现频域和时域的相互转换,从而揭示出信号中某些实质性的问题。时域或频域分析只适用基于平稳或准平稳过程振动信号,而对于非平稳信号而言用时域或频域分析法则存在分辨率不足的问题,小波变换、第二代小波变换和多小波变换等时—频分析方法弥补了仅用时域或频域分析分辨率不足的问题。

四、基于模式识别的诊断理论

基于模式识别的诊断理论是在模式识别基本内容的基础上发展起来的诊断学理论。模式识别概念可以用特征空间来表示,或者用从特征空间到决策空间的匹配来表示,其主要内容包括模式向量的形成、信号的特征提取和分类器设计。特征提取就是从众多的故障征兆中选择能明确反映故障状态变化的特征,作为分类器的输入特征向量。分类的任务就是将输入的特征与分类状态相匹配。也就是说,在给定输入特征的情况下,分类器必须决定哪一种故障模式与输入模式最相匹配,这相当于将特征空间分成几个彼此相互联系的独立的区域或类别。

将模式识别理论运用到设备故障诊断过程中、建立模式向量时,应从设备特点、特征出发,选择能够反映设备状态变化特征的一些参数形成向量;信号特征提取则是从上述特征参数中提取最能反映设备故障发生、发展变化的一些参数;分类器设计是设计分类器直接用于设备的故障识别。

典型的分类方法是根据向量间距离的大小和概率理论来进行分类的。一旦特征获取方法确定下来,就可得到特征向量 X。下一步就是如何设计最优化准则,以便分类器能够作出关于特征向量 X 属于哪个范畴的正确决策。一般通过分析很难得到最优化准则。因此,分类器要能够根据训练样本集进行学习,从而可以给出合适的决策。训练集是由已知类别的特征向量组成。训练过程中,逐一向系统输入特征向量,并告知相应向量的所属类别。学习算法使用这些信息,让识别系统学会了所需要的决策准则。

五、基于人工智能的诊断方法

随着计算机技术的发展及人工智能技术的应用,故障诊断技术已进入智能化故障诊断阶段。智能化故障诊断主要体现在诊断过程中领域专家知识和人工智能技术的运用,它是一个由人(尤其是领域专家)、能模拟脑功能的硬件及其必要的外部设备、支持这些硬件的软件所组成的系统,是人工智能和故障诊断相结合的产物。智能化故障诊断以人类思维信息加工和认识过程为推理基础,通过有效地获取、传递、处理、再生和利用诊断信息及多种诊断方法,能够模拟人类专家,以灵活的诊断策略对监控对象的运行状态和故障作出正确判断和决策。

(一)基于故障树的分析方法

故障树分析法是一种将系统故障形成的原因由整体至局部按树枝状逐渐细化的分析方法,是对机械零部件失效形式进行可靠性分析的工具,可判别系统的基本故障,确定故障的原因、影响和发生概率。故障树分析法可对机械设备(系统)进行预测和诊断,分析系统的薄弱环节和系统的最优化等。

故障树分析法就是把所有研究系统最不希望发生的故障状态作为故障分析的目标,然后寻找直接导致这一故障发生的全部因素,再找出造成下一级事件的全部直接因素,一直追查到那些最原始的、其故障机理或概率分布都是已知的而无须再深究的因素为止。通常把最不希望发生的事件称为顶事件,无须再研究的事件称为底事件,介于顶事件与底事件之间的一切事件为中间事件,用相应的符号代表这些事件,再用适当的逻辑门把顶事件、中间事件和底事件连接成树形图。这样的树形图称为故障树,用以表示系统或设备的特定条件(不希望发生的事件)与它的各个子系统或各个部件故障事件之间的逻辑结构关系。以故障树为工具,分析系统发生故障的各种途径,计算各个可靠性特征量,对系统的安全性和可靠性进行评价的方法称为故障树分析法。

(二)基于模糊理论的诊断方法

故障诊断是通过研究故障与征兆之间的关系来判断设备的状态。由于实际因素的复杂性,故障与征兆之间的关系很难用精确数学模型来表示。就像客观世界中一方面存在一些精确的概念和现象,但另一方面也存在许多模糊的概念和现象。因为这些概念的外延没有明显的边界,所以它们难以用经典的二值或多逻辑来描述。在故障诊断中,"故障"状态与"正常"状态之间也没有完全确定的界限,它们之间存在着一些模糊的过渡状态。无论是现象的获取、现象到故障的推理,还是诊断的基本原理,这三个方面都存在着模糊性,因此可以采用模糊理论方法来进行故障诊断。模糊诊断方法利用模糊集合论中的隶属函数和模糊关系矩阵的概念来解决故障与征兆间的不确定关系,进而实现故障的早期预报和精密诊断。这种方法计算简单,应用方便,结论明确直观,但难以进行趋势分析。

应该指出的是,基于模糊理论的模糊逻辑本身并不模糊,而是用来对"模糊"进行处理以达到消除模糊的逻辑。事实上,模糊逻辑本身也是一种精确的方法,只是其处理的对象是一些不精确、不完全的信息。许多故障诊断问题最终都可以归结为模式识别的问题,基于模糊理论的故障诊断方法实质上也是一种模式识别问题,根据所提出的征兆信息来识别系统的状态是诊断过程的核心。

模糊理论提供了一种与人类似的可以用直觉进行表达和推理的方法,用这种方法可以有效地处理故障诊断与预测中遇到的不完整、不精确的信息。实际应用中,基于模糊理论的诊断方法可以和其他智能诊断方法相结合使用,如与规则、模型和案例的方法结合,可以取得更好的效果。

(三)基于人工神经网络的诊断理论

人工神经网络(Artificial Neural Network,ANN)是由大量神经元广泛互连而组成的复杂网络结构,是对人类大脑神经网络系统的一种物理结构上的模型,即以计算机仿真的方法,从物理结构上模拟人脑,以使系统具有人脑的某些智能,如与人脑类似的记忆、学习、联想等能力。在 ANN 中,信息处理是通过神经元之间的相互作用实现的,知识与信息的存储表现为分布式网络神经元之间的连接关系和程度,网络的学习和识别取决于各神经元连接权值的动态演化过程。ANN 一般是并行结构,信息可以分布式存储,并且具有良好的自适应性、自组织性和容错性,因此,ANN 在故障诊断领域得到了广泛的应用。

人工神经网络在诊断领域的应用研究主要集中在两个方面。一是将 ANN 作为分类器或非线性映射器进行故障诊断。其基本思想是:以故障征兆作为人工神经网络的输入,诊断结果作为输出,人工神经网络作为分类器。通过对大量实例样本的学习,网络用尝试错误法来不断减少错误及修正权值和阈值,从而掌握蕴含于样本集中的、难以用解析形式表达的知识,网络通过权值的调整记下所学过的样本系统,可以从输入数据(故障症状)直接推出输出数据(故障原因),从而实现故障检测与诊断并掌握输入和输出间的关系。

人工神经网络故障诊断方法存在以下缺点:

(1)训练样本获取的困难性。人工神经网络故障诊断建立在大量的故障样本训练基础上,系统性能受到所选训练样本的数量及其分布情况的限制。如果样本选择不当,特别在训练样本少、样本分布不均匀的情况下,很难得到良好的诊断能力。

(2)对于复杂的系统,网络节点数较多,因而训练所需要的计算量大,耗费时间较多。

(3)基于人工神经网络的诊断方法无法对诊断结果作出解释。所以人工神经网络应用的第二个方面是将人工神经网络与其他诊断方法相结合,组成混合诊断方法,如模糊集合与人工神经网络结合构成模糊神经网络,具有准确的非线性拟合和学习能力;人工神经网络与专家系统结合识别,互补长短,能克服人工神经网络缺乏经验、无推理性以及专家系统的知识"瓶颈问题"等缺陷。

(四)基于专家系统的诊断方法

基于专家系统的诊断方法不依赖于系统的数学模型,而是根据人们在长期的实践中积累起来的大量的故障诊断经验,应用人类专家的知识和推理方法求解复杂的实际问题的一种人工智能计算机程序,以此来解决复杂系统的故障诊断问题。故障诊断专家系统主要由专家知识库(诊断规则库)、数据库、推理机(推理算法)、解释程序、知识获取等部分组成。专家系统故障诊断主要是在专家知识库、数据库的基础上,通过推理机综合利用知识库中的知识,按一定的推理方法去逐步推理,诊断出故障原因和部位。对于复杂装备系统的故障诊断,这种基于专家系统的故障诊断方法尤其有效。

人类专家知识与人工专家知识有不同的特点。人类专家知识是不稳定的,是不断在实践中积累、补充和完善的,它具有专有特征,为各个专家所专有,不便于交流和传播;它结构性、系统性不强,不便于整理、编辑和形式表达;其获得往往要经长期亲身实践逐渐积累,代价极高。人工专家知识是相对稳定的(具有自学功能的除外),它便于复制、传播,可使更多的人共享宝贵的专家知识资源;它用形式化表示,便于对知识进行整理与编辑;其获取的代价相对较低。

专家系统主要特点表现在：具有丰富的经验和专家水平的专门知识；能够进行符号操作；能够根据不确定(不精确)的知识进行推理；具有自我知识；知识库和推理机明显分离，这种设计方法使系统易于扩充；具有获取知识的能力；具有灵活性、透明性及交互性；具有一定的复杂性和难度。但由于客观现实的复杂性和多样性，专家系统知识获取困难，知识库更新能力差，多个领域专家知识之间的矛盾难于处理，现有的逻辑理论的表达能力和处理能力有很大的局限性，使得基于规则的专家系统有很大的局限性，这使专家系统的发展受到了一定的限制。目前，对机械设备故障诊断专家系统的研制主要着手解决以下几个问题：知识的获取问题，面对当前越来越复杂、先进、自动化的机械设备，其组件更复杂化，故障发生的形式和产生故障的原因更多，即所谓的"知识爆炸"，所以，"知识瓶颈"问题是故障诊断专家系统的一大难题；如何利用当今已有的理论建造诊断的专家系统；利用其他领域的成功的工具如人工神经网络去建造高质量的故障诊断专家系统。

(五)基于案例推理的诊断方法

基于案例的推理(Case Based Reasoning,CBR) 技术是人工智能中崛起的一项重要推理技术，在很大程度上符合领域专家求解新问题的过程。案例推理技术经过多年的研究，取得了很大的成果，并在许多领域中得到广泛应用，利用 CBR 技术来解决故障诊断问题，是人工智能故障诊断领域的研究热点。

案例推理的诊断方法将过去处理的故障作为故障特征集和处理的措施组成的故障案例存储在案例库中，在进行问题求解时，系统将案例库中已有故障现象和新故障进行比较，找出与新故障现象完全匹配的旧故障现象，系统就会按照以前的求解思想解决给定的问题。在这一模块中，要制定检索方法和检索准则，检索的快慢和有效性直接决定了整个 CBR 的推理效率。

通常检索案例库查找到的是与当前故障相似的案例，需对其处理措施进行适当的修正使之适应于新故障，形成一个新故障案例，至此完成 CBR 的推理过程，得到问题的解答。同时，将这个解存储到案例库中，若以后遇到同样的问题，系统就不会重复上述步骤，而是直接得到一个完全匹配的解，这就是基于案例系统自身的学习能力。案例修正需要考虑与故障诊断理论相关的修正方法和修改准则，同时还要考虑模块是否利于存储，并接受案例存储模块对案例修改的反馈评价。

基于案例推理的有效性决定于合适案例数据的利用能力、索引方法、检索能力和更新方法。基于案例的故障诊断系统在执行新的诊断任务时，依靠的是以前诊断的经验案例，它能通过案例进行学习，不需要详细的应用领域模型。实践已经证明，该方法是非常有效的。它具有以下特点：

(1)在有足够数量的案例时才可用该方法进行诊断。但随着案例的不断增加，它的检索和索引的效率将会受到影响。

(2)由于该诊断方法是基于整体故障模式的，而不是一步步进行逻辑诊断，因此，该方法得出结论的逻辑性并不明显，但却非常实用。

(3)在改进和维护方面，该方法要比传统的方法更容易，这是由于其相关知识可以在使用过程中不断获取并逐步增长。

第五节　机械设备故障诊断技术的发展概况

一、机械故障诊断技术的发展过程

对机械设备的故障进行诊断,实际上自有工业生产以来就已存在,早期人们依据对设备的触摸,对声音、振动等状态特征的感受,凭借工匠的经验,可以判断某些故障的存在,并提出修复的措施,例如有经验的工人常利用听棒来判断旋转机械轴承及转子的状态。但是机械设备故障诊断技术作为一门学科,则是20世纪60年代以后才发展起来的。

机械设备故障诊断技术自20世纪60年代初问世以来,已经历了50多年的发展,取得了可喜的进展。从对故障机理的研究、以信号分析技术为基础的诊断方法,到现今以知识处理为基础的智能诊断系统,都取得了相当可观的成果。

总体来讲,机械设备故障诊断技术的发展,大致可以分为4个阶段:

(一)初始诊断阶段(事后维修)

这个阶段自19世纪末至20世纪中期,当时机械设备本身的技术水平和复杂程度都还很低,因此采用事后维修的方式。

这个阶段的特点是当故障发生后才知道故障部位,往往要等设备解体后才知道发生故障的原因,事前对故障的预测和分析只能通过维修人员感官、借助以往的经验以及一些简单的仪器,对故障进行诊断,并排除故障。这一阶段,机械设备故障的漏判、错判经常发生,不能保证设备机械的安全运行。

(二)故障预防阶段(定期维修)

20世纪50年代后,随着大生产的发展,机械本身的复杂程度也有了提高,机械设备故障或事故对生产的影响显著增加,在这种情况下,出现了定期维修的方式。这个时期,机械设备故障诊断技术处于孕育阶段。

这个阶段的特点是以合理的周期维护保养措施(大修、中修、小修和班前巡回检查制度)与突发性故障抢修相结合的制度来保证设备安全正常运行。这一阶段的诊断手段主要是一些简单的状态检测仪,设定有运行参数(如温度表、压力表、电流表等)的报警值,操作维护人员对设备运行状态的定期维护保养措施和巡回检查制度,是防止故障发生的主要保障措施。在第二次世界大战以后,经济发展走上了正规化、科学化的道路,设备管理也开始探索计划性和科学性的成功经验。当时,人们把设备周期维护保养制度和突发性抢修制度相结合,由被动地承受机械设备故障到主动预防机械设备故障作为最有效的技术手段,这个过程一直持续到20世纪70年代初。

(三)机械设备故障诊断技术形成阶段(视情维修)

20世纪60—70年代,随着现代计算机技术、传感器技术和动态测试技术等的发展,对各种诊断信号和数据的测量变得容易且快捷;计算机和信号处理技术的快速发展,弥补了人类在数据处理和图像显示上的低效率和不足,从而出现了各种状态监测和故障诊断方法,涌现了状态空间分析诊断、时域诊断、频域诊断、时频诊断、动态过程诊断和自动化诊断等方法。机械信号检测、数据处理与信号分析的各种手段和方法,构成了这一阶段机械故障诊断技术的主要研究和发展内容。

这个阶段的特点是依靠有经验的技术人员和专用诊断仪器,对重点部位进行故障诊断,重点在于有了故障能及时判断并找到故障的部位以及产生原因,出现了更科学的按设备状态进行维修的方式。从 20 世纪 70 年代开始,经过大约 10 多年的摸索,以工程技术人员为主的事前发现事故隐患的情况,远远不能保障大规模生产对设备运行状况的要求,但这个阶段的实践启发人们要用高科技的手段展开机械设备故障的预防工作,为机械设备故障预测技术打下了基础。

(四)智能化诊断阶段(预知维修)

智能化诊断技术始于 20 世纪 90 年代初期。这一阶段,由于机器装备日趋复杂化、智能化及光机电一体化,传统的诊断技术已经难以满足工程发展的需要。随着微型计算机技术、人工智能和专家系统、人工神经网络等智能信息处理技术的发展,将智能信息处理技术的研究成果应用到机械设备故障诊断领域,以常规信号处理和诊断方法为基础,以智能化信息处理技术为核心,多层次、多角度地利用各种信息,构建智能化机械设备故障诊断模型和系统。机械设备故障诊断技术进入了新的发展阶段,传统的以信号检测和处理为核心的诊断过程,被以知识处理为核心的诊断过程所取代。虽然智能化诊断技术还远远没有达到成熟阶段,但智能化诊断的开展大大提高了诊断的效率和可靠性。

这一时期,随着计算机网络技术的发展,出现了智能维修系统(Intelligent Maintenance System,IMS)和远程诊断、远程维修技术,开始强调基于装备性能劣化监测、故障预测和智能维修研究。进入 21 世纪以来,故障诊断的思想和内涵进一步发展,出现了故障预测与健康管理(Prognostic and Health Monitoring,PHM)技术,该技术作为大型复杂装备基于状态的维修和可靠性工程等新思想的关键技术,受到美、英等国的高度重视。所谓的故障预测与健康管理事实上是传统的机内测试(BIT)和状态监控能力的进一步拓展,其显著特点是引入了预测能力,借助这种能力识别和管理故障的发展与变化,确定部件的残余寿命或正常工作时间长度,规划维修保障,目的是降低使用与保障费用,提高装备系统安全性、可靠性、战备完好性和任务成功性,实现真正的预知维修和自主式保障。PHM 重点是利用先进的传感器及其网络,并借助各种算法和智能模型来诊断、预测、监控及管理装备的状态。至此,传统的故障诊断已经发展到了诊断与预测并重阶段。

二、故障诊断技术的国内外应用发展历史

故障诊断的发展在世界各国的情况不尽相同,美国是最早研究故障诊断技术的国家。美国 1961 年开始执行阿波罗计划后出现了一系列设备故障,促使 1967 年在美国宇航局(NASA)倡导下,由美国海军研究室(ONR)主持美国机械故障预防小组(MFPG)。1967 年,在美国宇航局和海军研究所的倡导与组织下,成立了美国机械故障预防小组,开始有计划地对故障诊断技术进行研究和开发。1971 年,MFPG 划归美国国家标准局(NSB)领导,成为一个官方领导的组织,下设故障机理研究、检测、诊断和预测技术、可靠性设计和材料耐久性评价四个小组,平均每年召开两次会议。由于故障诊断技术巨大的经济和军事效益,很多学术机构、

政府部门以及高等院校和企业公司都参与或进行了与本企业有关的故障诊断技术研究,取得了丰富的成果,故障诊断的思想和方法不断取得进展,出现了像基于网络的本特利远程监控与诊断专家系统、大型飞机的飞行器数据综合系统、航天飞机健康监控系统等具有代表性的产品和思想。目前,美国的故障诊断技术在航空航天、军事以及核能等尖端技术领域仍处于领先地位。

美国机械工程师学会(ASME)领导下的锅炉压力容器监测中心(NBBI)对锅炉压力容器和管道等设备的诊断技术作了大量的研究,制定了一系列有关设备设计、制造、试验和故障诊断及预防的标准规程,研究推行了设备的声发射(Acoustic Emission)诊断技术。其他如 Johns Mitchel 公司的超低温水磁和空压机监测技术、SPIRE 公司用于军用机械的轴与轴承诊断技术、TEDECO 公司的润滑油分析诊断技术等都在国际上具有特色。在航空运输方面,美国在可靠性维修管理的基础上,大规模地对飞机进行状态监测,发展了应用计算机控制的飞行器数据系统(AIDS),利用飞行中的大量信息来分析飞机各部位的故障原因并能发出消除故障的命令。这些技术已普遍用于波音 747 这一类巨型客机,大大提高了飞行的安全性。据统计,世界班机的每亿旅客公里的死亡率已从 20 世纪 60 年代的 0.6 左右下降到 70 年代的 0.2 左右。在旋转机械故障诊断方面,首推美国西屋公司,从 1976 年开始研制,到 1990 年已发展成网络化的汽轮发电机组智能化故障诊断专家系统,其三套人工智能诊断软件(汽轮机 TubinAID、发电机 GenAID、水化学 ChemAID)共有诊断规则近一万条,已对西屋公司所产机组的安全运行发挥了巨大的作用,取得了很大的经济效益;此外,还有以 Bentley Navada 公司的 DDM 系统和 ADRE 系统为代表的多种机组在线监测诊断系统等。

西欧国家对故障诊断技术的研究始于 20 世纪 60 年代末至 70 年代初。受美国故障诊断技术发展的带动和影响,西欧国家的故障诊断技术发展也很快。1971 年英国成立了机械保健中心(U. K. Mechanical Health Monitoring Center),有力地促进了英国故障诊断技术研究和推广工作,取得了不少突破。1982 年曼彻斯特大学成立的沃福森工业维修公司(WIMU)、Michael Neale and Associte 公司等几家公司担任政府的顾问、协调和教育工作,开展了咨询、制定规划、合同研究、业务诊断、研制诊断仪器、研制监测装置、开发信号处理技术、教育培训、故障分析、应力分析等业务活动。在核发电方面,英国原子能机构(UKAEA)下设一个系统可靠性服务站(SRS)从事诊断技术的研究,包括利用噪声分析对炉体进行监测,以及对锅炉、压力容器、管道的无损检测等,起到了英国故障数据中心的作用。在钢铁和电力工业方面,英国也有相应机构提供诊断技术服务。在机器摩擦磨损,特别是飞机发动机监测和诊断方面,英国同样具有领先优势。

设备诊断技术在西欧的其他国家也有很大进展,它们在广度上虽不大,但都在某一方面具有特色或占领先地位,如瑞典 SPM 仪器公司的轴承检测技术、挪威的船舶诊断技术、丹麦 B&K 公司的振动和声发射技术、德国西门子公司的监测系统等都很有特色。

如果说美国在航空、核工业以及军事部门中诊断技术占有领先地位,那么日本在某些民用工业如钢铁、化工、铁路等部门发展得很快,占有某种优势。他们密切注视世界性动向,积极引进消化最新技术,努力发展自己的诊断技术,研制自己的诊断仪器,如开发出了机器寿命诊断的专家系统、汽轮机组寿命诊断方法等,注重研制监控和诊断仪器。1970 年英国提出了设备综合工程学后,日本设备工程师协会紧接着在 1971 年开始发展自己的 TPM(全员生产维修),并每年向欧美派遣"设备综合工程学调查团",了解诊断技术的开发研究工作,于 1976 年基本达到实用阶段。日本机械维修学会、计测自动控制学会、电气学会、机械学会也相继设立了自己的专门研究机构。这些研究机构中,机构技术研究所和船舶技术研究所重点研究机械基础件的诊断技术;东京大学、东京工业大学、京都大学、早稻田大学等高等学校着重基础性理论研究。其他企业,如三菱重工、川崎重工、日立制作所、东京芝浦电气等,以企业内部工作为中心开展应用水平较高的实用项目,例如三菱重工在旋转机械故障诊断方面开展了系统的工作,所研制的"机械保健系统"在汽轮发电机组故障监测和诊断方面已起到了有效的作用。

机械设备故障诊断技术的研究在我国则更晚一些,开始于 20 世纪 80 年代初期,也是通过学习国外先进经验和自己艰苦创业一点一滴地做起来的,经历了从无到有、稳步发展和全面繁荣三个不同阶段。刚开始时,只有一些简单仪器仪表和从国外学来的先进思想,通过大量的工程应用研究和理论探讨,逐步奠定了我国状态监测与故障诊断的基础。1987 年国务院正式颁布的《全民所有制工业交通企业设备管理条例》规定:"企业应当积极采用先进的设备管理方法和维修技术,采用以设备状态监测为基础的设备维修方法",其后冶金、机械、核工业等部门还分别提出了具体实施要求,使我国故障诊断技术的研究和应用在全国普遍展开。自 1985 年以来,由中国设备管理协会设备诊断工程委员会、中国振动工程学会故障诊断专业委员会和中国机械工程学会设备与维修分会分别组织的全国性故障诊断学术会议,极大地推动了我国故障诊断技术的发展。后来,随着计算机和信息处理技术的迅速发展,许多高校开始研究开发以计算机为中心的监测与诊断系统,建立相关科学体系,培养了大量故障诊断方面的人才,通过理论上深入研究和工程应用的大量实践,故障诊断技术稳步发展,研发出许多实用化的故障诊断系统;近十几年来,随着智能信息处理理论、计算机网络技术、现代信号处理技术等全面发展,故障诊断理论和方法获得了全面拓展,故障诊断逐步走向成熟。目前,故障诊断技术在我国的化工、冶金、电力和铁路等行业,以及高科技产业中的核电站、航空部门和载人航天工程等得到了广泛的应用,与先进国家的差距已大大缩短,自主开发的产品已完全可以满足生产实际的需要。我国的故障诊断事业正在蓬勃发展,正在我国经济建设中发挥越来越大的作用。一些高等院校已培养了大量以设备故障诊断技术为选题的硕士研究生和博士研究生。

习题与思考题

1-1　开展故障诊断主要有哪些意义?

1-2　机械设备状态监测与故障诊断的主要内容是什么?

1-3　简述机械设备状态监测与故障诊断的常用识别方法及各种方法的特点。

1-4　简述获取诊断信息的方法。

1-5　设备状态识别方法有哪些不确定性?会产生哪几类错误?

1-6　故障诊断发展主要分为几个阶段?每个阶段的技术特点是什么?

1-7　简述智能化故障诊断的特点及其发展方向。

第二章
机械设备故障诊断中的信号分析与处理

第一节　信号的分类与定义

　　信号或动态数据的处理与分析,是机械设备故障诊断的前提和基础。设备在运行过程中,与运行状态有关的各种物理量随时间的变化呈现一定的规律。这些物理量主要包括利用传感器测量所得到的位移、加速度、温度、压力、流量、应力、应变、电流和电压等,其共同特点是随时间而变化,故将其称为动态信号。这里的"时间"是泛指概念,有时可以是空间坐标或时空坐标。这些物理信号中常常包含对机器状态识别和诊断非常有用的各种信息。有效地分析、处理这些信号,目的是改变信号的形式,提取有用的信息,建立它们和设备之间的联系,以便对所研究的机械运行状态作出估计和辨别。为了深入了解动态信号的物理实质,按照信号随时间变化的规律不同对信号进行分类,如图 2-1 所示。

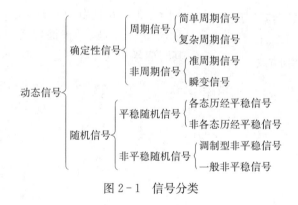

图 2-1　信号分类

一、确定性信号

　　如果描述系统状况的状态变量可以用确定的时间函数 $x(t)$ 来表述,则称这样的物理过程是确定性的,而描述它们的测量数据就是确定性信号,见图 2-2。

　　确定性信号又分为周期信号(包括简单周期信号与复杂周期信号)和非周期信号(包括准周期信号和瞬变信号)等等。

(一)简单周期信号

　　简单周期信号(也称为简谐信号)是指信号随时间的变化规律为正弦波或与余弦波,其数学表达式为

$$x(t) = X_0 \sin(\omega t + \varphi) = X_0 \sin(2\pi f t + \varphi) \qquad (2-1)$$

式中　X_0——信号的幅值；

　　　f——频率；

　　　ω——圆频率；

　　　φ——初始相位角。

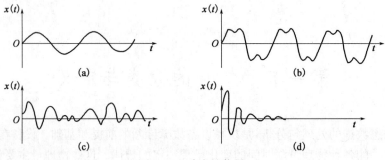

图 2-2　确定性信号

由此可见,表述简单周期信号的基本物理量是信号的幅值、频率和初始相位角。

(二)复杂周期信号

复杂周期信号具有明显的周期性而又不是简单的正弦或余弦周期性。复杂周期信号可借

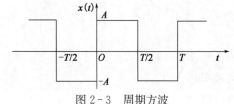

图 2-3　周期方波

助傅里叶级数展成一系列离散的简谐分量之和,即它通常由多个简单周期信号叠加而成,其中任意两个分量的频率比都是有理数。这类信号常见的波形有方波、三角波、锯齿波等等。图 2-3 是方波信号,其时变函数为

$$x(t) = \begin{cases} A & 0 < t < \dfrac{T}{2} \\[2mm] -A & -\dfrac{T}{2} < t < 0 \\[2mm] 0 & t = 0, \pm \dfrac{T}{2}, T \end{cases} \qquad (2-2)$$

式中　T——方波的周期；

　　　A——方波的高度。

经傅里叶级数展开可表达为

$$x(t) = \frac{4A}{\pi} \sum_{n=1}^{\infty} \frac{\sin[(2n-1)2\pi f t]}{2n-1} \qquad (2-3)$$

(三)准周期信号

准周期信号也是由一些不同离散频率的简单周期信号合成的信号,但它不具有周期性,组成它的简谐分量中总有一个分量与另一个分量的频率比为无理数,如

$$x(t) = X_1 \sin(t + \varphi_1) + X_2 \sin(3t + \varphi_2) + X_3 \sin(\sqrt{50}\, t + \varphi_3) \qquad (2-4)$$

中的某些频率比 $\sqrt{50}/1$、$\sqrt{50}/3$ 均不是有理数,它仍然是数个谐波信号叠加起来的,但信号不再呈现周期性。

(四)瞬变信号

瞬变信号的时间函数为各种脉冲函数或衰减函数,如有阻尼自由振动的时间历程就是瞬态信号。瞬态信号可借助傅里叶变换而得到确定的连续频谱函数。图 2-4 为指数衰减函数,其表达式为

$$x(t) = \begin{cases} Ae^{-\alpha t} & t \geqslant 0 \\ 0 & t < 0 \end{cases} \tag{2-5}$$

其傅里叶变换为

$$X(f) = \int_{-\infty}^{\infty} x(t)e^{j2\pi ft}\,dt \tag{2-6}$$

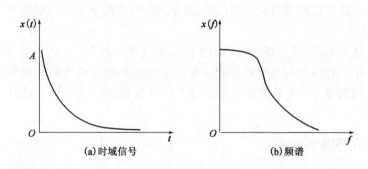

(a)时域信号 (b)频谱

图 2-4 非周期信号

二、随机信号

如果描述系统状况的状态变量不能用确切的时间函数来表述,无法确定状态变量在某时刻的确切数值,其物理过程具有不可重复性和不可预知性,则称这样的物理过程是随机的,而描述它们的测量数据就是随机信号,在数学上称为随机过程。对随机过程的研究通常转化为对随机变量的研究,可借助概率论和随机过程理论来进行。

(一)随机过程

随机过程是时间的函数,但它不同于一般函数,它在给定时刻的值不是一个数值,而是一个随机变量。由于随机信号幅值大小出现的随机性,在监测时,即使在相同条件下进行,也无法得到相同的结果。

图 2-5 示出在相同的条件下,对某台设备(或同一型号的设备)进行大量的重复试验,其随机试验各次观测所得的时间历程,这些时间历程的集合总体就表达了该随机过程,记为

$$X(t) = \{x_1(t) \quad x_2(t) \quad \cdots \quad x_N(t) \quad \cdots\} \tag{2-7}$$

其中某一次有限时间测量所得的时间历程称为一个样本函数。随机过程的随机性是通过各个

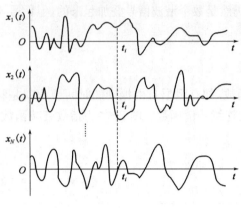

图 2-5　随机过程

样本函数之间的区别以及这种区别的不可预测性体现出来的,随机过程在某时刻 t_i 的取值 $x_1(t_i)$, $x_2(t_i)$,…,$x_N(t_i)$,…为一随机变量,要得到精确的表征随机过程特征的特征参数,必须进行无限长时间的测量,并对试验数据进行统计分析来研究其规律性。

(二)平稳随机过程与非平稳随机过程

若总体样本集合中的各个样本函数在某一时刻的平均值及其他的全部统计特征参数(概率密度函数、方差、自协方差函数、自相关函数、高阶矩等)均不随时间的变化而变化,即统计特性与统计时间无关,则称该随机过程 $X(t)$ 为强平稳的或严格平稳的。这一条件太严格,当只满足平均值不随时间变化时,该随机过程称为弱平稳的;反之,称为非平稳随机过程。正常工作的机械系统,其信号是平稳的或弱平稳的;而过渡状态和异常状态下的机械系统,其信号是非平稳的。

对于非平稳随机过程,统计特性只能由组成随机过程的各个样本函数的总体平均来确定。因为在工程实践中不容易得到足够数量的样本记录来精确测量总体的平均值,这就妨碍了非平稳随机过程实用测量和分析技术的发展。通常的办法是先将其平稳化,而后再进行处理和分析。

(三)各态历经随机过程

对平稳随机过程,若用任一样本函数得到的时间统计特性与随机过程 $X(t)$ 所有样本统计特性(集合统计特性)相等,即所有特征参数都不随时间而变化,这样的随机过程为各态历经平稳随机过程。对于各态历经的随机过程,其所有特征参数可以用一个样本函数沿时间的平均来代替随机过程总体样本集合的平均。"各态历经"意味着每个样本函数在概率意义上能代表所有其他的样本函数,即由随机过程求得的统计特性与每个样本的统计特性相等。

同样,当从各个样本函数对时间平均所得到的所有统计特性,包括高阶统计特性都相等时,这个平稳过程就叫强各态历经过程。强各态历经过程一定是弱各态历经的,而弱各态历经过程不一定是强各态历经过程。各态历经过程都是平稳过程,但平稳过程不一定是各态历经过程。要证明一个随机过程是否平稳,是否各态历经,要做大量的数据收集和数据分析检验的工作。严格地讲,实际发生的随机过程大都是非平稳过程,所以在实际测试分析工作中,往往从问题的物理特性直接判断过程是否为各态历经,或者凭经验直观测样本函数图形来判断平稳性和各态历经性,有许多实际问题可假定在环境条件基本保持不变的情况下,也可假定为平稳过程各态历经。本书中对随机信号的讨论仅限于各态历经平稳随机过程的范围,且测量样本长度是有限的。

三、随机过程的统计特征参数

随机过程的概率分布函数可以完全刻画随机过程全部统计特性,但在实际问题中要确定随机过程的分布函数并加以分析往往比较困难,甚至是不可能的。从实际应用上看,在很多情况下,只要知道随机过程的某些数字特征就可以了,这些数字特征能从不同角度反映随机过程的统计特性,且运算简单、测量方便。下面简要讨论随机过程的一些基本数字特征。

(一)数学期望(均值函数)

设 $X(t)$ 是一随机过程,其数学期望定义为

$$\mu_x(t) = E[X(t)] = \int_{-\infty}^{\infty} x p(x,t) \mathrm{d}x \tag{2-8}$$

式中　$p(x,t)$——$X(t)$ 的概率密度函数;

　　$E[X(t)]$——随机过程 $X(t)$ 的所有样本函数 $x_j(t)(j=1,2,\cdots)$ 在各个时刻 t 的函数值的平均,可认为是随机过程在各个时刻的摆动中心。

(二)均方值

定义随机过程 $X(t)$ 的二阶原点矩

$$\psi_x^2(t) = E[X^2(t)] = \int_{-\infty}^{\infty} x^2 p(x,t) \mathrm{d}x \tag{2-9}$$

为 $X(t)$ 的均方值。均方值反映了过程的能量特征,其正平方根值称为均方根值。

(三)方差(均方差值)

定义随机过程 $X(t)$ 的二阶中心矩

$$\sigma_x^2(t) = D[X(t)] = E\{[X(t) - \mu_x(t)]^2\}$$
$$= \int_{-\infty}^{\infty} [x(t) - \mu_x(t)]^2 p(x,t) \mathrm{d}x \tag{2-10}$$

为 $X(t)$ 的方差。方差的正平方根 $\sigma_x(t)$ 称为 $X(t)$ 的标准差,它表示随机过程 $X(t)$ 在时刻 t 对于均值 $\mu_x(t)$ 的偏离程度,是数据分散度的测度,在信号分析中代表了信号电平的大小。

如果把均值作为描述随机过程的静态分量,那么标准差就是描述随机过程的动态分量。利用式(2-8)、式(2-9)和式(2-10),容易推得

$$\sigma_x^2 = \psi_x^2(t) - \mu_x^2(t) \tag{2-11}$$

(四)相关函数

设 $X(t_1)$ 和 $X(t_2)$ 是随机过程 $X(t)$ 在任意两个时刻 t_1 和 t_2 时的状态,$p(x_1,x_2,t_1,t_2)$ 是相应的二维联合概率密度函数,定义二阶原点混合矩

$$R_x(t_1,t_2) = E[X(t_1)X(t_2)] = \int_{-\infty}^{\infty}\int_{-\infty}^{\infty} x_1 x_2 p(x_1,x_2,t_1,t_2) \mathrm{d}x_1 \mathrm{d}x_2 \tag{2-12}$$

为随机过程 $X(t)$ 的自相关函数,简称相关函数。它描述了随机过程 $X(t)$ 自身在两个不同时刻状态之间的线性依从关系和相似程度。

类似地,定义 $X(t_1)$ 和 $X(t_2)$ 的二阶中心混合矩

$$C_x(t_1,t_2) = E\{[X(t_1) - \mu_x(t_1)][X(t_2) - \mu_x(t_2)]\}$$

$$= \int_{-\infty}^{\infty}\int_{-\infty}^{\infty} [x_1 - \mu_x(t_1)] \cdot [x_2 - \mu_x(t_2)] p(x_1,x_2,t_1,t_2) \mathrm{d}x_1 \mathrm{d}x_2 \tag{2-13}$$

为随机过程 $X(t)$ 的自协方差函数，简称协方差函数，它就是已中心化的自相关函数。

引入无量纲的标准化相关系数函数

$$\rho_x(t_1,t_2) = \frac{C_x(t_1,t_2)}{\sigma_x(t_1)\sigma_x(t_2)} \tag{2-14}$$

其中，$\sigma_x(t_i)(i=1,2)$ 为标准偏差 $\rho_x(t_1,t_2)$，又称为自相关系数，且 $-1 \leqslant \rho_x(t_1,t_2) \leqslant 1$。

当 $\rho_x(t_1,t_2)=\pm1$ 时，称过程的两个状态 $X(t_1)$ 与 $X(t_2)$ 是完全线性相关的；当 $\rho_x(t_1,t_2)=0$ 时，称过程是完全不相关的；而 $-1 < \rho_x(t_1,t_2) < 1$ 时，称过程是部分相关的。

在工程上，随机过程的均值和自相关函数是描述随机过程最重要的统计特性。这是因为，对某些随机过程，例如高斯随机过程，如果已知一阶和二阶统计特性，就能完全决定该过程的全部概率结构；从试验数据的统计计算来看，一阶和二阶统计量近似表达了过程的主要特性，且易于获得并易于进行计算分析。

推广到两个或两个以上的随机过程，可获得描述多个随机过程之间相互依赖关系的互相关函数，包括两个随机过程 $X(t)$ 和 $Y(t)$ 的互相函数 $R_{xy}(t_1,t_2)$、互协方差函数 $C_{xy}(t_1,t_2)$、互相关系数函数 $\rho_{xy}(t_1,t_2)$。

(五)高阶矩函数

(1)偏斜度。定义随机过程 $X(t)$ 的三阶中心矩

$$\alpha_3(t) = E\{[X(t)-\mu_x(t)]^3\} = \int_{-\infty}^{\infty}[x(t)-\mu_x(t)]^3 p(x,t)\mathrm{d}x \tag{2-15}$$

为 $X(t)$ 的偏斜度。

(2)峭度。定义随机过程 $X(t)$ 的四阶原点矩

$$\alpha_4(t) = E[X^4(t)] = \int_{-\infty}^{\infty}x^4 p(x,t)\mathrm{d}x \tag{2-16}$$

为 $X(t)$ 的峭度。

偏斜度和峭度用于将随机过程 $X(t)$ 的概率分布密度和正态分布曲线进行比较，定量地确定偏离正态分布的程度。

四、检测信号的数字化

在现代故障诊断系统中一般采用的信号处理方法多为数字信号分析方法，而信号检测选用的传感器多为模拟量输出，这就需要将模拟信号转换为数字信号。典型的模拟量到数字量转换系统由前置放大器、抗混叠低通滤波器、采样/保持电路、程控放大器、A/D 转换器和逻辑控制电路组成，如图 2-6 所示。

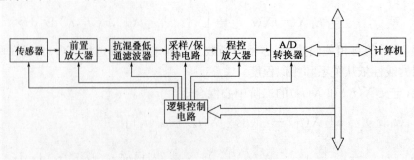

图 2-6　信号的采集

数字信号处理具有高精度（14位字长可达 10^{-4} 的精度）、高性能指标（分辨率高、动态范围大、线性相位特性好等）、高速度、高灵活性、高可靠性，以及便于集成化、小型化、自动化等特点。本章主要介绍数字信号处理的简要内容，以便为机械设备的状态监测和故障诊断提供必要的基础知识。

第二节　检测信号的时域特征分析

一、信号的预处理

在对信号进行分析处理之前，必须进行预处理工作，以便发现和处理数据中可能存在的各种问题。常见的数据预处理工作主要包括数据准备、编辑和检验，以及剔除奇异点、零均值化处理、消除趋势项等。

（一）零均值化处理

由于各种原因，检测信号的均值往往不为零，在对信号进行进一步的分析处理之前，一般先将检测信号转化为零均值的数据。零均值化处理对信号的低频段有特殊的意义，这是因为信号的非零均值相当于在此信号上叠加了一个直流分量，而直流分量的傅里叶变换是在零频率处的冲击函数，这会影响在零频率左、右处的频谱曲线乃至整个频谱分布，而产生较大的分析误差。

（二）消除趋势项

数据中的趋势项，可能使低频时的频谱失去真实性，所以从原始数据中去掉趋势项是非常重要的工作。测试系统本身各种原因造成的趋势误差应坚决去除，但是，如果趋势项不是测量误差，而是被测对象所反映的原始数据中本来包含的成分，这样的趋势项就不能消除，所以消除趋势项要特别谨慎。消除趋势项最常用的方法是最小二乘法，它能使残差的平方和最小。该方法既能消除多项式趋势项，又能消除线性趋势项。对于其他类型的趋势项，可以用滤波的方法来去除。

检测信号 $x(t)$ 如图 2-7(a) 所示，它包含了如图 2-7(b) 所示的趋势项和如图 2-7(c) 所示的真实信号。该趋势项是一个缓变的信号，从 $x(t)$ 减去该趋势项，就可近似得到真正的信号。

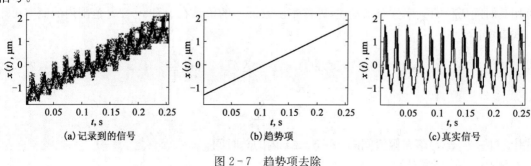

图 2-7　趋势项去除

二、检测信号的波形分析

在机械设备故障诊断中,振动信号是最常用的检测信号,直接对传感器输出的振动信号时间历程进行分析和评估是状态监测与故障诊断最简单、最直接的方法,特别是当信号中含有简谐信号、周期信号或短脉冲信号时更为有效。例如,大约等距离的尖脉冲是冲击的特征,削波表示有摩擦,正弦波主要是不平衡等。时域波形分析具有简洁、直观的特点,这是时域波形分析法的一大优势。显然,这种分析对比较典型的信号或特别明显的信号以及较有经验的人员才比较适用。一般来说,单纯不平衡的振动波形基本是正弦式的;单纯不对中的振动波形比较稳定、光滑、重复性好;转子组件松动及干摩擦产生的振动波形比较粗糙、不平滑、不稳定,还可能出现削波现象;自激振动,如油膜涡动、油膜振荡等,振动波形比较杂乱,重复性差,波动大。

如图 2-8(a)所示的波形基本上为一正弦波,这是比较典型的不平衡故障;如图 2-8(b)所示的波形在一个周期内,比转动频率高一倍的频率成分明显加大,即一周波动两次,表示转轴有不对中现象。

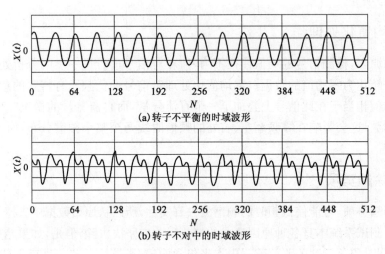

(a)转子不平衡的时域波形

(b)转子不对中的时域波形

图 2-8 振动信号时域波形

三、时域幅值分析

(一)信号幅值的概率密度

信号幅值的概率表示动态信号某一瞬时幅值发生的概率,对于各态历经的平稳随机过程可用其时间历程的概率分布来描述,即样本函数 $x(t)$ 的值落在 x 和 $x+\Delta x$ 范围内的概率可用下式表示:

$$P[x \leqslant x(t) \leqslant x+\Delta x] = \lim_{T \to \infty} \frac{T_x}{T} \qquad (2-17)$$

$$T_x = \sum_{i=1}^{n} \Delta t_i$$

式中　T_x——$x(t)$ 落在幅值间隔 $x \sim x+\Delta x$ 内的总时间;

　　　T——总观察时间。

信号幅值的概率密度是指该信号单位幅值区间内的概率，它是幅值的函数。图 2-9 示出某一信号的时间历程及其概率密度函数 $p(x)$，$p(x)$ 可由下列关系式计算：

$$p(x) = \lim_{\Delta x \to 0} \frac{P[x < x(t) < x + \Delta x]}{\Delta x} = \lim_{\Delta x \to 0} \frac{1}{\Delta x} \left(\lim_{T \to \infty} \frac{T_x}{T} \right) \qquad (2-18)$$

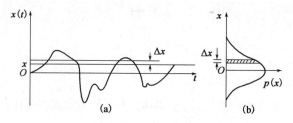

图 2-9　信号及其概率密度函数

利用信号的概率密度分布可对机械设备进行故障诊断。机械设备正常运行时的振动信号中主要是随机噪声，是大量的、无规则的、量值较小的随机冲击，其幅值概率密度近似高斯曲线，分布比较集中。图 2-10 为一高速滚动轴承工作时振动加速度幅值的概率密度函数 $p(x)$ 图，其中实线为正常轴承的 $p(x)$ 图，虚线为某故障轴承的 $p(x)$ 图。轴承磨损、腐蚀、压痕等使振幅增大，谐波增多，反映到 $p(x)$ 图上使其变峭，两旁展宽。

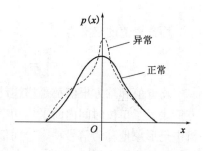

图 2-10　滚动轴承振动信号的概率密度

（二）故障诊断的动态指标

1. 峰值 x_p 与峰峰值 x_{p-p}

峰值指信号可能出现的最大瞬时值 $\max x(t)$，它是信号强度的一种描述，有时人们也用峰峰值 x_{p-p} 即 $\max x(t) - \min x(t)$ 这个指标表示信号的变化范围。在测试时，对需测信号的峰值事先应有足够的估计，以便调整测量仪器的范围。

由于峰值 x_p 是一个时不稳参数，不同的时刻变动很大，因此，在机械设备故障诊断系统采取如下方式以提高峰值指标的稳定性：在一个信号样本的总长中，找出绝对值最大的 10 个数，用这 10 个数的算术平均值作为峰值 x_p。

2. 均值 μ_x 和绝对平均值 $\mu_{|x|}$

均值是指信号幅值的算术平均值，是反映信号中心趋势的一个标志，是信号中的静态部分，可用下式来定义：

$$\mu_x = \frac{1}{T} \int_0^T x(t) \mathrm{d}t \qquad (2-19)$$

式中　T——观察或测量时间，对周期信号，T 就是信号本身的重复循环周期。

对于均值相等的信号，其随时间的变化规律并非完全相同，因此均值只是反映信号中心趋势的一个标志，一般对故障诊断不起作用，但对计算其他参数有很大影响。

绝对平均值的定义为

$$\mu_{|x|} = \frac{1}{T} \int_0^T |x(t)| \mathrm{d}t \qquad (2-20)$$

在工程中,绝对平均值表示了信号经整流后的直流分量。

假如信号 $x(t)$ 的离散值为 $x_i(i=1,2,\cdots,N)$,则可得到均值和绝对平均值的一致估计分别为

$$\hat{\mu}_x = \frac{1}{N}\sum_{i=1}^{N} x_i \tag{2-21}$$

$$\hat{\mu}_{|x|} = \frac{1}{N}\sum_{i=1}^{N} |x_i| \tag{2-22}$$

3. 信号的均方值 ψ_x^2 与均方根值 ψ_x

均方值与均方根值(也称为有效值)用于描述信号的能量。均方值的定义为

$$\psi_x^2 = \frac{1}{T}\int_0^T x^2(t)\,\mathrm{d}t \qquad 或 \qquad \hat{\psi}_x^2 = \frac{1}{N}\sum_{i=1}^{N} x_i^2 \tag{2-23}$$

均方根值的定义为

$$\psi_x = \left[\frac{1}{T}\int_0^T x^2(t)\,\mathrm{d}t\right]^{\frac{1}{2}} \qquad 或 \qquad \hat{\psi}_x = \left(\frac{1}{N}\sum_{i=1}^{N} x_i^2\right)^{\frac{1}{2}} \tag{2-24}$$

均方值和均方根值都是描述动态信号强度的指标。幅值的平方具有能量的含义,因此均方值表示了单位时间内的平均功率。尽管并非所有信号的均方值都有功率量纲,但在信号分析中仍形象地称为信号功率。而信号的均方根值由于有幅值的量纲,在工程中又称为有效值。

有效值 ψ_x 因其稳定性、重复性好,是机械设备故障诊断系统中用于判别运转状态是否正常的重要指标。当这项指标超出正常值(故障判定限)较多时,可以肯定机械设备存在故障隐患或故障。

此外还有方根幅值指标,定义为

$$x_r = \left(\frac{1}{T}\int_0^T |x(t)|^{\frac{1}{2}}\,\mathrm{d}t\right)^2 \qquad 或 \qquad \hat{x}_r = \left(\frac{1}{N}\sum_{i=1}^{N} |x_i|^{\frac{1}{2}}\right)^2 \tag{2-25}$$

4. 信号的方差 σ_x^2

方差的定义为

$$\sigma_x^2 = \frac{1}{T}\int_0^T [x(t)-\mu_x]^2\,\mathrm{d}t \qquad 或 \qquad \hat{\sigma}_x^2 = \frac{1}{N}\sum_{i=1}^{N} (x_i-\hat{\mu}_x)^2 \tag{2-26}$$

方差描述信号偏离中心趋势的波动强度,因此它是信号的波动分量。方差的正平方根称为标准差 σ_x,当信号的均值为零时,标准差就是有效值。

方差分析用于机械设备的故障诊断主要是基于:当机械设备运转时,其输出信号一般较为平稳(即波动较小),因此信号的方差也较小,这样,根据方差的大小可判断机械设备的运行状况。

5. 信号的偏斜度 α_3 与峭度 α_4

偏斜度为

$$\alpha_3 = \frac{1}{T}\int_0^T [x(t)-\mu_x]^3\,\mathrm{d}t \qquad 或 \qquad \hat{\alpha}_3 = \frac{1}{N}\sum_{i=1}^{N} (x_i-\hat{\mu}_x)^3 \tag{2-27}$$

峭度为

$$\alpha_4 = \frac{1}{T}\int_0^T x^4(t)\,\mathrm{d}t \qquad \text{或} \qquad \hat{\alpha}_4 = \frac{1}{N}\sum_{i=1}^N x_i^4 \qquad (2-28)$$

偏斜度和峭度用于和正态分布曲线进行比较,偏斜度反映了信号概率分布的中心不对称程度,不对称越厉害,信号的偏斜度越大;峭度反映了信号概率密度函数峰顶的凸平度。峭度对大幅值非常敏感,当其概率密度增加时,信号的峭度将迅速增大,非常有利于探测信号中的脉冲函数。

(三)故障诊断的无量纲动态指标

以上介绍的 5 种指标均属有量纲的动态指标,通常被简易仪器的测量所采用,并以此来判断设备是否出现异常及其严重程度。但这些指标的数值与检测仪器的测量范围有关,不同范围的仪器所测的值不完全相同;另一方面,检测数值受机械设备的负载、转速等工况条件影响也较大,给实际应用带来一定的困难。在这种情况下,可利用下列的一些无量纲动态指标进行故障诊断或趋势分析:

$$\begin{cases} \text{波形指标 } K = \dfrac{\psi_x}{\mu_x}, & \text{脉冲指标 } I = \dfrac{x_r}{\mu_x} \\[2mm] \text{峰值指标 } G = \dfrac{x_p}{\psi_x}, & \text{裕度指标 } L = \dfrac{x_p}{x_r} \\[2mm] \text{偏度指标 } R_3 = \dfrac{\alpha_3}{\sigma_x^3}, & \text{峭度指标 } R_4 = \dfrac{\alpha_4}{\sigma_x^4} \end{cases} \qquad (2-29)$$

偏度指标和峭度指标的物理含义分别与偏斜度及峭度相同,反映了检测信号的概率密度函数与正态分布曲线的区别,两者分别反映信号概率分布的中心不对称程度和概率密度函数峰顶的凸平度。图 2-11 列举了 $R_3<0$、$R_3=0$ 和 $R_3>0$ 三种不同情况下的概率密度函数;峭度指标 R_4 存在三种情况,它们分别对应如图 2-12 所示的概率分布函数。

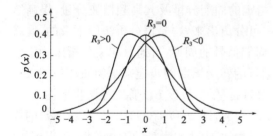

图 2-11 偏度指标与概率密度函数的对应关系   图 2-12 峭度指标与概率密度函数的对应关系

对于正态分布来说,其偏度指标等于零,峭度指标等于 1;对于一般的实际信号来说,偏度指标接近于零,峭度指标基本等于 1。峭度指标对信号中的冲击特性较敏感,它可以用于滚动轴承故障诊断中。如轴承圈出现裂纹,滚动元件或滚珠轴承边缘剥裂等在时域波形中都可能引起相当大的脉冲,用峭度作为故障诊断特征量是很有效的,但用于滑动轴承的故障诊断就不灵敏了。

对上述无量纲指标的选择基本要求是:

(1)对机器的运行状态、故障和缺陷等足够敏感。当机器运行状态发生变化时,这些无量纲指标应有明显的变化。

（2）对信号的幅值和频率变化不敏感，即与机器运行的状况无关，只依赖于信号幅值的概率密度形。

当时间信号中包含的信息不是来自一个零件或部件，而是属于多个元件时，例如多级齿轮的振动信号中往往包含有来自高速齿轮、低速齿轮以及轴承等部件的信息，可采用上述无量纲动态指标进行故障诊断。

当机器连续运行后质量下降时，例如机器中运动副的游隙增加，齿轮或滚动轴承的撞击增加，相应的振动信号中的冲击脉冲增多，幅值分布的形状也随之缓慢变化。分析结果证实，波形指标 K 和峰值指标 G 对于冲击脉冲的多少和幅值分布形状的变化不够敏感，而裕度指标 L 和脉冲指标 I 则能够识别上述的变化，从而可以在机器的振动、噪声信号诊断中加以应用。

在选择上述各动态指标时，按其诊断能力由大到小顺序排列，大体上为峭度指标→裕度指标→脉冲指标→峰值指标→波形指标。

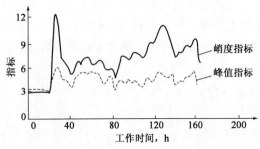

图 2-14 是一轴承外圈在工作到 21h 出现损伤以后，峭度指标和峰值指标的变化趋势。由图可见，当轴承正常工作时，两者都接近于 3；当出现损伤时，峭度指标的变化趋势非常明显，其值可达 13，这是信号中脉冲成分比较明显的缘故，而峰值指标的变化与峭度指标的变化相比就不够明显。

图 2-13　轴承外圈损伤时峭度指标和峰值指标的比较

四、时域同步平均法

时域同步平均法是在混有噪声干扰的信号中提取周期性分量的有效方法，也称相干检波法。

当随机信号中包含有确定性的周期信号时，如果截取信号的采样时间等于周期性信号的周期 T，将所截得的信号叠加平均，就能将该周期信号从随机信号、非周期信号以及与指定周期 T 不一致的其他周期信号中分离出来，而保留指定的周期分量及其高频谐波分量，提高欲研究周期信号的信噪比。即使该周期信号较弱，也可分离出来，这是谱分析法所不及的，这就是时域同步平均法的基本思路。如果事先不知道周期信号的周期，可通过相关分析来确定信号的周期。对于旋转机械，截取的周期应和机器运行的转动周期同步起来。例如转一圈采一帧（或整转几圈采一帧），如此循环，采集若干帧信号进行平均，故该方法称时域同步平均法。

如果一信号 $x(t)$ 由周期信号 $y(t)$ 和白噪声 $n(t)$ 组成，即 $x(t)=y(t)+n(t)$，以 $y(t)$ 的周期去截取信号 $x(t)$，共截得 N 段，然后将各段对应点相加，由于白噪声的不相关性，可得到

$$x(t_i) = Ny(t_i) + \sqrt{N}n(t_i) \qquad (2-30)$$

再对 $x(t_i)$ 平均，便得到输出信号 $y'(t_i)$

$$y'(t_i) = y(t_i) + \frac{n(t_i)}{\sqrt{N}} \qquad (2-31)$$

此时输出的白噪声是原来输入信号 $x(t)$ 中的白噪声的 $1/\sqrt{N}$，因此信噪比将提高 $\sqrt{N}$ 倍。

图 2-14 是截取不同的段数 N 进行时域同步平均的效果。由图可见，虽然原信号（$N=1$）的信噪比 SNR 很低（SNR$=0.5$），但经过多段平均后，信噪比大大提高。由图可见，当 $N=256$ 时，可以得到几乎接近于理想的正弦信号，而原始信号中的正弦分量几乎完全被其他信号和随机噪声所淹没。

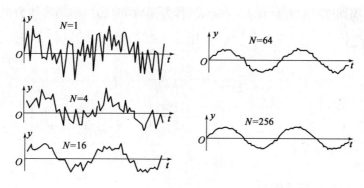

图 2-14　用时域同步平均法提高信噪比

时域同步平均的基本原理如图 2-15 所示,系统需摄取一个输入信号和一个时标信号。例如在齿轮故障诊断时,时标可以将某一齿轮轴的一整转定为脉冲周期 T,乘以一定的传动比后,化成指定的周期 T',输入信号即可以此周期分段采样再叠加平均,并经平滑化输出。因此,时域同步平均法和谱分析不同,后者只需摄取一个输入信号,而前者除振动信号外,还要摄取时标信号。其次,时域同步平均和谱分析方法的差异还在于:谱分析提供了各个频带内的功率,其大小主要取决于该频带内能量最大的振源,谱分析不能略去任何输入信号分量,因而,待检齿轮的信号可能完全淹没在噪声之中;而时域同步平均法可以消除与给定周期无关的全部信号分量,因此可以在噪声环境下工作。

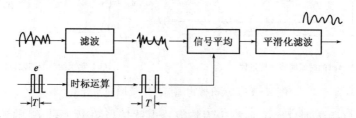

图 2-15　时域同步平均法的原理

$x(t)$—信号;e—时标信号

对于回转机械或往复机械运行中所产生的带有周期重复性的机械物理信号 $x(t)$,以 T_s 为时间间隔进行离散采样,得到数值 $x(nT_s)(n=0,1,2,3,\cdots)$。采用时域同步平均的方法提取周期分量 $y(t)$,可以看作是用鸡冠滤波器(comb filter)进行滤波的过程。设 N 为叠加、平均的周期总数,r 为叠加循环数,M 为一个周期中的采样数目,T_s 为采样间隔,$x(nT_s)$ 为滤波器的输入,则滤波器的输出

$$y(nT_s) = \frac{1}{N}\sum_{r=0}^{N-1} x\big[(n-rM)T_s\big] \qquad n=(N-1)M,(N-1)M+1,\cdots,NM-1$$

$$(2-32)$$

对式(2-32)进行 z 变换,设 $y(nT_s)$、$x(nT_s)$ 的 z 变换分别为 $Y(z)$、$X(z)$,有

$$Y(z) = \frac{X(z)}{N}\sum_{r=0}^{N-1} Z^{-rM} = \frac{X(z)}{N}\cdot\frac{1-z^{-MN}}{1-z^{-M}} \qquad (2-33)$$

滤波器的传递函数 $H(z)$ 为

$$H(z) = \frac{Y(z)}{X(z)} = \frac{1}{N}\cdot\frac{1-z^{-MN}}{1-z^{-M}} \qquad (2-34)$$

令 $z=e^{j\omega T_s}$，且有周期 $T=MT_s=1/f_0=2\pi/\omega_0$，传递函数 $H(z)$ 的幅频特性为

$$
\begin{aligned}
|H(\omega)| &= \frac{1}{N}\left|\frac{1-e^{-jMN\omega T_s}}{1-e^{-jM\omega T_s}}\right| = \frac{1}{N}\left|\frac{1-e^{-j2\pi N\omega/\omega_0}}{1-e^{-j2\pi\omega/\omega_0}}\right| \\
&= \frac{1}{N}\left|\frac{e^{-j\pi N\omega/\omega_0}(e^{j\pi N\omega/\omega_0}-e^{-j\pi N\omega/\omega_0})}{e^{-j\pi\omega/\omega_0}(e^{j\pi\omega/\omega_0}-e^{-j\pi\omega/\omega_0})}\right| \\
&= \frac{1}{N}\left|\frac{(e^{j\pi N\omega/\omega_0}-e^{-j\pi N\omega/\omega_0})/(2j)}{(e^{j\pi\omega/\omega_0}-e^{-j\pi\omega/\omega_0})/(2j)}\right| = \frac{1}{N}\left|\frac{\sin(\pi N\omega/\omega_0)}{\sin(\pi\omega/\omega_0)}\right|
\end{aligned} \tag{2-35}
$$

式中 ω——信号的角频率；

    ω_0——基频。

传递函数 $H(z)$ 的相频特性为

$$
\begin{aligned}
\varphi(\omega) &= \arg H(\omega) = \arg\frac{1}{N}\left(\frac{1-e^{-j2\pi N\omega/\omega_0}}{1-e^{-j2\pi\omega/\omega_0}}\right) = \arg\frac{e^{-j\pi N\omega/\omega_0}\cdot\sin(\pi N\omega/\omega_0)}{Ne^{-j\pi\omega/\omega_0}\cdot\sin(\pi\omega/\omega_0)} \\
&= \arg\frac{e^{-j\pi N\omega/\omega_0}}{e^{-j\pi\omega/\omega_0}} = \pi(N-1)\frac{\omega}{\omega_0}
\end{aligned} \tag{2-36}
$$

图 2-16(a) 是时域同步平均过程当 $N=4$ 时的示意图，图 2-16(b) 是由式(2-35)得出的鸡冠滤波器的幅频特性曲线。

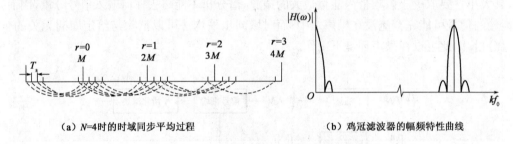

（a）$N=4$ 时的时域同步平均过程   （b）鸡冠滤波器的幅频特性曲线

图 2-16   从机械物理信号中提取周期分量

当 $\omega/\omega_0=f/f_0=k$ 时($k=0,1,2,\cdots$为整数)，也就是当频率 f 是 f_0 的整数倍时，即周期 T 是各谐波的公共周期。对于这些周期性的谐波分量，鸡冠滤波器传递函数的增益 $|H(\omega)|$ 在 $\omega=k\omega_0$ 的值由罗彼塔法则求得

$$
|H(\omega)|_{\omega=k\omega_0} = \frac{1}{N}\left|\frac{\sin(\pi N\omega/\omega_0)}{\sin(\pi\omega/\omega_0)}\right|_{\omega=k\omega_0} = \frac{1}{N}\left|\frac{N\cos\pi Nk}{\cos\pi k}\right| = 1 \tag{2-37}
$$

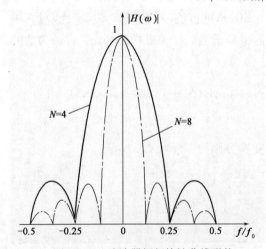

图 2-17   滤波器幅频特性曲线形状

可见时域同步平均过程等价于具有中心频率 $\omega=k\omega_0$，也就是 $f=kf_0$ 的鸡冠滤波器。图 2-17 为滤波器关于频率 f/f_0 的幅频特性 $|H(\omega)|$ 曲线的形状。由式(2-35)可知，滤波器的极点数等于 $N-1$(当 N 为偶数)或 N(当 N 为奇数)，滤波器的零点数等于 N(当 N 为偶数)或 $N-1$(当 N 为奇数)。图 2-17 给出了 $N=4$ 和 $N=8$ 的 $|H(\omega)|$ 曲线形状。当 $f/f_0=k(k=0,1,2,\cdots)$ 时的幅频特性 $|H(\omega)|$ 值称为滤波器主瓣峰值，此时 $|H(\omega)|=1$。滤波器有一个主瓣和若干个旁瓣，第一个旁瓣的峰值等于0.212，第二个旁瓣的峰值等于 0.128，第三个旁瓣的峰值等于

0.091,第四个等于 0.058,等等。

鸡冠滤波器在频域里抑制了白噪声 $a(t)$,使通过滤波器后的白噪声的等价噪声带宽(ENB)随着 N 的增大而减小。输出功率谱密度 $S_y(f)$ 与输入功率谱密度 $S_x(f)$ 之比等于滤波器传递函数 $H(f)$ 模的平方

$$\frac{S_y(f)}{S_x(f)} = |H(f)|^2 \tag{2-38}$$

通过滤波器后噪声能量的改变,等价噪声带宽为

$$ENB = \int_{-f_N}^{f_N} \frac{S_y(f)}{S_x(f)} df = \int_{-f_N}^{f_N} |H(f)|^2 df \tag{2-39}$$

由于时域同步平均时,截取信号段的周期为 T,即频率为 f_0,所以 $f_N = f_0/2, f/f_0 = \omega/\omega_0$ 的范围为 $[-0.5, 0.5]$,并令 $u = \omega/\omega_0$,将式(2-35)代入式(2-39)积分得

$$ENB = \int_{-0.5}^{0.5} \left| \frac{1}{N} \frac{\sin\pi Nu}{\sin\pi u} \right|^2 du = \frac{1}{N^2\pi} \int_{-\frac{\pi}{2}}^{\frac{\pi}{2}} \left(\frac{\sin Nx}{\sin x} \right)^2 dx \qquad (x = \pi u)$$

$$= \frac{1}{N^2\pi} N\pi = \frac{1}{N} \tag{2-40}$$

通过时域同步平均,从方差意义上讲,使平均后的信噪比增大了 N 倍,相当于输出的噪声能量是输入噪声能量的 $1/N$。因此,鸡冠滤波器抑制了白噪声,提高了信噪比。

图 2-18 是正常齿轮和带缺陷齿轮一整转的时域同步平均信号,由图可见,这些缺陷在时域同步平均信号中极易加以区别。

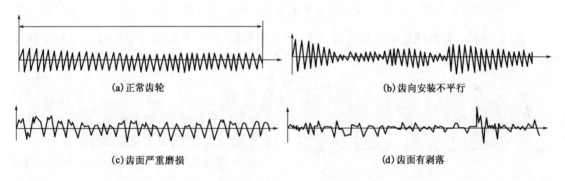

(a)正常齿轮　　　　　　　　　　　　　(b)齿向安装不平行

(c)齿面严重磨损　　　　　　　　　　　(d)齿面有剥落

图 2-18　用时域同步平均法识别齿轮缺陷

五、相关函数诊断法

相关分析方法是对机械信号进行时域分析的常用方法之一,也是故障诊断的重要手段,无论是分析两个随机变量之间的关系,还是分析两个信号或一个信号在一定时移前后之间的关系,都需要应用相关分析,例如在振动测试分析、雷达测距、声发射探伤等场合都会用到相关分析。所谓相关,就是指变量之间的线性联系或相互依赖关系,相关分析包括自相关分析和互相关分析。

(一)相关分析的基本概念

图 2-19 中 4 个信号 $x_1(t)$、$x_2(t)$、$y_1(t)$、$y_2(t)$ 两两之间都很相似,但 $x_1(t)$ 与 $x_2(t)$、$y_1(t)$、$y_2(t)$ 中的任何一个都不相似。如果要问 $x_2(t)$ 和 $y_1(t)$、$y_2(t)$ 中的哪个更相似,用目视观察的方法直接进行比较很难得出结论,所以,这种直接观测方法虽然比较明显,但比较粗糙

且没有数值定量,因此用波形相似性来定量比较、分析信号之间的相似程度。

设两个信号 $x(t)$ 和 $y(t)$ 如图 2-20 所示,其离散值分别为 $x_1, x_2, \cdots, x_N$ 和 $y_1, y_2, \cdots, y_N$,则两者的统计均方差为

$$\beta = \frac{1}{N} \sum_{i=1}^{N} (x_i - y_i)^2 \tag{2-41}$$

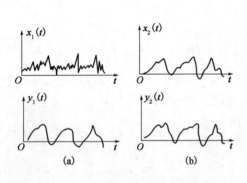

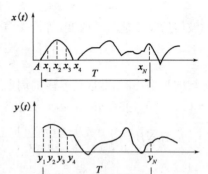

图 2-19 四种图线比较其相似性   图 2-20 两个波形的离散值

式(2-41)表示两个信号的相似的程度,也就是说 β 的数值大表示两个信号差别大而不相似,β 的数值小表示两个信号差别不大而相似。将式(2-41)展开可得

$$\beta = \frac{1}{N} \sum_{i=1}^{N} x_i^2 + \frac{1}{N} \sum_{i=1}^{N} y_i^2 - \frac{2}{N} \sum_{i=1}^{N} x_i y_i \tag{2-42}$$

式(2-42)的前两项表示信号的均方值,即表示总能量,在各态历经平稳随机过程中随机信号的总能量为常数。所以两个信号的相似程度完全取决于第三项的大小,记为

$$R_{xy} = \frac{1}{N} \sum_{i=1}^{N} x_i y_i \tag{2-43}$$

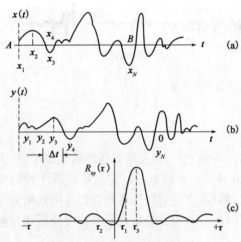

图 2-21 计算相关函数方法

当 R_{xy} 的数值大,则 β 就小,其意义表示两个信号相似性较好,反之则相似性差。

也可以分析两个信号或同一信号在不同时刻的相似性,如图 2-21 所示,如果它们是各态历经和平稳的,那么相似性就和时间的起点选择无关,仅仅与分析的时间间隔有关。设时间间隔为 τ,那么信号在不同时刻的相似性可用下列 τ 的函数来描述:

$$R_x(\tau) = \frac{1}{N} \sum_{i=1}^{N} x_i x_{i+\tau} \tag{2-44}$$

两个信号比较:

$$R_{xy}(\tau) = \frac{1}{N} \sum_{i=1}^{N} x_i y_{i+\tau} \tag{2-45}$$

(二)相关函数的定义和性质

由上述讨论可知,$R_{xy}(\tau)$ 值可以定量地衡量两个信号之间的相似程度;$R_{xy}(\tau)$ 不仅与两个信号本身的特点有关,还与两个信号之间的相对移动值 τ 有关。由此可见,$R_{xy}(\tau)$ 的物理意义

是它全面地描述了两个信号之间的相似性,所以称 $R_{xy}(\tau)$ 为相关函数。

1. 自相关函数的定义和性质

信号 $x(t)$ 的自相关函数是描述信号在一个时刻的取值和另一个时刻取值之间的相似关系,可用下式定义:

$$R_x(\tau) = \frac{1}{T}\int_0^T x(t)x(t+\tau)\mathrm{d}t \qquad \text{或} \qquad R_x(k) = \frac{1}{N}\sum_{i=1}^N x_i x_{i+k} \qquad (2-46)$$

式中　T、N——信号观测时间;

　　　τ、k——时间间隔。

自相关函数 $R_x(\tau)$ 除了描述信号在不同时刻的相似性外,还从另一方面反映信号幅值变化剧烈的程度。如果时间间隔 τ 很小时信号幅值之间的差异就很大,则信号的变化很剧烈,自相关函数 $R_x(\tau)$ 值就小;反之,即使时间间隔 τ 很大时信号幅值仍很接近,则信号的变化比较缓慢,$R_x(\tau)$ 值就较大。

自相关函数具有以下主要性质:

(1)自相关函数 $R_x(\tau)$ 是偶函数,即 $R_x(\tau) = R_x(-\tau)$。

(2)当 $\tau = 0$ 时,自相关函数 $R_x(0)$ 等于信号的均方值,即 $R_x(0) = \psi_x^2$。

(3)当 $\tau \neq 0$ 时,自相关函数 $R_x(\tau)$ 的值总是小于 $R_x(0)$,即 $R_x(\tau) < R_x(0)$。

(4)当时间间隔 τ 足够大,自相关函数 $R_x(\tau)$ 接近于信号的均值函数的平方,即

$$\lim_{\tau \to \infty} R_x(\tau) = R_x(\infty) = \mu_x^2$$

(5)周期信号的自相关函数仍是周期信号,两者周期相同,但不反映相位信息。

以上性质的证明读者可自己完成。

【例 2-1】　求 $x(t) = A\sin(\omega t + \theta)$ 的自相关函数。其中 A 和 ω 为常数,而 θ 为在 $0 \sim 2\pi$ 范围内均匀分布的随机变量。

解: $\qquad R_x(\tau) = \frac{1}{T}\int_0^T A\sin(\omega t + \theta)A\sin[\omega(t+\tau)+\theta]\mathrm{d}t$

其中,$T = 2\pi/\omega$ 为正弦函数的周期,令 $\omega t + \theta = \varphi$,则 $\mathrm{d}t = \mathrm{d}\varphi/\omega$,于是

$$R_x(\tau) = \frac{A^2}{2\pi}\int_0^{2\pi} \sin\varphi\sin(\varphi + \omega\tau)\mathrm{d}\varphi = \frac{A^2}{2}\cos\omega\tau$$

可见正弦函数的自相关函数是一个同频率的余弦函数,在 $\tau = 0$ 时具有最大值,但原信号中的相位信息消失了。

图 2-22 为几种典型信号的自相关函数(设信号的均值为零)。图 2-22(a)为相位随机正弦信号的自相关函数。图 2-22(c)为窄带噪声的自相关函数,其表达式为 $R_x(\tau) = kB\sin2\pi B/(2\pi B\tau)$,$k$ 为系数,B 为信号的带宽。当 B 增加时,波形变窄;当 $B \to \infty$ 时,$R_x(\tau)$ 成了 $\delta(\tau)$ 即宽带噪声的自相关函数,如图 2-22(d)所示。图 2-22(b)为正弦信号叠加随机噪声的自相关函数,由图可知,它由图 2-22(a)和图 2-22(c)叠加而成。可以看到,当 τ 较大时,随机噪声部分的自相关函数已衰减掉,剩下周期信号的自相关函数。利用这个性质,可以用较大的时延 τ 计算信号的自相关函数,以抑制噪声的影响,从而将周期性成分检测出来,这是自相关函数的重要应用。

例如,用噪声诊断机器设备状态时,正常状态的机器噪声是大量的、无序的、大小接近的随

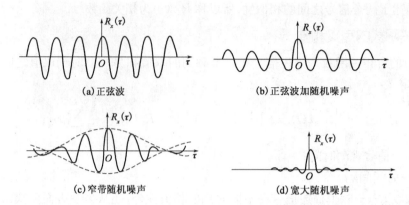

(a)正弦波 (b)正弦波加随机噪声

(c)窄带随机噪声 (d)宽大随机噪声

图 2-22 常见的时间波形的自相关函数

机冲击的结果,所以具有较宽而均匀的频谱;当机器运行状态不正常时,在随机噪声中将出现有规则的、周期性的脉冲,其大小要比随机冲击大得多。当机器中轴承磨损而使间隙增大时,轴与轴承间就会有撞击的现象;如果滚动轴承的滚道出现剥落、齿轮传动中某个齿面严重磨损等情况出现时,在随机噪声中都会出现周期信号。因此,用噪声诊断机器设备故障时首先要在噪声中查出隐藏的周期分量,特别是在故障发生初期,周期信号不明显、直观难以发现的时候,可以采用自相关分析方法,依靠 $R_x(\tau)$ 的幅值和波动的频率查出机器缺陷之所在。

图 2-23 是拖拉机变速箱噪声的自相关曲线。图 2-23(a)是正常状态下的变速箱噪声自相关函数,当 $\tau=0$ 时,$R_x(\tau)$ 有一峰值;随着 τ 的增大,自相关函数迅速趋近于零,这说明变速箱噪声是随机噪声。在图 2-23(b)中,变速箱的随机噪声中夹杂有周期振动,当 τ 值增大时,自相关函数并不向横坐标衰减,这种情况标志着运行状态不正常。

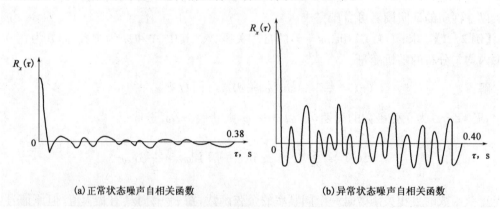

(a)正常状态噪声自相关函数 (b)异常状态噪声自相关函数

图 2-23 拖拉机变速箱噪声自相关函数

2. 互相关函数的定义和性质

互相关函数是描述两个信号之间的相似关系,可定义为

$$R_{xy}(\tau)=\frac{1}{T}\int_0^T x(t)y(t+\tau)\mathrm{d}t \qquad 或 \qquad R_{xy}(k)=\frac{1}{N}\sum_{i=1}^N x_i y_{i+k} \qquad (2-47)$$

互相关函数有以下一些基本性质:

(1)互相关函数的峰值不一定在 $\tau=0$,峰值点偏离原点的距离表示两信号取得最大相关程度的时移 τ,如图 2-24(a)所示。

(2)$R_{xy}(\tau)=R_{yx}(-\tau)$,互相关函数是一非奇非偶的实函数,具有反对称性;当 $x(t)$ 和 $y(t)$ 取值互换时,则互相关函数的图形以纵坐标成镜像对称,如图 2-24(b)所示。

(3)$\lim\limits_{\tau\rightarrow\infty}R_{xy}(\tau)=R_{xy}(\infty)=\mu_x\mu_y$。

(4)周期信号的互相关函数也是同频率的周期信号,且保留了原两信号的相位差信息。

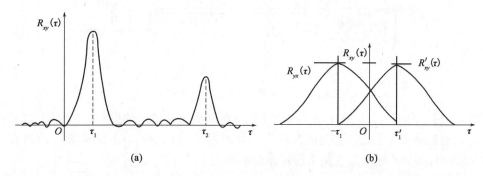

图 2-24 互相关函数

从互相关函数的性质可见,互相关函数比自相关函数含有更多的信号信息,因此应用也更广,如测量滞后时间及信号的平均传播速度、确定信号的传递通道、检测被噪声污染了的信号等等。

3.相关系数

由于信号是有物理单位的函数,因此自相关函数也是一个有单位的函数。不同信号的自相关程度很难相互比较,所以实际处理时用相关系数来表达。自相关系数为

$$\rho_x(\tau)=\frac{R_x(\tau)}{R_x(0)} \qquad |\rho_x(\tau)|\leqslant 1 \qquad (2-48)$$

类似地,互相关系数为
$$\rho_{xy}(\tau)=\frac{R_{xy}(\tau)}{\sqrt{\sigma_x^2\sigma_y^2}} \qquad |\rho_{xy}(\tau)|\leqslant 1 \qquad (2-49)$$

相关系数是一个无量纲的物理量,因不必知道测试系统的标定系数和其物理单位,故在信号分析中得到广泛的应用。

(三)相关分析的应用举例

相关分析为解决设备状态监测和故障诊断中的技术问题提供了不少信息,因此有着广泛的应用,下面举几个例子。

【例 2-2】 利用互相关函数测量滞后时间,确定深埋在地下的输油管漏损位置。

解:图 2-25 中漏损处 K 视为向两侧传播的声源,在管道上方分别放置传感器 1 和 2。因为传感器的位置与漏处位置间的距离不等,则漏油的音响传至传感器就有时差。将两传感器测得的音响信号 $x_1(t)$ 和 $x_2(t)$ 进行互相关分析,在互相关函数图上得出 $\tau=\tau_m$ 处有最大值,则 τ_m 就是上述时间差。由 τ_m 值即可定出漏损处位置:

$$S=\frac{1}{2}v\tau_m$$

式中　　S——两传感器中点至漏损处的距离；

　　　　v——音响通过管道传播速度。

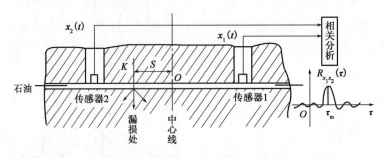

图 2-25　深埋石油管道漏油处检测

【例 2-3】　图 2-26 是用互相关函数诊断汽车驾驶员座椅上的振动源。座椅上的振动信号为 $y(t)$，前轮轴梁和后轮轴梁上的振动信号分别为 $x(t)$ 和 $z(t)$。分别求 $R_{xy}(\tau)$ 与 $R_{zy}(\tau)$。从图上可看出，座椅的振动主要是由前轮振动而引起。

【例 2-4】　图 2-27 给出了某机器中的 6306 轴承在不同状态下的振动加速度信号的自相关函数。图（c）为正常轴承的自相关函数图形，接近于宽带随机噪声的自相关函数。图（a）及图（b）分别因外、内圈滚道上有疵点而在间隔为 14ms 和 11ms 处出现了峰值。

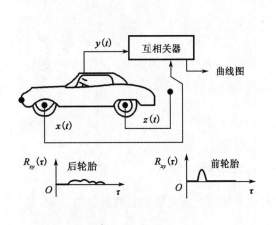

图 2-26　汽车振动信号的互相关函数

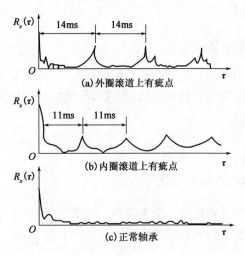

图 2-27　轴承振动信号的自相关函数图

第三节　检测信号的频域特征分析

　　频域特征分析，通常以频率为横坐标，以振幅值或幅值谱密度、能量谱密度、功率谱密度或相位为纵坐标用图形来表示，这个图形称为频谱图。频谱是信号在频率上的重要特征，它反映了信号的频率成分以及分布情况。目前信号频谱分析方法通常分为经典频谱分析和现代频谱分析两大类。经典频谱分析是一种非参数方法，主要是对有限长度信号进行线性估计，其理论基础是信号的傅里叶变换。

一、傅里叶级数及幅值谱

首先观察图 2-28 中的周期信号。按照傅里叶分析的原理,这一信号可以分解为许多谐波分量之和:

$$x(t) = \frac{a_0}{2} + \sum_{n=1}^{\infty} (a_n \cos n\omega_0 t + b_n \sin n\omega_0 t) \qquad (2-50)$$

其中,基频 $\omega_0 = 2\pi/T$,系数 $a_n(n=0,1,2,\cdots)$ 和 $b_n(n=0,1,2,\cdots)$ 由下式确定:

$$a_n = \frac{2}{T} \int_0^T x(t) \cos n\omega_0 t \, \mathrm{d}t$$

$$b_n = \frac{2}{T} \int_0^T x(t) \sin n\omega_0 t \, \mathrm{d}t$$

将这些谐波分量投影到幅值—频率坐标平面上,就可以得到许多离散的分量,反映了不同频率分量的幅值谱。由此可见,时域分析和频域分析反映了同一信号的不同侧面,它们是互相补充的。

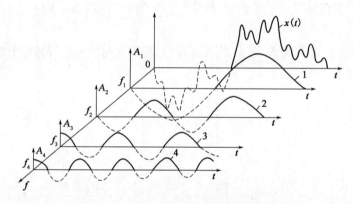

图 2-28   机械物理信号的时域和频域分析

1—$A_1 \cos(2\pi f_1 t + \varphi_1)$;2—$A_2 \cos(2\pi f_2 t + \varphi_2)$;3—$A_3 \cos(2\pi f_3 t + \varphi_3)$;4—$A_4 \cos(2\pi f_4 t + \varphi_4)$

各频率分量的幅值和相位分别为

$$A_n = \sqrt{a_n^2 + b_n^2} \qquad (2-51)$$

及

$$\varphi_n = \arctan \frac{b_n}{a_n} \qquad (2-52)$$

傅里叶级数亦可以表示成如下的复数形式:

$$x(t) = \sum_{n=-\infty}^{\infty} C_n \mathrm{e}^{jn\omega_0 t} \qquad (2-53)$$

及

$$\begin{cases} C_n = \frac{1}{2}(a_n - \mathrm{j}b_n) = \frac{1}{T} \int x(t) \mathrm{e}^{-jn\omega_0 t} \mathrm{d}t \\ \varphi_n = \arctan \frac{\mathrm{Im}[C_n]}{\mathrm{Re}[C_n]} \end{cases} \qquad (2-54)$$

称 A_n—ω、$|C_n|$—ω 关系为幅值谱,φ_n—ω 关系为相位谱,A_n^2—ω、$|C_n|^2$—ω 关系为功率谱。

二、傅里叶变换及连续频谱

假设时域信号 $x(t)$ 是非周期的,并且在实数域上满足绝对可积条件。若将 $x(t)$ 看作周期信号在 $T \to \infty$ 时的极限,就可以将傅里叶级数的定义推广到更一般的函数,即傅里叶积分

$$X(f) = F[x(t)] = \int_{-\infty}^{\infty} x(t) e^{-j2\pi ft} dt \qquad (2-55)$$

由于 $x(t)$ 绝对可积,上述积分一定存在,称为 $x(t)$ 的傅里叶变换(或谱)。反之,若谱 $X(f)$ 已知,则可由下式求 $X(f)$ 的傅里叶反变换:

$$x(t) = F^{-1}[X(f)] = \int_{-\infty}^{\infty} X(f) e^{j2\pi ft} df \qquad (2-56)$$

由式(2-55)和式(2-56)定义的变换对称为傅里叶变换对。对其分析可知,与周期信号类似,非周期信号也可以分解成许多不同频率分量的叠加,所不同的是,由于非周期信号的周期 $T \to \infty$,基频 $f_0 \to df$,所以它包含了从零到无限大的所有频率分量。各频率分量的幅值为 $X(f)df$,这是无穷小量,所以频谱不能再用幅值表示,而必须用密度函数描述,称 $|X(f)|-f$ 关系为幅值谱密度,$|X(f)|^2-f$ 关系为功率谱密度,$\varphi_n = \arctan \dfrac{\mathrm{Im}[X(f)]}{\mathrm{Re}[X(f)]} - f$ 关系为相位谱密度。

通常,对信号 $x(t)$ 求其频谱 $X(f)$ 或 $X(\omega)$ 的过程称为对信号进行频谱分析。

【例 2-5】 矩形方波

$$w(t) = \begin{cases} 1 & |t| < \dfrac{T}{2} \\ 0 & |t| \geqslant \dfrac{T}{2} \end{cases}$$

的傅里叶变换为

$$W(\omega) = \int_{-\infty}^{\infty} w(t) e^{-j\omega t} dt = \int_{-\frac{T}{2}}^{\frac{T}{2}} w(t) e^{-j\omega t} dt = T \frac{\sin(\omega T/2)}{\omega T/2} = T \mathrm{sinc} \frac{\omega T}{2}$$

定义 $\mathrm{sinc}(x) = \sin x/x$,该函数在信号分析中很有用。

三、信号数字化与离散傅里叶变换

(一)采样与混叠

将时域信号转换到频域中去进行分析,最普遍的方法是利用数字计算机或数字处理机,通过快速傅里叶变换进行的。为此,首先要对连续信号进行采样,使之成为离散信号。

采样过程是通过采样脉冲序列 $\delta_T(t)$ 与连续时间信号 $x(t)$ 相乘来完成的。如图 2-29(b) 所示的采样脉冲序列:

$$\delta_T(t) = \sum_{n=-\infty}^{\infty} \delta(t - nT_s) \qquad (2-57)$$

采样信号: $\qquad\qquad x_s(t) = x(t)\delta_T(t) \qquad\qquad (2-58)$

如果 $F[\delta_T(t)] = X(\omega)$,$F[\delta_T(t)] = \Delta(\omega)$,则根据卷积定理,有

$$X_s(\omega) = \frac{1}{2\pi} X(\omega) * \Delta(\omega) \qquad (2-59)$$

又因为采样脉冲序列是一个周期函数,所以序列的傅里叶变换为

$$\Delta(\omega) = 2\pi \sum_{n=-\infty}^{\infty} C_n \delta(\omega - n\omega_s) \qquad (2-60)$$

其中 C_n 为 $\delta_T(t)$ 的傅里叶系数

$$C_n = \frac{1}{T_s} \int_{-\frac{T_s}{2}}^{\frac{T_s}{2}} \delta_T(t) e^{-jn\omega_s t} dt = \frac{1}{T_s}$$

所以 $$X_s(\omega) = \sum_{n=-\infty}^{\infty} C_n X(\omega - n\omega_s) = \frac{1}{T_s} \sum_{n=-\infty}^{\infty} X(\omega - n\omega_s) \qquad (2-61)$$

式(2-61)表明,一个连续信号经过采样以后,它的频谱将沿着频率轴每隔一个采样频率 $\omega_s(2\pi/T_s)$ 重复出现一次,即频谱产生了周期延拓,其幅值被傅里叶系数 C_n 所加权,因为 $C_n = 1/T_s$,所以频谱形状不变。但由于频域信号的周期延拓,频谱图形易发生混叠效应,如图 2-29(c)所示。离散信号在频率区间 $[-\omega_s/2, \omega_s/2]$ 内的频谱既包含此区间内连续信号的频谱,又有其他频段的频谱混叠进来,随着 $|\omega|$ 增大,混叠进来的频段增多。那么怎样才能不产生这种现象呢?

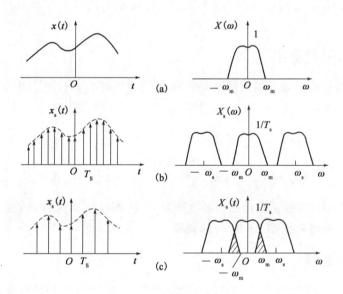

图 2-29　采样过程与混叠

考查一个余弦信号,其幅值为1,频率为 ω,采样间隔为 T_s,则第 k 个样本值为 $\cos k\omega T_s$。

保持采样的时间间隔等于 T_s 不变,改变频率 ω 值,观察采样的情况。很明显,当频率由 ω_1 增大到 ω_2 时,波形波动将越来越激烈;当 ω 增加到 $\omega_N = \pi/T_s$ 时,就是采样后能够把信号波动的频率保留下来的最迅速的波动;当 ω 进一步增大到 $\omega_2 > \pi/T_s$ 时,采样后原来的波动已完全消失,如图 2-30 中的虚线波形所示;反之,当 ω 下降到 $\omega_1 < \omega_N$ 时,采样后原来的波动仍能保持,见图 2-30 中的点画线。

假定频率 ω 在 π/T_s 和 $2\pi/T_s$ 之间,则取

$$\omega' = 2\pi/T_s - \omega$$

$$x_k = \cos k\omega T_s = \cos[(2\pi/T_s - \omega)kT_s] = \cos k\omega' T_s$$

由此可见,这时频率 ω 和 ω' 无法区分,互相产生混淆的现象。换言之,在 $0 \sim \pi/T_s$ 区间以

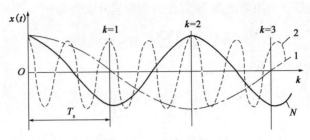

图 2-30 褶叠频率

$1—\omega_1<\pi/T_s; 2—\omega_2>\pi/T_s; N—\omega_N=\pi/T_s$

外的频率分量，将褶叠到这一区间中来，如图 2-30 所示，这样称 $\omega_N=\pi/T_s$ 或 $f_N=1/(2T_s)$ 为褶叠频率或 Nyquist 频率。

设 f_{max} 是欲分析信号的最高频率，则在选择采样间隔 T_s 时保证

$$T_s \leqslant \frac{1}{2f_{max}} \tag{2-62}$$

就不会发生混叠现象。这就是所谓的采样定理，它是数字信号采集和处理中一个很重要的概念。

(二)离散傅里叶变换

离散的数字信号的时域与频域转换是依靠离散傅里叶变换(DFT)来实现的。设时域中的离散信号为 $x(n)(n=0,1,\cdots,N-1)$，其频域变换为 $X(k)$，则有

$$X(k) = \sum_{n=0}^{N-1} x(n)e^{-j2\pi nk/N} \qquad k=0,1,\cdots,N-1 \tag{2-63}$$

$$x(n) = \frac{1}{N}\sum_{k=0}^{N-1} X(k)e^{j2\pi nk/N} \qquad n=0,1,\cdots,N-1 \tag{2-64}$$

式(2-63)和式(2-64)构成了离散傅里叶变换对，它将 N 个时域采样点数和 N 个频域采样序列联系起来。其变换过程见图 2-31 分解说明。

(三)截断与泄漏

在进行数字信号处理时，只能对有限长的离散信号进行时域、频域变换，即必须把时域号截断。为了将信号截取一段长度，这时需要在时域中乘以窗函数[图 2-31(d)]，因而引起信息损失，使窗外的信息损失掉。设要求的样本长度为 N，窗函数的长度为 T_0，则采样的数目 $N=T_0/T_s$。在频域中，这个称为矩形窗函数的权函数与离散信号的乘积，仍然变换成为频域的卷积，如图 2-31(e)所示。由于矩形窗函数的频域变换是 $\sin x/x$，它和原来信号卷积，引起频域信号的皱纹，能量将会从原来的频率上泄漏到两边频带，造成频谱谱峰模糊甚至移位，并使原来真正的频带稍有变宽。在极端情况下，来自强频率分量的旁瓣可能淹没邻近单元的弱频率分量的主瓣，这种效应在信号分析中称为强信号旁瓣抑制了弱信号主瓣。为了减少这种泄漏现象，人们寻找了多种窗函数，如哈宁窗函数、余弦窗函数等等。

时域信号经过以上的采样、加窗[图 2-31(a)~(d)]后，所得到的谱[图 2-31(e)]是连续谱，是无法计算的，需要将谱乘以频域中的采样函数进行采样，才能得到离散谱[图 2-31(g)]。设要求谱中一个谱峰间隔采样 N 个脉冲($f_s/f_0=f_s\times T_0=T_0/T_s=N$)，这样，在时域中就成了一个限时信号[图 2-31(e)]和间距为 T_0 的脉冲二者的卷积。卷积的结果是产

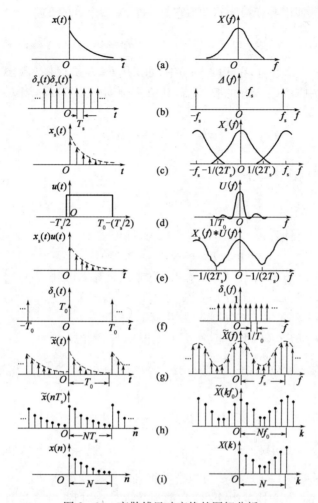

图 2-31　离散傅里叶变换的图解分析

生一个周期信号,其周期为 T_0。通过以上的步骤,最后才得到离散傅里叶变换[图 2-31(g)]。如果从上述周期信号中各取出其基本周期来,就得到两个有限长的序列 $x(n)$ 和 $X(k)$,见图 2-31(i),它们形成对偶的离散傅里叶变换关系式(2-63)和式(2-64)。

四、快速傅里叶变换

常用的离散傅里叶变换的算法是快速傅里叶变换 FFT,它的特点是大大节约计算时间。例如,当数据长度 $N=1024$ 时,计算时间不到傅里叶变换所需时间的 1/100。快速傅里叶变换 FFT 的基本原理如下:

设有一信号,其长度为 N

$$x(0),x(1),\cdots,x(N-1)$$

计算其离散傅里叶变换。首先将上述信号分解为两个信号:$g(n)$ 是 $x(n)$ 中的偶样本(假定 N 是偶数)

$$g(n)=x(2n) \qquad n=0,1,\cdots,N-1$$

而 $q(n)$ 是 $x(n)$ 的奇样本

$$q(n)=x(2n+1) \qquad n=0,1,\cdots,N-1$$

假定信号 $g(n)$ 的离散傅里叶变换为 $G(k)$，它是一个 $N/2$ 个点的变换：

$$G(k) = \sum_{n=0}^{N/2-1} g(n) e^{-j2\pi nk/(N/2)} \qquad k = 0,1,\cdots,N/2-1 \qquad (2-65)$$

这里信号的长度变为 $N/2$，并且，在式(2-65)中，如果用 $k+N/2$ 代替 k，则式(2-65)的计算式不会改变(因为在指数中增加了 $2\pi j$ 的整数倍，其值不会变化)。这样，当 $k=N/2,N/2+1,\cdots,N-1$ 时，$G(k)$ 是由

$$G(k+N/2) = G(k) \qquad (2-66)$$

所定义的。

用同样的方法可以计算 $Q(k)$

$$Q(k) = \sum_{n=0}^{N/2-1} q(n) e^{-j2\pi nk/(N/2)} \qquad k = 0,1,\cdots,N/2-1 \qquad (2-67)$$

同上面一样，k 值可以延伸到 $k=N/2,N/2+1,\cdots,N-1$

$$Q(k+N/2) = Q(k) \qquad (2-68)$$

式(2-65)与式(2-66)共需计算 $2(N/2)^2$ 次乘法运算以得到

$$G(k) \qquad k = 0,1,\cdots,N-1$$
$$Q(k) \qquad k = 0,1,\cdots,N-1$$

下面可以看到，$G(k)$、$Q(k)$ 组合起来可以求出 $X(k)$，考虑

$$G(k) + e^{-j2\pi k/N} Q(k) = \sum_{n=0}^{N/2-1} g(n) e^{-j2\pi nk/(N/2)} + e^{-j2\pi k/N} \sum_{n=0}^{N/2-1} q(n) e^{-j2\pi nk/(N/2)}$$

其中，$k=0,1,\cdots,N-1$。 $\qquad (2-69)$

将 $g(n)=x(2n)$、$q(n)=x(2n+1)$ 代入式(2-69)，并将指数因子移入右端的求和符号内

$$\sum_{n=0}^{N/2-1} x(2n) e^{-j2\pi(2n)k/N} + \sum_{n=0}^{N/2-1} x(2n+1) e^{-j2\pi(2n+1)k/N} = X(k) \qquad (2-70)$$

这就是说两个子变换 $G(k)$、$Q(k)$ 可以合并得到原来的变换 $X(k)$。用两个 $N/2$ 点变换组合起来，来计算一个 N 点变换的这个过程，称为数据并合过程，并合过程需要增加附加的 N 个乘法运算，即总共要 $2(N/2)^2+N$ 次乘法运算，这比起直接计算一个 N 点变换来要节省 $N^2-(N^2/2+N)=N^2/2-N$ 次乘法运算。

$G(k)$ 和 $Q(k)$ 两个变换还可以再分别分成奇部和偶部，经过并合过程求出 $G(k)$ 和 $Q(k)$，这样 $G(k)$ 和 $Q(k)$ 分别需要 $2(N^2/4)+N/2$ 次乘法运算。为得到 $X(k)$，就需要 $4(N^2/4)+2N$ 次运算。如果 N 是 2 的指数，则这一分解过程可以一直继续 $\log_2 N$ 次，直到最后，当 $N=1$ 时就不需要乘法运算。

乘法运算次数的 N^2 将会消失，但每次分解为奇部和偶部时，又将引入新的 N 次乘法运算。由于分解了 $\log_2 N$ 次，故需 $N\log_2 N$ 次乘法运算。这样新的乘法运算次数仅为原来乘法运算次数的 $N\log_2 N/N^2 = N\log_2 N/N$。

【例 2-6】 设 $\{x_k\} = \{x_0 \quad x_1 \quad x_2 \quad x_3\}$ 是一个长度为 4 的序列，求其傅里叶变换。

解：先对原始序列按奇、偶进行逐步抽取：

第一次抽取 $\qquad\qquad\qquad\qquad x_0 \quad x_2, \quad x_1 \quad x_3$

第二次抽取 $\qquad\qquad\qquad\qquad x_0, \quad x_2, \quad\ x_1, \ x_3$

经过两次抽取变成 4 个长度为 1 的子序列，根据 DFT 计算公式(2-63)有

$$U(0) = \sum_{n=0}^{N-1} x(n) e^{-j2\pi nk/N} = x(0)$$

同理得：$U(1)=x_2$，$V(0)=x_1$，$V(1)=x_3$。

按照如图 2-32 所示的蝶形流程图，用式（2-70）合并 $U(0)$ 和 $U(1)$ 得 $\{G_k\}$；合并 $V(0)$ 和 $V(1)$ 得 $\{Q_k\}$。

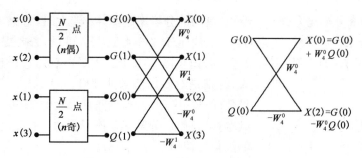

图 2-32　$N=4$ 时的 FFT 运算流程图

第一次合并时，由于 $N/2=1$，故 $N=2$，则 $e^{-j2\pi/N}=e^{-j\pi}=-1$，所以

$$G_0 = x_0 + x_2，G_1 = x_0 - x_2$$
$$Q_0 = x_1 + x_3，Q_1 = x_1 - x_3$$

第二次合并时，由于 $N/2=2$，故 $N=4$，则 $e^{-j2\pi/N}=e^{-j\pi/2}=-j$，所以

$$X_0 = G_0 - Q_0 = x_0 + x_2 - (x_1 + x_3)$$
$$X_1 = G_1 - jQ_1 = x_0 - x_2 - j(x_1 - x_3)$$
$$X_2 = G_0 + Q_0 = x_0 + x_2 + x_1 + x_3$$
$$X_3 = G_1 + jQ_1 = x_0 - x_2 + j(x_1 - x_3)$$

由以上计算可见，应用 FFT 算法计算 $N=2^i=2^2=4$ 的 DFT，乘法次数为 $(i-2)N/2+1=1$ 次，加法次数为 $N\log_2 N=8$ 次。显然，与直接算法比，乘法减少了 15 次，加法减少了 4 次。所以 FFT 算法节约了大量的运算时间。另一方面，乘法次数越多，由于有效位数是一定的，运算一次就会引入一次舍入误差。所以 FFT 算法不仅运算时间短，而且提高了运算精度。

由于计算机只能对有限长度的信号样本进行计算，因此信号的快速傅里叶变换也只能对有限长度序列进行。这就相当于给原信号加了一个矩形窗，不可避免地存在由时域截断引起的能量泄漏，使得谱峰幅值变小、精度降低。针对这个问题，人们提出了很多改进办法。例如增加采样长度、降低采样频率，整周期采样，或采用二次窗函数，在时域中乘以二次窗函数，达到使频谱平滑化的目的，例如改进的吐克窗（Turkey Window）函数 $w(t) = 0.54 + 0.46\cos\pi t$ 的处理效果如图 2-33 所示。

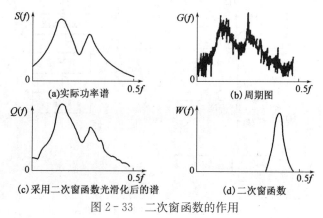

图 2-33　二次窗函数的作用

五、细化谱分析

FFT 分析方法是在 $f_s/2$ 采样频率范围内对 $N/2$ 个采样点数进行变换,谱线间隔($f_0 = f_s/N$)决定了频率分辨能力,即 f_0 越小,谱图的分辨率越高,f_0 较大时,将由于栅栏效应而丢掉有用信息。当采样频率 f_s 选定时,f_0 值决定于采样点数 N。可见,若要提高频率分辨率,又要求上限频率($f_s/2$)不变,则需要增加时窗长度 T_0,即增加采样点数,这样计算工作就要增大,特别是对专用信号处理机,一旦制成,其可处理的最大点数即已固定,并不是可随意增大的,所以既要不损失上限频率,又要增大分辨率是很困难的。故此,就引出了窄带谱的细化快速傅里叶变换分析。

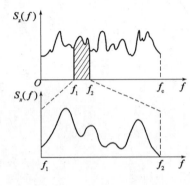

图 2 - 34 窄带谱的频率细化

窄带谱的频率细化,犹如频谱的局部放大,如图 2 - 34 所示,能使某些感兴趣的重点频区得到较高的分辨率。频率细化方法有很多种,下面介绍可选频带的频率细化分析方法。可选频带频率细化分析方法,又称为复调制细化分析方法,是基于复调制的高分辨率的傅里叶分析方法,简称为 ZOOM - FFT 方法。其基本思想是利用频移改造时域样本,使相应频谱原点移到感兴趣的中心频率处,再重新采样作 FFT,即可得到更高的频率分辨率,其运算过程如图 2 - 35所示。图中:

(1)时域信号 $x(t)$,其频谱为 $X(f)$,经抗频混滤波,滤波器截止频率为 $f_c \leqslant f_s/2$,f_s 为采样频率;

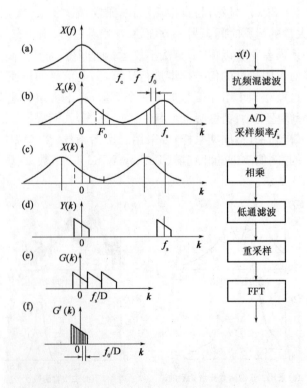

图 2 - 35 ZOOM - FFT 原理图

（2）模拟信号经过转换，其采样序列的周期频谱为 $X_0(f)$，频率间隔为 f_0；

（3）复调制，根据傅里叶变换的频移定理，在时域乘以频移因子 $e^{-j2\pi F_0 t}$，在频域有 F_0 的频移，F_0 是欲细化频段的中心，经 F_0 频移后，F_0 已成为新频谱的零点；

（4）用低通数字滤波器，将观测频带以外的高频成分滤除，以防止采样频率降低后引起无用频带对有用频带成分的混叠；

（5）重采样，采样的周期为 $T_s \cdot D$，D 是细化倍数，在频域则按 f_s/D 作周期化；

（6）FFT 处理，对时域序列作仍为 N 点的 FFT 处理，在频域得到 N 点谱线，由于时域重采样时采样频率降低到了 $1/D$，而采样点仍保持不变，这就使总时间窗长增长了 D 倍，所以使频率分辨率提高了 D 倍，使 FFT 后在所截取的频段内得到了细化 D 倍的频谱。

ZOOM – FFT 主要适用于包含大量谐波的信号，例如齿轮箱故障诊断用的振动信号；改进弱阻尼、密模态频响函数的分析结果，以便获得准确的谱峰及对应的频率值等场合。

六、随机信号的功率谱分析

根据巴塞伐定理，同一个信号在时域内所包含的总功率，应该等于频域中所包含的总功率。这样，由式（2 - 50），有

$$P = \frac{1}{T}\int_0^T x^2(t)\mathrm{d}t = \frac{1}{T}\int_0^T \left[\frac{a_0}{2} + \sum_{n=1}^N (a_n\cos n\omega_0 t + b_n\sin n\omega_0 t)\right]^2 \mathrm{d}t \quad (2-71)$$

当 $m \neq n$ 时，下面一些关系成立：

$$\int_0^T a_m a_n\cos m\omega_0 t\cos n\omega_0 t\mathrm{d}t = 0$$

$$\int_0^T b_m b_n\sin m\omega_0 t\sin n\omega_0 t\mathrm{d}t = 0$$

$$\int_0^T a_m a_n\cos m\omega_0 t\sin n\omega_0 t\mathrm{d}t = 0$$

$$\int_0^T \frac{a_0}{2}\sin n\omega_0 t\mathrm{d}t = 0$$

这时可以导出

$$P = \frac{1}{T}\int_0^T x^2(t)\mathrm{d}t = \frac{a_0^2}{4} + \sum_{n=1}^N \frac{1}{2}(a_n^2 + b_n^2) = \frac{a_0^2}{4} + \sum_{n=1}^N \frac{A_n^2}{2} \quad (2-72)$$

其中
$$A_n^2 = a_n^2 + b_n^2$$

而 A_n^2 就是第 n 个谐波分量所包含的功率 P_n。这样由各个谐波分量的离散功率所形成的谱称为功率谱，如图 2 - 36(a)所示。图 2 - 36(b)是将各个中心频率 $\omega_1,\omega_2,\cdots,\omega_n$ 处的功率用矩形面积表示，将带宽 $\Delta\omega_1,\Delta\omega_2,\cdots,\Delta\omega_n$ 除以面积，则纵坐标成为功率谱密度 $S_x(\omega)$。当 $\Delta\omega_i \rightarrow 0$ 时，功率谱密度成为连续的曲线。

（一）自功率谱密度函数

如同相关函数在时域分析一样，功率谱密度是频域分析的一种重要工具。

在时域中，相关函数有自相关函数和互相关函数之分；在频域中，功率谱密度也有自功率谱密度 $S_x(\omega)$ 和互功率谱密度 $S_{xy}(\omega)$ 之分。根据维纳—辛钦定理，自相关函数和自功率谱密度是一傅里叶变换对，即

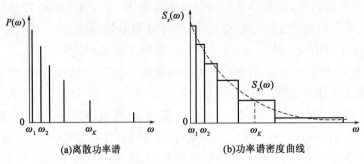

图 2-36 离散功率谱与功率谱密度曲线

$$
\begin{cases}
S_x(\omega) = \int_{-\infty}^{\infty} R_x(\tau) e^{-j\omega\tau} d\tau \\
R_x(\tau) = \int_{-\infty}^{\infty} S_x(\omega) e^{j\omega\tau} d\omega
\end{cases}
\tag{2-73}
$$

因为 $S_x(\omega)$ 与 $R_x(\tau)$ 都是实偶函数,可以用余弦函数代替指数函数:

$$
\begin{cases}
S_x(\omega) = \int_{-\infty}^{\infty} R_x(\tau) \cos\omega\tau d\tau \\
R_x(\omega) = \frac{1}{2\pi} \int_{-\infty}^{\infty} S_x(\omega) \cos\omega\tau d\omega
\end{cases}
\tag{2-74}
$$

设 $x(t)$ 的傅里叶变换是 $X(\omega)$,由于时域和频域内同一信号的功率应该相等,因此

$$
P = \lim_{T\to\infty} \frac{1}{T} \int_{-\infty}^{\infty} x^2(t) dt = \lim_{T\to\infty} \frac{1}{2\pi T} \int_{-\infty}^{\infty} |X(\omega)|^2 d\omega = \lim_{T\to\infty} \frac{1}{2\pi T} \int_{-\infty}^{\infty} S_x(\omega) d\omega
$$

有
$$
S_x(\omega) = \lim_{T\to\infty} |X(\omega)|^2 / T
\tag{2-75}
$$

反映了幅值谱 $X(\omega)$ 和功率谱密度 $S_x(\omega)$ 之间的关系。由此可见,要得到一个时域信号 $x(t)$ 的功率谱密度 $S_x(\omega)$,可以通过两个途径:一个途径是先求出自相关函数 $R_x(\tau)$,再利用式(2-73)计算其傅里叶变换求得功率谱密度 $S_x(\omega)$;另一个途径是先求出 $x(t)$ 的傅里叶变换幅值谱 $X(\omega)$,再由式(2-75)求出其功率谱密度。前一种方法叫相关图法,而后一种则称为周期图法。由于自功率谱密度不包含相位信息,所以时域信号不能由它的自功率谱密度唯一地确定,只能由它的幅值谱进行复原。

$S_x(\omega)$ 反映信号的频率关系,在这一点上与幅值频谱 $|X(\omega)|$ 相似。但是,自功率谱密度函数反映的是信号幅值的平方,因此其频率结构特征更为明显,如图 2-37 所示。

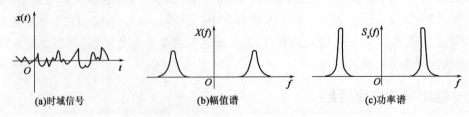

图 2-37 $x(t)$ 信号的幅值谱和功率谱

自功率谱密度是用得最多、最普遍的一种频域分析方法,在机械设备故障诊断中有着广泛的用途。图 2-38 是滚动轴承在加载运转时的振动信号经过处理后所得到的功率谱密度。试验是在专用的轴承试验台上进行的,用来代替常规的人工验收精密滚动轴承。

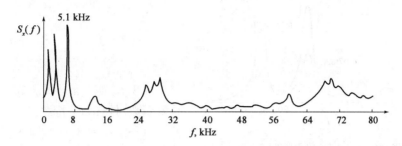

图 2-38　滚动轴承振动信号的频域分析

由图 2-38 可以看到,试验台接收和处理的信号频带相当宽,从低频一直到 80kHz 高频。这样,滚动轴承在正常运行下各个滚动元件、套圈、保持器所激发的高频共振信号可以全部接收和处理,为此,采用了一种特殊的高频共振技术和压电陶瓷传感器。从图上可以看到,在 0～5.1kHz 之间有三个清晰的谱峰,在 12kHz,24～30kHz 处以及 68～72kHz 处均有附加的谱峰。由此可见,在功率谱图上,信息是十分丰富的,需要选择可靠和灵敏的频带作为诊断频带,并且和滚动轴承在运动中的缺陷联系起来。

采用这种方法验收精密滚动轴承,试验的结果与熟练技师人工验收的效果不相上下。有些轴承缺陷,人工验收不能发现,试验台却可以及时发现并提出警告。由于严格了验收规范,就减少了大修中更换轴承的次数,以及运行中发生事故的可能性。

图 2-39(a)是拖拉机发动机的噪声功率谱密度,发动机转速为 1300r/min,处于满载运行的情况。图中 4 条曲线相当于活塞与缸套间隙为 $h=0.5$mm、0.3mm、0.2mm 和 0.1mm 的情况。图 2-39(b)是在各个共振峰区域内信号功率的变化:在 0.71～0.79kHz 频带内,虽然总的趋势与其他谱峰相同,但间隙变化的影响很小;在 9kHz 的谱峰处,其功率与活塞、缸套间的间隙无关;而在 1.6kHz 与 3.2kHz 的谱峰处,功率受间隙的影响最大。

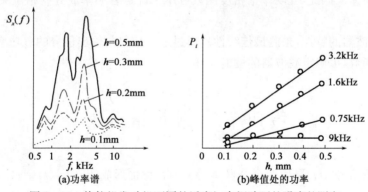

图 2-39　拖拉机发动机不同的活塞缸套间隙下的噪声的测定

由图 2-40 可以看出,发动机连杆轴承间隙变化时,安装在气缸头上的压电加速度计所接收的振动信号频谱也随之变化。试验还证明,图中 1.2kHz 处谱峰的功率随着连杆轴承间隙的增大而呈抛物线关系增加。

(二)互功率谱密度函数

如同自相关函数与自功率谱密度一样,互相关函数和互功率谱密度呈一对傅里叶变换对,其基本关系为

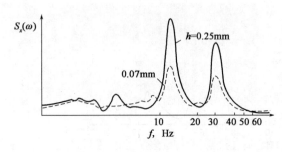

图 2-40 发动机在连杆轴承间隙变化时的振动谱

$$\begin{cases} S_{xy}(\omega) = \int_{-\infty}^{\infty} R_{xy}(\tau) e^{-j\omega\tau} d\tau \\ R_{xy}(\omega) = \int_{-\infty}^{\infty} S_{xy}(\tau) e^{j\omega\tau} d\omega \end{cases}$$

(2-76)

由于 $R_{xy}(\tau)$ 不是偶函数,所以 $S_{xy}(\omega)$ 是复函数,具有如下特性:

(1) $S_{xy}(\omega) = S_{yx}^*(\omega)$,即 $S_{xy}(\omega)$ 和 $S_{yx}(\omega)$ 互为共轭函数。

(2)互功率谱密度与自功率谱密度之间存在有不等式 $|S_{xy}(\omega)| \leqslant S_x(\omega) S_y(\omega)$。

(3)互功率谱密度函数的标准化形式,称为凝聚函数,表示如下:

$$\gamma_{xy}^2(\omega) = \frac{|S_{xy}(\omega)|^2}{[S_x(\omega) S_y(\omega)]} \qquad 0 \leqslant \gamma_{xy}^2(\omega) \leqslant 1$$

式中,$S_x(\omega)$ 和 $S_y(\omega)$ 是信号 $x(t)$ 和 $y(t)$ 的自功率谱密度。在特定的某个圆频率 ω 下,如果 $\gamma_{xy}^2(\omega) = 0$,则两个信号在此频率下是不相干的;若对所有的 ω 总有 $\gamma_{xy}^2(\omega) = 0$,则此两个信号是完全不相干的;若对所有的 ω 总有 $\gamma_{xy}^2(\omega) = 1$,则称两个信号是完全相干的。必须注意,为得到正确的凝聚函数,$S_x(\omega)$、$S_y(\omega)$ 和 $S_{xy}(\omega)$ 必须在完全相同的条件(滤波器带宽、记录长度等)下求出,否则,求出的凝聚函数将会出现很大的误差。

互功率谱密度不像自功率谱密度那样具有明显的物理意义,引入这个概念主要是为了描述两个随机信号的相关性。在实际中,互功率谱密度的应用如下:

(1)通过互功率谱密度函数、自功率谱密度函数之间的关系,可以测量出系统的频率特性(或传递函数)。

(2)滞后时间测量。互功率谱密度函数的相位 $\theta(\omega)$ 给出了系统的输入信号和输出信号在频率 ω 处的相位差。因此,互功率谱密度函数可用来确定各频率成分的相位关系和时间滞后 $\tau = \theta(\omega)/\omega$。

(3)测量滤波器的特性,预测最佳线性。通过输入信号与输出信号的自功率谱密度函数和互功率谱密度函数,可确定滤波器的性能。

第四节　倒频谱分析

如果一实测信号 $y(t)$ 是由两个分量 $x(t)$ 和 $s(t)$ 叠加形成的,即 $y(t) = x(t) + s(t)$,则当两个分量的能量分别集中在不同的频率时,可用频域分析中的线性滤波或功率谱分析。当所要提取的分量以一定的形状作周期性重复,而另一个分量是随时间变化的噪声时,可用时域分析中的信号平均方法或相关分析。这些方法都可有效地处理线性叠加信号。

工程实测的振动或声响信号不是振源信号本身,而是振源或声响信号 $x(t)$ 经过传递系统到测点的输出信号 $y(t)$,若传递系统动态特性由脉冲响应 $h(t)$ 描述,则振源或声响信号 $x(t)$ 与输出信号 $y(t)$ 有如下关系:

$$y(t) = x(t) * h(t)$$

(2-77)

即输出 $y(t)$ 是输入 $x(t)$ 与脉冲响应 $h(t)$ 的卷积,这时用处理线性叠加信号的方法就不够了,而倒频谱能很好地处理这类问题。

一、倒频谱时频域转换的物理意义

功率倒频谱是 Bogert、Healy、Tukey 等人 1962 年提出来的。倒频谱可将输入信号与传递函数区分开来,便于识别。当机械设备故障信号的频谱图出现难以识别的多簇调制边频时,应用倒频谱分析,还可以分解和识别故障频率,分析和诊断产生故障的原因。所以自倒频谱产生以来,它已在回声、语音分析、地震、机械设备故障诊断、噪声分析等方面得到广泛的应用。

功率倒频谱的表达式为

$$C_P(\tau) = \{F^{-1}[\lg \mid X(f) \mid^2]\}^2 = \{F^{-1}[\lg S_x(f)]\}^2 \qquad (2-78)$$

式中 $X(f)$、$S_x(f)$——信号 $x(t)$ 的傅里叶变换与自功率谱密度函数。

工程上常用式(2-78)的平方根,即

$$C_x(\tau) = F^{-1}[\lg S_x(f)] \qquad (2-79)$$

称为幅值倒频谱。如果将 $C_x(\tau)$ 与信号 $x(t)$ 的自相关函数 $R_x(\tau) = F^{-1}[S_x(f)]$ 进行比较就可以看到:幅值倒频谱与自相关函数有类似之处,所不同的是,自相关函数是直接从自功率谱求傅里叶逆变换,而幅值倒频谱则是对自功率谱的对数求傅里叶逆变换。

功率倒频谱或幅值倒频谱中的自变量 τ,称为倒频率,它具有与信号 $x(t)$ 及其自相关函数 $R_x(\tau)$ 中的自变量相同的时间量纲。τ 值大者,称为高倒频率,表示频谱图上的快速波动和密集谐频。与此相反,τ 值小者,称为低倒频率,表示频谱图上的缓慢波动和疏散谐频。在某些场合使用倒频谱而不用自相关函数,是因为倒频谱在功率谱的对数转换时,给幅值较小的分量有较高的加权,其作用是既可帮助判别谱的周期性,又能精确地测出频率间隔。此外,在某些情况下,倒频谱之所以优于自相关函数,还由于自相关函数检测回波峰值时,与频谱形状的关系十分密切,经过回波之后实际上已不可能加以检测;而功率谱的对数对这种回波的影响是不敏感的。所以,在自相关函数无法分解的场合,倒频谱对频谱形状的不敏感性,使它获得了许多应用。

二、倒频谱的基本原理

对功率谱作倒频谱变换,其根本原因是在倒频谱上可以较容易地识别信号的组成分量,便于提取其中所关心的信号成分。例如,一个系统的脉冲响应函数是 $h(t)$,输入为 $x(t)$,那么输出信号 $y(t)$ 等于 $x(t)$ 和 $h(t)$ 的卷积,倒频谱的作用就是将卷积变成简单的叠加。

对式(2.72)两边取傅里叶变换,根据卷积定理,时域中的卷积转换成频域中的相乘:

$$Y(\omega) = X(\omega) \cdot H(\omega) \qquad (2-80)$$

将式(2.75)取幅值平方,便得到功率谱的关系式:

$$S_y(\omega) = S_x(\omega) \cdot \mid H(\omega) \mid^2 \qquad (2-81)$$

两边取对数,得

$$\lg S_y(\omega) = \lg S_x(\omega) + \lg \mid H(\omega) \mid^2$$

由于傅里叶变换的线性性质,这个相加关系保留在倒频谱中:

$$F^{-1}\{\lg S_y(\omega)\} = F^{-1}\{\lg S_x(\omega)\} + F^{-1}\{\lg \mid H(\omega) \mid^2\}$$

即

$$C_y(\tau) = C_x(\tau) + C_h(\tau) \qquad (2-82)$$

式(2-82)的含义是:如果输入信号 $x(t)$ 或系统的脉冲响应 $h(t)$ 中有一个已知,就可以从

输出信号 $y(t)$ 的倒频谱 $C_y(\tau)$ 中除去,得到另一分量的倒频谱,例如 $C_h(\tau)$,对其进行傅里叶变换可得到 $\lg|H(\omega)|^2$,再进行指数运算,便得到传递函数的幅值 $|H(\omega)|$ 了。

图 2-41 为输入、输出和系统影响的对数功率谱及其倒频谱图。可以看出:功率谱由两部分组成,其一是 $\lg S_x(f)$,是输入信号的谱,有明显的周期性,频率间隔为 Δf;其二则是缓慢变化的中线,是系统的影响 $\lg|H(\omega)|^2$,两者合成为输出信号的谱 $\lg S_y(\omega)$。倒频谱有两个明显的波峰,高倒频率 $\tau_2(\tau_2=1/\Delta f)$ 表示了输入信号的特征;低倒频率 τ_1 表示了系统的影响。显然,在倒频谱中,输入与系统响应是一种可分离的叠加性谱图,这为分解或判定其中任一分量提供了先决条件。

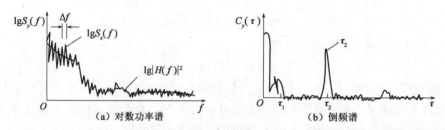

（a）对数功率谱　　　　（b）倒频谱

图 2-41　输入、输出和系统响应的对数功率谱及倒频谱

利用倒频谱对信息进行分解的基本步骤如图 2-42 所示。

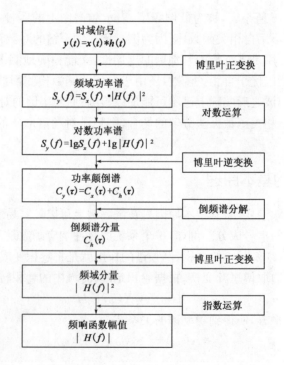

图 2-42　利用倒频谱对信号进行分解的基本步骤

三、倒频谱的应用——回声的分析和剔除

由理想的平坦反射表面所产生的回声与原始信号混合,结果可用图 2-43 表示。图中 $x(t)$ 是原始信号;$y(t)$ 是掺有回声的混合(输出)信号;系数 α 表示回声能量的衰减,α 值范围为

$0 < \alpha < 1; \tau_0$ 表示回声的延迟时间。由原始信号 $x(t)$ 所产生的回声可表示为 $\alpha x(t-\tau_0)$。这样，实际记录下来的混合信号 $y(t)$ 是：

$$y(t) = x(t) + \alpha x(t-\tau_0)$$

利用 δ 函数的性质改写 $y(t)$：

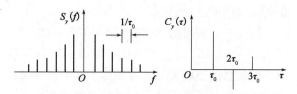

图 2-43　信号中有回声时功率谱和倒频谱上的特征

$$y(t) = x(t) + \alpha x(t-\tau_0) = x(t)[\delta(t) + \alpha\delta(t-\tau_0)] \tag{2-83}$$

显然，具有回声的混合信号 $y(t)$ 可用原始信号 $x(t)$ 和一对脉冲函数的卷积来表示。脉冲函数之一在时间原点上，其强度（面积）等于 1；另一个在回声延迟时间 τ_0 上，其强度小于 1，相当于回声的衰减。若能设法将 $\delta(t) + \alpha\delta(t-\tau_0)$ 除去，就可以得到真实信号 $x(t)$ 及其真实功率谱 $S_x(f)$ 了。

利用倒频谱对其进行分析，对式（2-83）两边取傅里叶变换：

$$F[y(t)] = F[x(t)] \cdot F[\delta(t) + \alpha\delta(t-\tau_0)]$$

$$Y(f) = X(f)(1 + \alpha e^{-j2\pi f \tau_0})$$

功率谱的关系式：

$$S_y(f) = S_x(f)\,|\,1 + \alpha e^{-j2\pi f \tau_0}\,|^2 = S_x(f)(1 + \alpha e^{-j2\pi f \tau_0})(1 + e^{j2\pi f \tau_0}) \tag{2-84}$$

对式（2-84）两边取对数：

$$\lg S_y(f) = \lg S_x(f) + \lg(1 + \alpha e^{-j2\pi f \tau_0}) + \lg(1 + e^{j2\pi f \tau_0})$$

因为 $|\alpha e^{\pm j2\pi f \tau_0}| < 1$，$\lg(1 + \alpha e^{\pm j2\pi f \tau_0})$ 可展为幂级数，所以有

$$\lg S_y(f) = \lg S_x(f) + \alpha e^{-j2\pi f \tau_0} - \frac{\alpha^2}{2}e^{-j2\pi f 2\tau_0} + \frac{\alpha^3}{3}e^{-j2\pi f 3\tau_0} - \cdots$$

$$+ \alpha e^{j2\pi f \tau_0} - \frac{\alpha^2}{2}e^{j2\pi f 2\tau_0} + \frac{\alpha^3}{3}e^{j2\pi f 3\tau_0} - \cdots \tag{2-85}$$

对式（2-85）两边取傅里叶逆变换，利用公式 $F^{-1}[e^{\pm j2\pi f \tau_0}] = \delta(\tau \pm \tau_0)$ 便得到倒频谱 $C_y(\tau)$ 的表达式：

$$C_y(\tau) = C_x(\tau) + \alpha\delta(\tau-\tau_0) - \frac{\alpha^2}{2}\delta(\tau-2\tau_0) + \frac{\alpha^3}{3}\delta(\tau-3\tau_0) - \cdots$$

$$+ \alpha\delta(\tau+\tau_0) - \frac{\alpha^2}{2}\delta(\tau+2\tau_0) + \frac{\alpha^3}{3}\delta(\tau+3\tau_0) - \cdots \tag{2-86}$$

式中，$C_y(\tau) = F^{-1}[\lg S_y(f)]$；$C_x(\tau) = F^{-1}[\lg S_x(f)]$。

由上面的分析知道，回声在倒频谱中形成了一系列的 δ 脉冲函数，这些脉冲处在相当于时间轴 τ（倒频率）上已知的位置，这些位置可由计算回声延迟时间 τ_0 得到。在倒频谱上位于 τ_0，$2\tau_0$，$3\tau_0$，$\cdots$ 的地方，可看到有幅值递减的脉冲峰。

还可证明，在有回声混合信号 $y(t)$ 的功率谱 $S_y(f)$ 中存在周期成分，由式（2-84）有

$$S_y(f) = S_x(f)\,|\,1 + \alpha e^{-j2\pi f \tau_0}\,|^2 = S_x(f)\,|\,1 + \alpha\cos 2\pi f \tau_0 - j\alpha\sin 2\pi f \tau_0\,|^2$$

$$= S_x(f)(1 + \alpha^2) + 2\alpha S_x(f)\cos 2\pi f \tau_0$$

显然，由于 $2\alpha S_x(f)\cos 2\pi f \tau_0$ 的存在，随着 f 的变化，输出功率谱中出现了周期分量。周期分

— 51 —

量的频率周期 $\Delta f = 1/\tau_0$。

图 2-43 表明信号中有回声,在功率谱 $S_y(f)$ 中出现了频率周期 Δf 的周期成分,而在倒频谱中,在 τ_0、$2\tau_0$ 等时刻出现了幅值递减的峰值。如果从倒频谱减去这些脉冲峰值,则关于回声的信息就被删去了。对剔除了回声脉冲峰值的倒频谱取傅里叶正变换,再取指数函数,便重新得到相当于去掉回声信号的真实功率谱了。

图 2-44 是一个用白噪声作为声音信号,加有一个反射面来产生回声,再用倒频谱进行分析的过程说明。图 2-44(a)表示混有回声的白噪声信号的平均功率谱,可以清楚地看到功率谱的周期结构,其频率间隔为 Δf,$1/\Delta f$ 恰好等于回声的延迟时间 τ_0,这一延迟时间取决于回声反射经过的路程和声音在空气中的传播速度。图 2-44(b)是图 2-44(a)的倒频谱,这里功率谱中的周期变成倒频谱中脉冲峰值的间隔 τ_0,在倒频率 τ 为 τ_0,$2\tau_0$,…的地方有幅值递减的脉冲峰。图 2-44(c)是编辑过的倒频谱,用鸡冠滤波器令倒频谱中回声延迟时间间隔 τ_0 及其整数倍的位置上的脉冲峰值为零,这样就除去了回声的影响。图 2-44(d)是对编辑过的倒频谱取傅里叶正变换后得到的功率谱。图 2-40(e)是没有任何反射面得到的无回声信号的功率谱,图 2-44(d)与图 2-44(a)相比较可见,两谱图形差别很大,但图 2-44(d)与图 2-44(e)却很相近,说明了用倒频谱分析并采用鸡冠滤波器获得的剔除回声影响的功率谱是令人满意的。

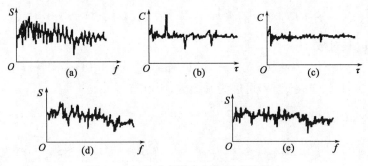

图 2-44　从功率谱上剔除回声的影响

通过倒频率处理去掉回声的功率谱有以下特点:
(1)谱图上虚假的谱峰减少;
(2)噪声信号的主要频率成分突出;
(3)功率谱的谱峰高度能够比较真实地反映各频率分量在量值上的比例关系。

四、计算实例

在车间里对一台国产车床床头箱的噪声,用精密声级计和 B&K 磁带记录仪进行测试记录。车床在室内的空间位置如图 2-45 所示,测试过程中没有任何隔声和消声装置,因此床头箱的噪声通过箱壁散发出来后,由空气传播到声级计,同时还被地面、左墙、后墙和天花板等方面反射后再传播到声级计。这样由声级计接收到的信号中就掺杂了多方面反射进来的回声。将记录下来的原始信号进行处理,得到的功率谱如图 2-46 所示。图 2-47 是图 2-46 的倒频谱,其中 4 个虚线谱峰为消除回声的影响而删掉的谱峰。在此例中,只考虑地面、后墙、左墙和天花板等主要的 4 个方面回声的影响,其他方面如前墙、右墙则因距车床较远,不予考虑。

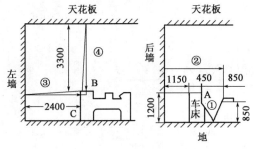

图 2-45　车床位置图

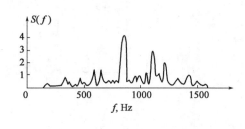

图 2-46　原始功率谱

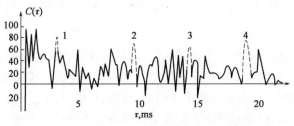

图 2-47　功率倒频谱

　　如图 2-45 所示,由床头箱 A 面散射出来的噪声经过地面反射再到声级计(路线)与直接传播到声级计的路程差约为 1m,近似取声音在空气中传播速度为 330m/s,这样路线噪声的回声延迟时间 τ_1 为

$$\tau_1 \approx 1\text{m}/(330\text{m/s}) \approx 0.003\text{s} = 3\text{ms}$$

同理,A 面散射出来的噪声经过后墙反射后传到声级计(路线)与直接传到声级计的路程差约为 3.2m,回声延迟的时间 τ_2 为

$$\tau_2 \approx 3.2\text{m}/(330\text{m/s}) \approx 0.0096\text{s} = 9.6\text{ms}$$

C 面散发出来的噪声经过左墙反射后传到声级计(路线)与直接到声级计的路程差约 4.75m,回声延迟时间 τ_3 为:

$$\tau_3 \approx 4.75\text{m}/(330\text{m/s}) \approx 0.0144\text{s} = 14.4\text{ms}$$

B 面散发出来的噪声经过天花板反射传到声级计(路线)与直接传到声级计的路程差约为 6.4m,回声的延迟时间 τ_4 为:

$$\tau_4 \approx 6.4\text{m}/(330\text{m/s}) \approx 0.0194\text{s} = 19.4\text{ms}$$

　　对照图 2-47,可以看到,在倒频率(时间)轴上位于 3ms、9.6ms、14.4ms 和 19.4ms 处,有明显的脉冲峰值,可将这 4 个脉冲删除掉(图 2-47 中虚线表示删除掉的谱峰)。在计算机运算处理时,即可将这 4 个峰值的数值冲零。由上面理论推证中知道,位于 $k\tau_i (i=1,2,3,4; k=2,3,\cdots)$ 处的脉冲峰值衰减很快,比 $\tau_i (i=1,2,3,4)$ 处的峰值要小得多,作近似处理,而没有将它们删除。这样便得到了编辑过的倒频谱,对其取傅里叶正变换和指数运算,便回到了频域,得到如图 2-48 所示的功率谱,这就是比较真实的床头箱噪声功率谱。

　　对照图 2-46 和图 2-48,可发现原始功率谱图形脉动大,虚假的谱峰多,图 2-48 中 A、B、C 三个谱峰较突出,表明它们所对应的频率分量在噪声(2500Hz 以下)中占明显的优势。通过实际分析,频率 A 是机床电动机(国产,7500W,1500r/min)的机壳共鸣声,这一频率分量已为电动机生产厂的电动机噪声分析所证实。频率 B 是齿轮 z_1 和 z_4 两轮的一次啮合频率。频率 C 是齿轮 z_7 和 z_8 两轮的二次啮合频率。对噪声的主要分量能够心中有数,就便于采取措施。

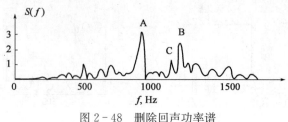

图 2-48 删除回声功率谱

第五节 全息谱理论与技术

将时域信号通过傅里叶变换转换成频域信号,是机械设备故障诊断中最常用的处理方法。全息谱是一种以傅里叶变换为基础的频域信息集成方法。它将机组上多个传感器收集到的信息有机地集成和融合在一起,充分利用了机组的多向振动信号,以及每一方向上振动信号的幅值、频率和相位信息。因此,全息谱技术突破了传统分析方法的局限性,体现了诊断信息全面利用、综合分析的思想。目前全息谱技术已经成为旋转机械设备故障诊断的有效手段,广泛地应用于机械、化工、石油、电力、冶金以及建材等行业中大型旋转机械的监测和故障诊断。

一、信号采集

与傅里叶变换的频谱分析方法不同,全息谱分析需要采集转轴测量面上两个相互垂直方向上的振动信号,如图 2-49 所示。将两个方向安装的位移传感器采集的信号加以合成,所得到的谱图或轴心轨迹的形状不会随传感器的安装位置的不同而改变,如图 2-50 所示,避免了单一传感器测量时测点改变使信号的时域及频域图形产生差异。

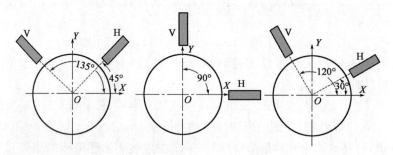

图 2-49 传感器安装方式

全息谱是将两个方向传感器检测信号的幅值、频率和相位信息同时综合分析,因此要求所集成的信号有高度的一致性:传感器的特性一致,传感器安装条件相同,两信号采集的频率和数据长度分别相同,并且要求两信号起始采样的时间一致。为了使各路信号的起始时刻相同,以转子上鉴相槽与鉴相传感器正对时刻产生的鉴相信号,触发采集器多通道信号采集,即可保证各传感器信号的同步采样。

全息谱分析成功的关键是:信号经频域转换后,各分量的幅值、频率、相位数值要精确。但受频率分辨率的限制,常规快速傅里叶变换的频域参数不够精确,所以需要校正,具体方法可参考相关文献。

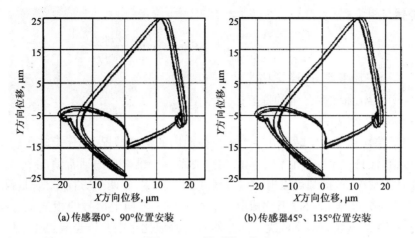

(a)传感器0°、90°位置安装　　　(b)传感器45°、135°位置安装

图 2-50　转子轴心轨迹

二、二维全息谱

二维全息谱的基本组成是以阶次(频率)为横坐标,在横坐标上表示出转子振动时各频率分量下的轴心轨迹。在转子一个测量截面内,将相互垂直方向上的两个信号作傅里叶变换,提取各主要频率分量的幅值和相位,分别进行合成,得到各频率分量对应的轴心轨迹,按频率顺序排列在横坐标的相应位置,就形成了二维全息谱,如图 2-51 所示。

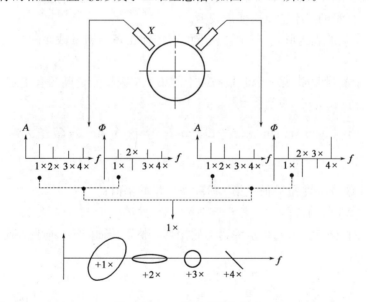

图 2-51　二维全息谱的构成

若转子一截面两个方向(水平方向和垂直方向)振动信号二维全息谱的第 i 阶分量的参数方程为

$$\begin{cases} x_i(t) = A_i \sin(2\pi f_i t + \alpha_i) \\ y_i(t) = B_i \sin(2\pi f_i t + \beta_i) \end{cases}$$

$$(2-87)$$

所以，起始坐标与相位：

$$\begin{cases} x_{oi}(t) = A_i \sin\alpha_i, \\ y_{oi}(t) = B_i \sin\beta_i, \end{cases} \qquad \theta_i = \arctan\frac{B_i \sin\beta_i}{A_i \sin\alpha_i}$$

式中 α_i、β_i——第 i 阶频率分量的相位；

        A_i、B_i——第 i 阶频率分量的幅值；

        f_i——第 i 阶频率分量。

    二维全息谱综合地反映了转子在一个支承截面内的振动情况，不仅反映了转子在两个方向上的振动幅值，而且也反映了它们之间的相位关系。二维全息谱通常情况下呈偏心率不等的椭圆状，在特殊情况下，椭圆可以退化成直线或圆。当 X、Y 两个方向上信号幅值相等并且相位相差 90°或 270°时，椭圆可以退化成圆；当 X、Y 两个方向上信号的相位差为 0°或者 180°时，椭圆退化成直线，直线的斜率取决于两个信号的幅值比。在二维全息谱上，还可标注有关的特征参数，如长轴倾角、进动方向等。

三、三维全息谱

    三维全息谱用来分析机组轴系全长上各测量截面的振动状况，它是将转轴上多个测量面同一主要频率分量的二维全息谱椭圆串接起来所形成的全息谱。其基本组成是同一主要频率分量椭圆、椭圆上的初相点和连接各个椭圆的创成线。因为椭圆运动不是等速运动，所以在绘制创成线时，必须按顺序将相应的采样点连接起来。实际使用最多的是转动频率分量的三维全息谱，其他倍频分量的三维全息谱使用较少。

    参考二维全息谱的表达形式，三维全息谱可用转轴在多个测量截面的二维全息谱椭圆参数方程表示。

    设转轴有 n 个测量截面，第 i 个测量截面上的第 j 个频率分量椭圆有正弦波项系数$[sx_{ij},$ $sy_{ij}]$和余弦项系数$[cx_{ij},cy_{ij}]$决定：

$$\begin{cases} x_{ij}(t) = sx_{ij}\sin2\pi f_j t + cx_{ij}\cos2\pi f_j t = A_{ij}\sin(2\pi f_j t + \alpha_{ij}) \\ y_{ij}(t) = sy_{ij}\sin2\pi f_j t + cy_{ij}\cos2\pi f_j t = B_{ij}\sin(2\pi f_j t + \beta_{ij}) \end{cases} \qquad (2-88)$$

式中 A_{ij}、B_{ij}——第 i 阶测量截面上第 j 阶频率分量的幅值；

        α_{ij}、β_{ij}——第 i 阶测量截面上第 j 个频率分量的相位。

    当 $2\pi f_j t=0$ 时，椭圆上的对应点称为初始相点。整个转轴的第 j 阶频率分量的三维全息谱 $\Phi_{ij}(t)$ 可表示为：

$$\Phi_{ij}(t) = F[x_{ij}(t), y_{ij}(y)] \qquad i = 1,2,\cdots,n$$

    图 2-52 是一张典型的三维全息谱，它由 4 个测量截面的转频椭圆、相应的初始点和连接各转频椭圆上相同时刻点的创成线组成。各个转频椭圆的旋向由圆周上的标志点确定：初相点"·"与后续点"＊"在转频椭圆上的相应位置表明了转子的进动方向。

    三维全息谱的形状不同，反映轴系转子的振动状态也不同。例如，通过三维全息谱的形状可以分析和判断转子的失衡大小和类型，以及失衡力分量和力偶分量的大小；再如，如果三维全息谱的形状为一倒锥，这时两个二维全息谱上的相位差为 180°，转子存在力偶失衡。因此，三维全息谱综合了转子多个截面的频率、幅值和相位的全部信息，全面而准确地反映了转子的振动状况。

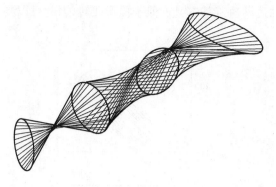

图 2-52 转轴三维全息谱

四、全息谱分析的应用

在大型回转机械设备故障诊断中,全息谱技术是一个比较成功的集成诊断信息的方法。由于在频域中集成了一个或多个支承截面上 X 和 Y 两个方向振动信号的幅值、频率和相位,特别是相位信息的利用,给故障的确诊提供了全面、有效的依据。

图 2-53 为两组信号的 FFT 谱和二维全息谱,它们的共同特点是在 FFT 谱图上除了有工频分量,还存在突出的分频谐波分量。仅从 FFT 谱图上很难诊断出设备存在何种潜在的故障,而在二维全息谱图上区别很明显。图 2-53(a)是一台氢气压缩机的振动状况,从频谱图上看,$0.47x$ 分量幅值很大,一般可能认为是油膜涡动问题。但在二维全息谱图上,该分量轨迹的偏心率很大,而且长轴在垂直方向上。如果是油膜涡动,不可能只在垂直方向上涡动,合理的解释是管道中的气流激励引起的振动。由于该设备在管道入口处存在 90°的弯头,因此气流在转子上作用了一个垂直方向的力,而产生低频振动。图 2-53(b)是一台 CO_2 压缩机高压缸浮动环密封失灵激发起强烈的油膜振荡,其低频分量轨迹的椭圆偏心率很小,近似一圆。

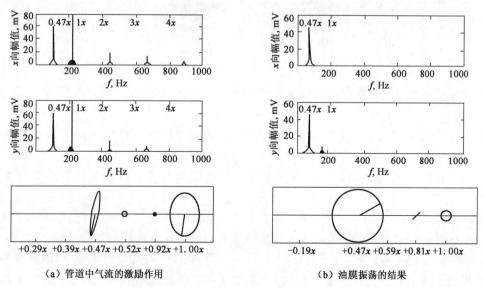

（a）管道中气流的激励作用　　　　（b）油膜振荡的结果

图 2-53　两组信号的 FFT 谱与全息谱图

图 2-54 是一转子两截面工频的三维全息谱。图上两截面上全息谱椭圆大小相当,且均比较圆,所以可判断转子存在失衡。另外,两个椭圆的初相点基本一致,三维全息谱的创成线

基本平行,这说明转子的运动轨迹基本上近似于桶形回转,因此可以判断转子失衡类型属于静力失衡。

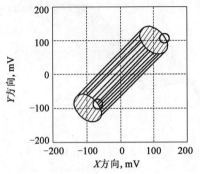

图 2-54 转子两截面工频的三维全息谱.

习题与思考题

2-1 新、旧机器的振动噪声信号的概率分布密度函数有什么区别? 说明图 2-55 中两振动信号中哪一个为故障信号。

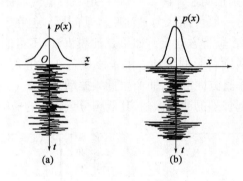

图 2-55 振动信号

2-2 机械故障诊断中常用的幅值指标有哪些? 无量纲指标有哪些? 对无量纲指标有什么要求?

2-3 什么是自相关函数? 自相关函数有什么性质? 在机械设备状态监测中有什么用途?

2-4 什么是互相关函数? 互相关函数有什么性质? 在机械设备状态监测中有什么用途?

2-5 设一信号 $x(t)$ 由两个频率、相角均不相等的余弦函数叠加而成,其数学表达式为 $x(t)=A_1\cos(\omega_1 t+\varphi_1)+A_2\cos(\omega_2 t+\varphi_2)$,求该信号的自相关函数。

2-6 一管道发生泄漏,现分别在相距 1500m 的 A、B 两处用传感器测量,测得信号经互相关处理的相关函数峰值在 $\tau=1.25$s 处,已知管道中声速为 300m/s,求泄漏处的位置。

2-7 已知信号的自相关函数 $R_x(\tau)=A\cos\omega\tau$,求出该信号的均方值 ψ_x^2 和均方根值 ψ_x。

2-8 已知一个随机信号 $x(t)$ 的自功率谱密度函数为 $S_x(f)$,将 $x(t)$ 输入到传递函数为 $H(s)=1/(\tau s+1)$ 的系统中,试求该系统的输出信号 $y(t)$ 的自功率谱密度函数为 $S_y(f)$,以及输入、输出两函数的互功率谱密度函数 $S_{xy}(f)$。

2-9 对三个余弦函数 $x_1(t)=\cos4\pi t$、$x_2(t)=\cos12\pi t$、$x_3(t)=\cos20\pi t$ 进行理想采样，采样频率 $f_s=6\text{Hz}$。求三个采样输出序列，比较这三个结果，画出 $x_1(t)$、$x_2(t)$、$x_3(t)$ 的波形及采样点位置，并解释频率混叠现象。

2-10 已知一有限长序列 $x(n)=\begin{cases}1 & 2\leqslant n\leqslant 6 \\ 0 & n=0,1,7,8,9\end{cases}$

(1)用直接 DFT 方法求 DFT$[x(n)]=X(k)$，再由所得结果求 IDFT$[X(k)]=x(n)$；

(2)用 FFT 方法求 $X(k)$，再由所得结果求 IFFT$[X(k)]=x(n)$。

2-11 定性说明如何进行时域同步平均。

2-12 试对比时域同步平均与功率谱分析的异同、时域同步平均与自相关函数在提取周期分量时的原理和结果。

2-13 为什么功率谱比幅值谱应用广泛？什么情况下需要采用细化谱或倒频率谱？

2-14 轴心轨迹如图 2-56 所示，分析对应此图的轴承系统哪个方向刚度大。

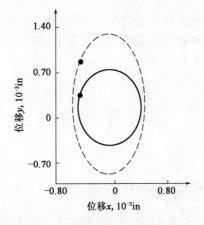

图 2-56 轴心轨迹(1in=0.0254m)

第三章
机械设备故障诊断的时序模型分析方法

前述已知,由于动态过程十分复杂,人们很难从观测数据直接分析系统的变化规律。虽然数学模型不等同于客观系统,但它能对系统作最本质的描述。如果说某种模型能正确地描述系统,意味着它能正确地表示系统的内在规律,动态过程状态的变化反映在其数学模型的结构、参数和特征函数的变化。因此,建立数学模型的目的是便于人们更方便地应用数学工具,分析和认识客观过程的特征,尤其是人们所关心的那些特征,以便更深刻、更集中地了解过程的规律,判断设备状态的变化趋势及状态的属性。除此之外,模型通常还可以用于了解过程的规律和发展趋势,并进行预报和控制。因此研究动态系统时序模型的方法,将会给状态监测与故障诊断带来便利。

第一节　时间序列模型结构特征

一、机械设备运行过程数据序列的特点

机械设备在运行过程中的各种运行参数,以及所产生的振动、噪声、温升等一类信号量,都可以看作是一个时间过程,它即为所观测动态系统的输出。可以将传感器拾取的、连续变化的参数经过模数(A/D)转换,得到一个离散的时间序列$\{x_k\}(k=1,2,\cdots,N)$,这一时间序列通常具有以下特点:

(1)由于动态过程是随机过程,所以时间序列是随时间而随机变化的序列,它一般是平稳或可近似认为是平稳的随机离散信号;

(2)系统的输入,即产生这一随机时间序列的原因无法确知;

(3)由于机械系统相互耦合,十分复杂,加大了对时间序列分析的难度。

一般来说,通过分析把复杂系统抽象为简单的物理模型,只能作一般规律分析,很难用于对实际机器状态的监测与诊断。在这种场合下,时间序列模型(简称为时序模型)则具有无可比拟的优势。

二、时序模型的概念

为了对时间序列进行数学描述,研究时间序列的变化规律,需要建立数学模型,这种模型通称为时序模型。时序模型在目前已经广泛应用于生物医疗、地球物理、语言识别、机械振动、噪声工程等各个领域,具有对一个物理过程进行预报、识别诊断、在线控制等多种用途。机器

诊断的模型方法,就是在机器运行过程中,首先选定恰当的诊断参数,然后建立其时序模型,通过对时序模型的相应判据进行分析,以诊断机器状态的变化。一般情况下,时序模型可以比较可靠地回答机器属于正常还是异常等运行状态的问题,而不能准确地回答为什么的问题。但是,在相当多的场合,能够回答前一个问题,已经是十分难能可贵的了,因为这对于事故预防已经发挥了积极的作用。

平稳时间序列$\{y_k\}(k=1,2,\cdots,N)$,一般地说,$E[y_k]=\mu_y\neq 0$。为方便起见,令 $x_k=y_k-\mu_y$,显然 $E[x_k]=\mu_x=0$,于是得序列$\{x_k\}(k=1,2,\cdots,N)$,仍然是平稳时间序列。均值为零的平稳时间序列可表示为下面三种形式中的一种。

(一)自回归模型 AR(m)

任何一个时刻 k 上的数值 x_k 可表示为过去 m 个时刻上数值的线性组合加上 k 时刻的白噪声,即可表示为

$$x_k = \phi_1 x_{k-1} + \phi_2 x_{k-2} + \cdots + \phi_m x_{k-m} + a_k \qquad (3-1)$$

式中,$\{a_k\}(k=1,2,\cdots)$是白噪声,满足 $E[a_k]=0,D[a_k]=\sigma_a^2(0<\sigma_a^2<\infty),E[a_k a_i]=0\ (k\neq i)$,即离散白噪声是互不相关的、均值为零且方差相同的随机变量序列。常数 m 叫阶次,常数系数 $\phi_i(i=1,2,\cdots,m)$称为自回归系数,且 $m>0,\phi_m\neq 0$。可以表示为线性差分方程(3-1)形式的平稳序列$\{x_k\}(k=1,2,\cdots,N)$,称为具有自回归模型,m 阶自回归模型记为 AR(m),它的含义是:系统在 k 时刻的输出 x_k 可用此系统在 k 时刻前的 m 个输出 $x_{k-1},x_{k-2},\cdots,x_{k-m}$ 与 k 时刻前的白噪声的线性组合表示。

(二)滑动平均模型 MA(n)

x_k 可表示为白噪声$\{a_k\}$在 k 时刻和 k 时刻以前 $n+1$ 个时刻上数值 $a_{k-1},a_{k-2},\cdots,a_{k-n}$的加权和,或者说滑动和的形式,即可表示为

$$x_k = a_k - \theta_1 a_{k-1} - \theta_2 a_{k-2} - \cdots - \theta_n a_{k-n} \qquad (3-2)$$

式中,常数 n 叫阶次,常数系数 $\theta_i(i=1,2,\cdots,n)$称为滑动平均系数,且 $n>0,\theta_n\neq 0$。可以表示为线性差分方程(3-2)形式的平稳序列$\{x_k\}(k=1,2,\cdots,N)$,称为具有滑动平均模型,n 阶滑动平均模型记为 MA(n),它的含义是:系统在 k 时刻的输出 x_k 可看成此系统在 k 时刻与 k 时刻前 $n+1$ 个互相独立的白噪声输入的线性和。

(三)自回归滑动平均模型 ARMA(m,n)

可表示为线性差分方程形式

$$x_k - \phi_1 x_{k-1} - \phi_2 x_{k-2} - \cdots - \phi_m x_{k-m} = a_k - \theta_1 a_{k-1} - \theta_2 a_{k-2} - \cdots - \theta_n a_{k-n} \qquad (3-3)$$

其中 $$m>0,n>0,\phi_p\neq 0,\theta_q\neq 0$$

平稳序列$\{x_k\}(k=1,2,\cdots,N)$,称为具有自回归滑动平均模型,记为 ARMA(m,n)。常数 m、n 叫自回归滑动平均模型的阶次。系数 ϕ_i、θ_j 的含义与上述相同。自回归滑动平均模型的含义是:在时刻 k 的输出 x_k 是系统在 k 时刻前的 m 个输出 $x_{k-1},x_{k-2},\cdots,x_{k-m}$ 与由 $k-n$ 到 k 时刻中 $n+1$ 个互相独立的白噪声输入的线性和。

自回归滑动平均模型式(3-3)中取 $m>0,n=0$,变成自回归模型式(3-1);如果取 $m=0,n>0$,式(3-3)又变成滑动平均模型式(3-2)。因而,自回归滑动平均模型是较一般的模型,自回归模型和滑动平均模型是它的特殊形式。

一个自回归模型可以逼近 ARMA 和 MA 模型。对式(3-3)的等式两端进行 z 变换，将 a_k 看作是一个系统的输入，即白噪声输入，将 x_k 看作是系统的输出，引用前述关于自功率谱密度和传递函数之间的关系 $S_x = |H(z)|^2 S_a$，其中

$$H(z) = \frac{1 - \sum\limits_{i=1}^{n} \theta_i z^{-i}}{1 - \sum\limits_{i=1}^{m} \Phi_i z^{-i}} = \frac{\Theta(z)}{\Phi(z)} \qquad 或 \qquad H(z) = 1/\frac{\Phi(z)}{\Theta(z)} = \frac{1}{\Phi'(z)} \qquad (3-4)$$

则在式(3-4)中，用连除法将分子的多项式除以分母的多项式，可以得到一个具有无穷多项的多项式作为分母，而分子为 1。这就说明，一个自回归滑动平均模型可以用一个高阶的自回归模型逼近；同样，滑动平均模型也可以用一个高阶的自回归模型逼近，其逼近的程度取决于所取的自回归模型的阶次。

一般情况下，由于自回归模型中的系数 ϕ_i 可应用线性最小二乘方原理进行确定，建模比较简单，计算简单且速度快，特别有利于在线诊断。因此，目前生产实践中，低阶自回归模型仍然是最常用、最普通的一种时序模型。

第二节　自回归模型参数及阶次的确定

一、AR 模型参数的最小二乘方估计

对于 AR(m) 模型

$$x_k = \phi_1 x_{k-1} + \phi_2 x_{k-2} + \cdots + \phi_m x_{k-m} + a_k$$
$$a_k \sim NID(0, \sigma_a^2)$$

所谓参数估计，是根据已知的观测数据 $\{x_k\}(k=1,2,\cdots,N)$，按某一方法估计出 $\phi_i(i=1,2,\cdots,m)$ 和 σ_a^2 这 $m+1$ 个参数。对模型的残差 $\{a_k\}(k=1,2,\cdots)$，由上式有

$$a_k = x_k - \phi_1 x_{k-1} - \phi_2 x_{k-2} - \cdots - \phi_m x_{k-m}$$

根据 σ_a^2 的含义，对模型而言，σ_a^2 是模型残差序列 $\{a_k\}$ 的方差，故有

$$\sigma_a^2 = E[a_k^2] = \frac{1}{N} \sum_{k=p+1}^{N} (x_k - \phi_1 x_{k-1} - \phi_2 x_{k-2} - \cdots - \phi_m x_{k-m})^2 \qquad (3-5)$$

可见，一旦估计出 $\phi_i(i=1,2,\cdots,m)$，即可按式(3-5)估计 σ_a^2。所以，通常所指的参数估计，即是指估计出 $\phi_i(i=1,2,\cdots,m)$ 这 m 个参数。

(一)几个基本命题

(1)当 $k \neq j$ 时，$E[a_k a_j] = 0$，即在不同时刻，a_k 是相互独立的，a_k 与 $a_{k-1}, a_{k-2}, \cdots$ 均不相关；

(2)a_k 的分布是正态的，即 $a_k \sim NID(0, \sigma_a^2)$；

(3)当 $j > 0$ 时，$E[x_{k-j} a_k] = 0$，即 a_k 与 $x_{k-1}, x_{k-2}, \cdots$ 均不相关，这从基本命题(1)即可看出。

(二)样本自相关函数

平稳序列 $\{x_k\}(k=1,2,\cdots,N)$，因为 $E[x_k]=0$，所以自相关函数和自协方差函数相同，为

$$r_k = E(x_j x_{j+k}) = \frac{1}{N}\sum_{j=1}^{N-k} x_j x_{j+k} \qquad k = 0,1,2,\cdots,K(K < N) \qquad (3-6)$$

$k=0$，r_0 就等于序列的方差 σ_x^2。定义样本自相关系数为

$$\rho_k = r_k/r_0 \qquad k = 0,1,2,\cdots,K(K < N) \qquad (3-7)$$

(三)AR 模型参数的最小二乘方估计

假设由平稳序列 $\{x_k\}(k=1,2,\cdots,N)$ 建立的自回归模型为

$$x_k = \phi_1 x_{k-1} + \phi_2 x_{k-2} + \cdots + \phi_m x_{k-m} + a_k$$

按最小二乘方原理确定自回归系数，即选 $\phi_i(i=1,2,\cdots,m)$ 使均方偏差达到最小。

$$\delta = \sigma_a^2 = E(x_k - \sum_{j=1}^{m} \phi_j x_{k-j})^2$$

$$= E(x_k - \phi_1 x_{k-1} - \phi_2 x_{k-2} - \cdots - \phi_m x_{k-m})^2$$

这是多元函数求极值问题，为此，让

$$\frac{\partial \delta}{\partial \phi_1} = E[2(x_k - \phi_1 x_{k-1} - \phi_2 x_{k-2} - \cdots - \phi_m x_{k-m})(-x_{k-1})] = 0$$

$$\frac{\partial \delta}{\partial \phi_2} = E[2(x_k - \phi_1 x_{k-1} - \phi_2 x_{k-2} - \cdots - \phi_m x_{k-m})(-x_{k-2})] = 0$$

$$\vdots$$

$$\frac{\partial \delta}{\partial \phi_m} = E[2(x_k - \phi_1 x_{k-1} - \phi_2 x_{k-2} - \cdots - \phi_m x_{k-m})(-x_{k-m})] = 0$$

化简得

$$\begin{cases} r_0 \phi_1 + r_1 \phi_2 + r_2 \phi_3 + \cdots + r_{m-1} \phi_m = r_1 \\ r_1 \phi_1 + r_0 \phi_2 + r_1 \phi_3 + \cdots + r_{m-2} \phi_m = r_2 \\ \vdots \\ r_{m-1} \phi_1 + r_{m-2} \phi_2 + r_{m-3} \phi_3 + \cdots + r_0 \phi_m = r_m \end{cases} \qquad (3-8)$$

各个等式的两边除以 r_0，得

$$\begin{cases} \rho_0 \phi_1 + \rho_1 \phi_2 + \rho_2 \phi_3 + \cdots + \rho_{m-1} \phi_m = \rho_1 \\ \rho_1 \phi_1 + \rho_0 \phi_2 + \rho_1 \phi_3 + \cdots + \rho_{m-2} \phi_m = \rho_2 \\ \vdots \\ \rho_{m-1} \phi_1 + \rho_{m-2} \phi_2 + \rho_{m-3} \phi_3 + \cdots + \rho_0 \phi_m = \rho_m \end{cases} \qquad (3-9)$$

写成矩阵的形式有

$$\begin{bmatrix} 1 & \rho_1 & \rho_2 & \cdots & \rho_{m-1} \\ \rho_1 & 1 & \rho_1 & \cdots & \rho_{m-2} \\ \vdots & \vdots & \vdots & & \vdots \\ \rho_{m-1} & \rho_{m-2} & \rho_{m-3} & \cdots & 1 \end{bmatrix} \begin{bmatrix} \phi_1 \\ \phi_2 \\ \vdots \\ \phi_m \end{bmatrix} = \begin{bmatrix} \rho_1 \\ \rho_2 \\ \vdots \\ \rho_m \end{bmatrix} \qquad (3-10)$$

或有

$$\boldsymbol{P}_m \boldsymbol{\Phi} = \boldsymbol{\rho}$$

式中，$\boldsymbol{P}_m = \begin{bmatrix} 1 & \rho_1 & \rho_2 & \cdots & \rho_{m-1} \\ \rho_1 & 1 & \rho_1 & \cdots & \rho_{m-2} \\ \vdots & \vdots & \vdots & & \vdots \\ \rho_{m-1} & \rho_{m-2} & \rho_{m-3} & \cdots & 1 \end{bmatrix}$ 为自相关矩阵，$\boldsymbol{\Phi} = [\phi_1 \quad \phi_2 \quad \cdots \quad \phi_m]^{\mathrm{T}}$ 为参数

矩阵，$\boldsymbol{\rho}=[\rho_1 \quad \rho_2 \quad \cdots \quad \rho_m]^{\mathrm{T}}$ 为自相关系数矩阵。

由于 $\rho_i(i=1,2,\cdots,m)$ 是可以直接由 $\{x_k\}$ 约计的，只要在式(3-10)中解出 $\phi_i(i=1,2,\cdots,m)$ 即得

$$\boldsymbol{\Phi} = \boldsymbol{P}_m^{-1}\boldsymbol{\rho} \tag{3-11}$$

式(3-11)称为 Yule-Walker 方程。由于自相关矩阵 $\boldsymbol{P}_m$ 中主对角线为 1，主对角线两侧诸元素两两相等，即此矩阵主对角线两侧的元素对称于主对角线，因此属于 Toeplitz 矩阵。在 Toeplitz 矩阵求逆的运算中，可以采用 Levinson 循环递推法，将计算机的运算过程加以简化。

二、AR 模型阶次确定

自回归模型的阶次 m 可以用经验方法加以确定。设 N 为序列 $\{x_k\}$ 中 x 的个数，则一般可取：

当 $N=20\sim50$ 时， $m=N/2$

当 $N=50\sim100$ 时， $m=N/3\sim N/2$

当 $N=100\sim200$ 时， $m=(2N)/\ln(2N)$

比较科学的定阶方法是用 AIC 指标定阶。AIC 值与模型的残差和阶次 m 有关：

$$AIC = N\ln\sigma_a^2 + 2m \tag{3-12}$$

它的物理概念是：提高模型拟合的阶次，则残差 σ_a^2 将减小，而阶次 m 将增大。这样 AIC 值将有一个极小值，对应于此极小值的模型阶次可认为是最佳的模型阶次。

三、机械设备故障时序模型诊断法

(一)根据 AR 模型参数 $\phi_i(i=1,2,\cdots,p)$ 进行诊断

时间序列中蕴含了大量的系统状态信息，通过建立时序模型，将其凝聚成为少数几个模型参数，也就是说，模型参数浓缩了系统状态的信息，所以可以直接依据模型参数对系统状态进行识别和诊断。

【例 3-1】 利用 ϕ_1 在 VDF 车床上进行颤振识别试验。测取尾架顶尖处的振动加速度信号，采样间隔 $T_s=0.5~\mu s$，采样数据长度 $N=128$，得到参考时序 $\{x_k\}_R$。为研究颤振从无到有的发展过程及其特征，考虑到颤振一般在 $1\sim3$s 间隔内产生(这与具体的切削条件有关)，因此，在远离颤振发生时，每隔 3.6s 采样一次，建模一次；而在临近颤振发生时，每隔 0.9s 采样一次，建模一次。图 3-1 示出了在颤振从无到有这一发展过程中参考 AR_R 模型参数 ϕ_{1R} 的变化规律，图中横坐标为时间坐标，以 3.6s 为一个单位，则一个单位对应于采样一次，建模一次的 ϕ_{1R} 数值。由图可见，在远离颤振以前的 4 次采样间隔的时间(3.6s ×4=14.4s)内，ϕ_{1R} 变化平坦；在 4 次采样后，颤振即将发生，ϕ_{1R} 急剧增大，然后维持较大的值。因此，实用中可直接将图 3-1 作为参考模式，对实际切削过程的振动加速度信号进行监测，并按前述相同的步骤不断得到待检时序 $\{x_k\}_T$，并不断建立待检模型 AR_T，一旦发现 AR_T 的模型参数 ϕ_{1T} 具有如图 3-1 所示的急剧增大趋势时，则发出警报信号，采取控制措施。

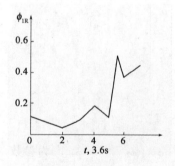

图 3-1 切削颤振识别

图 3-2 是 12 个时域信号,分为正常与异常状态系数两类。为了区分这两类信号,首先对这 12 个信号建立 AR(3)模型,然后如图所示,以模型的第一个系数 ϕ_{31} 和第二个系数 ϕ_{32} 为坐标作图,将正常信号与异常信号区分开来。一般来说,采用这样的方法识别准确性不会太高,因为正常信号与各种异常信号建模时的最佳阶次不一定完全相同。在需要建立高阶自回归模型时,由自回归系数建立的是多维空间,不能直观、迅速地识别各类信号。基于这些原因,这一方法应用较少。

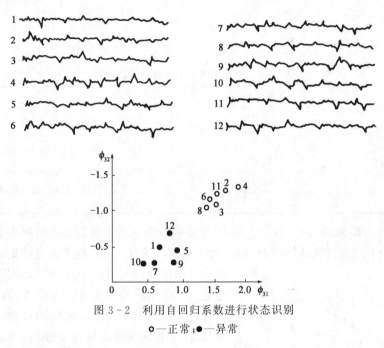

图 3-2 利用自回归系数进行状态识别
○—正常;●—异常

(二)根据模型的残差方差 σ_a^2 进行诊断

在时序模型中,σ_a^2 具有不同的含义,对系统而言,σ_a^2 是系统输入白噪声 $\{a_k\}$ 的方差;对模型而言,σ_a^2 是模型的残差序列 $\{a_k\}$ 的方差。对 AR 模型,σ_a^2 由式(3-5)确定,当模型参数确定后,σ_a^2 亦可由模型直接算出:

$$\sigma_a^2 = \frac{1}{N} \sum_{k=m+1}^{N} \left(x_k - \sum_{i=1}^{m} \phi_i x_{k-i} + \sum_{j=1}^{n} \theta_j a_{k-j} \right)^2 \qquad (3-13)$$

将 σ_a^2 直接用于故障诊断的思想是:在某一参考状态(一般是正常工况)下,取得这一参考状态的参考时序 $\{x_k\}_R$,并建立参考模型 $ARMA_R$ 或 AR_R,按式(3-13)或式(3-5)算得参考模型的残差方差 σ_{aR}^2,σ_{aR}^2 即是该参考状态的特征量。当用于故障诊断时,在待检状态下,取得待检时序 $\{x_k\}_T$,再将待检时序 $\{x_k\}_T$ 代入参考模型 $ARMA_R$ 或 AR_R,由式(3-13)或式(3-5)算得相对于参考模型 $ARMA_R$ 或 AR_R 的残差方差 σ_{aT}^2,即在式(3-13)或式(3-5)中,模型参数 ϕ_i、θ_j 仍为参考模型的参数,但其中的各 $\{x_k\}$ 值用 $\{x_k\}_T$ 代入。显然,如果待检状态与参考状态属于同一状态,则待检时序 $\{x_k\}_T$ 应满足参考模型,从而 σ_{aT}^2 与 σ_{aR}^2 应差别不大;反之,如果待检状态与参考状态不属于同一状态,则 $\{x_k\}_T$ 就不会满足参考模型,从而 σ_{aT}^2 与 σ_{aR}^2 差别甚大。例如,若取参考状态为工况正常状态,在工况监测中,当 σ_{aT}^2 与 σ_{aR}^2 差别不大时,则认为工况正常;当 σ_{aT}^2 与 σ_{aR}^2 相差较大时,应认为工况异常。

【例 3-2】 采用残差方差判断电动机转子质量偏心是否超过给定的界限。在确定参考模型的试验中,首先使电动机在正常状态下运行,测取电动机振动加速度信号,并建立 AR-MA$_\mathrm{R}$(2,1)模型:

$$x_k = 1.96x_{k-1} - 0.93x_{k-2} + a_k + 0.693a_{k-1}$$

然后,在不同的偏心载荷(表 3-1)下,对持续 0.5s 的电动机振动加速度信号采样 100 个点得到$\{x_k\}$($k=1,2,\cdots,100$),再将$\{x_k\}$代入上述参考模型,计算出$\{x_k\}$相对于上述模型的残差方差:

$$\sigma_a^2 = \frac{1}{N}\sum_{k=3}^{N}(x_k - 1.96x_{k-1} + 0.93x_{k-2} - 0.693a_{k-1})$$

表 3-1　电动机转子不同的质量偏心量

状态	质量,g	力,N	符号
A	正常		+
B	9.1	0.8896	×
C	27.2	4.0043	◇
D	45.4	6.6723	△
E	90.7	8.8964	⋈

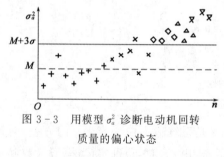

图 3-3　用模型 σ_a^2 诊断电动机回转质量的偏心状态

作出 σ_a^2 的点图,如图 3-3 所示。图中 M 是电动机在正常状态下运转时多次试验得到的残差方差 σ_a^2 的平均值,置信限为 $M+3\sigma$,σ 为上述 σ_a^2 值的均方差,横坐标是按偏心质量的大小依次对电动机的编号。由图可见,偏心质量越大,σ_a^2 也越大。此图作为诊断的参考模式,具体诊断时,在待检电动机运行时,测取其振动加速度信号,离散采样 100 个数据得到待检时序$\{x_k\}_\mathrm{T}$($k=1,2,\cdots,$ 100),将$\{x_k\}_\mathrm{T}$代入上述参考模型算得待检残差 $\sigma_{a\mathrm{T}}^2$,即可根据 $\sigma_{a\mathrm{T}}^2$ 落入点图 3-3 中的位置判断出待检电动机的偏心质量大小。

(三)利用 *AIC* 指标进行状态识别

AIC 准则是检验 AR 模型适应性的一条极为重要的准则。当作为判别函数使用时,其思路为:若对某一状态的信号建立 AR 模型,记为模型 C,算出相应的 *AIC* 值,记为 AIC_C,再将该信号截成两段,对这两段信号分别建立两个模型 A 与 B,算出相应 AIC_A 和 AIC_B。对同一状态的信号,由于模型 C 使用的数据多于模型 A、B 的数据 N_A、N_B,则应有 $AIC_\mathrm{C} < AIC_\mathrm{A} + AIC_\mathrm{B}$,这就意味着,前后两次采样是来源于同一总体,在前后两段运行时间内系统状态没有变化。反之,当上述不等式不成立时,意味着前后两次抽样源于不同的总体,系统的状态在前后两段时间内已经产生了变化。由此得到由 *AIC* 指标构成的判据为

$$\begin{cases} AIC_\mathrm{C} < AIC_\mathrm{A} + AIC_\mathrm{B} & \text{系统状态无变化} \\ AIC_\mathrm{C} > AIC_\mathrm{A} + AIC_\mathrm{B} & \text{系统状态有变化} \end{cases} \tag{3-14}$$

具体运用 *AIC* 指标比较时,由于采样数目 N_A、N_B 和 N_C 不等,应经过标准化,即可对上述判据中的值分别除以其数据个数,得到判据形式为

$$\begin{cases} \dfrac{AIC_C}{N_C} < \dfrac{1}{2}\left(\dfrac{AIC_A}{N_A} + \dfrac{AIC_B}{N_B}\right) & \text{系统状态无变化} \\[3mm] \dfrac{AIC_C}{N_C} > \dfrac{1}{2}\left(\dfrac{AIC_A}{N_A} + \dfrac{AIC_B}{N_B}\right) & \text{系统状态有变化} \end{cases} \qquad (3-15)$$

【例 3-3】 对某耐火材料厂镁砂车间的筒磨减速机进行了为期半年多的监测采样,共取油样 15 次,制谱测读后求得其磨损状况特征量如表 3-2 所示。

以 1~15 号数据为 C 组(样本均值为 13.221),1~8 号为 A 组、9~15 号为 B 组,各自的样本均值见表 3-2。

表 3-2　筒磨减速机磨损状况特征量

组	油样序号	特征量数据	均值	组	油样序号	特征量数据	均值
A	1	11.3528	9.4775	B	9	11.3848	17.9756
	2	10.4607			10	15.6206	
	3	11.0546			11	18.8564	
	4	9.8508			12	20.2601	
	5	9.6166			13	19.6119	
	6	6.3827			14	20.6596	
	7	7.2147			15	19.4356	
	8	9.8869					

对 A、B、C 各组数据减去其均值后的数据建模。按照 AIC 定阶准则,求得各自的合适阶次、模型系数以及最小的 AIC 值如下:

C 组:$x_k = 0.3084x_{k-1} + 0.4134x_{k-2} + 0.3598x_{k-3} + 0.0818x_{k-4}$
$\qquad\quad -0.6223x_{k-5} - 0.7176x_{k-6} - 0.1608x_{k-7} + 0.6225x_{k-8} + a_k$

$\qquad AIC_C = -4.7758$

A 组:$x_k = 1.5326x_{k-1} - 1.1066x_{k-2} - 3.3747x_{k-3} + 2.4691x_{k-4} + a_k$

$\qquad AIC_A = -13.3328$

B 组:$x_k = 0.357x_{k-1} - 4.0404x_{k-2} - 4.0979x_{k-3} + 2.0933x_{k-4} + a_k$

$\qquad AIC_B = -4.8353$

对系统状态进行判断:

$$\frac{AIC_C}{N_C} = -\frac{-4.7758}{15} = -0.3184$$

$$\frac{1}{2}\left(\frac{AIC_A}{N_A} + \frac{AIC_B}{N_B}\right) = \frac{1}{2}\left(\frac{-13.3328}{8} + \frac{-4.8353}{7}\right) = -1.1787$$

所以,$\dfrac{AIC_C}{N_C} > \dfrac{1}{2}\left(\dfrac{AIC_A}{N_A} + \dfrac{AIC_B}{N_B}\right)$,故系统磨损状况发生了变化。对减速机油的谱片进行显微镜直观观察,发现刚开始取样时油内磨损颗粒都比较小,一般为 $10\mu m$ 左右。在以后几次所取的油样中,发现了一定量的严重滑动磨损颗粒,最大粒度为 $19.4\mu m$,较多的磨粒粒度在 $15\mu m$ 左右。较大尺寸磨粒的数量增加速度较快,大磨粒表面有划痕。从定性、定量两方面综合分析,判断减速机齿轮已处于严重磨损前期。

除了上述直接根据时序模型的个别参数或个别特征进行故障诊断外,还可将模型参数构成模式向量,应用模式识别的方法对机械设备运行状态作出分类,详细内容将在第五章中讨论。

第三节　自回归谱的概念和应用

自回归谱是自回归时序模型经过频域变换得到的一种功率谱密度函数。自回归谱反映了一个时间序列在频域中的组成情况。因此,它是机械设备故障诊断中极为有效的工具。

一、自回归谱的概念

假定已经采用 Yule-Walker 方程获得了式(3-1)所示的自回归模型,并且应用 AIC 准则确定了模型的最佳阶次。这时,可以对模型作 z 变换,确定在白噪声 a_k 输入下,输出为 x_k 时的系统传递函数:

$$H(z) = \frac{X(z)}{A(z)} = \frac{1}{1 - \phi_1 z^{-1} - \phi_2 z^{-2} - \cdots - \phi_m z^{-m}}$$

根据系统输入、输出的自功率谱与传递函数的关系,将 $z = \mathrm{e}^{\mathrm{j}2\pi fT_s}$ 代入,有

$$S_x(f) = |\, H(\mathrm{e}^{\mathrm{j}2\pi fT_s}) \,|^2 S_a(f)$$

式中　　T_s——采样间隔;

$S_a(f)$——输入白噪声的功率谱密度,$S_a(f) = \sigma_a^2 T_s$。

这样可以得到时间序列 $\{x_k\}$ 的自回归谱

$$S_x(f) = \frac{\sigma_a^2 T_s}{\left| 1 - \sum\limits_{k=1}^{m} \phi_k \mathrm{e}^{-\mathrm{j}2\pi kfT_s} \right|^2} \tag{3-16}$$

对于一阶自回归模型 $x_k = \phi_1 x_{k-1} + a_k$,利用式(3-16)可以求出其自回归谱

$$S_x(f) = \frac{\sigma_a^2}{1 + \phi_1^2 - 2\phi_1 \cos 2\pi f}$$

这里,采样间隔 T_s 取为 1,相当于采样频率 $f_s = 0.5$ 或 $\omega_s = \pi$。当 $\omega = 2\pi f$ 自 0 到 π 变化时,分母将单调增或单调减,视 ϕ_1 值的正负而定。

当 ϕ_1 为正时,$\omega = 0$,$S_x(f) = \max$;当 ϕ_1 为负时,$\omega = \pi$,$S_x(f) = \max$。由此可见,一阶自回归模型在谱图上形不成谱峰,如图 3-4(a)所示。

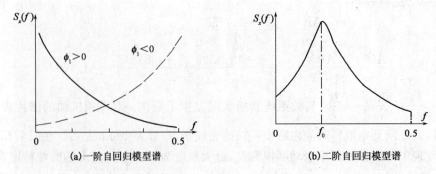

(a)一阶自回归模型谱　　　　**(b)二阶自回归模型谱**

图 3-4　自回归模型的谱

进一步观察一个带噪声的正弦波 $x_k = A\sin k\omega_0 T_s$,确定其自回归模型和功率谱密度函数:因为

$$x_{k-1} = \frac{2A\sin(k-1)\omega_0 T_s \cdot \cos\omega_0 T_s}{2\cos\omega_0 T_s} = \frac{A\sin k\omega_0 T_s + A\sin(k-2)\omega_0 T_s}{2\cos\omega_0 T_s}$$

因此,相应的自回归模型是 AR(2):

$$x_k - (2\cos k\omega_0 T_s)x_{k-1} + x_{k-2} = a_k$$

取采样间隔 $T_s=1$,噪声的方差为 σ_a^2,经过频域变换,可以得到 x 的功率谱密度函数为

$$S_x(f) = \frac{\sigma_a^2}{4(\cos^2\omega_0 + \cos^2\omega) - 8\cos\omega_0\cos\omega}$$

可以看到,当 $\omega \to \omega_0$ 时,S_x 将会出现一个谱峰,如图 3-4(b)所示。

自回归谱的基本优点是:

(1)谱峰尖锐,频率定位准确、清晰;

(2)当两个谱峰的位置十分邻近时,具有很强的分辨力;

(3)对周期性较强的序列,不要求严格按周期采样;

(4)在保证获得足够信息的前提下,可以大大减少采样数目;

(5)整个分析工作可以在微型计算机上进行。

由于自回归谱具有上述的一系列优点,特别是能够提供比较准确的频域信息,对于复杂的机器运行信号,通过自回归谱分析,可以找出各个频率分量及其在信号中的比重,因此宜于在故障诊断中应用。

二、自回归谱的应用

(一)电动机运转噪声的自回归谱分析

电动机在运转过程中产生的振动和噪声直接反映了电动机的工作状态。利用振动和噪声信号对电动机进行监控和故障诊断的方法,已经在国内外的一些化肥厂、轧钢厂等连续生产过程中得到应用。电动机的噪声种类很多,主要有通风噪声、电磁噪声、轴承噪声和其他部件的机械振动声,它们有各自的频率特性。因此,准确地确定电动机噪声的各个频率成分和相应的幅值,有助于对电动机运行中的故障和结构工艺上的缺陷进行诊断。

图 3-5 是用精密声级计测量 Y200L-6 型电动机噪声的光线示波器记录曲线,其中(a)是测点位于电动机前上端时的记录,(b)是位于电动机左前端时的记录。由于光线示波器振子频响特性的限制,高频分量没有保留下来。图 3-6 是对应于图 3-5(a)记录曲线的自回归谱,图 3-7 是对应于图 3-5(b)中记录曲线的自回归谱。谱上标明了各个谱峰处的频率,比较图 3-6 和图 3-7 所示的两个自回归谱,可以看到,各个谱峰处的频率基本相同,甚至十分接近。从谱峰的高度来看,正前测点上所测出的电磁噪声、机壳共振声均较左前测点所测出的结果为大。

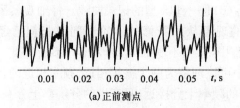 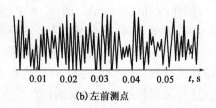

(a)正前测点　　　　　　　　　　(b)左前测点

图 3-5　Y200L-6 型电动机噪声记录

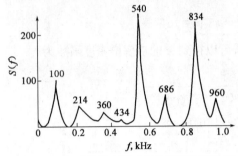

图 3-6 电动机噪声的自回归谱(正前测点)

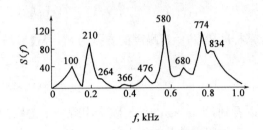

图 3-7 电动机噪声的自回归谱(左前测点)

电动机的通风噪声分为共鸣与涡流声两类。前者由风扇的叶片、风道、散热肋板设计不合理或者叶片与导风装置配合不善所引起,其频率是 $f=\dfrac{mnz}{60}$Hz(m 为风扇的叶片数目,z 为谐波次数,n 为电动机转速)。涡流声又称气体紊流声,与叶片的形状、尺寸、风道结构有关,其特点是频率范围在 100～3000Hz 的宽频带白噪声。在图 3-6 与图 3-7 的两个自回归谱上都没有找到通风噪声,可能的原因是风扇位于电动机的后部,而上述两个测点都在电动机前部的缘故。表 3-3 是对这一电动机噪声的诊断结论。

表 3-3 Y200L-6 型电动机噪声源的诊断结论

正前测点(图 3-6)		左前测点(图 3-7)		噪声源诊断结论
f,kHz	$S(f)$	f,kHz	$S(f)$	
100	96.9	100	48.2	2 倍电源频率,磁极径向拉力脉动噪声
214	48.7	210	90.2	4 倍电源频率,磁极径向拉力脉动噪声
		264	21.0	后轴承轴向窜动噪声
434	17.1	476	26.3	前轴承噪声
540	242.7	580	127.7	机壳共振声
686	79.5	680	45.4	机壳共振声
		774	110.6	磁噪声
834	214.4	834	75.7	磁噪声
960	47.3			磁噪声

注:表中未列的频率分量原因不明。

(二)磨削振动的自回归谱分析

在一台装有静压主轴承的外圆磨床上,监测砂轮重新修正后直到磨钝为止各个阶段中工件的振动状态。所用的仪器是涡流式测振仪,工件材料分别为 45 钢、55 钢和 T8 钢,砂轮采用粒度为 46 的中软氧化铝砂轮。图 3-8 中(a)～(d)是一组典型的记录曲线。仔细观察图中由(a)到(d)各个振动信号的变化,可以看到拍的现象从用新修的砂轮磨削时起就已经存在[图 3-8(a)],所不同的是,在砂轮整个磨钝过程中,振幅不断加大,而频率却不断降低。这种拍的现象在机器振动中经常遇到,在线性振动中可以理解为两个振幅相近、频率相近的正弦振动合成。这种形成拍的频率分量的特点是它们的频率十分接近,只有谱的分辨率十分高时,才能将它们分解出来。图 3-9 是用自回归谱方法分离出的、频率定位准确的三个正弦分量,这在一般的数据处理机上是无法获得的。

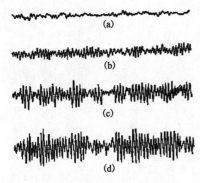

图 3-8 磨削振动的记录曲线

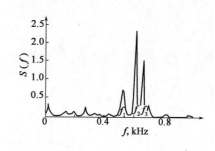

图 3-9 磨削振动的自回归谱

图 3-9 为砂轮快要磨钝时的自回归谱。图上三个相邻谱峰的频率和相对振幅如表 3-4 所示。由于拍的形成还可以用非线性振动来说明,例如,一个以频率 $f_+=(f_1+f_2)/2$ 振动的物体放置在另一个以频率 $f_-=(f_1-f_2)/2$ 振动的支架上时,也可以得到拍的现象。表 3-4 中两个 f_- 的频率 25.6Hz 和 48.4Hz,十分接近砂轮的回转频率 20.5Hz 和 50Hz 的电源频率,值得进一步加以探查。

表 3-4 磨削振动中拍的频率合成

频率 f, Hz	振幅 S, cm	$(f_1+f_2)/2$, Hz	$(f_2+f_3)/2$, Hz	$(f_2-f_1)/2$, Hz	$(f_3-f_2)/2$, Hz
$f_1=582.0$	0.88	630.3		48.4	
$f_2=678.7$	1.56	630.3	704.2	48.4	25.6
$f_3=729.8$	1.33		704.2		25.6

(三)刀具磨损状态判别的 AR 谱分析

为了研究刀具磨损状态所造成的影响,在车床上进行刀具磨损试验,测取切削过程的切削力信号,得到参考时序 $\{x_k\}_R$。对这一时间序列进行 FFT 变换所得频谱毛刺较多,谱峰不明显,不易进行分析。采用自回归谱分析法,建立参考时序模型 AR_R,采用 AIC 准则检验,模型阶数 $m=5\sim9$,根据 AR_R 算出 AR 谱 $S_x(f)_R$。图 3-10 为刀具磨损量分别为 0mm、0.29mm、0.57mm、0.87mm 时的 AR 谱 $S_x(f)_R$,图 3-11 为同一刀具持续工作 40min 期间内的四个阶段的 AR 谱 $S_x(f)_R$。从图中可看出,每一 AR_R 模型对应有两个谱峰,第一谱峰在 265~313Hz 之间,随着磨损量和工作时间的增加,谱峰频率向高频方向移动,谱峰幅值也逐渐增高,磨损量越大,谱峰幅值增高越快;第二谱峰在 605~615Hz 之间,随着磨损量和工作时间的增加,谱峰频率基本不变,但谱峰幅值则逐渐减小。总的趋势是,随着磨损量和工作时间的增加,第一主峰增长,第二主峰下降,其物理意义为:切削系统的能量由高频向低频转移。根据上述 $S_x(f)_R$ 的情况,可有三种诊断方案:

第一,采用 265~313Hz 附近的第一主峰幅值 S_{1R} 作为判据。实际监测与诊断时,将待检 AR 谱 $S_x(f)_T$ 图中的第一主峰幅值 S_{1T} 与

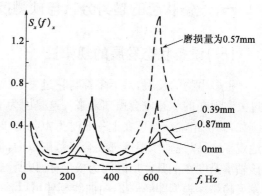

图 3-10 不同磨损量时的 AR 谱

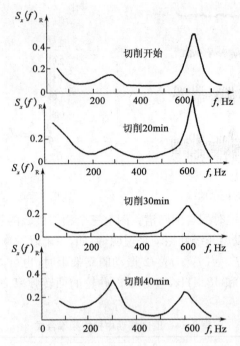

图 3-11 刀具在不同工作阶段时的 AR 谱

参考谱 $S_x(f)_R$ 图的第一主峰幅值 S_{1R} 进行比较,可以随时了解切削过程中的刀具磨损量大小。当 S_{1T} 超过刀具最大磨损量所对应的 S_{1Rmax} 时,控制系统即可发出换刀信号,实现了刀具磨损的在线监控。

第二,采用 605～656Hz 附近的第二主峰幅值 S_{2R} 作为判据。监测方法同上,所不同的是由于 S_{2T} 随磨损量的增大而减小,所以,当 S_{2T} 小于刀具最大磨损量所对应的 S_{2Rmin} 时,就发出换刀信号。

第三,采用谱峰幅值比 S_{1R}/S_{2R} 作为判据,监测方法同上。

第四节　设备状态变化趋势性及预测

一、设备状态的趋势分析与预测技术的特点

(一)设备状态发展的规律性

很多事物的发展,差不多都与它过去的状态有关系,观察过去的状态可知它的现在,观察过去和现在的状态也会预知未来。这是因为事物的发展都带有一定的延续性或称为"惯性"。例如,某机组轴承温度在上午 8 时为 40℃,9 时为 41℃,10 时为 43℃,11 时为 46℃。如果孤立地观察,可以说轴承温度都在合格范围以内,但是从所观测数据与时间的关系来看,则可说明该轴承温度在上升。以时间为横坐标,以所测数据为纵坐标绘出曲线,即可按曲线延伸来预测发展趋势。根据图 3-12,由曲线延伸可以预测到 13 时以后轴承温度将达到 50℃。如果轴承温度继续升高,很可能导致质的变化,造成轴承损坏,甚至带来更大的危害。

通过上述分析可知,设备状态预测的主要依据是设备故障的发展规律与趋势,具有以下特点:

(1)设备缺陷和异常的延续性。设备故障往往来自元件、部件本身或它们之间连接部位的缺陷。一般情况下缺陷既以形成就会出现缺陷的状态特征,不经修复或处理,缺陷不仅不会自行消失,而且还可能发展,发展到一定程度就会突然形成故障。掌握各种缺陷向故障发展的规律,将有助于提供有使用价值的状态预测。

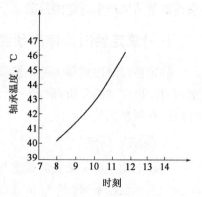

图 3-12 轴承温度发展趋势

(2)设备故障的相关性。设备缺陷的发展规律,常和设备内部结构、部件之间的关联以及设备的运行条件密切相关,如高压电器局部放电逐渐增大常和内部绝缘劣化有关系,高温金属蠕变速度增大和运行温度有关系。查明故障机理,即可依据故障因果的函数关系,建立预测模型。

(3)设备故障的相似性。设备缺陷及其扩展变化,有时具有共同的特征。在同型设备或近似类型设备上,则有更大的近似性。搜集同型设备发生的缺陷及其扩展变化的情况,再加上被预测设备的具体运行条件,将为建立预测模型提供有利的借鉴。

(二)预测技术的特点

(1)科学性。预测技术是按科学方法和程序建立模型,是在掌握主观和客观诸因素和各种因素相互关系的基础上,对事物发展趋势作出的判断,所以是科学的预测。

(2)近似性。预测是对未来发展的科学估计,是对事物发展规律的认识与推演,它只是预测大略的趋向,不可能预测某台机组运行到某月、某日甚至某时一定会损坏。预测与实际情况的发展常会有小的偏差,在数值上可能与实际略有出入,所以预测具有近似性。

(3)局限性。由于外部各种因素变化的影响,以及人们对未来认识的局限性,预测结果常常是在指定的范围内有效,也就是预测结果不能表达事物发展的全过程。因此,预测具有一定的局限性。

在设备状态监测与故障诊断中,使用的预测方法较多,本节仅对时间序列预测法作一讨论。

一、时间序列预测法

时间序列通常是按小时、日、周、月、年观测事物的变化。在某些场合不是按时间观察统计,而是按温度、电流等观察统计的数据,习惯仍使用时间序列这一术语。

时间序列用于预测的基本思想是认为历史将延续到未来,即一种事物过去随时间而变化的趋势,也是今后该事物随时间而变化的趋势,预测的方法就是时间序列的外推。时间序列预测技术是通过对预测目标本身时间序列的处理来研究其变化趋势。这一变化趋势往往包含有:

(1)长期趋势分量,它反映了事物的主要变化趋势,对于长期的较粗略的预测是很有用的。

(2)季节变动分量或周期变动分量,它是由事物某些局部特性引起的,对短期预测有实际意义。

(3)随机性变动分量,是指由各种事前无法预料的因素引起的对时间序列宏观上的影响,它使测量结果产生一定的分散。

(一)确定性时间序列预测技术

确定性时间序列预测的一般步骤是:首先求出基本的发展趋势,分析可能存在的波动,再通过对随机变动的分析,确定一个合理的预测区间,然后进行预测。下面介绍几种常用的确定性时间序列预测技术。

1. 滑动平均法

滑动平均法认为未来的状态与近期的状态有关,而远期的状态并不重要。所以该方法是不断引入新数据来修改平均值,以消除变动的偶然因素的影响,得出事物发展的主导趋势。其数学模型为

$$M_k = \frac{x_{k-1} + x_{k-2} + \cdots + x_{k-n}}{n} \qquad k > n \qquad (3-17)$$

式中　M_k——预测值(观测序列平均值);

　　　x_k——观测序列实际值;

　　　n——预测资料期(滑动平均包含的观测值的个数)。

例如,设近期三个月的实测数据为 x_1、x_2、x_3,则预测第四个月的数据为 $M_4 = (x_1 + x_2 + x_3)/3$;同法类推,第五个月的数据预测值为 $M_5 = (x_2 + x_3 + x_4)/3$。

滑动平均法预测误差的大小取决于滑动平均所包含的观测值个数 n。n 值越大,对实际值的修正作用越强,预测线越平滑,灵敏度也就越差,其结果只能反映预测事件的发展方向和趋势;反之,n 值越小,预测线接近实际值,灵敏度越高。所以 n 值应根据要求的预测精度和 x 值变化大小而选取。如果要求预测值比较准确,n 值应取小一些,可在 3～5 之间;反之,如果想得到事物变化的大致趋势,n 值可取得大一些,可在 10～30 之间。滑动平均法只适合作近期预测。

2. 加权滑动平均预测法

在滑动平均法中,每个数据在平均中的作用是等同的,不能反映距预测期越近的数据对预测值影响越大的情况,所以把简单滑动平均法修改为加权滑动平均预测法。根据距离预测期的远近,分别赋予各个观测数据一个不同的权数,近期数据对于预测值的影响较大,其权数大些,远期数据的影响相对较小,其权数可小些。其数学模型为

$$M_k = w_{k-1}x_{k-1} + w_{k-2}x_{k-2} + \cdots + w_{k-n}x_{k-n} \qquad k > n \qquad (3-18)$$

式中　M——预测值(观测序列平均值);

　　　x——观测序列实际值;

　　　w——数据的权值,$w_{k-1} > w_{k-2} > \cdots$,$\sum w = 1, 0 < w < 1$。

加权滑动平均预测法可以比较好地反映实际值的变化情况,预测误差比滑动平均法小。

3. 指数平滑法

这种方法主要是强调近期数据对预测值的影响,可以任意选择近期数据的权数,但也不忽略远期数据的作用。所以指数平滑法是以近期的实际值和近期的预测值为依据,经过修正后得出预测值,不需要存储很多的历史观测数据。它实质上也是一种加权平均法,不过它的权数是由近期实际值和近期预测值的误差来确定的,而且它在整个时间序列中是有规律排列的。

其数学模型为

$$M_k = M_{k-1} + \alpha(x_{k-1} - M_{k-1}) \tag{3-19}$$

式中　M_k——第 k 期预测值；

　　　M_{k-1}——第 $k-1$ 期预测值；

　　　x_{k-1}——第 $k-1$ 期实际观测值；

　　　α——平滑系数或权数，$0 < \alpha < 1$。

用式(3-19)计算的预测值，其大小主要取决于近期的预测误差($x_{k-1} - M_{k-1}$)，以及平滑系数 α。α 的取值将直接影响预测精度，当时间序列的波动较大，不具备长期的稳定趋势时，应取较大的 α 值，一般取 0.5～0.9；当时间序列变动缓慢，或虽有不规则的起伏，但长期趋势较平稳时，取较小的 α 值，一般取 0.01～0.3。

(二)平稳随机时间序列的预报原理

1.一般原理

平稳随机时间序列预测技术不同于确定性时间序列预测技术，它是把时间序列作为随机过程来研究的。由于该技术考虑了时间序列的随机特征和统计特征，所以能比确定性时间序列预测法提供更多的信息。在设备诊断技术中常用模型研究系统特性和工作状态，预测设备状态变化的趋势。

假设 $\{x_k\}$ 为平稳时间序列，以 x_k 表示 $\{x_k\}$ 在 k 时刻及其以前的观测值 $\{x_i, i=1, \cdots, k\}$ 的记录，若根据观测序列 x_k 对 x_{k+l} 作出某种最优意义下的估计，则称该估计值 $\hat{x}_{k+l}$ 为 k 时刻时间序列的 l 步预报，记为 $x_k(l)$。怎样计算估计值 $\hat{x}_{k+l}$ 认为是最优预报结果呢？这里采用最小方差线性估计原则。用 $x_1, x_2, \cdots, x_k$ 对 x_{k+l} 作最小方差线性预报，取

$$x_k(l) = \hat{x}_{k+l} = c_0 + \sum_{j=1}^{k} c_j x_j \tag{3-20}$$

其中，$c_0, c_1, \cdots, c_k$ 是常数，选择 $c_0, c_1, \cdots, c_k$，使得平均平方误差达到最小，即

$$e_k^2(l) = E(x_{k+1} - \hat{x}_{k+l})^2 = E\left(x_{k+l} - c_0 - \sum_{j=1}^{k} c_j x_j\right)^2 = \min$$

称 $e_k(l) = x_{k+1} - \hat{x}_{k+l}$ 为 l 步预报误差。或写为

$$x_{k+l} = \hat{x}_{k+l} + e_k(l) \tag{3-21}$$

也就是说，x_{k+l} 由预报值和预报误差两部分组成，预报误差是不可预报的部分，它包含了新的信息。

下文所描述的预报方法，建立在以下基本原理基础上。若已经观测到平稳时间序列 x_1，$x_2, \cdots, x_k$ 的数值，则

(1)将来第 $k+l$ 个时刻的白噪声估计值为 0，即 $\hat{a}_{k+l} = 0$；

(2)现在或过去第 j 个时刻平稳时间序列估计值为其观测值，即 $\hat{x}_j = x_j(1 \leqslant j \leqslant k)$。

2.时间序列的 ARMA 模型预报方法

对于时间序列 ARMA(m, n)模型

$$x_k = \theta_0 + a_k + \sum_{i=1}^{m} \phi_i x_{k-i} - \sum_{j=1}^{n} \theta_j a_{k-j} \tag{3-22}$$

其中，$\theta_0 = \mu_x(1 - \phi_1 - \cdots - \phi_m)$。考虑 $x_{k+l}(l=1,2,\cdots)$ 的最小方差线性预报（假设 $m > n$），

当 $l \leqslant n$ 时
$$x_k(l) = \hat{x}_{k+l} = \theta_0 + \sum_{i=1}^{m} \phi_i \hat{x}_{k+l-i} - \sum_{j=l}^{n} \theta_j \hat{a}_{k+l-j} \qquad (3-23)$$

当 $l \geqslant n$ 时
$$x_k(l) = \hat{x}_{k+l} = \theta_0 + \sum_{i=1}^{m} \phi_i \hat{x}_{k+l-i} \qquad (3-24)$$

由式(3-23)和式(3-24)可得时间序列的 ARMA(m,n) 预报具有如下特点：

(1)当 $l \leqslant n$ 时，预报公式(3-23)中包含白噪声项 $a_k, a_{k-1}, a_{k-2}, \cdots$。白噪声序列的值是无法直接观测到的。若 ARMA 模型满足可逆性条件，则由序列 $\{x_k\}$ 的观测值应用模型方程(3-21)可迭代计算白噪声序列的值，但这样的计算是十分繁琐的。

(2)当 $l \geqslant n$ 时，预报算式(3-24)中不含白噪声序列的值，但是它包含前一步预报值，且各步预报值之间具有式(3-24)所示的递推关系。显然，最初的 l 步预报必然涉及白噪声序列值的递推计算。

(3)AR 模型和 MA 模型预报均为 ARMA 模型预报的特例，若在模型方程和相应的预报公式中分别令 $\phi_i = 0(i=1,\cdots,m)$ 或 $\theta_j = 0(j=1,\cdots,n)$，则得到 AR 模型和 MA 模型的预报公式。可见，AR 模型的预报不涉及白噪声序列的值，计算简便。

(4)由于 ARMA 模型的预报计算比较复杂，因此工程中更多地采用 AR 模型作为预报模型。

3. 时间序列的 AR 模型预报方法

一个平稳时间序列的 AR 模型为
$$x_k = \theta_0 + \sum_{i=1}^{m} \phi_i x_{k-i} + a_k$$

已经观测到 $x_1, x_2, \cdots, x_k(k>m)$ 的数值，在上式中取 $k=k+l$，并在等式两边取估计值，得到
$$x_k(l) = \hat{x}_{k+l} = \theta_0 + \sum_{i=1}^{m} \phi_i \hat{x}_{k+l-i} + \hat{a}_{k+l} \qquad (3-25)$$

由基本命题，得
$$x_k(l) = \hat{x}_{k+l} = \theta_0 + \sum_{i=1}^{m} \phi_i \hat{x}_{k+l-i} \qquad (3-26)$$

其中 $\theta_0 = \mu_x(1 - \phi_1 - \cdots - \phi_m)$。在预报公式(3-26)中分别取 $l=1,2,\cdots$，可分别得到一步、二步、$\cdots\cdots$预报值，即

取 $l=1$，$\qquad x_k(1) = \hat{x}_{k+1} = \theta_0 + \phi_1 x_k + \phi_2 x_{k-1} + \cdots + \phi_m x_{k+1-m}$

取 $l=2$，$\qquad x_k(2) = \hat{x}_{k+2} = \theta_0 + \phi_1 \hat{x}_{k+1} + \phi_2 x_k + \cdots + \phi_m x_{k+2-m}$

取 $l=3$，$\qquad x_k(3) = \hat{x}_{k+3} = \theta_0 + \phi_1 \hat{x}_{k+2} + \phi_2 \hat{x}_{k+1} + \cdots + \phi_m x_{k+3-m}$
$$\vdots$$

需要指出，在计算二步预报值时要用到一步预报值，在计算三步预报值时要用到一步、二步的预报值，等等。

现在介绍计算一步预报误差范围的方法。由式(3-21)，有
$$e_k(1) = x_{k+1} - \hat{x}_{k+1} = a_{k+1}$$

即 k 时刻一步预报误差等于第 $k+1$ 时刻的白噪声的数值。一般情况下,用

$$Ee_k^2(1) = Ea_{k+1}^2 = \sigma_a^2$$

刻画一步预报的精度。对正态平稳时间序列 $\{x_k\}$,一步预报误差 $e_k(1)$ 服从正态分布,所以

$$P\{|e_k(1)| < 2\sigma_a\} \approx 0.95$$

其中,$\sigma_a = \sqrt{\sigma_a^2}$。因而,一步预报误差绝对值不超过 $2\sqrt{\sigma_a^2}$ 的概率约为 95%,即置信概率为 0.95 的一步预报绝对误差的范围为 $2\sqrt{\sigma_a^2}$。用它可以判断一步预报效果的好坏。

【例 3-4】 某型数控机床伺服系统性能好坏直接关系到数控机床执行件的静态和动态特性、工作精度、响应快慢及负载能力。因此,需要掌握伺服系统故障频率的发展趋势。从 1996 年 7 月到 1998 年 6 月记录伺服系统每月事故频率(表 3-5),共 24 个数据。要求建立 AR 模型,并预报下一个月数控机床伺服系统故障频率。

表 3-5　伺服系统故障频率表

k	时间	y_k	x_k	k	时间	y_k	x_k
1	1996.7	0.047	0.005	13	1997.7	0.078	0.036
2	1996.8	0.047	0.005	14	1997.8	0.047	0.005
3	1996.9	0.031	−0.011	15	1997.9	0.016	−0.026
4	1996.10	0.062	0.020	16	1997.10	0.047	0.005
5	1996.11	0.016	−0.026	17	1997.11	0.031	−0.011
6	1996.12	0.031	−0.011	18	1997.12	0.062	0.020
7	1997.1	0.016	−0.026	19	1998.1	0	−0.042
8	1997.2	0.094	0.052	20	1998.2	0.094	0.052
9	1997.3	0.031	−0.011	21	1998.3	0.047	0.005
10	1997.4	0.016	−0.026	22	1998.4	0.016	−0.026
11	1997.5	0.031	−0.011	23	1998.5	0.031	−0.011
12	1997.6	0.047	0.005	24	1998.6	0.062	0.020

解:(1)先计算均值:

$$\mu_y = \frac{1}{24}(0.047 + 0.047 + \cdots + 0.031 + 0.062) = 0.042$$

令 $x_k = y_k - 0.042$,则 x_k 的数据见表 3-5 中的 x_k 栏。

(2)根据 x_k 的数据,建立二阶自回归模型 AR(2)。利用式(3-6)和式(3-7)计算模型参数估计所需的自相关函数:

$$\hat{\gamma}_0 = \frac{1}{24}[0.005^2 + 0.005^2 + (-0.011)^2 + \cdots + (-0.011)^2 + 0.020^2]$$

$$= 0.000580167$$

$$\hat{\gamma}_1 = \frac{1}{24}[0.005 \times 0.005 + 0.005 \times (-0.011) + \cdots + (-0.011) \times 0.020]$$

$$= -0.000192$$

$$\hat{\gamma}_2 = \frac{1}{24}[0.005 \times (-0.011) + 0.005 \times 0.020 + \cdots + (-0.026) \times 0.020]$$

$$= -0.000099625$$

所以 $$\hat{\rho}_1 = \frac{\hat{\gamma}_1}{\hat{\gamma}_0} = -0.33, \hat{\rho}_2 = \frac{\hat{\gamma}_2}{\hat{\gamma}_0} = -0.17$$

利用 Yule-Walker 方程(3-11)估计模型参数

$$\begin{bmatrix} \hat{\phi}_1 \\ \hat{\phi}_2 \end{bmatrix} = \begin{bmatrix} 1 & \hat{\rho}_1 \\ \hat{\rho}_1 & 1 \end{bmatrix}^{-1} \begin{bmatrix} \hat{\rho}_1 \\ \hat{\rho}_2 \end{bmatrix}$$

所以 $$\hat{\phi}_1 = \frac{\hat{\rho}_1(1-\hat{\rho}_2)}{1-\hat{\rho}_1^2} = \frac{-0.33[1-(-0.17)]}{1-(-0.33)^2} = -0.433$$

$$\hat{\phi}_2 = \frac{\hat{\rho}_2 - \hat{\rho}_2^2}{1-\hat{\rho}_1^2} = \frac{(-0.17)-(-0.33)^2}{1-(-0.33)^2} = -0.313$$

得到关于 x_k 的线性模型

$$x_k + 0.433x_{k-1} + 0.313x_{k-2} = a_k$$

将 $x_k = y_k - 0.042$ 代入上式,得到关于 y_k 的线性模型

$$(y_k - 0.042) + 0.433(y_{k-1} - 0.042) + 0.313(y_{k-2} - 0.042) = a_k$$

化简得

$$y_k = 0.0733 - 0.433y_{k-1} - 0.313y_{k-2} + a_k$$

由上式 AR(2) 的模型方程,得到预报公式为

$$\hat{y}_{k+l} = 0.0733 - 0.433\hat{y}_{k+l-1} - 0.313\hat{y}_{k+l-2}$$

利用 $y_{23} = 0.031, y_{24} = 0.062$,得到

$$\begin{aligned} \hat{y}_{25} &= 0.0733 - 0.433y_{23} - 0.313y_{24} \\ &= 0.0733 - 0.433 \times 0.031 - 0.313 \times 0.062 \\ &= 0.0405 \end{aligned}$$

于是得到 1998 年 7 月伺服系统事故频率预测值为 0.0405。

讨论一步预报误差

$$\begin{aligned} \sigma_a^2 &= E(x_{k+1} - \phi_1 x_k - \phi_2 x_{k-1})^2 = \hat{\gamma}_0 - \phi_1\hat{\gamma}_1 - \phi_2\hat{\gamma}_2 \\ &= 0.000580167 - 0.0433 \times 0.000192 - 0.313 \times 0.000099625 \\ &= 0.00046585 \end{aligned}$$

因而,$e_k(1) = a_{k+1} = 2\sqrt{\sigma_a^2} = 0.0432$,一步预报误差范围是 0.0432,预报效果不太好。

【例 3-5】 继续例 3-3,对 A 组数据在 $t=7$ 时作一步与二步预报。由预报模型

$$y_k(l) = 14.0229 + 1.5326y_{k+l-1} - 1.1066y_{k+l-2} - 3.3747y_{k+l-3} + 2.4691y_{k+l-4}$$

可得 $$\begin{aligned} y_7(1) &= 14.0229 + 1.5326y_7 - 1.1066y_6 - 3.3747y_5 + 2.4691y_4 \\ &= 14.0229 + 1.5326 \times 7.2147 - 1.1066 \times 6.3827 - 3.3747 \times 9.6166 \\ &\quad + 2.4691 \times 9.8508 = 9.8865 \end{aligned}$$

$$\begin{aligned} y_7(2) &= 14.0229 + 1.5326y_7(1) - 1.1066y_7 - 3.3747y_6 + 2.4691y_5 \\ &= 14.0229 + 1.5326 \times 9.8865 - 1.1066 \times 7.2147 - 3.3747 \times 6.3827 \\ &\quad + 2.4691 \times 9.6166 = 23.3863 \end{aligned}$$

实际真值 $y_8 = 9.8869$ 和 $y_9 = 11.3848$,比较可见一步预测精度非常高,但二步预测精度较差。

当机械系统运行状态发生变化时,状态特征信号已变成非平稳时间序列,而采用平稳随机时间序列模型进行运行状态预测,预报误差就比较大。目前已出现多种对时间序列平稳化处理方法,以减小预报误差。

习题与思考题

3-1 平稳序列$\{x_k\}$的样本自相关系数如下($\mu_y=0.03,r_0=3.34$):

k	1	2	3	4	5
ρ_k	-0.800	0.670	-0.518	-0.390	-0.310

假定模型识别为 AR(1),试求 y_k 的模型方程和 σ_a^2 的值。

3-2 平稳序列$\{x_k\}$的样本自相关系数如下($\mu_y=0.09,r_0=1.15$):

k	1	2	3	4	5
ρ_k	0.427	0.475	0.169	0.253	0.126

假定模型识别为 AR(2),试求 y_k 的模型方程和 σ_a^2 的值。

3-3 自回归过程为 $x_k=0.8x_{k-1}+a_k$,$a_k\sim NID(2,4)$,求 x_k 的均值、x_k 的方差、$\tau=3$ 时的自相关系数 ρ_3、功率谱密度函数 $S_x(f)$。

3-4 时域故障识别如何用 AIC 指标进行?

3-5 自回归谱用于机械故障诊断有什么优点?

3-6 试设计应用自回归谱分析电动机产生噪声的原因的检测、分析系统。

3-7 根据 AR 模型参数 $\phi_i(i=1,2,\cdots,p)$进行故障诊断应如何实施? 其特点是什么?

3-8 如何根据模型残差方差 σ_a^2 进行故障诊断?

3-9 平稳序列$\{y_k\}$的线性模型为 $y_k=0.05-0.8y_{k-1}+a_k$,而 $\sigma_a^2=1.2$。已知观测值 $y_{100}=3.2$,试用递推法求预报值 $y_{100}(1)$、$y_{100}(2)$、$y_{100}(3)$,并求置信概率为 95% 的一步预报绝对误差的范围(假定正态平稳序列)。

3-10 平稳序列$\{y_k\}$的线性模型为 $y_k=-0.34+a_k+0.62a_{k-1}$,而 $\sigma_a^2=0.96$。利用观测值 $y_1,y_2,\cdots,y_{50}$ 算得 $a_{50}=1.26$,试用递推法求预报值 $y_{50}(1)$、$y_{50}(2)$、$y_{50}(3)$。

第四章
小波分析及其应用

第一节　从傅里叶变换到小波变换

如第二章所述,傅里叶变换可以将时域信号变换成频域中的谱,各频段的谱分量可以表明信号的各个组成部分,表征着信号的不同来源和不同特征。FFT 算法、现代谱理论的发展以及计算机性能的迅速提高,使得信号谱估计可以在很短的时间内完成,从而实现对观测信号的实时分析。虽然频谱估计已成为故障诊断领域中十分重要的特征分析工具,但其仍存在一些不足:

(1)只适用于分析平稳信号,对非平稳信号则不适用。

(2)时域信号的局部变化,对频谱会产生较大影响,而频谱的变化无法标定时域信号发生变化的时间位置和剧烈程度,也就是说,傅里叶变换对信号的奇异性不敏感。但在许多工程应用中,奇异性恰好隐含着设备故障的特征,如轴承故障、齿轮故障等。

(3)设备运行的动态信号往往既包含高频信息,又包含低频信息。对于高频信息,需分析的时间间隔应相对变小,以给出精确的高频信息;对于低频信息,要求时间间隔应相对变宽,以给出一个周期内的完整信息。而傅里叶变换却无法满足该条件。

鉴于此,学者提出了时频分析的思想,即将信号转换到时间—频率二维平面上,处理后的信号不仅具有频率信息,而且具有时间信息。信号的时频分析中,早期使用的方法之一是短时傅里叶变换。

短时傅里叶变换(STFT)的思想是 D. Gabor 于 1946 年提出的,也称为加窗傅里叶变换。它采用中心位于时间 τ 的时间窗 $g(t-\tau)$ 在时域信号上滑动,在时间窗 $g(t-\tau)$ 限定的范围内进行傅里叶变换:

$$G(\omega,\tau) = \int_R x(t)g(t-\tau)e^{-j\omega t}\,dt \qquad (4-1)$$

这样就使短时傅里叶变换具有了时间和频率的局部化能力,兼顾了时间和频率的分析。图 4-1(b)是图 4-1(a)转子脉动响应的频谱图,图中除了转子的工作频率 75Hz 及其二倍频分量外,其他频率成分很难分辨。但从图 4-1(c)的短时傅里叶变换中可以清楚地看到 120Hz 分量从无到有、又从有到无的变化过程,因此,可以确定这是系统的固有频率。

短时傅里叶变换的基础是傅里叶变换,所以它也不适用于分析非平稳信号。另外,在进行短时傅里叶变换时,所加窗函数的大小和形状固定不变,不具备自动调节分辨率能力;然而,在分析短时高频成分和长时低频成分组成的信号时,一般希望时间分辨率在高频时变得非常细,而频率分辨率在低频时变得非常清楚,这就是小波分析的思想。

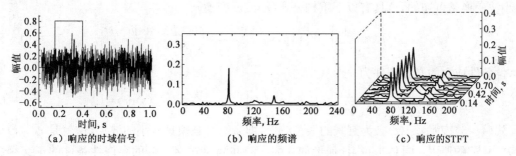

图 4-1 转子的脉动响应及其频谱

小波变换是近年来发展起来的一个崭新的数学工具,它是一种非平稳信号时频分析法,目前已经广泛应用于信号处理、图像处理、机械故障诊断与监控、分形以及数字电视等科技领域。原则上讲,应用傅里叶变换的地方,都可以用小波变换取代。小波变换优于傅里叶变换之处,就是它在时域和频域同时具有良好的局部化性质。

第二节　小波变换及连续小波变换

一、小波函数及小波变换

(一)小波函数

概括地说,对于函数 $\psi(t) \in L^2(R)$,若满足 $\int_{-\infty}^{\infty} \psi(t) \mathrm{d}t = 0$,称为小波函数或基小波,它通过平移和缩放产生的一个函数族 $\psi_{b,s}(t)$

$$\psi_{b,s}(t) = \frac{1}{|s|^{1/2}} \psi\left(\frac{t-b}{s}\right) \tag{4-2}$$

称为小波基 $\psi(t)$ 生成的依赖参数 b,s 的分析小波或连续小波。其中 b,s 分别为平滑和伸缩因子,统称为尺度因子。

用这一可变宽度的函数作变换基,即可得到不是单一分辨率而是一系列不同分辨率的变换,即小波变换,它的主要特点是具有用多重分辨率来刻画信号局部特征的能力,从而很适合于探测正常信号中夹带的瞬变反常现象并展示其成分,这在机械动态监测及早期故障诊断中具有重要的意义。

(二)小波变换

信号 $x(t) \in L^2(R)$ 在尺度 s 上的连续小波变换(CWT)定义为

$$W_\psi x(b,s) = <x(t), \psi_{b,s}(t)> = \frac{1}{\sqrt{|s|}} \int_{-\infty}^{\infty} x(t) \psi^* \left(\frac{t-b}{s}\right) \mathrm{d}t \tag{4-3}$$

式中,$\psi^*[(t-b)/s]$ 是 $\psi[(t-b)/s]$ 的共轭函数,符号 $< \quad >$ 表示两个信号的内积。如果小波函数 $\psi(t) \in L^2(R)$ 的傅里叶变换 $\psi(\omega)$ 满足条件

$$C_\psi = \int_{-\infty}^{\infty} \frac{|\psi(\omega)|}{|\omega|} \mathrm{d}\omega < +\infty \tag{4-4}$$

时,小波变换是可逆的,且具有以下重构公式(小波反变换)

$$x(t) = \frac{1}{C_\psi} \iint\limits_{R^2} \{W_\psi x(b,s)\} \left\{ \frac{1}{\sqrt{|s|}} \psi\left(\frac{t-b}{s}\right) \right\} \frac{dsdb}{s^2} \qquad (4-5)$$

容许性条件成立的必要条件为

$$\psi(\omega)\big|_{\omega=0} = \frac{1}{2\pi} \int_{-\infty}^{\infty} \psi_{b,s}(t) e^{-j\omega t} dt \big|_{\omega=0} = \frac{1}{2\pi} \int_{-\infty}^{\infty} \psi_{b,s}(t) dt = 0 \qquad (4-6)$$

式(4-6)表明 $\psi_{b,s}(t)$ 必为衰减的振荡波形,即 $\psi_{b,s}(t)$ 必须具有小的波形,这就是 $\psi_{b,s}(t)$ 被称为"小波"的原因。具体地说,任何形如式(4-3)并满足式(4-6)的容许性条件的正交函数族均可用来构造小波函数。当然,实际应用中还需从生成方便、可以形成有效的数值算法等多方面加以考虑。小波函数生成一直是该领域重要的研究方向之一,有关内容详见小波分析的著作。

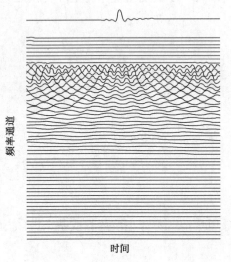

函数的小波变换可理解为进行带通滤波,即将信号分解到一系列带宽和中心频率不同的频率通道的过程。图4-2是 $\mathrm{sinc}x$ 函数及其小波分解。由图可见,$\mathrm{sinc}x$ 函数被分解成很多频率通道,频率通道中心起始及终止值分别为 $2^{-4}\omega_0$ 和 $2^8\omega_0$(表示带通滤波器的中心频率),各频道中心频率按对数尺寸线性增加,每个频道频率变化范围比较小(波形频率接近通道中心频率)。

小波变换从信号中所提取出的成分主要由小波和其傅里叶变换在时域和频域的波形确定。图4-3是一类典型小波函数当取不同值时的波形,当 s 减小时,$\psi_{b,s}(t)$ 的局部性增强,而 $\psi_{b,s}(\omega)$ 的局部性下降;当 s 增大时,$\psi_{b,s}(t)$ 的局部性下降,而 $\psi_{b,s}(\omega)$ 的局部性增强,由此可见其波动性及带通性。

图4-2 $\mathrm{sinc}x$ 函数及其小波分解

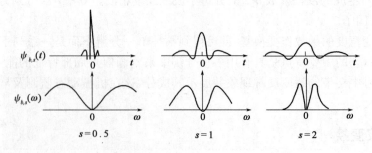

图4-3 小波函数图形

(三)小波变换的特点

1. 时—频窗口可调性

设窗口小波函数的中心与半径分别为 t^* 和 Δ_ψ,则函数 $\psi[(t-b)/s]$ 是中心在 $b+st^*$ 且半径为 $s\Delta_\psi$ 的一个窗函数,因此,小波变换 $W_\psi x(b,s)$ 给出了信号具有一个时间窗 $[b+st^*-s\Delta_\psi$,

$b+st^*+s\Delta_\psi$]的局部化信息。这个窗对于小的 s 的值变窄而对于大的 s 的值变宽。

下面考虑小波函数的傅里叶变换

$$\frac{1}{2\pi}\Psi_{b,s}(\omega) = \frac{|s|^{-1/2}}{2\pi}\int_{-\infty}^{\infty} e^{-j\omega t}\psi\left(\frac{t-b}{s}\right)dt = \frac{s|s|^{-1/2}}{2\pi}e^{jb\omega}\Psi(s\omega) \qquad (4-7)$$

并假设窗函数的中心与半径分别为 ω^* 和 Δ_Ψ；其次，如果设 $\eta(\omega)=\Psi(\omega+\omega^*)$，那么 η 也是一个中心在原点且半径为 Δ_Ψ 的窗函数，由公式(4-7)，并根据 Parseval 恒等式，小波变换成为

$$W_\psi x(b,s) = \frac{|s|^{-1/2}}{2\pi}\int_{-\infty}^{\infty} X(\omega)e^{jb\omega}\eta^*[s(\omega-\omega^*/s)]d\omega \qquad (4-8)$$

公式(4-8)说明，除了倍数 $|s|^{-1/2}/(2\pi)$ 和一个线性相位 $e^{-jb\omega}$ 之外，同样的量 $W_\psi x(b,s)$ 又给出了具有一个"频率窗" $[\omega^*/s-\Delta_\psi/s,\omega^*/s+\Delta_\psi/s]$ 的信号 $x(t)$ 频谱 $X(\omega)$ 的局部信息。所以矩形时间—频率

$$[b+st^*-s\Delta_\psi,b+st^*+s\Delta_\psi]\times[\omega^*/s-\Delta_\psi/s,\omega^*/s+\Delta_\psi/s]$$

的大小、位置，确定了小波变换所提出的信号成分，小波变换 $W_\psi x(b,s)$ 的数值，表示的就是位于这个窗口内的信号能量大小。

窗口的形状随尺度 s 而变化，但窗口面积保持不变(图4-4)，所以，对于检测高频现象(即小的 $s>0$)，窗会自动变窄，这意味着在高频带将有较好的时间分辨率；而对于检测低频特性(即大的 $s>0$)，窗会自动变宽，这意味着低频带将有越来越高的频率分辨率。通过改变尺度因子 s 和平滑因子 b 的数值，调节窗口的形状、位置，合理选取小波变换在时域和频域的分辨率，提取信号中位于感兴趣的频带和时段内的信号成分，从而实现可调窗口的时、频局部分析。

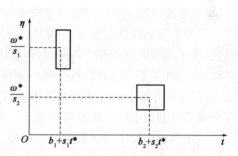

图4-4 时间—频率窗($s_1<s_2$)

2.小波变换是一个线性运算

小波变换是信号与小波之间的一个内积，而且一个矢量函数的连续小波变换是一个矢量，这个矢量的分量是不同的连续小波变换。

3.小波变换满足能量守恒定理

这意味着当信号施以小波变换时信息没有损失。

4.小波变换具有冗余性

与加窗傅里叶变换相同，它是冗余的，由于是连续变化的，一个分析窗与另一个分析窗绝大部分内容是重叠的，即其相关性很强。

二、连续小波变换的步骤

公式(4-3)给出了连续小波变换的定义，其中 $W_\psi x(b,s)$ 为小波系数(以下用 C 来表示)。信号 $x(t)$ 经小波变换后，得到的结果是小波系数 C，小波系数 C 是尺度 s 和位置 b 的函数。从物理含义上讲，小波系数 C 中蕴含着信号在各个尺度 s 和位置 b 上的信息。小波函数 $\psi(t)$ 的

作用相当于傅里叶变换中的 $e^{-j\omega t}$，所不同的是 $e^{-j\omega t}$ 是在 $(-\infty, +\infty)$ 之间等幅波动的三角函数，不衰减，而小波函数 $\psi(t)$ 是紧支的，在很短的时间内衰减，不仅如此，衰减的时间随尺度 s 而变化，尺度越大衰减越慢。不同尺度和位置下小波的形状变化如图 4-5 所示。

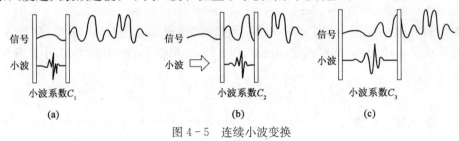

图 4-5　连续小波变换

连续小波变换可以分成以下 4 个步骤来完成：

(1)选择小波函数及其尺度 s 值；

(2)从信号的起始位置开始，将小波函数和信号进行比较，即计算小波系数，如图 4-5(a)所示；

(3)沿时间轴移动小波函数，即改变位置参数 b，在新的位置计算小波系数，直到信号的终点，如图 4-5(b)所示；

(4)改变尺度 s 值，重复(2)、(3)步。

由于小波函数具有紧支性，它与信号相比，就相当于截下信号的一小部分来计算小波系数，这样小波变换就具有了时间局部化能力。改变位置参数 b，使小波函数在信号上沿时间轴移动，便得到了不同时间位置处的小波系数。小波系数表示小波与信号相似的程度，小波系数越大，两者越相似。由于不同尺度的小波函数具有不同的频带范围，且均有一个频率中心，因此小波系数的大小还反映了信号在这一频率中心周围的频率成分的多少，小波系数越大，信号在这一频率中心周围的频率成分就越多。

三、尺度与频率之间的关系

由以上叙述可知，尺度和频率之间存在着对应关系。粗略地说，尺度越小，小波函数衰减越快，频率越高；尺度越大，小波函数衰减越慢，频率越低。对于二进离散小波变换，频率和尺度之间可以找到准确的对应关系，但是对于连续小波变换来说，只能从广义上给出这种对应关系，或称其为伪频率。

尺度和频率之间的对应关系如下：

$$F_s = \frac{F_c}{\Delta \cdot s} \tag{4-9}$$

式中　s——尺度；

　　　Δ——采样间隔；

　　　F_c——小波的中心频率，Hz；

　　　F_s——伪频率。

四、连续小波变换的应用

(一)信号的自相似性检测

自然界中所谓自相关性就是局部与整体相似，局部中又有相似的局部，每一小局部中包含的细节并不比整体所包含的细节少,不断重复的无穷嵌套形成了奇妙的分形图案。如海岸线,从不同比例尺的地形图上,可以看出海岸线的形状大体相同,其曲折、复杂程度是相似的,换言之,海岸线的任一小部分都包含有与整体相同的相似细节,具有自相似性。小波变换是一种时间(空间)—尺度分析法,因此利用小波变换分析信号的自相似性就很自然了。

如图4-6所示的 Koch 曲线就是这种具有自相似性的一种信号。选用 Coiflet 小波 coif3,对 Koch 曲线信号进行连续小波变换,可以得到如图4-7所示的小波系数分布图,计算中小波变换的尺度以1为步长从1增加到120。从图中可以看到,在每一尺度上小波系数具有相似的分布形状,随着尺度的增加,内容越来越少,但轮廓却更加清晰,这正是 Koch 曲线自相似性质的充分体现。

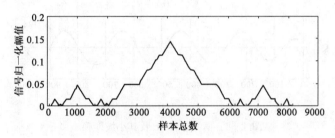

图4-6 Koch 曲线

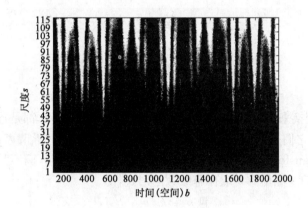

图4-7 Koch 信号的连续小波变换

(二)连续小波变换在故障诊断中的应用

在设备状态监测中,现场的干扰因素较多,造成被检测的信号中包含有大量的各种噪声,因此应首先对采集到的信号进行消噪处理,利用小波变换良好的时—频特性进行有效消噪并提取出有用的信号,进行故障点的检测和诊断。

图4-8(a)是一含噪声和干扰的正弦信号 $x(t)=\sin\omega t+n(t)$,其中,$n(t)$ 为随机噪声,它取自 MATLAB 中的 noissin. mat。利用 MATLAB 提供的连续小波 GUI 分析工具,对该信号进行小波变换,尺度因子 s 分别取 2 和 128。$s=2$ 时,小波变换的结果对应信号中的高频成分,见图4-8(b);$s=128$ 时,小波变换的结果对应信号中的低频成分,如图4-8(c)所示。从图中可以看出:尺度因子 $s=128$ 时,完全将噪声处理掉了,波形轮廓反映了原信号的变换趋势,但是与原信号的相位有比较大的差别。

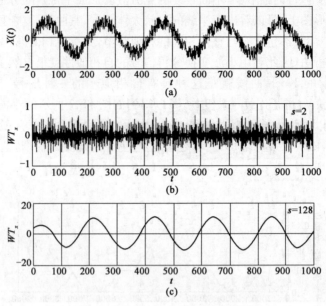

图 4-8   信号 noissin 及其小波变换

第三节   离散小波变换

一、基本概念

对于连续小波变换来说,尺度 s、时间 t 和与时间有关的偏移 b 都是连续的。如果利用计算机计算,就必须对它们进行离散化处理,得到离散小波变换。所谓离散小波变换(DWT,Discrete Wavelet Transform),是指对尺度 s 和偏移 b 进行离散化,而不是通常意义上的时间离散化。通常,把尺度 s 和偏移 b 取作幂级数的形式,即

$$s = s_0^j \text{ 且 } b = k s_0^j b_0 \qquad j,k \in Z$$

这里,$s_0 \neq 1$ 是固定值,为了方便起见,总是假定 $s_0 > 1$。对应的离散小波为

$$\psi_{j,k}(t) = s_0^{-\frac{j}{2}} \psi(s_0^{-j} t - k b_0)$$

信号 $x(t)$ 的离散小波变换系数为

$$C_{j,k} = \int_{-\infty}^{\infty} x(t) \psi_{j,k}^*(t) \mathrm{d}t \qquad (4-10)$$

重构公式为

$$x(t) = \sum_{j \in Z} \sum_{k \in Z} C_{j,k} \psi_{j,k}(t) \qquad (4-11)$$

以幂级数对尺度 s 和偏移 b 进行离散是一种高效的离散化方法,因为指数 j 的小变化就会引起尺度 s 很大的变化。目前通行的方法是取 $s_0 = 2$,$b_0 = 1$,对尺度和偏移进行二进离散,从而得到如下二进小波

$$\psi_{j,k}(t) = 2^{-\frac{j}{2}} \psi(2^{-j} t - k) \qquad (4-12)$$

本章后续叙述中的离散小波变换均指二进离散小波变换。

1986 年 Meyer 构造出了具有一定衰减性的光滑小波函数，它的二进伸缩和平移系构成了 $L^2(R)$ 空间的规范正交基。1988 年，Daubechies 更是提出了具有紧支集的光滑正交小波基。目前还有其他的小波被构造出来，它们的二进离散形式不但能够保证重构信号的精度，而且是正交小波或双正交小波。

二、多分辨分析及 Mallat 算法

(一)多分辨分析的基本概念

对大多数信号来说，低频部分往往给出信号的特征，而高频部分则与噪声和干扰相关，所以需滤去信号的高频干扰，保留信号的基本特征。多分辨分析(图 4-9)是将信号的高、低频分量逐渐分解，第一次分析是将信号分解为低频 A_1 和高频 D_1 两部分，如果原信号 S 中的最高频率为 f，那么 A_1 中包含了 0 至 $0.5f$ 的频率成分，D_1 中包含了 $0.5f$ 到 f 的频率成分，这称为一层分解。如果需要观察信号更细节的部分，可以进行第二层分解。A_1 又被分解为 A_2 和 D_2 两部分，A_2 包含了 0 至 $0.25f$ 的频率成分，D_2 中包含了 $0.25f$ 至 $0.5f$ 的频率成分。第三层分解又将 A_2 分解为 A_3 和 D_3 两部分。从图中可以看出，多分辨分析只是对低频部分进一步分解，而高频部分则不予以考虑。分解的关系为 $S=A_2+D_3+D_2+D_1$。如果还要进一步分解，则可以把三层分解的低频部分 A_3 分解成第四层的低频部分 A_4 和第四层的高频部分 D_4，以下依此类推，直至得到需要的信号基本特征。

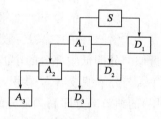

图 4-9　三层多分辨分析

从多分辨分析树结构图可以看出，多分辨分析只对低频空间进行进一步分解，使频率的分辨率变得越来越高。

(二)函数空间的逐级剖分

假设信号 $x(t) \in L^2(R)$ 可用 $x_N \in V_N$ 来逼近，其中的子空间 $V_{j-1}=V_j \oplus W_j$ 形成 $L^2(R)$ 的子空间的一个嵌套序列，闭子空间 W_j 是 V_j 在 V_{j-1} 中的正交补子空间，它们的并在空间中是稠密的，它们的交是零空间 $\{0\}$。把空间作逐级二分解产生一组逐级包含的子空间，即

$$\cdots, \boldsymbol{V}_0 = \boldsymbol{V}_1 \oplus \boldsymbol{W}_1, \boldsymbol{V}_1 = \boldsymbol{V}_2 \oplus \boldsymbol{W}_2, \cdots, \boldsymbol{V}_j = \boldsymbol{V}_{j+1} \oplus \boldsymbol{W}_{j+1}, \cdots$$

其中，$j \in Z$，j 值越小，空间越大。在这个意义上讲，x_N 具有唯一的分解：

$$x_{N-1} = x_N + y_N$$

其中，$x_N \in V_N$ 和 $y_N \in W_N$；继续这个过程，则有

$$x_{N-1} = x_N + y_N + y_{N+1} + y_{N+2} + \cdots \tag{4-13}$$

其中，对于任何 j，$x_j \in V_j$，$y_j \in W_j$，公式(4-13)中的唯一"分解"称为小波分解。上述关系中，闭子空间序列 $\{V_j\}_{j \in Z}$ 是 $L^2(R)$ 的一个多分辨分析或逼近。

(三)Mallat 算法

1988 年 S. Mallat 在构造正交小波基时提出了多分辨分析(Multi-ResolutionAnalysis)的概念，给出了正交小波的构造方法以及正交小波变换的快速算法，即 Mallat 算法。Mallat 算

法在小波分析中的作用相当于快速傅里叶变换在傅里叶分析中的作用,它标志着小波分析走上了宽阔的应用领域。Mallat 算法又称塔式算法,它由滤波器 H、G 和 h、g 对信号进行分解和重构,算法如下。

分解算法为

$$\begin{cases} A_0[x(t)] = x(t) \\ A_j[x(t)] = \sum_k H(2t-k)A_{j-1}[x(t)] \\ D_j[x(t)] = \sum_k D(2t-k)A_{j-1}[x(t)] \end{cases} \tag{4-14}$$

式中 t——离散时间序列号,$t=1,2,\cdots,N$;

$x(t)$——原始信号;

j——层数,$j=1,2,\cdots,J,J=\log_2 N$;

H、G——时域中的小波分解滤波器,实际上是滤波器系数;

A_j——信号 $x(t)$ 在第 j 层的近似部分(即低频部分)的小波系数;

D_j——信号 $x(t)$ 在第 j 层的细节部分(即高频部分)的小波系数。

式(4-14)的含义是:假定所检测的离散信号 $x(t)$ 为 A_0,信号 $x(t)$ 在第 2^j 尺度(第 j 层)的近似部分即低频部分的小波系数 A_j 是通过第 2^{j-1} 尺度(第 $j-1$ 层)的近似部分的小波系数 A_{j-1} 与分解滤波器 H 卷积,然后将卷积的结果隔点采样得到的;而信号 $x(t)$ 在第 2^j 尺度(第 j 层)的细节部分即高频部分的小波系数 D_j 是通过第 2^{j-1} 尺度(第 $j-1$ 层)的近似部分的小波系数 A_{j-1} 与分解滤波器 G 卷积,然后将卷积的结果隔点采样得到的。通过式(4-14)的分解,在每一尺度 2^j(j 层)上,信号 $x(t)$ 被分解为近似部分的小波系数 A_j(在低频子带上)和细节部分的小波系数 D_j(在高频子带上)。分解过程见图 4-10。

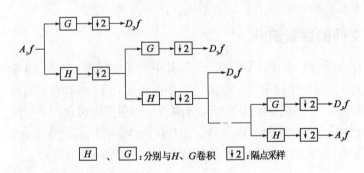

$\boxed{H}$、$\boxed{G}$:分别与 H、G 卷积 $\boxed{\downarrow 2}$:隔点采样

图 4-10 Mallat 分解算法

重构算法为

$$A_j[x(t)] = 2\left\{\sum_k h(t-2k)A_{j+1}[x(t)] + \sum_k g(t-2k)D_{j+1}[x(t)]\right\} \tag{4-15}$$

式中 j——分解的层数,若分解的最高层(分解深度)为 J,则 $j=J-1,J-2,\cdots,1,0$;

h、g——时域中的小波重构滤波器,实际上是滤波器系数。

式(4-15)的含义是:信号 $x(t)$ 在第 2^j 尺度(第 j 层)的近似部分的小波系数,即低频部分的小波系数 A_j 是通过第 2^{j+1} 尺度(第 $j+1$ 层)的近似部分的小波系数 A_{j+1} 隔点插零后与重构滤波器 h 卷积,以及第 2^{j+1} 尺度(第 $j+1$ 层)的细节部分的小波系数 D_{j+1} 隔点插零后与重构滤波器 g 卷积,然后求和得到的。不断重复这一过程,直至第 2^0 尺度,得到重构信号。

重构算法可用图解形式表示为图 4-11。

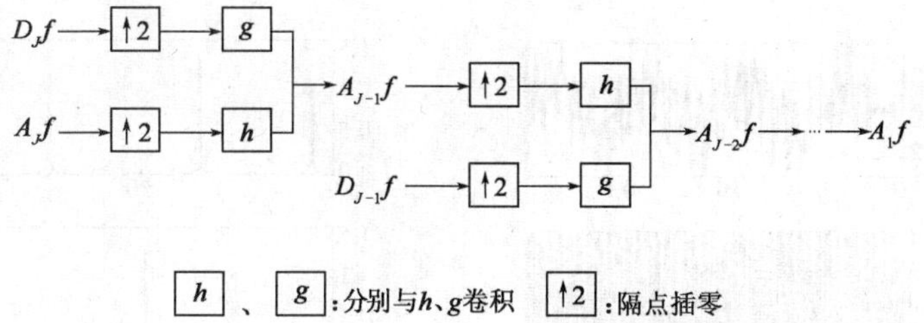

h、g：分别与h、g卷积　↑2：隔点插零

图 4-11　Mallat 重构算法

在 Mallat 算法中，分解滤波器 H、G 和重构滤波器 h、g 起着主要作用。其中，H、h 是低通滤波器，与尺度函数相对应；G、g 是带通滤波器，与小波函数相对应。这 4 个滤波器之间不是彼此无关的，而是彼此之间存在特殊的关系，其关系如下：

$$\begin{cases} H(n) = h(-n) \\ G(n) = g(-n) \\ g(n) = (-1)^{1-n}h(1-n) \end{cases} \tag{4-16}$$

从滤波的角度来说，Mallat 算法是将信号 $x(t)$ 分解到一系列子带的滤波过程。各子带的频带范围与信号 $x(t)$ 的采样频率有关。设原始信号的采样频率为 $2f_s$，J 表示分解的深度，各子带的频率范围如图 4-12 所示。

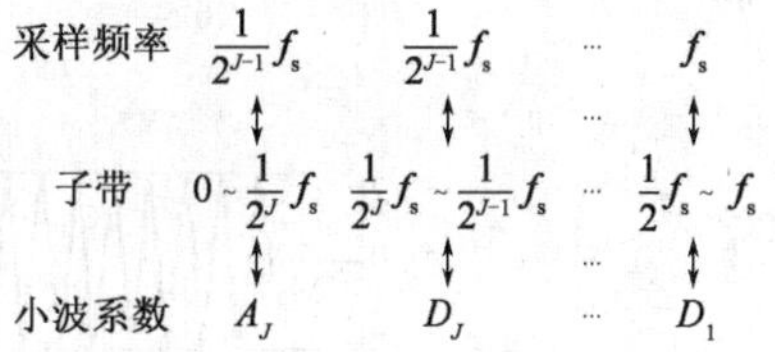

利用 Mallat 算法进行信号分解，下一层的低频部分是上一层低频部分的低半频带，而下一层的高频部分是上一层低频部分的高半频带。以下为了叙述方便，将各层上的低半频带和高半频带统称为子带。也就是说，从滤波的角度来看，是将信号的频带二进划分成一系列子带的过程。

采样频率	$\frac{1}{2^{J-1}}f_s$	$\frac{1}{2^{J-1}}f_s$	$\cdots$	f_s
子带	$0 \sim \frac{1}{2^J}f_s$	$\frac{1}{2^J}f_s \sim \frac{1}{2^{J-1}}f_s$	$\cdots$	$\frac{1}{2}f_s \sim f_s$
小波系数	A_J	D_J		D_1

图 4-12　Mallat 算法中各子带的频率范围及采样频率

需要指出的是，利用 Mallat 分解算法所得到的是小波系数，将所有子带上的小波系数按式(4-15)的重构算法可以很精确地重构出原始信号，换句话说，就是原始信号通过这些子带上的小波系数被记忆了下来。

经 Mallat 算法分解，得到了一系列子带上的小波系数。小波系数是时间信号，而不是频谱，也就是说各子带中实际上存在哪些频率成分还无法得知。通常采用将离散小波变换与快速傅里叶变换相结合来实现这一构想，即先利用 Mallat 算法对信号进行分解，再对各子带信号作快速傅里叶变换，从而得到各子带上时间信号的频谱。

下面利用这一思想来分析一个信号。设信号 $x(t)$ 由 5Hz、35Hz、75Hz 和 150Hz 这 4 个频率的正弦信号组成，即

$$x(t) = \sin 10\pi t + \sin 70\pi t + \sin 150\pi t + \sin 300\pi t \tag{4-17}$$

以 400Hz 的采样频率采取 2048 个点，选用 Daubechies 小波 db40，利用 Mallat 算法（这里直接调用 Matlab 小波工具箱的有关函数）将信号 $x(t)$ 分解至 3 层。设 A_1、A_2 和 A_3 分别表示第 1、2、3 层的低频部分的小波系数，D_1、D_2 和 D_3 分别表示第 1、2、3 层的高频部分的小波系数。分析结果如图 4-13(a)、(b) 和 (c) 所示。为了清楚起见，图 4-13 中的 A_1、D_1、A_2 和 D_2 的时间波形未将所有点示出。采用离散小波变换与快速傅里叶变换相结合的方法，即对原始信号

进行了分解,得到了分解后的时间信号,以及各子带信号的频谱。理论上,上述 4 个频率分量应属于的子带如表 4－1 所示。

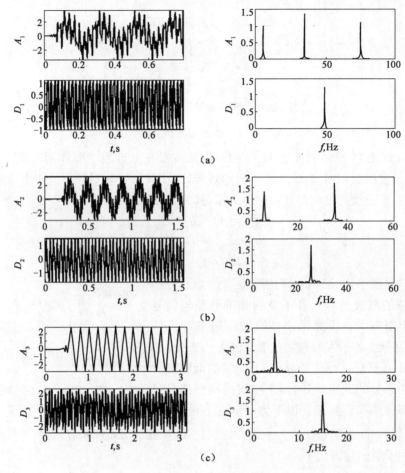

图 4-13　信号 $x(t)$ 由 Mallat 算法分解的结果及各子带频

表 4-1　信号 $x(t)$ 由 Mallat 算法分解的理论结果　　　　　　　　　　　单位:Hz

层	1	2	3
A	5,35,75	5,35	5
D	150	75	35

　　比较表 4－1 和图 4－13 可见,A_1、A_2 和 A_3 的频率成分是正确的,但 D_1、D_2 和 D_3 的频率成分是不正确的。另外,各子带中信号的幅值偏大,因为在信号 $x(t)$ 中各频率成分的幅值均应为 1。

　　上述问题的产生,是因为违反了采样定理。采样定理说明:采样频率必须大于信号中最高频率的 2 倍。而由图 4－12 中的频带划分规律可知,Mallat 算法中各细节子带信号的采样频率与其中的最高频率相等,而且各细节子带信号中的所有频率均大于该子带采样频率的 1/2,违反了采样定理,因此,如果原信号中含有该子带的频率成分,按照 Mallat 算法将产生频率折叠。

　　虽然小波系数中存在频率折叠,但是由这些小波系数却能够很精确地重构原始信号。其原因在于,由 Mallat 算法的分解算法和重构算法可知,小波分解过程是隔点采样的过程,重构过程是隔点插零的过程,实际上两个过程都要产生频率折叠,而且折叠的方向正好相反,就是说在分解过程中的频率折叠又在重构过程中被纠正了过来,所以小波系数用于类似数据压缩、降噪等场合是很好的分析工具。在这些场合,有一个共同的特点,就是对小波系数进行适当处理之后再恢复信号。

　　然而,当用 Mallat 算法来提取一个复杂信号中的某个、某几个频率成分或某个频段的信号分量时,Mallat 算法中的频率折叠就是一个不容忽视的缺陷了。单子带重构算法是改善 Mallat 算法中的频率折叠问题的一个有效方法。单子带重构的思想是:首先将信号按 Mallat 分解算法进行分解,得到各尺度上的小波系数;然后将各子带上的小波系数分别重构至与原始信号相同的尺度。单子带重构的算法可以用如图 4-14 所示的形式形象地描述,图中 A_j 是第 2^j 尺度上的近似部分(低频子带)的小波系数,A_{j+1} 和 D_{j+1} 是 2^j 尺度上的近似部分(低频子带)的小波系数和细节部分(高频子带)的小波系数,a_{j+1} 和 d_{j+1} 分别是第 2^j 尺度上的低频子带和高频子带的重构信号。

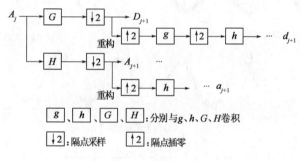

图 4-14　单子带重构的快速算法

　　单子带重构算法从整体上看相当于滤波,它是一个将信号分解到一系列二进划分的频带上的过程。在这个分解与重构的过程中,隔点采样过程中的频率折叠在隔点插零过程中得到纠正,所得到的子信号与原始信号具有相同的采样频率。

　　单子带重构算法在需要对信号进行分解的场合有广泛的应用,如故障特征的提取、滤波、信号降噪等。需要指出的是,单子带重构算法并不能根除 Mallat 算法中的频率折叠问题,此处给出的实例之所以得到了精确的频域分析结果,是经过巧妙设计的。提取信号中的分量是工程上的一大类应用,如故障诊断中信号特征的提取。当然提取信号中的分量也可以利用传统的滤波的方法来实现,但是由于小波变换有比传统滤波更优良的时频局部化特性,所以利用小波变换来分解信号是一种更好的方法。因此解决 Mallat 算法中的频率折叠问题是有重要的实际意义的,具体算法参考相关文献。

三、离散小波变换在机械设备故障诊断中的应用

　　小波分析与离散小波变换的应用领域非常广泛,在机械设备故障诊断应用方面的应用主要包括信号消噪、奇异点检测、频带分析以及数据压缩与故障特征提取等。

(一)信号消噪

　　在机械设备故障诊断中,测得的信号中往往存在各种干扰,如邻近机器或部件的振动干扰、电气干扰以及测试仪器本身在信号传输中的噪声干扰等,故障诊断信息常泯没于这些噪声

之中,在进行故障诊断时,需要去除无用信号,提取有用信号。采用小波分析的方法,相当于同时采用多个滤波器,可以得到不同频段的信息,同时还保留了信息的时间特性。小波分析消噪主要有两种处理方法:

(1)强制消噪。该方法将信号的小波分解结构中高频系数全部置为零,即将某几个高频的部分全部滤掉,然后再对小波分解进行重构处理。这种方法比较简单,重构后的信号比较平滑,但容易丢失原信号中有用的高频信息。

(2)门限消噪。该方法需要根据经验或某种依据设定门限值(阈值),对信号小波分解中的高频部分系数用阈值处理,即大于阈值的系数保留,低于阈值的系数变为零,利用处理过的小波分解系数进行信号的重构。图4-15(a)是一带噪声信号,经强制消噪处理后的信号见图4-15(b),图4-15(c)则为门限消噪处理结果。

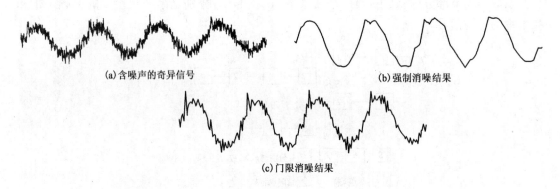

(a)含噪声的奇异信号　　　　(b)强制消噪结果

(c)门限消噪结果

图4-15　小波变换实现信号消噪

(二)奇异点检测

机械状态监测中,如超声波无损探伤信号的分析、柴油机油压波形识别、钢丝绳断丝检测以及切削颤振的分析等,信号的突变点常常含有更多的故障信息,它们往往反映故障引起的撞击、振荡、摩擦、转速的突变、结构的变形和断裂等,因此与稳定信号相比,突变信号更应引起注意。

信号的突变点称为奇异点,信号变化的快慢可以用奇异性指数表示。利用小波变换可以测定奇异点的位置。图4-16为一含有突变点的信号 S,信号的不连续是由于低频特征的正弦信号中突然有中高频特征的正弦信号加入。通过小波分析可以清楚地将突变点的时间检测出来。在该信号的小波分解中,第一层(d_1)和第二层(d_2)的高频部分将信号的不连续点显示得相当明显和精确。

(三)故障特征提取

某一航空发动机实验台由两只滚动轴承支撑,其中一只滚动轴承的内圈有一块剥蚀凹坑,利用涡流传感器检测旋转轴上振动信号,图4-17(a)是在10000r/min转速下测得的振动信号的时间波形,采样频率为12000Hz,信号的频谱如图4-17(b)所示。可以看出,振动信号和频谱丰富又复杂,频谱中存在转速频率的倍频,但是分辨不出表征内圈剥蚀的冲击特征。利用小波变换再来分析此振动信号,选用 $N=4$ 时的 Symlets 小波,分解至 2^3 尺度,小波分解后利用单子带重构算法重建信号,各子带重构信号如图4-18所示。

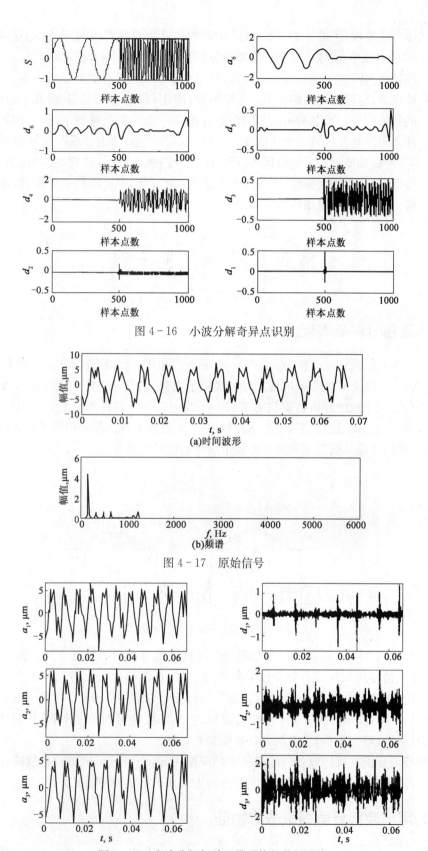

图 4-16 小波分解奇异点识别

(a)时间波形

(b)频谱

图 4-17 原始信号

图 4-18 小波分解与单子带重构的分析结果

观察图 4-18 发现,子带 d_1(3000～6000Hz)的信号中明显有等间距的冲击存在,而且子带 d_2(1500～3000Hz)的信号中也能较清楚地分辨出等间距的冲击,在时间上与 d_1 信号完全吻合。由于在轴承内圈有一块剥蚀凹坑,所以每个滚子滚到这个位置时就要产生一个冲击,在转速不变的情况下,应产生等间距冲击。也就是说,图 4-18 中子带信号 d_1 和子带信号 d_2 正是内圈剥蚀的特征信号。瞬态冲击信号的频率分布在一个很宽的频带中,图 4-18 中子带信号 d_1 和 d_2 冲击间隔吻合从另一个角度证明了这一点。但是,冲击分量在信号中所占的比重小,转子的不平衡振动能量占了绝对优势,所以瞬态冲击被淹没了,这就是原始信号的时间波形没有冲击特征的原因。这种解释在信号的频谱图 4-17(b)中也能得到佐证,转速频率分量占了绝对优势,其他频率分量很小。

第四节　小波包分解

一、小波包分解基本概念

1992 年,Coifman、Meyer 和 Wickerhauser 提出了小波包的概念。小波包借助于小波分解滤波器在各个尺度上对每个子带均进行再次降半划分,它是从二进离散小波变换延伸的一种对信号进行更加细致的分析与重构的方法。小波包的分解过程如图 4-19 所示。图中 p_0^1 表示原始信号,p_i^j 表示 i 层上的第 j 个小波包,称为小波包系数。若对信号进行 3 层小波包分解,可分别提取第 3 层从低频到高频 8 个频带成分的信号特征。

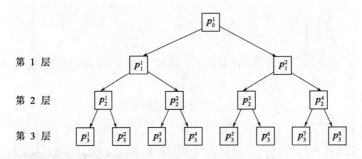

图 4-19　二进小波包分解原理图

小波包分解与 Mallat 算法的区别是对每个尺度上细节部分的处理不同。在 Mallat 算法中,对各尺度上信号从 2^1 尺度开始仅仅分解低频子带(近似部分),而对高频子带(细节部分)不再分解;而在小波包分解中,对各尺度上细节部分要予以进一步分解。实际上,无论是 Mallat 算法,还是小波包分解,都是基于多分辨分析的,从滤波器组的角度来看,它们都是属于两通道滤波器组的分解与重构,所以两者具有很强的共性。

与离散小波变换在机械设备故障诊断中的应用相同,小波包在机械设备故障诊断中的应用是利用小波提取信号特征,再配合适当的诊断方法来识别故障的模式。

二、利用小波包分解提取故障特征

在如图 4-20 所示的二级传动齿轮箱中第二个齿轮断掉一个齿。利用加速度传感器自齿

轮箱外壳上检测振动加速度信号,采样频率为5120Hz。振
动时域信号及其频谱见图4-21。从振动加速度信号的时
间波形上看,冲击串很难分辨出,这是信号比较复杂所致,
观察其频谱会发现,信号中频率成分相当丰富。

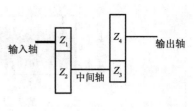

图4-20 齿轮箱

选取$N=20$时的Daubechies小波,取振动加速度信号
的8192个点进行小波包分析,将其分解至2^3尺度并重构各
节点,各节点重构信号如图4-22所示。可以看到,节点(2,
2)和节点(3,3)的信号中等间隔冲击特征已经非常明显。换句话说,小波包有效地从复杂的加
速度信号中提取出了断齿的信号特征。至于如何断定节点(2,2)和节点(3,3)的信号特征就是
断齿的信号特征,需要相应的诊断方法,在此不作深入讨论。

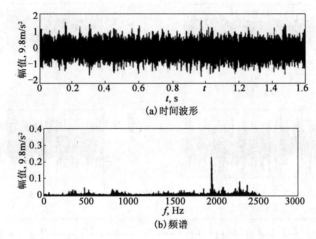

图4-21 齿轮箱振动信号及其频谱

三、小波包能量谱分析

对小波包分解系数重构,提取各频带上的信号,求各个频带信号的总能量,例如,分别提取检
测信号3层小波包分解的第3层从低频到高频8个频率成分的信号特征,计算各个频段的能量:

$$E_j = \int |p_3^j(t)|^2 dt = \sum_1^n |x_{jk}|^2 \qquad (4-18)$$

其中,$E_j(j=1,2,\cdots,8)$为p_3^j对应的能量,$x_{jk}(j=0,1,\cdots,7;k=1,\cdots,n)$表示重构信号离散
点的幅值,n为采样点数。

图4-23(a)和(b)分别是轴承在正常及外圈有划伤时的振动时域波形,轴承转速为
1440r/min,采样频率为10kHz,样本长度为1024。

根据小波包分解原理,利用MATLAB工具箱中提供的函数Daubechiesl6紧支集小波基
产生的小波包,对图4-23中的信号经过4次分解,得到16个小波包子带。由式(4-17)计算
各小波包子带对应的能量E_j和总能量E,以及E_j所占E的比例。图4-24给出了各子带能量
谱尺度比例,可以看出,轴承振动信号在正常和外圈划伤的情况下尺度比例明显不同:正常情
况下小波包子带的尺度主要集中在部分子带上,并且在低频段中所占的比例较大;而在外圈划
伤的情况下,分解后的小波包子带的尺度散布于各个子带,在低频段所占的比例较少。因而可
以根据这一个特性来判断机械轴承工作是否正常。

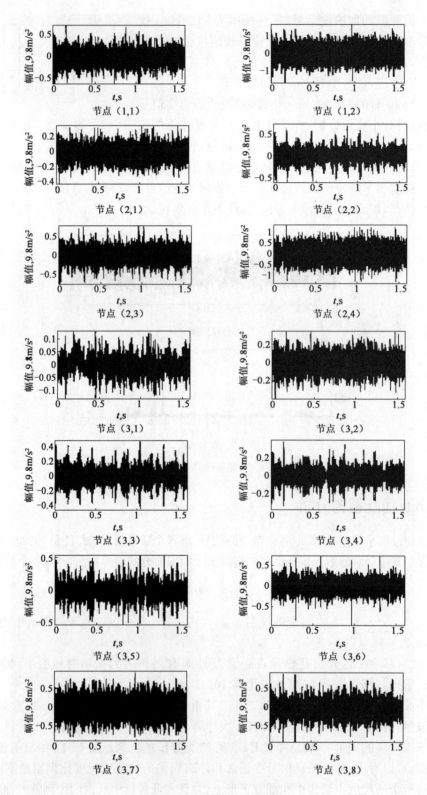

图 4 - 22　小波包分析结果

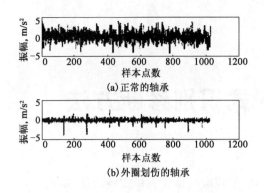

(a)正常的轴承

(b)外圈划伤的轴承

图 4-23　轴承振动信号时域波形

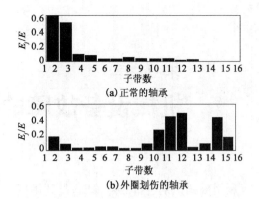

(a)正常的轴承

(b)外圈划伤的轴承

图 4-24　小波包 4 层分解振动信号能量谱尺度图

习题与思考题

4-1　分析说明小波变换的基本原理,比较其与傅里叶变换的相同点和不同点。

4-2　试从尺度因子的变化对时频窗的中心和半径的影响,阐述其时频局部化的功能。

4-3　设 $x_1(t),x_2(t)\in L^2(R)$ 空间,它们的连续小波变换分别为 $WT_{x_1}(a,\tau),WT_{x_2}(a,\tau)$,即

$$WT_{x_1}(a,\tau)=<x_1(t),\psi_{a,\tau}(t)>,WT_{x_2}(a,\tau)=<x_2(t),\psi_{a,\tau}(t)>$$

试证明:

$$<WT_{x_1}(a,\tau),WT_{x_2}(a,\tau)>=C_\phi<x_1(t),x_2(t)>$$

其中,$C_\phi=\int_0^\infty\dfrac{|\Psi(\omega)|^2}{\omega}\mathrm{d}\omega$。

4-4　离散小波变换的基本思想是什么?

4-5　采用二进离散方式能否保证在信号重构后重构信号的精度,试简要描述。

4-6　在利用 Mallat 算法分解信号时,为什么会产生频率折叠现象?

4-7　假设给定信号的频率范围 0～4000Hz,使用 Mallat 算子 H 和 G 描述提取频率范围分别为 0～250Hz、1000～1500Hz、3000～4000Hz 分量的分解过程。

4-8　试分析比较 Mallat 算法和小波包分析的异同。

4-9　试给出小波分析在机械故障诊断中的应用实例,并说明小波分析在机械设备故障诊断过程中应用的重要性。

第五章
机械设备故障的模式识别诊断方法

利用模式识别进行故障诊断,是利用模式识别技术提取机械状态模式特征量,进而确定机械故障的方法。从模式识别的技术角度看,机械状态识别与分类是由模式空间经过特征空间到类型空间的演化过程,如图5-1所示。将机械设备作为被监测对象,它们可用适当选择的、足够的函数来描述,或者说它们在物理上是可测量的,这些可测数据的维数一般来说是无限多的。

图5-1　模式空间、特征空间和类型空间的转换

在可测数据的集合中,适当选择一些能反映机械设备运行状态的测量参数,这些测量数据构成了观察样本,对样本分别进行观测数据的综合就构成模式,所有的观察样本数据则构成模式空间。显然,模式空间的维数与选择的样本和测量方法有关,也与特定的应用有关,一般说来是很大的,但都是一个有限值。在模式空间里,每个样本都是一个点,点的位置由该模式在各维上数据来确定,由可测数据集合到模式空间的过程称为模式采集。

模式空间的维数虽多,但有些并不能揭示样本的实质,对模式空间里的各坐标元素进行综合分析,获取最能揭示样本属性的观测量作为主要特征,这些主要特征就构成特征空间,显然特征的维数大大压缩了,由模式空间到特征空间所需的综合分析,往往包含适当的变换和选择,称为特征提取与选择。

由某些知识和经验可以确定分类准则,称为判决规则。根据适当的判决规则,把特征空间里的样本区分成不同的类型,从而把特征空间塑成了类型空间。类型空间里不同的类型之间的分界面,常称为决策面。类型空间的维数与类型的数目相等,一般情况是小于特征空间的维数,由特征空间到类型空间所需要的操作是分类判决。

从被监测对象可测数据空间,通过模式空间、特征空间到类型空间,经历了模式采集、特征提取和选择,以及分类判决等完整的模式识别过程,可以用图5-1形象地表达出来。

在故障诊断中,机械设备的不同状态是不同的模式类,所以机械设备状态监测与故障诊断是一个典型的模式识别系统的设计和实现过程。识别系统设计又称为训练过程或学习过程,是指用一定数量的样本进行分类器的设计,把所研究系统的状态分为若干类;识别系统的实现又称为识别过程,是指利用所设计的分类器对待识别样本(或称待检测状态)进行分类决策,判断待检状态应属于哪一类。所以故障诊断中的模式识别的本质就是:如何通过对机械设备外部征兆的监测,取得特征参数的正确信息进行分析和识别。因此研究适合于机械设备状态识别特点与要求的识别理论是解决问题的关键,本章介绍几种常用识别与判决方法的原理及其应用。

第一节　主成分分析

一、基本概念

主成分分析是用较少数量的特征对样本进行描述,以达到降低空间维数又尽可能多地保持原有分类信息的方法,它即可在时域识别中使用,又可在频域识别中使用。

假定有一特征向量 X 由两个分量 x_1 和 x_2 组成,相应的有 N 个试验点:

$$x_1 x_{11}, x_{12}, \cdots, x_{1N}$$
$$x_2 x_{21}, x_{22}, \cdots, x_{2N}$$

如图 5-2 所示,现在需要寻找一个新的坐标系 D_1、D_2,使全部样本点投影到新的坐标 D_1 上的分量最大,即方差最大。这样在 D_1 方向上就保存了原来样本最多的信息量,亦即有可能用一个分量来代替原来的两个分量,进而实现降维的目的。可以看出,主成分分析实质上是作线性变换,使原来的坐标系旋转到主成分方向:

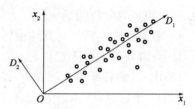

图 5-2　将坐标系旋转到主成分方向

$$y_1 = a_{11}x_1 + a_{12}x_2$$
$$y_2 = a_{21}x_1 + a_2 2x_2$$

设机械设备的某一状态由 n 维模式向量 $X = \{x_i\}(i=1,2,\cdots,n)$ 描述,它对应于原始空间中的一点,且存在一正交函数集 $A = \{A_j(i), i, j = 1, 2, \cdots, n\}$,使得

$$Y = \sum_{j=1}^{n} x_j A_j = AX \tag{5-1}$$

式中,$Y = (y_1, y_2, \cdots, y_n)^{\mathrm{T}}$。$Y$ 的转置矩阵为

$$Y^{\mathrm{T}} = X^{\mathrm{T}} A^{\mathrm{T}} \tag{5-2}$$

将式(5-1)与式(5-2)相乘,并取数学期望

$$E[YY^{\mathrm{T}}] = AE[XX^{\mathrm{T}}]A^{\mathrm{T}} \tag{5-3}$$

得

$$C_y = AC_x A^{\mathrm{T}} \tag{5-4}$$

其中,C_x、C_y 分别为 X 和 Y 的协方差矩阵,适当选择变换矩阵 A,可以使各分量 y_i 间相互独立,$y_1, y_2, \cdots, y_j, \cdots, y_n$ 两两之间的协方差为零,而使 C_y 成为对角矩阵,即

$$C_y = \mathrm{diag}(\sigma_1^2, \sigma_2^2, \cdots, \sigma_n^2) = \mathrm{diag}(\lambda_1, \lambda_2, \cdots, \lambda_n) \tag{5-5}$$

消除了原有向量 X 的各分量之间的相关性,实现了将 X 变换成 Y 的主成分分析。每个 y_i 称为一个主成分,它是综合原信号 X 的性质而形成的一种具有代表某种故障信息的新特征。

由于 C_x 是实对称矩阵,C_y 是对角阵,变换矩阵 A 是正交矩阵,所以关系式 $A^{\mathrm{T}} = A^{-1}$ 成立,即变换矩阵的转置与其逆矩阵相等。这时有

$$C_x = A^{\mathrm{T}} C_y A \tag{5-6}$$

所以在式(5-5)中，$\lambda_1,\lambda_2,\cdots,\lambda_n$ 为 C_x 的特征值，且 $\lambda_1\geqslant\lambda_2\cdots\geqslant\lambda_n$；变换矩阵 A 的列向量 A_i 是 C_x 的特征向量，$A=(A_1,A_2,\cdots,A_n)$。

根据协方差的概念，λ_i 等于 Y 中的第 i 个分量的方差，从而 $\sum\limits_{i=1}^{n}\lambda_i$ 则代表了整体的方差。因此，可按特征值计算比值 $\lambda_i=\lambda_i/\sum\limits_{j=1}^{n}\lambda_j$，它反映了 Y 中的第 i 个分量对整体方差的贡献率，贡献率越大，该分量就越重要。一般从 $\lambda_1,\lambda_2,\cdots,\lambda_n$ 中选取前 $m(m<n)$ 个，当 $\eta=\sum\limits_{i=1}^{m}\lambda_i/\sum\limits_{i=1}^{n}\lambda_i$ $>85\%$ 时，可以选取这 m 个分量组成新特征向量 $Y=(y_1,y_2,\cdots,y_m)^{\mathrm{T}}$，取代原始模式向量 X，向量 Y 所对应的空间是向量 X 所对应空间的子空间。因此，主成分分析实质上是作线性变换，使原来的坐标旋转到主成分方向，得到一个子空间，其坐标是 $D_1,D_2,\cdots,D_m(m<n)$，当原始故障样本 X 投影到此子空间的坐标上以后，其投影分量的方差为最大，亦即 A_1 使 Y_1 的方差达最大，这样在 A_1 方向上就保存了原来故障向量最多的信息量，A_2 方向的信息量次之，等等。从信息论的角度看，也就是说，X 的各样本投影到此子空间后投影分量的平均信息量最多，即熵最大。

进行主成分分析的步骤是：

(1)将原始样本数据对其均值标准化。

(2)计算协方差矩阵 C_x。

(3)求 C_x 的特征值 $\lambda_1\geqslant\lambda_2\geqslant\cdots\geqslant\lambda_n$。

(4)求出 λ_i 对应的特征向量 A_i。

(5)将 A_i 标准化，使 $|A_i|=1$。

(6)在 n 个主成分方向中选取 $m<n$ 个主成分方向，经过特征抽取后保存下来的信息量为 $\eta=\sum\limits_{i=1}^{m}\lambda_i/\sum\limits_{i=1}^{n}\lambda_i$ 。如果 η 足够大，则说明经过主成分分析和特征抽取后仍然保存了足够多的信息。

例如，由两个特征 x_1 和 x_2 组成的特征向量 X 具有协方差矩阵

$$C_x=\begin{bmatrix}604.4 & 561.6\\ 561.6 & 592.5\end{bmatrix}$$

可求出其特征值 $\lambda_1=1160.138$，$\lambda_2=36.875$；相应的特征向量为 $A_1=(0.710,0.703)$；$A_2=(-0.703,0.710)$。由 A_i 主成分保存的信息量为

$$\eta=\frac{\lambda_1}{\lambda_1+\lambda_2}=\frac{1160.139}{1160.139+36.875}=97\%$$

这样在 D_1 方向上就保存了原样本最多的信息量，而与之垂直的 D_2 只具有次要作用，所以选择 $Y=y_1$ 作为主特征向量。经过正交变换后的新协方差矩阵为

$$C_y=\begin{bmatrix}1160.139 & 0\\ 0 & 36.875\end{bmatrix}$$

相应的新主成分为

$$Y=\begin{bmatrix}0.710 & 0.703\\ -0.703 & 0.710\end{bmatrix}\cdot\begin{bmatrix}x_1\\ x_2\end{bmatrix}$$

即
$$y_1=0.710x_1+0.703x_2$$
$$y_2=-0.710x_1+0.710x_2$$

二、主成分分析应用实例

(一)特征压缩与故障诊断

利用主成分分析识别 4135 柴油机故障。柴油机以 750r/min 的速度运行,燃爆压力为 $25×10^5Pa$,模拟了 4 种状态:正常运行 A、活塞环破坏 B、连杆轴座间隙超限 C、气缸套移位 D。将振动加速度传感器放置在柴油机外壳靠近活塞上止点处,记录每种运动状态下的振动加速度信号,然后对其进行频域转换,求出功率谱,如图 5-3 所示。这些频谱很相似,难以区别。现在 0～6kHz 频带中找出与 15 个特征频率相对应的功率,从而将每个功率谱用一个 15 维的特征向量表示。通过主成分分析,将原来 $n=15$ 个特征向量所组成的特征空间变换到 $m=2$ 和 $m=3$ 个主成分所组成的特征空间。当 $m=2$ 时,贡献率 $\eta=96.3\%$;当 $m=3$ 时,贡献率 $\eta=98.8\%$,几乎保留了原特征空间的全部信息。图 5-4 给出了用两个主成分对上述 4 类柴油机运动状态进行识别的结果,这样检查了 39 个样本记录,没有出现误诊断。

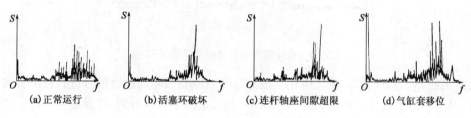

(a)正常运行 　　(b)活塞环破坏 　　(c)连杆轴座间隙超限 　　(d)气缸套移位

图 5-3　柴油机功率谱

(二)利用主成分分析分离故障信息

主成分分析与机械故障信息的分离有着内在的联系。它能从多故障信号并存的原始机械信号中提取一种或多种故障信息。

设原始信号中包含多种故障为 $F_i(i=1;d)$,各故障之间的相关性为 $R_{i,j}(i,j=1;d)$,且

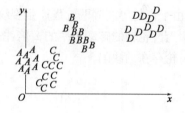

图 5-4　以两个主成分为诊断特征
识别柴油机 4 种状态

$$0 \leqslant R_{i,j} < 1 \qquad i \neq j$$
$$R_{i,j} = 1 \qquad i = j$$

如果经主成分分析后的两组短数据信号 S_1、S_2 中包含有同一故障信息,则有

$$S_1 \bigcap S_2 = F_{12} \neq \varnothing$$
$$R(S_1,S_2) \neq 0$$

式中　$\varnothing$——空集。

现所获主成分为 $\{y_i, i=1;d\}$,每一 y_i 与其对应的故障集 F_{y_i} 之间存在一定的关系

$$y_i = f(F_{y_i})$$

F_{y_i} 为集合,其中包含有某些故障。由于 y_i 之间互不相关,有

$$R(y_i,y_j) = 0 \qquad i \neq j$$

即 $$R[f(F_{yi}),f(F_{yj})]=0$$

亦即 $$F_{y_i} \bigcap F_{y_j} = \varnothing$$

由此可见,y_i、y_j 中包含着不同的故障信息,同一故障信息不可能分布在不同的主成分中。换句话说,采用主成分分析将原故障信号中的线性相关变为线性无关,随之将故障分离。

例如,对齿轮箱中一对齿轮齿面磨损和轮齿产生裂纹的故障信号进行故障分离与诊断。图 5-5 为齿轮箱振动加速度信号的 FFT 谱图,从图可见,原始振动信号的 FFT 谱很复杂,它是由齿轮轴的转动频率及其谐频、齿轮的啮合频率及其谐频,以及齿轮自身各阶固有频率的某种组合振动引起的。由于频谱边频带的数量大且相互重叠,用此频谱图是很难识别出各特征频率。

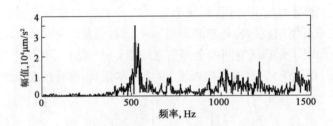

图 5-5 齿轮箱振动加速度信号的 FFT 谱

采用主成分 AR 谱分析,首先应用主成分分析对原始振动加速度信号进行故障分离,提取特征后,得到一阶主成分 AR 谱,如图 5-6(a)所示,从图中可以看到,能量集中于单一峰值上,其对应频率约为 570Hz,与故障齿轮的啮合频率(齿轮齿数为 56,转速为 750r/min)基本相符,说明该齿轮齿面严重损伤。图 5-6(b)的二阶主成分 AR 谱中,550Hz 处的最高谱峰,由经验公式计算和类比,判断为齿轮啮合时的固有频率,它是由故障齿轮引起的脉冲激发所致。另外,由于齿轮等间隔两轮齿产生裂纹,在故障齿异常啮合时发生较大的冲击振动,冲击的重复频率为齿轮轴的转动频率的 2 倍,图中 50Hz 处的频谱谱线是冲击频率的低阶谐频,从而证实了齿轮存在的缺陷。

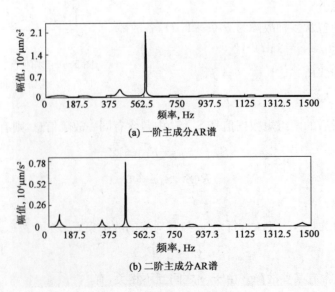

(a) 一阶主成分 AR 谱

(b) 二阶主成分 AR 谱

图 5-6 自回归谱(AR 谱)

第二节 贝叶斯决策理论方法

一、贝叶斯公式及应用

贝叶斯决策理论是统计模式识别方法中的一个基本方法,用这个方法进行分类时要求:各类别总体的概率分布是已知的;要决策分类的类别数是一定的。贝叶斯分类法是以概率密度函数为基础来描述工况状态的变化。

假设机械设备运行状态有 n 种特征观测量 $x_1,x_2,\cdots,x_n$,这些特征所有可能的取值范围构成了 n 维特征空间,称 $\boldsymbol{X}=[x_1,x_2,\cdots,x_n]^{\mathrm{T}}$ 为 n 维特征向量,符号 T 表示转置。设待识别类别有 m 个,各类别状态用 $w_i(i=1,2,\cdots,m)$ 表示,因此,状态空间可写成 $\Omega=(w_1,w_2,\cdots,w_m)$,对应于各类别 w_i 出现的先验概率 $P(w_i)$ 及类条件概率 $P(\boldsymbol{X}/w_i)$ 是已知的,如图 5-7 所示,则有:

$$P(w_i/\boldsymbol{X}) = \frac{P(\boldsymbol{X}/w_i)P(w_i)}{\sum\limits_{j=1}^{m} P(\boldsymbol{X}/w_j)P(w_j)} \tag{5-7}$$

得到的条件概率 $P(w_i/\boldsymbol{X})$ 称为状态的后验概率,即状态的模式向量 $\boldsymbol{X}$ 属于状态空间类 w_i 的概率,这就是著名的贝叶斯公式。可见,贝叶斯公式实质上是通过观测 $\boldsymbol{X}$,把状态的先验概率 $P(w_i)$ 转化为状态的后验概率 $P(w_i/\boldsymbol{X})$,如图 5-8 所示。

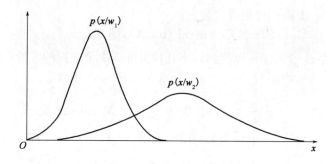

图 5-7 类别条件概率密度函数

下面举例说明贝叶斯公式的应用。

【例 5-1】 设定一个故障为 w,一个特征观测量为 x。其他所有故障为 $\overline{w}$,其他所有特征观测量为 $\overline{x}$。在特征 x 发生的情况下,假设特征必须是由故障 w 引起的,则根据式(5-7)可知,特征 x 存在时故障 w 发生的概率为

$$P(w/x) = \frac{P(x/w)P(w)}{P(x/w)P(w) + P(x/\overline{w})P(\overline{w})}$$

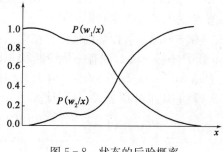

图 5-8 状态的后验概率

式中　$P(w)$——故障 w 发生的先验概率；

　　　$P(x/w)$——故障 w 发生引起征兆 x 发生的概率；

　　　$P(\overline{w})$——其他故障 $\overline{w}$ 发生的先验概率；

　　　$P(x/\overline{w})$——其他故障 $\overline{w}$ 发生引起征兆 x 发生的概率。

由上式可知：即使在 $P(x/w)$ 高、$P(x/\overline{w})$ 低的情况下，若 $P(w)$ 小，则 $P(w/x)$ 仍较低，如 $P(x/w)=0.95$，$P(x/\overline{w})=0.1$，$P(w)=0.01$，$P(\overline{w})=0.15$，则

$$P(w/x) = \frac{0.95 \times 0.01}{0.95 \times 0.01 + 0.1 \times 0.15} = 0.39$$

该例说明，即使故障 w 引起特征 x 出现的可能性很大，且其他故障 $\overline{w}$ 引起特征 x 出现的可能性小，如果故障 w 发生的可能性小，而其他故障发生的可能性相对较大，则在出现特征 x 的情况下，故障 w 发生的可能性仍较小。

可见，这一分析结论与人的直觉认识（在故障 w 发生引起特征 x 的可能性大，而其他故障 $\overline{w}$ 引起特征 x 可能性小的情况下，若特征 x 出现，则存在故障 w 的可能性大）是不同的。其原因在于各种故障发生的概率不同，一般来说，被诊断对象的各种故障发生的可能性不是一成不变的。因此，可以得出如下结论：诊断过程中必须考虑被诊断对象运行的历史状况，以期准确地获取各种故障发生的概率变化情况，并为各种故障确定准确的先验概率。

二、基于最小错误率的贝叶斯决策规则

在模式分类问题中，人们往往希望尽量减少分类的错误，从这样的要求出发，利用概率论中的贝叶斯公式，就能得出使错误率为最小的分类规则，称为基于最小错误率的贝叶斯决策。

以两类（机器工况正常 w_1 和异常 w_2）识别问题为例，基于最小错误率的贝叶斯决策规则为：如果 $P(w_1/\boldsymbol{X})>P(w_2/\boldsymbol{X})$，则把 $\boldsymbol{X}$ 归类于正常状态 w_1；反之，$P(w_1/\boldsymbol{X})<P(w_2/\boldsymbol{X})$，则把 $\boldsymbol{X}$ 归类于异常状态 w_2，上面的规则可简写为：

如果　　　　　　$P(w_i/\boldsymbol{X}) = \max_{j=1,2} P(w_j/\boldsymbol{X})$，则 $\boldsymbol{X} \subseteq w_i$　　　　　　（5-8）

利用贝叶斯公式(5-7)，还可以得到以下几种贝叶斯决策规则的等价形式：

(1)如果　　　　　$P(\boldsymbol{X}/w_i)P(w_i) = \max_{j=1,2} P(\boldsymbol{X}/w_j)P(w_j)$，则 $\boldsymbol{X} \subseteq w_i$　　　　（5-9）

(2)如果　　　$L(\boldsymbol{X}) = \dfrac{p(\boldsymbol{X}/w_1)}{p(\boldsymbol{X}/w_2)} > (\text{或} <) \dfrac{P(w_2)}{P(w_1)}$，则 $\boldsymbol{X} \subseteq w_1$（或 $\boldsymbol{X} \subseteq w_2$）　　（5-10）

(3)对式(5-10)取对数，并冠以负号，则有：如果 $h(\boldsymbol{X}) = -\ln[L(\boldsymbol{X})] = -\ln p(\boldsymbol{X}/w_1) + \ln p(\boldsymbol{X}/w_2) < (\text{或} >) \ln \dfrac{P(w_2)}{P(w_1)}$，则 $\boldsymbol{X} \subseteq w_1$（或 $\boldsymbol{X} \subseteq w_2$）。

式(5-9)是利用贝叶斯公式(5-7)代入式(5-8)消去共同的分母而得出的，式(5-10)中的 $L(\boldsymbol{X})$ 在统计学中称为似然比，而 $P(w_2)/P(w_1)$ 称为似然比阈值，$P(\boldsymbol{X}/w_i)$ 是状态特征观测值 $\boldsymbol{X}$ 的类条件概率密度。

【例5-2】假设某机械设备正常状态 w_1 和异常状态 w_2 两类的先验概率分别为 $P(w_1)=0.9$ 和 $P(w_2)=0.1$，现有一待诊断状态，其特征观测值为 $\boldsymbol{X}$。从条件概率密度分布曲线上查得 $P(\boldsymbol{X}/w_1)=0.2$，$P(\boldsymbol{X}/w_2)=0.4$，试对该状态 $\boldsymbol{X}$ 进行分类。

解：利用贝叶斯公式，分别计算出 w_1 及 w_2 的后验概率：

$$P(w_1/\boldsymbol{X}) = \frac{P(\boldsymbol{X}/w_1)P(w_1)}{\sum\limits_{j=1}^{2} P(\boldsymbol{X}/w_j)P(w_j)} = \frac{0.2 \times 0.9}{0.2 \times 0.9 + 0.4 \times 0.1} = 0.818$$

$$P(w_2/\boldsymbol{X}) = 1 - P(w_1/\boldsymbol{X}) = 0.182$$

根据贝叶斯决策规则式$(5-8)$,有 $P(w_1/\boldsymbol{X})=0.818>P(w_2/\boldsymbol{X})=0.182$,所以把 $\boldsymbol{X}$ 归类于正常状态。

从这个例子可见,决策结果取决于实际观测到的类条件概率密度 $P(\boldsymbol{X}/w_i)$ 和先验概率 $P(w_i)$。该例中,正常状态 w_1 的先验概率较异常状态 w_2 的先验概率大好几倍,使先验概率在作出决策中起了主导作用。

贝叶斯决策分类可能发生误诊断,一为"谎报",即将正常状态 w_1 误判为异常状态 w_2;另一种是"漏检",就是把异常状态 w_2 误判为正常状态 w_1。误诊概率是谎报和漏检两概率之和。误诊概率或称为错误率用 $P(e)$ 表示,其定义为

$$P(e) = \int_{-\infty}^{\infty} P(e,\boldsymbol{X})\mathrm{d}\boldsymbol{X} = \int_{-\infty}^{\infty} P(e/\boldsymbol{X})p(\boldsymbol{X})\mathrm{d}\boldsymbol{X} \qquad (5-11)$$

其中,$\int_{-\infty}^{\infty} \cdot \mathrm{d}\boldsymbol{X}$ 表示在整个 n 维特征空间积分。

可见,错误率是指平均错误率。决策规则式$(5-7)$实际上是对每个 $\boldsymbol{X}$ 都使 $P(e/\boldsymbol{X})$ 取小者,这就使式$(5-11)$的积分也必须达到最小,即使平均错误率 $P(e)$ 达到最小,这就证明了最小错误率贝叶斯决策规划确实使错误最小。

对两类别问题,从式$(5-8)$的决策规则可知,如果 $P(w_1/\boldsymbol{X})<P(w_2/\boldsymbol{X})$,则决策应为 w_2;显然在作出决策 w_2 时,$\boldsymbol{X}$ 的条件错误概率为 $P(w_1/\boldsymbol{X})$;反之,为 $P(w_2/\boldsymbol{X})$,可表示为

$$P(e) = \begin{cases} P(w_1/\boldsymbol{X}), \text{当 } P(w_2/\boldsymbol{X}) > P(w_1/\boldsymbol{X}) \\ P(w_2/\boldsymbol{X}), \text{当 } P(w_1/\boldsymbol{X}) > P(w_2/\boldsymbol{X}) \end{cases} \qquad (5-12)$$

如图 $5-9$ 所示,令 t 为两类的分界面,且特征向量 $\boldsymbol{X}$ 是一维时,t 将 x 轴分为两个区域 Ω_{w_1} 和 Ω_{w_2},Ω_{w_1} 为 $(-\infty, t)$,Ω_{w_2} 为 (t, ∞),则有

$$P(e) = \int_{-\infty}^{t} P(w_2/\boldsymbol{X})p(\boldsymbol{X})dX + \int_{t}^{\infty} P(w_1/\boldsymbol{X})p(\boldsymbol{X})dX$$

$$= \int_{-\infty}^{t} p(w_2/\boldsymbol{X})P(\boldsymbol{X})dX + \int_{t}^{\infty} p(w_1/\boldsymbol{X})P(\boldsymbol{X})dX \qquad (5-13)$$

也可写为

$$P(e) = P(\boldsymbol{X} \subseteq \Omega_{w_1}, w_2) + P(\boldsymbol{X} \subseteq \Omega_{w_2}, w_1)$$

$$= P(\boldsymbol{X} \subseteq \Omega_{w_1}/w_2)P(w_2) + P(\boldsymbol{X} \subseteq \Omega_{w_2}/w_1)P(w_1)$$

$$= P(w_2)\int_{\Omega_{w_1}} p(\boldsymbol{X}/w_2)dX + P(w_1)\int_{\Omega_{w_2}} p(\boldsymbol{X}/w_1)dX$$

$$= P(w_2)P_2(e) + P(w_1)P_1(e) \qquad (5-14)$$

式$(5-13)$的几何意义如图 $5-9$ 所示,斜线面积为 $P(w_2)P_2(e)$,纹线面积为 $P(w_1)P_1(e)$,两者之和为 $P(e)$。

以上讨论很容易推广到 n 维特征空间的情况。在多类决策过程中,将特征空间划分为 $\Omega_{w_1}, \Omega_{w_2}, \cdots, \Omega_{w_m}$ 等 m 个区域,其相应的最小错误率贝叶斯决策规则为

$$\text{如果 } P(w_i/\boldsymbol{X}) = \max_{j=1,\cdots,m} P(w_j/\boldsymbol{X}), \text{那么 } \boldsymbol{X} \subseteq w_i \qquad (5-15)$$

其等价形式为

$$\text{如果 } P(x/w_i)P(w_i) = \max_{j=1,\cdots,m} P(x/w_j)P(w_j), \text{那么 } x \subseteq w_i \qquad (5-16)$$

多类别决策过程中,要把特征空间分割成 $\Omega_{w_1},\Omega_{w_2},\cdots,\Omega_{w_m}$ 等 m 个区域,可能错分的情况很多,平均错误概率 $P(e)$ 计算如下:

$$P(e) = 1 - P(c) = 1 - \sum_{j=1}^{m} P(x \subseteq \Omega_{w_j}/w_j) P(w_j)$$

$$= 1 - \sum_{j=1}^{m} \int_{\Omega_{w_j}} P(x/w_j) P(w_j) \mathrm{d}x \tag{5-17}$$

式中　$P(c)$——决策分类平均正确分类概率。

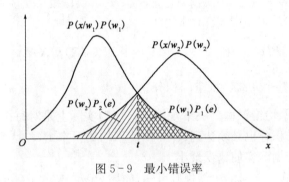

图 5-9　最小错误率

三、基于最小风险的贝叶斯决策规则

(一)最小风险贝叶斯决策

在实际诊断问题中,经常需要考虑比错误率更广泛的概念,这就是风险问题,或称为决策损失。在误诊中,谎报与漏检两种不同的错误判断所造成损失的严重程度不同。如果将正常状态误判为异常状态,会造成停机检查和维修浪费;若将异常状态误判为正常状态,就可能造成机毁人亡。显然,漏检的损失比谎报的损失要严重得多。最小风险贝叶斯决策正是考虑各种错误造成损失不同而提出的一种决策规则。

假设类型空间 Ω_w 有 m 个类别 $\Omega_w = \{w_1, w_2, \cdots, w_m\}$,观测量 $\boldsymbol{X}$ 是 n 维随机向量 $\boldsymbol{X} = [x_1, x_2, \cdots, x_n]^\mathrm{T}$,其中 $x_1, x_2, \cdots, x_n$ 为一维随机变量。

决策空间 $\boldsymbol{A}$ 有 l 个决策,即 $\boldsymbol{A} = \{\alpha_1, \alpha_2, \cdots, \alpha_l\}$。这里 l 与 m 不同是由于除了对 m 个类别有 m 种不同的决策外,还允许采取其他决策,如采取"拒绝"的决策,这时就有 $l = m+1$,损失函数(条件风险)为 $\lambda(\alpha_i, w_j)$ $(i=1,2,\cdots,l;j=1,2,\cdots,m)$。$\lambda$ 表示本应属 w_j 类的样本决策到 α_i 类时所带来的损失。

对于给定的 $\boldsymbol{X}$,在采取决策 α_i 情况下的条件期望损失或称为条件风险 $R(\alpha_i/\boldsymbol{X})$ 为:

$$R(\alpha_i/\boldsymbol{X}) = E[\lambda(\alpha_i, w_j)] = \sum_{j=1}^{m} \lambda(\alpha_i, w_j) P(w_j/\boldsymbol{X}) \quad i=1,2,\cdots,l \tag{5-18}$$

条件风险 $R(\alpha_i/\boldsymbol{X})$ 表示本应属于 w_j 类的样本判到 α_i 的各种判别的 $\lambda(\alpha_i, w_j)$ 与对应后验概率的加权和,它反映了对某一 $\boldsymbol{X}$ 的取值采取决策 α_i 所带来的风险。

在考虑误判带来的损失时,希望损失最小。如果在采取每一个决策时都使其条件风险最小,则对所有 $\boldsymbol{X}$ 作出决策时,其期望风险也必然最小,这样的决策就是最小风险贝叶斯决策,其规则为

$$\text{如果 } R(\alpha_k/\boldsymbol{X}) = \min_{i=1,\cdots,l} R(\alpha_i/\boldsymbol{X}), \text{那么 } \alpha = \alpha_k \tag{5-19}$$

决策过程可按下列步骤进行:

(1)在已知 $P(w_i)$、$p(\mathbf{X}/w_i)$ 及给出待识别 $\mathbf{X}$ 的情况下,根据贝叶斯公式计算后验概率

$$P(w_j/\mathbf{X}) = \frac{p(x/w_j)P(w_j)}{\sum\limits_{i=1}^{m} p(x/w_i)P(w_i)} \qquad j=1,2,\cdots,m$$

(2)利用后验概率及根据所研究的具体问题,分析错误决策造成损失的严重程度而确定损失函数 $\lambda(\alpha_i,w_j)$,按式(5-17)计算采取 α_i 的条件风险 $R(\alpha_i/\mathbf{X})$。

(3)从 l 个 $R(\alpha_i/\mathbf{X})(i=1,2,\cdots,l)$ 中按照决策规则式(5-18)找出使条件风险最小的决策 α_k,则 α_k 就是最小风险贝叶斯决策。

【例5-3】 在例5-2条件的基础上,按最小风险贝叶斯决策规则进行分类。已知 $P(w_1)=0.9$,$P(w_2)=0.1$,$p(\mathbf{X}/w_1)=0.2$,$p(\mathbf{X}/w_2)=0.5$,且 $\lambda(\alpha_1,w_1)=0$,$\lambda(\alpha_1,w_2)=6$,$\lambda(\alpha_2,w_1)=1$,$\lambda(\alpha_2,w_2)=0$。

解: 由例5-2的计算结果可知后验概率为 $p(w_1/\mathbf{X})=0.818$,$p(w_2/\mathbf{X})=0.182$,按式(5-17)计算的条件风险

$$R(\alpha_1/\mathbf{X}) = \sum_{j=1}^{m} \lambda(\alpha_i,w_j)P(w_j/\mathbf{X}) = \lambda(\alpha_1,w_2)P(w_2/\mathbf{X}) = 1.092$$

$$R(\alpha_2/\mathbf{X}) = \lambda(\alpha_2,w_1)P(w_1/\mathbf{X}) = 0.818$$

由于 $R(\alpha_1/\mathbf{X}) > R(\alpha_2/\mathbf{X})$,即决策为 w_2 的条件风险小于决策为 w_1 的条件风险,因此,采取决策 w_2,即判断待识别状态为异常状态 w_2。

本例与例5-2相比,分类结果正好相反,这是因为这里影响决策结果的因素又多了一个"损失",且两类错误决策所造成的损失相差很悬殊,因此"损失"起了主导作用。

(二)最小风险贝叶斯决策与最小错误率决策的关系

根据贝叶斯公式,考虑 $P(\mathbf{X})$ 为公共项,条件风险 $R(\alpha_i/\mathbf{X})$ 可描述为:

$$R(\alpha_i/\mathbf{X}) = \sum_{j=1}^{m} \lambda(\alpha_i,w_j)P(w_j)p(\mathbf{X}/w_j) \qquad (5-20)$$

若损失函数为 $\lambda(\alpha_i,w_j) = \begin{cases} 0 & i=j \\ 1 & i \neq j \end{cases}$,即正确决策时,无损失;错误决策时,损失一样,都为1,这时

$$R(\alpha_1/\mathbf{X}) = \sum_{j=1}^{m} \lambda(\alpha_i,w_j)P(w_j/\mathbf{X}) = \sum_{\substack{j=1 \\ j \neq 1}}^{m} P(w_j/\mathbf{X}) \qquad (5-21)$$

式中,$\sum\limits_{\substack{j=1 \\ j \neq 1}}^{m} P(w_j/\mathbf{X})$ 表示对 $\mathbf{X}$ 采取决策 w_j 的条件错误概率,所以,在 $\lambda(\alpha_i,w_j)$ 取值为 0 或 1 时,使 $R(\alpha_k/\mathbf{X}) = \min\limits_{i=1,\cdots,l} R(\alpha_i/\mathbf{X})$ 的最小风险贝叶斯决策就等价于 $\sum\limits_{\substack{j=1 \\ j \neq 1}}^{m} P(w_j/\mathbf{X}) = \min\limits_{i=1,\cdots,m} \sum\limits_{\substack{j=1 \\ j \neq 1}}^{m} P(w_j/\mathbf{X})$ 的最小错误率贝叶斯决策。

显然,此风险最小决策等于最小错误率决策,最小错误率决策是最小风险决策的一个特例。

四、最小最大决策规则

在实际机械设备故障诊断中,会遇到这种情况:决策要处理的各种类别先验概率 $P(w_i)$ 未知或是变化的,如果按某个固定的 $P(w_i)$ 条件下进行决策往往得不到最小错误或最小风险。这里所要介绍的最小最大决策就是在考虑 $P(w_i)$ 变化的情况时,如何使最大可能的风险最小,即在最差的条件下争取最好的结果。不失一般性,讨论仍以两类问题为例。

设损失函数 λ_{11} 为 $\boldsymbol{X}\in w_1$ 时决策为 $\boldsymbol{X}\in w_1$ 的损失,λ_{21} 为 $\boldsymbol{X}\in w_1$ 时决策为 $\boldsymbol{X}\in w_2$ 的损失,λ_{22} 为 $\boldsymbol{X}\in w_2$ 时决策为 $\boldsymbol{X}\in w_2$ 的损失,λ_{12} 为 $\boldsymbol{X}\in w_2$ 时决策为 $\boldsymbol{X}\in w_1$ 的损失。通常,作出错误决策总是比作出正确决策所带来的损失要大,即 $\lambda_{21}>\lambda_{11}$ 及 $\lambda_{12}>\lambda_{22}$。再假定类别 w_1 的决策域为 Ω_1,类别 w_2 的决策域为 Ω_2,而 $\Omega_1+\Omega_2=\Omega$,Ω 为整个特征空间,即决策是把整个特征空间分割成不相交的两个区域。总风险可按式(5-16)得出

$$R = \int_{\Omega_1} R(\alpha_1/\boldsymbol{X}) p(\boldsymbol{X})\mathrm{d}\boldsymbol{X} + \int_{\Omega_2} R(\alpha_2/\boldsymbol{X}) p(\boldsymbol{X})\mathrm{d}\boldsymbol{X}$$

$$= \int_{\Omega_1} [\lambda_{11} P(w_1) p(\boldsymbol{X}/w_1) + \lambda_{12} P(w_2) p(\boldsymbol{X}/w_2)]\mathrm{d}\boldsymbol{X}$$

$$+ \int_{\Omega_2} [\lambda_{21} P(w_1) p(\boldsymbol{X}/w_1) + \lambda_{22} P(w_2) p(\boldsymbol{X}/w_2)]\mathrm{d}\boldsymbol{X} \qquad (5-22)$$

考虑到 $P(w_1)+P(w_2)=1$,即 $\int_{\Omega_2} p(\boldsymbol{X}/w_1)\mathrm{d}\boldsymbol{X} = 1 - \int_{\Omega_1} p(\boldsymbol{X}/w_1)\mathrm{d}\boldsymbol{X}$,则式(5-22)可写为

$$R = \lambda_{22} + (\lambda_{12} - \lambda_{22})\int_{\Omega_1} p(\boldsymbol{X}/w_2)\mathrm{d}\boldsymbol{X} + P(w_1)\{(\lambda_{11} - \lambda_{22}) +$$

$$(\lambda_{21} - \lambda_{11})\int_{\Omega_2} p(\boldsymbol{X}/w_1)\mathrm{d}\boldsymbol{X} - (\lambda_{12} - \lambda_{22})\int_{\Omega_1} p(\boldsymbol{X}/w_2)\mathrm{d}\boldsymbol{X}\}$$

$$= a + bP(w_1) \qquad (5-23)$$

其中
$$\alpha = \lambda_{22} + (\lambda_{12} - \lambda_{22})\int_{\Omega_1} p(\boldsymbol{X}/w_2)\mathrm{d}\boldsymbol{X}$$

$$b = (\lambda_{11} - \lambda_{22}) + (\lambda_{21} - \lambda_{11})\int_{\Omega_2} p(\boldsymbol{X}/w_1)\mathrm{d}\boldsymbol{X} - (\lambda_{12} - \lambda_{22})\int_{\Omega_1} p(\boldsymbol{X}/w_2)\mathrm{d}\boldsymbol{X}$$

式(5-23)表明,如果决策域 Ω_1 和 Ω_2 已确定,则 a、b 为常数,总风险 R 就是 $P(w_i)$ 的线性函数,$R_{\max}=a+b$,最大风险出现在 $P(w_1)=1$ 或 $P(w_2)=1$,$P(w_1)$ 在(0,1)内取值如何使最大可能的风险为最小呢?

令 $\partial R/\partial P(w_1)=0$,如果 $b=0$,则 $R=a$,R 与 $P(w_1)$ 无关,即最大可能风险达到最小值。另一种合理的解释是既然 $P(w_1)$ 变化未知,$R_{\max}$ 只能在 $P(w_2)=0$ 或 $P(w_1)=1$ 达到。这时要求 R 取最小,只有遍历所有 $P(w_1)$ 时找 R 的最大值中的最小者。由于 $R\sim P(w_1)$ 的线性关系,只有 $P(w_1)=0$ 或 $P(w_1)=1$ 和 $P(w_1)$ 为 0~1 之间的任意值时,R 均相等,才能满足这一情况,因此,R 只能为一水平线,也就是 $P(w_1)$ 的系数为 0,即

$$(\lambda_{11} - \lambda_{22}) + (\lambda_{21} - \lambda_{11})\int_{\Omega_2} p(x/w_1)\mathrm{d}x - (\lambda_{12} - \lambda_{22})\int_{\Omega_1} p(x/w_2)\mathrm{d}x = 0 \quad (5-24)$$

则总风险为
$$R = \lambda_{22} + (\lambda_{12} - \lambda_{22})\int_{\Omega_1} p(x/w_2)\mathrm{d}x = a \qquad (5-25)$$

所以不管 $P(w_1)$ 怎样变化,总风险 R 都不再变化,而等于 a。这时就使最大风险最小。因此,最大最小决策的任务就是寻找使贝叶斯风险为最大时的决策域 Ω_1 和 Ω_2,它对应于式(5-23)积

分方程的解。在求出使贝叶斯风险为最大时的决策域 Ω_1 和 Ω_2 以及对应于 $\partial R/\partial P(w_1)=0$ 时的 $P_b^*(w_1)$，最大最小决策规则就完全与基于最小错误率的贝叶斯决策规则相似。

第三节 距离函数分类法

为了将样本划分成不同的类别，可以定义一种相似性的测度来度量特征空间同一类样本间的类似性和不同样本间的差异性。两个特征向量之间的距离是它们相似性的一种很好度量。也就是说，同类模式具有聚类性，不同类状态的模式有各自的聚类域和聚类中心。因此，可将待检模式与参考模式间的距离作为判别函数，判别待检样本的归属。

一、空间距离函数

(一)欧氏(Euclidean)距离

设存在 L 个类别 w_i，其参考模式向量 $\boldsymbol{Y}^j=(y_1^j,y_2^j,\cdots,y_n^j)(j=1,2,\cdots,L)$；待检模式向量 $\boldsymbol{X}=[x_1,x_2,\cdots,x_n]^{\mathrm{T}}$，则欧氏距离定义为

$$d_{\mathrm{E}}^2(\boldsymbol{X},\boldsymbol{Y}^j)=\sum_{i=1}^n (x_i-y_i^j)^2=(\boldsymbol{X}-\boldsymbol{Y}^j)^{\mathrm{T}}(\boldsymbol{X}-\boldsymbol{Y}^j) \qquad j=1,2,\cdots,L \qquad (5-26)$$

为消除样本特征分量的量纲对分类结果的影响，对特征数据进行归一化处理，如

$$x_i=\frac{x_i-x_{\min}}{x_i-x_{\max}} \qquad (5-27)$$

式中 $x_{\max}$、$x_{\min}$——特征参数的最大值和最小值。

考虑到特征向量中的诸分量对分类起的作用不同，可采用加权方法，构造加权欧氏距离

$$d_w^2(\boldsymbol{X},\boldsymbol{Y}^j)=(\boldsymbol{X}-\boldsymbol{Y}^j)^{\mathrm{T}}\boldsymbol{W}(\boldsymbol{X}-\boldsymbol{Y}^j) \qquad j=1,2,\cdots,L \qquad (5-28)$$

式中 $\boldsymbol{W}$——权系数矩阵，取不同的权矩阵 $\boldsymbol{W}$，也就引入了不同的距离判别函数。

对于状态有 L 个类别 $w_i(j=1,2,\cdots,L)$，欧氏距离判据形式为

$$如果\ d_{\mathrm{E}}^2(\boldsymbol{X},\boldsymbol{Y}^i)=\min_{j=1,2,\cdots,L} d_{\mathrm{E}}^2(\boldsymbol{X},\boldsymbol{Y}^j)，那么\ \boldsymbol{X}\in w_i \qquad (5-29)$$

式(5-29)表明：两点距离越近，其相似性越大，则可认为属于同一个群聚域，即属于同一类别。

(二)马氏(Mahalanobis)距离

这是加权欧氏距离中用得较多的一种，其形式为

$$d_{\mathrm{M}}^2(\boldsymbol{X},\boldsymbol{Y}^j)=(\boldsymbol{X}-\boldsymbol{Y}^j)^{\mathrm{T}}\boldsymbol{C}^{-1}(\boldsymbol{X}-\boldsymbol{Y}^j) \qquad j=1,2,\cdots,L \qquad (5-30)$$

式中 $\boldsymbol{C}^{-1}$——$\boldsymbol{X}$ 与 $\boldsymbol{Y}^j$ 的互协方差矩阵的逆矩阵，即 $\boldsymbol{C}^{-1}=(\boldsymbol{X},\boldsymbol{Y}^{j\mathrm{T}})^{-1}$ 或 $\boldsymbol{C}^{-1}=[(\boldsymbol{X}-\mu_x),(\boldsymbol{Y}^j-\mu_y)^{\mathrm{T}}]^{-1}$；

μ_x、μ_y——$\boldsymbol{X}$ 和 $\boldsymbol{Y}^j$ 的均值。

马氏距离的优点是排除了特征参数之间的相互影响。

(三)明氏(Minkowski)距离

明氏距离的计算公式为

$$d_M(\boldsymbol{X},\boldsymbol{Y}^j)=\left[\sum_{i=1}^n (x_i-y_i^j)^s\right]^{1/s} \qquad (5-31)$$

式中 s——正整数。

显然,当 $s=2$ 时,为欧氏距离;当 $s=1$ 时,$d(\boldsymbol{X},\boldsymbol{Y}^j)=\sum_{i=1}^{n}\mid x_i-y_i^j\mid$,称为"街坊距离"。

上述空间距离函数都是在 $\boldsymbol{R}^n$ 中度量的,要求待检模式阶数与所有参考模型的阶数均相等。

(四)空间距离判别的应用

现以时间序列模型参数作为特征而得到残差偏移的距离函数为例。设自回归 AR 模型的矩阵形式

$$\boldsymbol{X\Phi}=\boldsymbol{A} \tag{5-32}$$

可得残差平方和

$$S=\boldsymbol{A}^{\mathrm{T}}\boldsymbol{A}=\boldsymbol{\Phi}^{\mathrm{T}}\boldsymbol{X}^{\mathrm{T}}\boldsymbol{X\Phi}=\boldsymbol{\Phi}^{\mathrm{T}}\boldsymbol{R\Phi} \tag{5-33}$$

式中 $\boldsymbol{X}$——时序样本矩阵;

$\boldsymbol{\Phi}$——自回归系数矢量;

$\boldsymbol{A}$——残差矢量;

$\boldsymbol{R}$——样本序列的自相关函数,$\boldsymbol{R}=\boldsymbol{X}^{\mathrm{T}}\boldsymbol{X}$。

设待检模型残差 $\boldsymbol{A}_{\mathrm{T}}=\boldsymbol{X}_{\mathrm{T}}\boldsymbol{\Phi}_{\mathrm{T}}$,将其代入参考模型 $\boldsymbol{X}_{\mathrm{R}}\boldsymbol{\Phi}_{\mathrm{R}}=\boldsymbol{A}_{\mathrm{R}}$ 中,得残差 $\boldsymbol{A}_{\mathrm{RT}}=\boldsymbol{X}_{\mathrm{T}}\boldsymbol{\Phi}_{\mathrm{R}}$,定义 $\boldsymbol{A}_{\mathrm{RT}}-\boldsymbol{A}_{\mathrm{T}}$ 为残差偏移距离,它表示待检模型与参考模型之间的接近程度,于是有

$$\boldsymbol{A}_{\mathrm{RT}}-\boldsymbol{A}_{\mathrm{T}}=\boldsymbol{X}_{\mathrm{T}}\boldsymbol{\Phi}_{\mathrm{R}}-\boldsymbol{X}_{\mathrm{T}}\boldsymbol{\Phi}_{\mathrm{T}}=\boldsymbol{X}_{\mathrm{T}}(\boldsymbol{\Phi}_{\mathrm{R}}-\boldsymbol{\Phi}_{\mathrm{T}})$$

定义残差偏移距离

$$d_A^2=(\boldsymbol{A}_{\mathrm{RT}}-\boldsymbol{A}_{\mathrm{T}})^{\mathrm{T}}(\boldsymbol{A}_{\mathrm{RT}}-\boldsymbol{A}_{\mathrm{T}})=(\boldsymbol{\Phi}_{\mathrm{R}}-\boldsymbol{\Phi}_{\mathrm{T}})^{\mathrm{T}}\boldsymbol{X}_{\mathrm{T}}^{\mathrm{T}}\boldsymbol{X}_{\mathrm{T}}(\boldsymbol{\Phi}_{\mathrm{R}}-\boldsymbol{\Phi}_{\mathrm{T}})=(\boldsymbol{\Phi}_{\mathrm{R}}-\boldsymbol{\Phi}_{\mathrm{T}})^{\mathrm{T}}\boldsymbol{R}_{\mathrm{T}}(\boldsymbol{\Phi}_{\mathrm{R}}-\boldsymbol{\Phi}_{\mathrm{T}})$$

$$\tag{5-34}$$

式中 $\boldsymbol{R}_{\mathrm{F}}$——待检序列的自相关函数,$\boldsymbol{R}_{\mathrm{T}}=\boldsymbol{X}_{\mathrm{T}}^{\mathrm{T}}\boldsymbol{X}_{\mathrm{T}}$。

从距离的意义来讲,残差距离实质是以自相关函数矩阵为权矩阵的欧氏距离。

二、相似性指标

相似性指标是在聚类分析时判断两个特征向量是否属于同一类的统计量,待检状态应归入相似性指标最大的状态类别。

(一)角度相似性指标

定义两模式向量 $\boldsymbol{X}$ 与 $\boldsymbol{Y}$ 之间夹角的余弦为角度相似性指标,即

$$S(\boldsymbol{X},\boldsymbol{Y})=\sum_{i=1}^{n}x_iy_i\Big/\sqrt{\sum_{i=1}^{n}x_i^2\sum_{i=1}^{n}y_i^2} \tag{5-35}$$

或 $$S(\boldsymbol{X},\boldsymbol{Y})=\boldsymbol{X}^{\mathrm{T}}\boldsymbol{Y}/(\parallel\boldsymbol{X}\parallel\cdot\parallel\boldsymbol{Y}\parallel)$$

式中 $\parallel\boldsymbol{X}\parallel$、$\parallel\boldsymbol{Y}\parallel$——模式向量 $\boldsymbol{X}$ 和 $\boldsymbol{Y}$ 的模。

$S(\boldsymbol{X},\boldsymbol{Y})$ 有一个重要的性质,即坐标放缩、旋转对其值无影响,当 $S(\boldsymbol{X},\boldsymbol{Y})=1$,即 $S(\boldsymbol{X},\boldsymbol{Y})$ 间的夹角为零时,相似性达到最大。

(二)相关系数

相关系数的计算公式为

$$S_R(\boldsymbol{X}, \boldsymbol{Y}) = \sum_{i=1}^{n}(x_i - \mu_x)(y_i - \mu_y) \Big/ \sqrt{\sum_{i=1}^{n}(x_i - \mu_x)^2 \sum_{i=1}^{n}(y_i - \mu_y)^2} \qquad (5-36)$$

式中 μ_x、μ_y——$\boldsymbol{X}$ 和 $\boldsymbol{Y}$ 的均值。

相关系数越大,表示相似性越强。

三、信息距离判别法

信息距离函数是由信息论中有关信息量的计算导出的,它们是用来度量两个概率分布之间的距离,这种距离又称"伪距离"。两个概率分布之间的"伪距离"越小,它们之间的近似程度越高。

(一)Kullback 信息量距离

Kullback 信息量距离是比较两个概率密度函数 p_1、p_2 之间的差异,它是 p_1 与 p_2 间的互熵,其表达式为

$$\begin{cases} I(p_1, p_2) = \displaystyle\int p_1(x) \ln \frac{p_1(x)}{p_2(x)} \mathrm{d}x \\ I(p_2, p_1) = \displaystyle\int p_2(x) \ln \frac{p_2(x)}{p_1(x)} \mathrm{d}x \end{cases} \qquad (5-37)$$

式(5-37)度量了两个概率密度函数的交叠程度,为它们之间距离的度量。当两类概率密度相同,即 $p_1(x)$ 等于 $p_2(x)$,Kullback 信息量(即互熵)等于零,当两类概率密度完全不交叠时,互熵取最大值。一般情况下,互熵为非负,因此,$I(p_1, p_2)$ 和 $I(p_2, p_1)$ 提供了两类之间的平均可分性信息。

可以证明,当参考状态序列 $\boldsymbol{Y}$ 与待检状态序列 $\boldsymbol{X}$ 服从正态分布时,Kullback 信息量为:

$$\begin{cases} I(p_R, p_T) = \ln \dfrac{\sigma_T}{\sigma_R} + \dfrac{1}{2\sigma_T^2}[\sigma_R^2 + (\boldsymbol{Y} - \boldsymbol{X})^T \boldsymbol{R}_T(\boldsymbol{Y} - \boldsymbol{X})] - \dfrac{1}{2} \\ I(p_T, p_R) = \ln \dfrac{\sigma_R}{\sigma_T} + \dfrac{1}{2\sigma_R^2}[\sigma_T^2 + (\boldsymbol{Y} - \boldsymbol{X})^T \boldsymbol{R}_R(\boldsymbol{Y} - \boldsymbol{X})] - \dfrac{1}{2} \end{cases} \qquad (5-38)$$

式中 σ_R^2、σ_T^2——参考状态序列 $\boldsymbol{Y}$ 与待检状态序列 $\boldsymbol{X}$ 的方差;

$\boldsymbol{R}_T$、$\boldsymbol{R}_R$——两状态序列的自相关函数。

显然,当待检状态与参考状态相同即 $\boldsymbol{X} = \boldsymbol{Y}$ 时,$\sigma_R^2 = \sigma_T^2$,则 $I(p_R, p_T) = I(p_T, p_R) = 0$。

一般情况下,$I(p_R, p_T) \neq I(p_T, p_R)$,这表明将待检状态从参考状态区分出来的信息量不等于参考状态从待检状态中区分出来的信息量,可见,作为"距离函数"是不理想的。

(二)J 散度距离

$I(p_1, p_2)$ 和 $I(p_2, p_1)$ 无对称性,在同一情况下,取值各不相同。定义 J 散度为两个状态总的平均信息,等于两类平均可分信息之和,即

$$J = I(p_1, p_2) + I(p_2, p_1) \qquad (5-39)$$

当设备工况相同即 $\boldsymbol{X} = \boldsymbol{Y}$ 时,$\sigma_R^2 = \sigma_T^2$,有 $J = 0$。J 越小,两类模式的状态越接近。

(三)Itakura 信息距离

时序模型的残差和残差的方差含有丰富的信息,当时序 $\{x_k\}$ 通过 AR 模型后,就意味着

$\{x_k\}$ 通过一个 AR 滤波器而凝聚成模型的残差 $\{a_k\}$ 作为输出,故可定义 Itakura 信息距离函数为

$$d_I(p_{RT}, p_T) = \frac{\sigma_{RT}^2}{\sigma_T^2} - 1 \tag{5-40}$$

式中　σ_T^2、σ_{RT}^2——待检时序 $\{x\}_T$ 通过自身滤波器 AR_T 和参考滤波器 AR_R 后的残差;

　　　P_T、P_{RT}——输出 $\{a_k\}_T$ 和 $\{a_k\}_{RT}$ 的概率密度函数。

显然,当 $\sigma_T^2 = \sigma_{RT}^2$ 时,则 $d_I(P_{RT}, P_R) = 0$,即待检状态属于该参考状态。

(四)Kullback - Leiber 信息量

Kullback - Leiber 信息量(简记为 K - L 信息量)是前述 Kullback 信息距离的特例,其定义为

$$d_{KL}(p_{RT}, p_R) = \ln \frac{\sigma_R^2}{\sigma_T^2} + \frac{\sigma_{RT}^2}{\sigma_R^2} - 1 \tag{5-41}$$

式中　$d_{KL}(p_{RT}, p_R)$ 是比较残差序列 $\{a_k\}_{RT}$ 与 $\{a_k\}_R$ 的概率密度函数 P_{RT} 和 P_T 之间的差异。

假定有 c 个参考时间序列 $\{x^i\}(i=1,2,\cdots,c)$,来源于 c 个不同的机器状态,由此 c 个参考序列建立的 c 个时序模型为

$$x_k^1 = \phi_1^1 x_{k-1}^1 + \cdots + \phi_p^1 x_{k-p}^1 + a_k^1 \text{ 残差的方差为 } \sigma_1^2$$
$$x_k^2 = \phi_1^2 x_{k-1}^2 + \cdots + \phi_q^2 x_{k-q}^2 + a_k^2 \text{ 残差的方差为 } \sigma_2^2$$
$$\vdots$$
$$x_k^c = \phi_1^c x_{k-1}^c + \cdots + \phi_r^c x_{k-r}^c + a_k^c \text{ 残差的方差为 } \sigma_c^2$$

现有一待检状态的时序模型为 $x_k^T = \phi_1^T x_{k-1}^T + \cdots + \phi_s^T x_{k-s}^T + a_k^T$,残差的方差为 σ_T^2。可根据 K - L 信息量 $d_{KL}(p_{mT}, p_m) = \ln \frac{\sigma_m^2}{\sigma_T^2} + \frac{\sigma_{mT}^2}{\sigma_R^2} - 1$ 之值为最小,将 $\{x\}_T$ 归类到 $\{x^m\}$ 类型中,其中,$\sigma_{mT}^2 = \sum_{k=u+1}^{N} [x_k^T - (\phi_1^m x_{k-1}^T + \cdots + \phi_s^m x_{k-u}^T)]^2$,即将待识别序列 $\{x\}_T$ 代入参考模型 $\{x^m\}$ 中后所得到的残差。当 $\sigma_T^2 = \sigma_m^2 = \sigma_{mT}^2$,即待识别序列本身所建立的模型的残差与将之代入参考模型后所得到的残差,以及参考模型本身的残差三者相等时,K - L 信息量为零。

【例 5 - 5】　根据发动机振动信号建立的三个参考模型分别对应机器的正常运行 A、连杆撞击 B 和阀撞击 C 三种运行状态。求出待检发动机运行状态 T 的 K - L 信息量如表 5 - 1 所示。由表可见,待检发动机运行状态是属于阀撞击 C 这一运行状态。

表 5 - 1　用 K - L 信息量对信号分类

	A	B	C	T
A	0.000	0.176	0.212	0.182
B	0.087	0.000	0.020	0.026
C	0.085	0.019	0.000	0.005
T	0.079	0.025	0.005	0.000

(五)Bhattacharyya 信息距离

对于一个由 N 个样本组成的平稳时间序列,其与参考序列之间的 Bhaffacharyya 距离可按下式求出:

$$d_B(p_R, p_T) = -\ln \int \sqrt{p_R(x) \cdot p_T(x)} \, \mathrm{d}x \qquad (5-42)$$

式中 $P_R(x)$、$P_T(x)$——参考时序 $\{x\}_R$ 和待检时序 $\{x\}_T$ 的概率密度函数。

当两者均为正态分布时,可推得

$$d_B(p_R, p_T) = \frac{1}{2} \ln \frac{\det \boldsymbol{C}}{\sqrt{\det \boldsymbol{C}_R \det \boldsymbol{C}_T}} \qquad (5-43)$$

$$\boldsymbol{C} = (\boldsymbol{C}_R + \boldsymbol{C}_T)/2$$

式中 $\boldsymbol{C}_R$、$\boldsymbol{C}_T$——参考时序与待检时序的自协方差矩阵。

Bhattacharyya 信息距离的特点是直接根据时间序列的统计特性进行判别,而不需对时序拟合 AR 模型或 ARMA 模型。

应用距离函数对状态进行分类,首先要找到能表达各种工况的特征矢量作为训练样本,求得在各种状态下模式点的聚类中心,将与之对应的特征矢量作为参考模式;再计算待检样本与聚类中心的距离,按最近邻准则确定待检样本的状态属性。

对于两类问题,这种方法十分有效。对于多类问题,由于决策函数复杂、实时性差,在生产中应用存在困难,同时,已知状态类别的模式集也很难得到,而且当设备运行状态处于异常时,其工况样本的聚类性很差,所求得的聚类中心不一定能代表该类状态的属性。

第四节　基于故障树的故障诊断方法

故障树分析(Fault Tree Analysis,FTA)法是一种将系统故障形成的原因由总体至部分按树枝状逐级细化的分析方法,是对复杂动态系统的设计、工厂试验或现场发现失效形式进行可靠性分析的工具,其目的是判明基本故障,确定故障的原因、影响和发生概率。

1961—1962 年,美国贝尔电话研究所的沃森(Watson)和默恩斯(Mearns)在民兵式导弹发射控制系统的设计中,首先使用故障树分析法对导弹的随机失效问题成功地作出了预测。故障树分析法就是把所研究系统最不希望发生的故障状态作为故障分析的目标,然后寻找直接导致这一故障发生的全部因素,再找出造成下一级事件发生的全部直接因素,一直追查到那些原始的、其故障机理或概率分布都是已知的因而无须再深究的因素为止。它表示系统或设备特定事件或不希望事件与它的各子系统或各部件故障事件之间的逻辑结构图,通过结构图对系统故障形成的原因由总体至部分按树状逐渐地详细划分,直观地反映故障、元部件、系统及因素、原因之间的相互关系。由于逻辑结构图似倒挂的树,故称为故障树。它是一种特殊的树状逻辑关系图,用规定的事件、逻辑门和一些符号描述系统中各种事件之间的因果关系,是机械设备故障诊断的重要分析方法之一。它能对故障进行识别评价,既适用于定性分析,又能定量计算故障程度、概率和原因,具有简明、形象化的特点。

一、建立故障树的原则

利用故障树进行机械设备故障诊断的过程如图 5-10 所示。首先对待诊断系统(或设备)的组成、工作原理及各项操作做深入分析,统计可能发生的故障、过去发生过的故障事例及故障,并给出相应的故障定义;分析各种故障的形成原因,如设计、制造、装配、运行、环境条件、人为因素等等,收集并统计各种故障发生概率数据;选定系统的相应事件,做出故

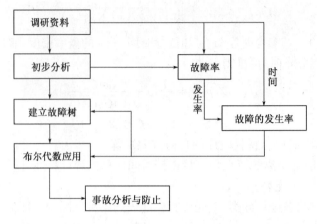

图 5-10 障树分析过程

障树逻辑图；根据故障树的逻辑关系,对待诊断系统的故障作定性与定量分析,获得系统可靠性方案的比较。

正确建造故障树是故障树分析法的关键,因为故障树的完善与否将直接影响到故障树定性分析和定量分析的准确性。通常,把最不希望发生的事件称为"顶事件",无须深究的事件称为"底事件",介于顶事件和底事件之间的一切事件称为中间事件。用相应的符号代表这些事件,再用适当的逻辑门把顶事件、中间事件和底事件连接成树形图。

建立故障树时应遵循以下基本原则：

(1)顶事件的选择。顶事件必须有明确的失效判据,即机械设备在何种状态下顶事件发生,在何种状态下顶事件不发生,必须界限分明。

(2)确定边界条件。边界条件应是合理的假设,如不考虑人为误操作引起的故障等可作为边界条件。

(3)循序渐进,逐级建立故障树。在分析任何一个逻辑门时,都要把该门的全部输入画在故障树上,逐个分析,切勿遗漏。

(4)建立故障树时,不允许逻辑门与逻辑门直接相接,任何一个门的输出必须用一个结果事件定义。

二、建立故障树的过程

故障树建造过程的实质是寻找出待诊断系统故障和导致系统故障的诸因素之间的逻辑关系,并将这种关系用故障树的图形符号(表5-2)表示,成为以顶事件为根、若干个中间事件和基本事件(底事件)为干枝和分枝的倒树图形,故障树的基本构成如图5-11所示。

表5-2　故障树常用符号表

符　　号	名　　称	定　　义
○　○	基本事件(底事件)	导致系统失效(故障)的最原始事件(因素)称为基本事件,实线圆代表硬件故障,虚线圆代表人为故障
▭	顶事件	最不希望发生的事件称为"顶事件",即系统失效(故障)的事件

符　号	名　称	定　义
	中间事件	介于顶事件和底事件之间的一切因素称为中间事件
	事件 A 和 B 的"与" $C=A\cap B$	只有当所有输入事件 A 和 B 发生时,才发生输出事件 C
	事件 A 和 B 的"或" $C=A\cup B$	当输入事件 A 或 B 出现时,就发生输出事件 C

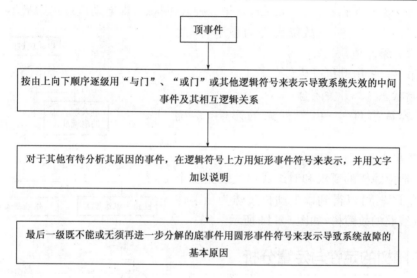

图 5-11　故障树的基本构成

建立故障树有两种方法:一是借助计算机辅助设计,二是人工建立故障树。通过分析,对机械设备故障从顶事件开始自上而下、循序渐进地逐级进行推断,直至底事件。故障树的建造过程,一般分为四步,如图 5-12 所示。

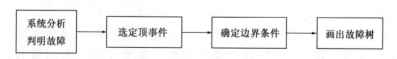

图 5-12　故障树的建造过程

(1)对所研究的对象作系统分析。了解系统的性能,收集和分析系统设计和运行的技术规范等技术资料,对系统的正常状态和事件、故障状态和事件要有确切的定义。在此基础上,对系统的故障作全面的分析,评价各种故障对系统的影响,找出导致各种故障的原因和途径。

(2)在判明故障的基础上,确定最不希望发生的故障事件为顶事件。

(3)以对系统所提出的假设条件为依据,合理地确定边界条件,以确定故障树的建树范围。系统的边界条件应包括:①分析的对象,即顶事件;②初始状态,指系统中有的部件可能有数种工作状态,需要确定当顶事件发生时这些部件所处的是什么状态;③不容许事件,指在建立故障树过程中认为不容许发生的事件;④必然事件,指系统工作时在一定条件下必然发生的事件和必然不发生事件。

(4)按如图5-11所示的故障树基本结构的要求,画出故障树。

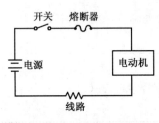

图5-13 简单的电气系统

以如图5-13所示的一个最简单的电气线路为例,说明上述建造故障树的过程。该电气线路由电动机、电源、开关、熔断器和线路组成。在正常状态下,开关闭合,电动机应以额定转速稳定地长期运转,用作其他设备的动力源。

按照上述技术要求,该电气系统的故障状态有两种可能:电动机不转动;电动机虽转动,但温升过高,不能按要求长期工作。

如果选定第二种故障状态,即电动机过热为最不希望发生的故障事件为顶事件,此时,系统的边界条件是:

(1)顶事件——电动机过热;

(2)初始状态——开关闭合;

(3)不容许事件——由于外来的影响,系统失效;

(4)必然事件——开关闭合。

按照建造故障树的要求和对组成电气线路各个部件性能的了解,可以得到以电动机过热为顶事件的简单电气线路的故障树,如图5-14所示。

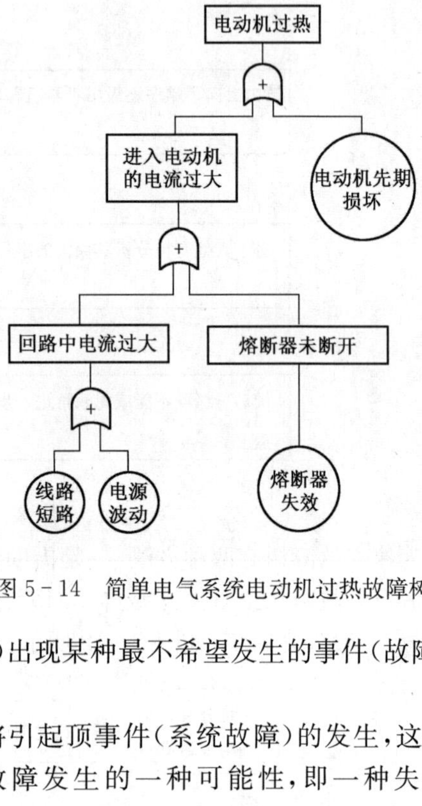

图5-14 简单电气系统电动机过热故障树

三、故障树的定性与定量分析

(一)定性分析

对故障树进行定性分析的主要目的是找出导致事件发生的所有可能的故障模式,即弄清系统(或设备)出现某种最不希望发生的事件(故障)有多少种可能性。

如果故障树的某几个底事件的集合同时发生时将引起顶事件(系统故障)的发生,这个集合称为割集。这就是说,一个割集代表了系统故障发生的一种可能性,即一种失效模式。

在故障树的若干个底事件中,倘若有这样一个割集,如去掉其中任意一个底事件后,就不再是割集,则这个割集被称为最小割集;换言之,一个最小割集是指包含了最少数量而又最必需的底事件的割集。由于最小割集发生时顶事件必然发生,因此,一个故障树全部最小割集的完整集合代表了顶事件发生的所有可能性,即给定系统的全部故障。找出了故障树的最小割集,就完成了定性分析任务。

从故障树的顶事件开始,自上而下,顺次把上一级事件置换为下一级事件,遇到与门将输入事件横向并列写出,遇到或门则将输入事件竖向串列写出,直至把全部逻辑门都置换成底事件为止。删去非最小割集,剩下的就是欲求的最小割集。由于这个算法的特点是从上而下地对故障树进行分解,求出其全部割集,再找出最小割集,因此,被称作下行法。

对如图 5-15 所示的故障树用下行法求其最小割集的步骤见表 5-3。以顶事件 G_1 为起始,顶事件下面的 a 门为或门,步骤 2 中的中间事件 G_2、G_3 列于不同的行。步骤 3 中因中间事件 G_2 下面是与门 b,需将 G_4、G_5 和 G_6 并列于一行;步骤 3 中因中间事件 G_3 下面是与门 c,需将底事件 x_4、x_5 并列于一行。步骤 4 中因中间事件 G_4 下面是或门 d,需将 G_4 用 x_1、x_2 替换,并将其列于不同行。

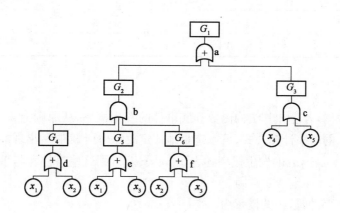

图 5-15　故障树例

表 5-3　用下行法确定图 5-15 故障树的最小割集

分析步骤							最小割集
1	2	3	4	5	6	7	
G_1	G_2 G_3	$G_4G_5G_6$ x_4x_5	$x_1G_5G_6$ $x_2G_5G_6$ x_4x_5	$x_1x_1G_6$ $x_1x_3G_6$ $x_2x_1G_6$ $x_2x_3G_6$ x_4x_5	$x_1x_1x_2$ $x_1x_1x_3$ $x_1x_3x_2$ $x_1x_3x_3$ $x_2x_1x_2$ $x_2x_1x_3$ $x_2x_3x_2$ $x_2x_3x_3$ x_4x_5	x_1x_2 x_1x_3 $x_1x_3x_2$ x_1x_3 x_1x_2 $x_1x_3x_2$ x_2x_3 x_2x_3 x_4x_5	$[x_1x_2]$ $[x_1x_3]$ $[x_2x_3]$ $[x_4x_5]$

依此替换 G_5 和 G_6,得到步骤 6 的 9 个割集。在步骤 6,应用布尔运算的等幂律,可以得到步骤 7 中的割集。继续应用等幂律和吸收律,可以得到 4 个最小割集:$[x_1x_2]$、$[x_1x_3]$、$[x_2x_3]$、$[x_4x_5]$。布尔代数运算规则和集合的运算规则是完全一致的,常用的布尔代数运算规则如表 5-4 所示。

表 5-4 布尔代数运算规则

规 则	和 运 算	乘 运 算
等幂律	$A+A=A$	$AA=A$
交换律	$A+B=B+A$	$AB=BA$
结合律	$(A+B)+C=A+(B+C)$	$(AB)C=A(BC)$
吸收律	$(A+B)+C=A+(B+C)$	$A+AB=A$
分配律	$A(B+C)=AB+AC$	$A+BC=(A+B)(A+C)$
德摩根律	$\overline{A+B}=\overline{A}\overline{B}$	$\overline{AB}=\overline{A}+\overline{B}$
回归律	$\overline{\overline{A}}=A$	
互补性	$A+\overline{A}=1$	$\overline{A}A=0$

(二)定量分析

对给定的故障树,若已知其结构函数和底事件的发生概率,从原则上说,应用容斥原理中对事件和与事件积的概率计算公式,可以定量地评定故障树顶事件 G_1 出现的概率。

设底事件 $x_1,x_2,\cdots,x_n$ 的发生概率各为 $q_1,q_2,\cdots,q_n$,则这些事件和与事件积的概率可按以下各式计算。

当有 n 个独立事件时,积的概率为

$$q(x_1 \bigcap x_2 \bigcap \cdots \bigcap x_n) = q_1 q_2 \cdots q_n = \prod_{i=1}^{n} q_i \tag{5-44}$$

和的概率为

$$q(x_1 \bigcup x_2 \bigcup \cdots \bigcup x_n) = 1-(1-q_1)(1-q_2)\cdots(1-q_n) = 1-\prod_{i=1}^{n}(1-q_i) \tag{5-45}$$

当有 n 个相斥事件时,积的概率为

$$q(x_1 \bigcap x_2 \bigcap \cdots \bigcap x_n) = 0 \tag{5-46}$$

和的概率为

$$q(x_1 \bigcup x_2 \bigcup \cdots \bigcup x_n) = q_1 + q_2 + \cdots + q_n = \sum_{i=1}^{n} q_i \tag{5-47}$$

当有 n 个相容事件时,积的概率为

$$q(x_1 \bigcap x_2 \bigcap \cdots \bigcap x_n) = q(x_1)q\left(\frac{x_2}{x_1}\right)q\left(\frac{x_3}{x_1 \cdot x_2}\right)\cdots q\left(\frac{x_n}{x_1 \cdot x_2 \cdots x_{n-1}}\right) \tag{5-48}$$

和的概率为

$$q(x_1 \bigcup x_2 \bigcup \cdots \bigcup x_n) = \sum_{i=1}^{n}(-1)^{i-1}\sum_{1<j_1<\cdots<j_i<n} q(x_{j_1} x_{j_2} \cdots x_{j_n}) \tag{5-49}$$

另外,当故障树中包含 2 个以上同一底事件时,则必须应用布尔代数整理简化后才能使用概率计算式(5-44)~式(5-49),否则会得出错误的计算结果。

例如,图 5-16 所示的故障树,顶事件为 T,底事件是 x_1、x_2、x_3,如直接使用式(5-44)和式(5-45)计算,则可得

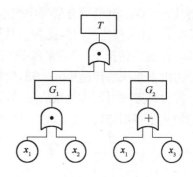

$$T = (x_1 \cap x_2) \cap (x_1 \cup x_3) \qquad (5-50)$$

如已知事件 x_1、x_2、x_3 发生的概率各为 0.1,事件 T 的概率为

$$q_T = (0.1 \times 0.1) \times \{1 - (1-0.1)(1-0.1)\} = 0.0019$$

然而,如用布尔代数运算法则,对式(5-45)加以整理

$$T = (x_1 \cap x_2) \cap (x_1 \cup x_3) = x_1 x_2 x_1 + x_1 x_2 x_3$$

图 5-16　用布尔代数整理故障树例

$$= x_1 x_2 + x_1 x_2 x_3 = x_1 x_2 \qquad (5-51)$$

则 $q_T = 0.1 \times 0.1 = 0.01$。

从故障树的具体分析可知,当底事件 x_1、x_2 同时发生时,顶事件 T 一定发生,因此,q_T 为 0.01 的计算结果是正确的。由此可见,在这种情况下,必须应用布尔代数进行整理简化后,再利用概率计算公式进行计算。

对于图 5-15 的故障树例,通过表 5-3 可得到引起顶事件 G_1 发生的 4 个最小割集是 $[x_1 x_2]$、$[x_1 x_3]$、$[x_2 x_3]$、$[x_4 x_5]$,若已知事件 x_1、x_2、x_3、x_4、x_5 发生的概率分别为

$$\begin{cases} p(x_1) = p(x_2) = p(x_3) = 10^{-3} \\ p(x_4) = p(x_5) = 10^{-4} \end{cases} \qquad (5-52)$$

依据顶事件与最小割集的关系

$$G_1 = x_1 x_2 + x_1 x_3 + x_2 x_3 + x_4 x_5 \qquad (5-53)$$

可知,顶事件 T 发生的概率为

$$p(G_1) = p(x_1 x_2 + x_1 x_3 + x_2 x_3 + x_4 x_5) \qquad (5-54)$$

根据式(4-49),可以得到

$$p(G_1) = p(x_1 x_2 + x_1 x_3 + x_2 x_3 + x_4 x_5)$$

$$= p(x_1 x_2) + p(x_1 x_3) + p(x_2 x_3) + p(x_4 x_5)$$

$$\quad - 2 p(x_1 x_2 x_3) - 3 p(x_1 x_2 x_4 x_5) + 2 p(x_1 x_2 x_3 x_4 x_5)$$

$$= 3 \times 10^{-6} + 10^{-8} - 2 \times 10^{-9} - 3 \times 10^{-14} + 2 \times 10^{-17}$$

$$\approx 3 \times 10^{-6} \qquad (5-55)$$

第五节　盲源分离技术与故障诊断

一、盲源分离的基本理论

盲源分离(BSS,Blind Source Separation),又称为盲信号分离(BSS, Blind Signal Separation),是 20 世纪 80 年代中后期迅速发展起来的一种功能强大的新兴的信号处理方法,它是

指从若干观测到的混合信号中恢复出无法直接观测的各个原始信号的过程。机械设备故障诊断中,通过传感器测得的设备信号往往由若干个信号混叠在一起,但是并不知道它们的信号特征。在这种情况下,希望能够把信号源的每个信号单独拿出来进行分析,判断设备是否有故障。由于系统的传递矩阵未知,信号源也是未知的,问题是多解的,一般方法无能为力,考虑将盲源分离方法引入到机械故障诊断领域,避免采用传统的滤波方法,在滤掉噪声的同时,还会滤掉一些有用的特征信息,严重影响故障诊断的准确性和可靠性。

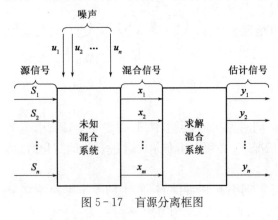

图 5-17　盲源分离框图

(一)盲源分离框图

根据以上描述可知,盲源分离处理的对象是从传感器得到的一组混合信号,如图 5-17 所示。其中,源信号矢量 $\boldsymbol{s}=[s_1,s_2,\cdots,s_n]^T$ 是 n 个未知源信号组成的向量,$\boldsymbol{u}=[u_1,u_2,\cdots,u_n]^T$ 表示噪声向量,$\boldsymbol{x}=[x_1,x_2,\cdots,x_n]^T$ 表示由 m 个传感器信号组成的向量,$\boldsymbol{y}=[y_1,y_2,\cdots,y_n]^T$ 是待求的分离信号向量,即对源信号的估计向量。

(二)盲源分离的分类

在盲源分离问题中,除混合信号以外没有任何先验知识可以利用。但事实上,在完全"盲"的情况下,分离信号几乎不可能。人们通常对源信号或传感器信道加以适当的假设来弥补先验知识的不足。根据这些假设,可以将盲源分离问题按照不同的标准分类。

(1)按照源信号与混合信号的数目可将盲源分离分为超定盲源分离、正定盲源分离和欠定盲源分离。它们依次指的是源信号数目小于、等于、大于观测信号数目的情况。

(2)根据源信号的混合方式可将盲源分离分为线性混合、卷积混合和非线性混合。

(3)根据源信号的统计特性,如果假设源信号是统计独立的、至多一个高斯源、无时序结构,则主要采用高阶统计量的方法;如果假设源信号是时间相关的,具有时序结构,则可采取二阶统计量的方法。最简单的盲源分离模型是线性混合,每个传感器信号都是源信号的线性组合。

(三)盲源分离线性模型

如果噪声忽略不计,那么线性混合模型如图 5-18 所示,可表示为

$$\boldsymbol{x}=\boldsymbol{A}\cdot\boldsymbol{s} \tag{5-56}$$

其中,$\boldsymbol{s}=[s_1,s_2,\cdots,s_n]^T$ 是 n 维未知源信号向量;$\boldsymbol{A}$ 是未知线性混合系统,为 $m\times n$ 阶系数矩阵;$\boldsymbol{x}=[x_1,x_2,\cdots,x_n]^T$ 是 m 维的观测信号矢量。它们均是源信号矢量的组合。

源信号矢量 $\boldsymbol{s}=[s_1,s_2,\cdots,s_n]^T$ 和混合矩阵 $\boldsymbol{A}$ 是未知的,只有观测信号矢量 $\boldsymbol{x}=$

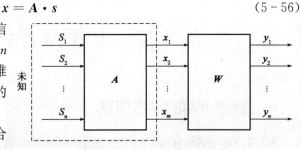

图 5-18　盲源分离线性模型

$[x_1, x_2, \cdots, x_n]^T$ 已知。其中,每个分量 $x_i(i=1, 2, \cdots, n)$ 有相同的观测样本长度。

对线性混合模型的分离可表示为

$$y = W \cdot x = W \cdot A \cdot s = Q \cdot s \qquad (5-57)$$

其中,W 是待求的分离矩阵,为 $n \times m$ 阶系数矩阵;$y = [y_1, y_2, \cdots, y_n]^T$ 是分离矩阵 W 的最终输出结果;Q 是全局矩阵,是一个广义交换矩阵。

可见,盲源分离的目的就是在源信号 s 和混合系统 A 均未知的情况下,寻找矩阵 W,使输出信号 y 尽可能地逼近真实信号源 s,所以它实际上是一个优化问题。对于分离矩阵 W 的求解方法很多,但基本思想都大同小异。首先针对实际情况下源信号和信道模型进行分析,对源信号的统计特性和混合过程作出合理假设,再构建一个合适的目标函数(也称代价函数或比照函数),最后寻找一个最佳的优化准则来搜索目标函数的极值点,实现信号源的盲分离。其构造过程可表示为

$$\text{盲源分离算法} = \text{目标函数} + \text{优化准则} \qquad (5-58)$$

由式(5-58)可知,盲源算法由两部分组成:目标函数决定了算法的一致性、渐进方差和鲁棒性等,保证了盲分离实现的可行性和实现途径;优化准则决定了算法的收敛速度、运算量和稳定性等。

(四)盲源分离的基本假设及不确定性

1. 基本假设条件

由于对源信号和混合矩阵无任何先验知识可以利用,唯一可利用的信息只有传感器观测到的随机向量 x,若无任何前提条件仅由 x 估计 s 和 W 必定多解,因此,必须对源信号和混合矩阵作出附加假设:

(1)源信号必须具有数学上的统计独立性,即其各个分量之间是相互统计独立。

(2)源信号必须是非高斯分布或者最多只有一个源信号是高斯分布(因多个高斯过程混合后仍是一个高斯过程,所以无法分离)。

(3)混合矩阵 A 为可逆的或者为列满秩的,即 $\text{rank}(A) = n$。

(4)通常情况下,传感器的数目大于或等于源信号数目,即 $m \geqslant n$。

(5)附加噪声为相互统计独立的白噪声,并且与源信号相互统计独立。

在假设中,条件(1)是盲源分离的关键,通常源信号都是从不同的物理系统产生的,因此该假设具有一定的现实意义,由独立性出发,可推导得到一大类盲信号分离算法;条件(2)是给出可分离的前提条件,如果源信号分别是多个高斯分布的,则混合信号也是高斯分布的,在这种情况下,不能将信号分离;条件(3)实际上保证源信号的个数小于观测信号的个数,且盲源分离模型是线性时不变系统,混合矩阵 A 满足可逆性。

2. 不确定性

盲源分离问题存在两个不确定性,即分离信号幅度和排列顺序的相对不确定性。各个分离信号的排列顺序和各个源信号的排列顺序可能不完全一致,符号可能相反;分离信号的幅度和源信号的幅度也存在不一致的情况,但存在一定的比例关系。对于卷积混合模型的信号,除了排列顺序和信号幅值不确定外,还存在着信号时延的不确定性。由于有用的信息主要包含在分离信号的波形中,所以这些不确定性对于盲源分离技术的应用影响不大。

二、盲源分离的预处理及性能分析

(一)信号的预处理

根据盲信号基本假设条件,即源信号的各个分量都是零均值的随机变量,因此需要在盲分离前去除信号的均值。

为了去除各观测信号间的相关性,降低要估计参数的数目,减少数据的维数,消除冗余,在盲分离前尚需对信号进行白化处理。白化处理的目的是寻求一个线性白化矩阵 V,使变化后的输出信号 $z=Vx$ 的各个分量互不相关,即白化后的信号矢量之间二阶统计独立。将白化后的信号代入混合信号 x 即式(5-56)中有

$$z = VAs \tag{5-59}$$

由于已知盲源分离问题中信号的幅度不可解性,可以假设各个源信号都是方差为 1 的随机变量,而源信号的各个分量是相互统计独立的,也是不相关的,故有

$$C_z = E(zz^T) = I \tag{5-60}$$

白化不能保证实现信号的盲分离,但是可以简化盲分离算法或改善盲分离算法的性能。特征值分解就是进行信号白化处理的一个基本方法。对于任意一个矩阵,总有相应的对角矩阵 D 和一个正交矩阵 M 能满足

$$C_x = E(xx^T) = MDM^T \tag{5-61}$$

其中,$D=\text{diag}[d_1, d_2, \cdots, d_m]$ 是以 C_x 的特征值为对角元素的对角矩阵,$M=[c_1, c_2, \cdots, c_m]$ 是 C_x 的单位范数特征向量组成的正交矩阵,满足 $MM^T=M^TM=I$。因此,白化过程可以通过式(5-62)实现

$$z = D^{-1/2}M^T x \tag{5-62}$$

将式(5-56)代入式(5-62),则混合矩阵转换为一个新的矩阵,即

$$z = D^{-1/2}M^T x = D^{-1/2}M^T As \tag{5-63}$$

将式(5-63)代入式(5-60)验证得

$$C_z = E(zz^T) = E(D^{-1/2}M^T xx^T MD^{-1/2}) = D^{-1/2}M^T MDM^T MD^{-1/2} = I \tag{5-64}$$

对于相关矩阵来说,特征值分解法和奇异值分解法是等价的,但是矩阵的奇异值分解算法比特征值分解算法具有更好的稳定性。

(二)分离性能的评价指标

盲源分离问题的求解有很多方法,通常应用相应的性能指标衡量求解混合算法的分离性能。

1. 基于分离误差的性能标准

在实际的盲源分离算法中,只能做到使全局矩阵尽量接近一个广义排列矩阵,所以,可以将实际的全局矩阵和广义排列矩阵之间的偏离矩阵作为分离效果指标,来定性地评价盲源分离算法的性能。定义盲源分离误差 PI 为

$$PI = \frac{1}{N(N-1)} \sum_{i=1}^{N} \left[\left(\sum_{k=1}^{N} \frac{|g_{ik}|}{\max_j |g_{ij}|} - 1 \right) + \left(\sum_{k=1}^{N} \frac{|g_{ki}|}{\max_j |g_{ji}|} - 1 \right) \right] \tag{5-65}$$

其中,g_{ij} 是全局矩阵 $Q=WA$ 的第 i 行、第 j 列元素;$\max_j |g_{ij}|$ 表示 Q 的第 i 行元素绝对值中的

最大值；$\max_j |g_{ji}|$ 表示第 i 列元素绝对值中的最大值。

从式 (5-65) 可以看出，基于分离误差的性能指标是一个大于零的数，即 $PI \geqslant 0$；当分离信号 y 与源信号 s 波形完全相同时，$PI = 0$；实际中，PI 值越小，表明分离效果越好。

2. 相关性性能指标

除了利用基于分离误差的 PI 值来评价盲源分离算法的效果外，还可利用源信号波形与分离信号波形之间的相关系数作为盲源分离效果的性能指标。

定义第 j 个分离信号 y_j 与第 i 个源信号 s_i 间的相似性系数 ρ_{ij} 为

$$\rho_{ij} = \frac{|\operatorname{cov}(s_i, y_j)|}{\sqrt{\operatorname{cov}(s_i, s_i)\operatorname{cov}(y_j, y_j)}} \tag{5-66}$$

其中，$\operatorname{cov}(s_i, y_j) = E\{[s_i - E(s_i)]\}E\{[y_j - E(y_j)]\}$。

由式 (5-66) 可知，$0 \leqslant PI \leqslant 1$。如果 $\rho_{ij} = 1$，说明第 j 个分离信号 y_j 与第 i 个源信号 s_i 完全相同。但是，实际情况中估计误差是不可避免的，因此，相似系数 ρ_{ij} 的值只能接近于 1。如果 ρ_{ij} 趋近于零或远离 1，则说明分离效果很差或分离未完成。对于多输入多输出盲源分离来说，当系统系数矩阵每行每列都有且仅有一个元素接近 1，而其他元素都接近 0 时，说明盲源分离效果较好。

三、常用目标函数及优化算法

(一)常用目标函数

寻找目标函数是实现盲源分离的前提，对一个合适的目标函数进行极值化处理即可实现源信号的分离。由中心极限定理知，一组随机变量是由许多相互独立的随机变量之和组成，当独立随机变量个数不断增加时，其和的分布必趋于高斯分布。因此，在分离中利用分离结果的非高斯性的度量测度即可建立盲源分离的目标函数。

1. 极大似然目标函数

盲源分离的目标是求出分离矩阵 W 使得 $y = W \cdot x$，进而可以得到 $y(t) = s(t)$，实现源信号分离的目标。极大似然估计的目标就是由观测数据样本来估计信号的真实概率密度，具有一致性、方差最小和全局最优等许多优点，但缺点是需要输入信号概率分布函数的先验知识。

$$J(y, W) = \ln|\det W| + \sum_{i=1}^{n} E\{\lg p_i(y_i, W)\} \tag{5-67}$$

其中，$p_i(\cdot)$ 表示第 i 个源信号的概率密度函数。

2. 互信息最小化目标函数

信号之间的互信息代表了信号之间相互依存性的大小，所以可以将互信息看作是信号之间统计独立性的度量。确定一个分离矩阵 W 使信号之间的互信息 I 最小就能实现信号的分类。

$$J(y, W) = \ln|\det W| + H(x) - \sum_{i=1}^{n} H_i(y_i) \tag{5-68}$$

其中，$H(\cdot)$ 表示随机变量的信息熵。

3.负熵最大化目标函数

把向量 y 的微分熵与高斯分布熵之间的偏差称为负熵

$$J(y,W) = H(y_{\text{Gauss}}) - H(y) \tag{5-69}$$

其中, y_{Gauss} 是与 y 具有相同方差的高斯分布的随机变量。

在单位方差的条件下,高斯熵最大。因此,如果估计向量 y 的各个分量是原始信号的估计,那么式(5-69)应该具有最大值,且各个原始分量具有最大的非高斯性。

(二)常用优化算法

目标函数确立之后,需要选择一种合适的优化算法,使得目标函数达到最小值或最大值。常用的优化算法有自然梯度算法、随机梯度算法和固定点算法等,这里仅介绍随机梯度算法。

随机梯度算法是求解目标函数 $J(y,W)$ 极值的经典方法。其基本思路是先确定分离矩阵 W 的一个初始值 $W(0)$,计算出目标函数 $J(y,W)$ 在 $W(0)$ 处的梯度,然后在该梯度方向上移动一个合适的步长得到新的分离矩阵 $W(1)$,重复上述过程得到 W 的迭代公式:

$$W(k+1) = W(k) - \alpha(k)\frac{\partial J(W)}{\partial W}\bigg|_{W=W(k)} \tag{5-70}$$

式中　k——迭代次数;

　　　$\alpha(k)$——步长,也称学习率。

四、盲源分离技术实例

一般来说,不同的目标函数是由不同的估计准则得到,当选择不同的目标函数,就得到不同的算法,再通过恰当的优化方法求出混合系统 A 和信号 s。这些算法包括快速独立成分分析算法(Fast ICA)、极大似然独立成分分析算法、自然梯度 Flexible ICA 算法等。下面以 Fast ICA 算法为例说明盲源分离的过程。

(一)Fast ICA 算法原理

快速独立成分分析(Fast ICA)算法,又称为固定点算法,是由芬兰阿尔托大学理工学院计算机及信息科学实验室 Hyvärinen 提出并发展出来的。Fast ICA 算法基于非高斯性最大化原理,使用固定点迭代理论寻找 $W^{\text{T}}x$ 的非高斯性最大值。该算法采用牛顿迭代算法对观测变量 x 的大量采样点进行批处理,以负熵最大化作为目标函数,每次从观测信号中分离出一个独立成分。

按照式(5-69)的负熵公式,Fast ICA 算法通过负熵最大化得到 W 的学习过程,其目标函数为

$$J(y) \approx \sum_{i=1}^{p} k_i \{E[G_i(y)] - E[G_i(v)]\}^2 \tag{5-71}$$

式中　k_i——正常数;

　　　v——与 y 具有同样方差的零均值高斯变量;

　　　$G(\cdot)$——某种形式的非二次函数。

通常, $G(\cdot)$ 依据下列情况选取。

若源信号为超高斯和亚高斯信号,则

$$G_1(u) = \frac{1}{a_1}\log_2\cosh a_1 u, G_1'u = \tanh a_1 u \qquad 1 \leqslant a_1 \leqslant 2 \qquad (5-72)$$

若源信号都是超高斯信号或对稳健性要求很高,则

$$G_2(u) = \frac{1}{a_2}\exp\left(\frac{-a_2 u^2}{2}\right), G_2'(u) = u\exp\left(\frac{-a_2 u^2}{2}\right) \quad a_2 \approx 1 \qquad (5-73)$$

若源信号都是亚高斯信号,则

$$G_3(u) = 0.25u^4, G_3'(u) = u^3 \qquad (5-74)$$

若源信号都是偏态分布信号,则

$$G_4(u) = \frac{u^3}{3}, G_4'(u) = u^2 \qquad (5-75)$$

在式(5-72)~式(5-74)中提到的亚高斯信号和超高斯信号是依据峭度指标定义的。对于信号 x,其均值为零的条件下,$R_4 < 1$ 为亚高斯信号,$R_4 > 1$ 为超高斯信号,$R_4 = 1$ 为高斯信号。

特别地,当取 $p=1$ 时,对负熵的近似可以表示为

$$J(y) \propto \{E[G_i(y)] - E[G_i(v)]\}^2 \qquad (5-76)$$

由 $y = w_i^T X$(y 为其中一个独立成分,w_i 为分离矩阵 W 的一行,X 为混合信号矩阵),负熵的近似函数可定义为

$$J_G(W) \propto \{E[G(w_i^T X)] - E[G(v)]\}^2 \qquad (5-77)$$

这时,问题就转化为求分离矩阵 W,使得分离出的估计信号 $y = w^T X$ 能使函数 $J_G(W)$ 达到最大;又因为经过标准化 $E[(w_i^T X)] = \|w_i\|_2 = 1$,因此,其目标函数就是在 $\|w_i\|_2$ 的约束条件下,使得 $E[G(w_i^T X)]$ 极大,即目标函数为

$$\max_w F(w_i) \qquad (5-78)$$

其约束条件为 s. t. $\|w_i\|_2 = 1 (i=1,2,\cdots,n)$。

由 Kuhn - Tucker 条件,该问题转化为无约束的优化问题,进而得到目标函数为

$$F(w_i) = E[G(w_i^T X)] - \beta(\|w_i\|_2 - 1) \qquad (5-79)$$

式中 β——常数。

对式(5-79)求 w_i 的导数,得

$$F'(w_i) = E[Xg(w_i^T X)] - \beta w_i \qquad (5-80)$$

式中 $g(\cdot)$——$G(\cdot)$的导数。

利用 $F'(w_i) = 0$ 和 w_i 的初值 $w_i(0)$ 可以得到

$$\beta = E[\boldsymbol{w}_i(0)^{\mathrm{T}} \boldsymbol{X} g(\boldsymbol{w}_i(0)^{\mathrm{T}} \boldsymbol{X})] \tag{5-81}$$

对式(5-80)求 w_i 的导数,得

$$F''(w_i) = E[\boldsymbol{X}\boldsymbol{X}^{\mathrm{T}} g'(w_i^{\mathrm{T}}\boldsymbol{X})] - \beta \tag{5-82}$$

由于 $E[\boldsymbol{X}\boldsymbol{X}^{\mathrm{T}} g'(w_i^{\mathrm{T}}\boldsymbol{X})] \approx E(\boldsymbol{X}\boldsymbol{X}^{\mathrm{T}}) E[g'(w_i^{\mathrm{T}}\boldsymbol{X})] = E[g'(w_i^{\mathrm{T}}\boldsymbol{X})]$,用牛顿法求解该目标函数的最优解得到 Fast ICA 算法的迭代公式为

$$w_i(k+1) = w_i(k) - \frac{E\{\boldsymbol{X}g[w_i(k)^{\mathrm{T}}\boldsymbol{X}]\} - \beta_k w_i(k)}{E\{g'[w_i(k)^{\mathrm{T}}\boldsymbol{X}]\} - \beta_k} \tag{5-83}$$

为了提高解的稳定性,每次迭代后需要对进行归一化处理:

$$w_i(k+1) \leftarrow \frac{w_i(k+1)}{\parallel w_i(k+1) \parallel_2} \tag{5-84}$$

(二)Fast ICA 算法步骤

基于负熵最大的 Fast ICA 迭代算法具体如下:
(1)输入去均值并进行白化处理的矩阵 $\boldsymbol{X} = (x_1, x_2, \cdots, x_n)$;
(2)任意选择 w_i 的初始化权值向量 $w_i(0)$,要求 $\parallel w_i(0) \parallel_2 = 1$;
(3)利用式(5-72)~式(5-75),选取合适的非二次函数 G;
(4)按式(5-83)和式(5-84)对 w_i 进行调整;

(5)若算法收敛,求出一个独立成分,$y_1 = s_1 = wX$,即输出独立成分 $\boldsymbol{Y} = (y_1, y_2, \cdots, y_n)$;
(6)如果算法未收敛,则转到第(4)步;
(7)如果要提取多个信号源,逐次取不同的 $w_i(0)$ 值,重复以上过程即可提取出多个源信号。
为了避免 $w_i(i=1,2,\cdots,n)$ 收敛于相同的最优值,必须在迭代新向量 w_{i+1} 时进行正交化处理。如果依次迭代,估计出的权向量分别为 $w_1^{\mathrm{T}}, w_2^{\mathrm{T}}, \cdots, w_p^{\mathrm{T}}$,接着要估计 w_{p+1},则正交化计算公式为:

$$w_{p+1} = w_{p+1} - \sum_{j=1}^{p} w_{p+1}^{\mathrm{T}} w_j w_j \tag{5-85}$$

再对式(5-85)进行归一化处理:

$$w_{p+1} = \frac{w_{p+1}}{\parallel w_{p+1} \parallel} \tag{5-86}$$

(三)算法验证实例

在实验室里用柴油机作为振动源,由振动传感器分别采集的振动信号送入信号调理器,得到源振动信号,选择其中特征比较明显的两个信号 s_1、s_2[图 5-19(a)]进行混合,混合矩阵 $\boldsymbol{A}$ 由计算机随机生成。x_1、x_2 为获得的混叠信号,如图 5-19(b)所示。对采用基于最大负熵的 Fast ICA 算法进行信号分离,分离结果如图 5-19(c)所示,可见,振动信号得到了分离。

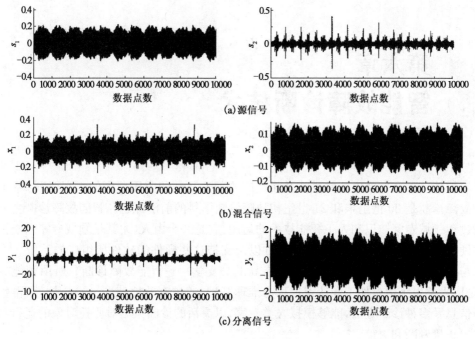

(a) 源信号

(b) 混合信号

(c) 分离信号

图 5-19 振动信号分离

习题与思考题

5-1 如果仅知道各种故障类的先验概率,最小错误率贝叶斯决策规则应如何表示?

5-2 对两类问题,证明最小风险贝叶斯决策规则可表示为

$$若\frac{p(\boldsymbol{X}/w_1)}{p(\boldsymbol{X}/w_2)} > (或 <) \frac{(\lambda_{12}-\lambda_{22})p(w_2)}{(\lambda_{21}-\lambda_{11})p(w_1)},则\ \boldsymbol{X} \in \begin{cases} w_1 \\ w_2 \end{cases}$$

5-3 谎报与漏检有什么不同? 在设备状态监测中哪一种失误应控制得多一些?

5-4 主成分分析的原理是什么? 步骤有哪些?

5-5 若有下列两类样本集:

$$\boldsymbol{X}_1^1 = (0,0,0)^{\mathrm{T}} \qquad \boldsymbol{X}_1^2 = (0,0,1)^{\mathrm{T}}$$
$$\boldsymbol{X}_2^1 = (1,0,0)^{\mathrm{T}} \qquad \boldsymbol{X}_2^2 = (0,1,0)^{\mathrm{T}}$$
$$\boldsymbol{X}_3^1 = (1,0,1)^{\mathrm{T}} \qquad \boldsymbol{X}_3^2 = (0,1,1)^{\mathrm{T}}$$
$$\boldsymbol{X}_4^1 = (1,1,0)^{\mathrm{T}} \qquad \boldsymbol{X}_4^2 = (1,1,1)^{\mathrm{T}}$$

用主成分分析分别将特征空间维数降到 $d=2$ 和 $d=1$,并用图画出样本在特征空间中的位置。

5-6 设备状态识别中,常用的空间距离函数有哪些? 其特点如何?

5-7 设备状态识别中,常用的信息距离判别函数有哪些? 其特点如何?

5-8 什么是故障树分析? 其分析顺序是什么?

5-9 什么是割集? 什么是最小割集?

5-10 下行法确定最小割集的步骤是什么? 割集的置换原则是什么?

5-11 盲源分离的适用假设是什么?

第六章
智能故障诊断技术

　　人工智能是一个发展迅速并且涉及面宽广的理论基础和应用范围的新兴学科,基于人工智能的故障诊断是 20 世纪末和 21 世纪初故障诊断学科的前沿课题。智能故障诊断主要体现在诊断过程领域专家知识和人工智能技术的运用,它是一个由人(尤其是领域专家)、能模拟脑功能的硬件及其必要的外部设备、物理器件以及支持这些硬件的软件所组成的系统。人工智能技术与故障诊断学科结合,产生了一门崭新的分支学——智能故障诊断。所谓智能故障诊断,就是以人类思维信息加工和认识过程为推理基础,通过有效地获取、传递、处理、再生和利用诊断信息及多种诊断方法,能够模拟人类专家,以灵活的诊断策略对监控对象的运行状态和故障作出正确判断和决策。

　　智能故障诊断技术虽然已有近 30 年的发展历史,但实践证明,这一技术的发展还远远不能满足实际需要,还未形成一个比较系统和完整的理论体系。在智能故障诊断系统的概念体系、知识表示方法、推理策略、系统的开发策略与方法、面向对象技术的应用、不确定性系统理论的应用、人工神经网络技术的应用等许多方面有待于进行深入系统的研究。人工智能技术的发展,特别是专家系统在故障诊断领域中的应用,为故障诊断的智能化提供了可能性,也使故障诊断技术进入了新的发展阶段;原来以数值计算和信号处理为核心的诊断过程被以知识处理和知识推理为核心的诊断过程所代替,目前已有了一些较成功的系统。

　　本章从机械设备工况监测与故障诊断的工程应用角度出发,在阐明状态识别方法一般原理的基础上,重点介绍几种基于人工智能技术的故障诊断方法,包括专家系统、模糊集理论方法、人工神经网络方法、集成智能故障诊断技术和信息融合智能故障诊断方法等内容。

第一节　机械设备故障诊断专家系统原理

　　专家系统(expert system)是人工智能应用研究的主要领域,自从 1965 年第一个专家系统 DENDRAL 在美国斯坦福大学问世,经过 20 年的研究开发,到 20 世纪 80 年代中期,各种专家系统已遍布各个专业领域,取得很大的成功。现在,专家系统已得到更为广泛的应用,并在应用开发中得到进一步发展。

　　就机械设备故障诊断而言,专家系统比较适用于复杂的、比较规范化的(即知识来源可以从类似机器获取)的大型动态系统,如针对汽轮发电机组等研发的故障诊断专家系统,已经在工程实际中取得了良好的经济效益。但是对于某些新型机器设备,故障诊断专家系统往往无从获得诊断知识;对于某些规范化很差的机器,由于其工作特性和规范化设备相比差异太大,知识获取也十分困难,这时应用专家系统就很难取得预期的效果。

专家系统实质上是一个智能计算机程序系统,是在产生式系统的基础上发展起来的。其内部含有大量的某个领域专家水平的知识与经验,能够利用人类专家的知识和解决问题的方法来处理该领域问题。也就是说,专家系统是一个具有大量的专门知识与经验的程序系统,它应用人工智能技术和计算机技术,根据某领域一个或多个专家提供的知识和经验,进行推理和判断,模拟人类专家的决策过程,以便解决那些需要人类专家处理的复杂问题。简而言之,专家系统是一种模拟人类专家解决领域问题的计算机程序,其对问题的求解可在一定程度上达到专家解决同等问题的水平。

一、专家系统的基本结构

不同领域和不同类型的专家系统,由于实际问题的复杂度和功能的不同,在实现时其实际结构存在着一定的差异,但从概念组成上看,其结构基本不变,如图 6-1 所示。专家系统一般由知识库、数据库、推理机、解释机制、知识获取和用户界面 6 个部分组成。

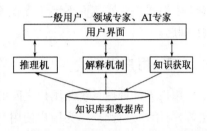

图 6-1 专家系统的基本结构

(一)知识库与数据库

知识库是专家系统的核心,它包含所要解决问题领域中的大量事实和规则,是领域知识及该专家系统工作时所需的一般常识性知识的集合。它由事实性知识、启发性知识和元知识构成。事实性知识指的是领域中广泛共有的事实;启发性知识指的是领域专家的经验;元知识是调度和管理知识的知识。专家系统的知识库可以是关于一个领域或特定问题的若干专家知识的集合体,它可以向用户提供超过一个专家的经验和知识。

数据库又称全局数据库,存储的是有关领域问题的事实、数据、初始状态和推理过程的各种中间状态及求解目标等。实际上,它相当于专家系统的工作存储区,存放用户回答的事实、已知的事实和由推理得到的事实。由于全局数据库的内容在系统运行期间是不断变化的,所以也叫动态数据库。

(二)推理机

推理机就是完成推理过程的程序,它由一组用来控制、协调整个专家系统方法和策略的程序组成。推理机根据用户的输入数据(如现象、症状等),利用知识库中的知识,按一定推理策略(如正向推理、逆向推理、混合推理等)求解当前问题,解释用户请求,最终推出结论。一般来说,专家系统的推理机与知识库是分离的,这不仅有利于知识的管理,而且可实现系统的通用性和伸缩性。

(三)解释机制

解释机制的主要作用是:解释专家系统如何推断结论,回答用户的提问,使用户了解推理过程及推理过程所运用的知识和数据。也就是说,解释子系统能够解释推理过程的路线和需要询问的特征信息数据,还可以解释推理得到的确定性结论,使用户更容易接受系统整个推理过程和所得出的结论,同时也为系统的维护和专家经验知识的传授提供方便。

(四)知识获取

知识获取是专家系统的学习子系统,它修改知识库中原有的知识、增加新的知识、删除无用的知识,使知识库不仅可获得知识,而且可使知识库中的知识得到不断的修改、充实和提炼,从而使系统的性能得到不断的完善。一个专家系统是否具有学习能力及其学习能力的强弱,是衡量专家系统适应性的重要标志。

知识获取机制是通过人工或机器自动方式将专家头脑中或书本上的专业领域知识转换为专家系统知识库中知识的过程。由于专业领域知识的启发性难以捕捉和描述,加之领域专家通常习惯于提供实例而不善于提供知识,所以知识获取被认为是专家系统研究开发中的"瓶颈"问题。

(五)用户界面

用户界面处理系统与用户之间的信息交换,常常以用户熟悉的手段(如自然语言、图形、表格等)与用户进行交互,为用户使用专家系统提供一个友好的交互环境。用户通过该界面向系统提供原始数据和事实,或对系统的求解过程提问;系统通过该界面输出结果,或回答用户的提问,即它一方面接收用户输入的询问、命令和其他各种信息,并将其翻译成系统可接受的形式;另一方面还接收系统输出的回答、求解结果和行为解释等信息,并将其翻译成用户易理解的形式。

二、专家系统与一般应用程序的区别

专家系统是一种智能计算机程序系统,那么,专家系统的程序与常规的应用程序之间有何不同呢?

一般应用程序与专家系统的区别在于:前者把问题求解的知识隐含地编入程序,而后者则把其应用领域的问题求解知识单独组成一个实体,即知识库。确切地说,专家系统是一种具有智能的软件(程序),但它又不同于传统的智能程序。专家系统求解问题的方法使用了领域专家解决问题的经验性知识,不是一般传统程序的算法,而是一种启发式方法(弱方法);专家系统求解的问题也不是传统程序中的确定性问题,而是只有专家才能解决的复杂的不确定性问题。

从内部结构看,专家系统包括描述问题状态的全局数据库、存放领域专家解决问题的启发式经验和知识的知识库,以及利用知识库中的知识进行推理的推理策略,而传统程序只有数据级和程序级知识。另外,专家系统在运行中能不断增加知识、修改原有知识,使专家系统解决问题的能力和水平不断提高;传统程序把描述算法的过程性计算信息和控制性判断信息合二为一地编码在程序中,缺乏灵活性。

从外部功能看,专家系统模拟的是专家在问题领域的推理,即模拟的是专家求解问题的能力,而不是像传统程序那样模拟问题本身(即通过建立数学模型去模拟问题领域)。

另外,在专家系统求解问题的工作过程中,能够回答用户的提问并解释系统的推理过程,因而其求解过程具有透明性。

近30年来,专家系统获得迅速发展,应用领域越来越广,解决实际问题的能力也越来越强,这是专家系统的优良性能以及对国民经济所起的重大作用所决定的。

三、诊断知识的获取与表示

专家系统常用的知识获取方法有:死记硬背式、传授式和反馈修正式。目前在机械设备故障诊断专家系统中普遍采用反馈修正式知识获取方法,如图6-2所示。首先将来自设备检修资料、书本和从领域专家那里获得的相关领域知识,经过整理、编辑成计算机易于理解的表达形式;然后利用知识编辑器将编辑好的知识转换为计算机内部结构,并存入知识库中;最后再在系统中运行,根据现场实际情况来验证执行环节的执行结果。如结果不正确,则说明知识库中的知识存在问题或不够完整,需进行修改。

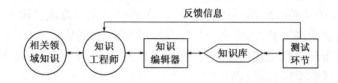

图6-2 反馈修正式知识获取方法

知识的表达实际就是知识库的建造,是整个专家系统的核心部分。专家系统知识表达有深化表达和表层表达两种典型方式。知识的深化表达是关于实体(如概念、事件、性能等)间结构和功能的表达,它反映支配事物的物理规律、关于动作的功能模型、事物间的因果关系等,知识的使用严格按照演绎式推理的次序。另一种是基于经验对结构与功能理解的编译,知识的前提和结论来源于以往的经验,这种表达为表层表达。深化表达的典型模式有框架和语义网络,表层表达的典型模式是规则。

复杂的机械系统故障诊断问题,涉及的诊断知识的类型和数量较多,不仅包括诊断对象的结构与功能方面的知识,还包括各种因果知识、启发性知识等,采用单一的知识表示方法很难满足实际需要,因此,需要把各种知识有机地结合起来,采用混合知识表示方法。

(一)基于规则的不精确知识表示方法

基于规则的不精确知识表示,其一般表示形式为 IF E THEN H (CF(H,E)),其中 E 为前提,它既可以是一个简单条件,也可以是由多个简单条件构成的逻辑组合;H 为结论;CF(H,E)为规则可信度称为规则强度,表示条件 E 为真时结论 H 有 CF(H,E)大小的可信度。将收集来的所有知识用上面的规则形式表示并按顺序放在一起,即构成知识库。在具体构造规则时,可以把规则前提和结论都看成事实,给它们统一编号,这个编号称为事实键值,这样在推理时可以提高匹配效率和避免严格字符匹配的易出错的缺点。在设计系统规则时,给每个规则也编上一个规则号,每条规则一般包括前提、结论、对策和可信度等。

基于规则的不精确知识表示经常略去可信度,称为产生式知识表示,其规则的含义为:当<条件>部分满足时,可以根据该规则推导出<结论>部分,或执行相应的动作。例如,在旋转机械故障诊断中有如下规则:

如果:径向振动时域波形严重削波,且

转速不变时,径向振动不稳定,且

进动方向为反进动

那么:存在径向碰摩故障

(二)面向对象的知识表达方法

在面向对象的知识表达中,可以采用面向对象的框架表达对象类和对象。与普通框架表达不同的是,这种框架一般具有动态属性。对象表达由 4 类槽所组成:

(1)关系槽:表达对象与其他对象之间的静态关系。

(2)属性槽:表达对象的静态数据或数据结构。一个属性槽可以通过多个侧面来描述槽的类型,如继承属性侧面表达槽值的继承特性,槽值属性侧面用来记录槽值。

(3)方法槽:用来存放对象中的方法。方法是一种过程,对消息传递进行回应。方法的结构包括方法名、方法消息模式表、方法局部变量定义及方法过程体。方法名用来区分不同的方法;消息模式表定义方法被触发的消息模式;方法局部变量定义方法范围内有效的局部变量;方法过程体与其他过程语言类似,用来执行过程操作与数值计算。

(4)规则槽:用来存放产生式规则集。一个对象之中可以具有不同的规则槽用来存放完成不同任务的产生式规则子集。

四、故障诊断数据库设计

故障诊断专家系统中,综合数据库是一个动态数据结构,主要用来存放机械系统运行过程中的原始特征信息和故障原因,以及在运行推理过程中所产生的各种静态和动态的数据信息,为专家系统推理和解释提供必要的数据。这些数据包括从状态检修网络获取的被监测设备的状态参数、结构参数、时域信号等,以及设备运行和试验的历史数据与设备管理的原始参数。状态参数应包括信号分析的所有关键性特征;特征的提取应能正确反映设备运行的状况,以便下一步分析利用,如实时监测的幅值、频率、相位、波形、相关变化、空间分布、稳定性等特征。

综合数据库的组织结构和数据,可根据问题领域的特点选择合适的表示方法。如符号串、数组、线性表和链表等都可用于表示综合数据库中的数据。在故障诊断专家系统中,经常采用"对象—属性—值"即(O、A、V)这样的三元组来表示征兆事实。其中,O(Object)表示对象,它可以是物理实体或概念;A(Attribute)表示对象的属性,即与对象相关的某种特征或性质;V(Value)则表示对象属性的取值。例如,在汽轮发电机组故障诊断中,常常以转子的振动特征(征兆事实)作为判断机组故障的直接依据,"转子轴心轨迹形状为香蕉形"这一征兆事实可表示成(转子、轴心轨迹形状、香蕉形),其中,转子是对象(O),轴心轨迹形状是转子的一个属性(A),在这个事实中,轴心轨迹形状这一属性的值是香蕉形(V)。

在有些情况下,若系统所指的对象非常明确,可省略对象而采用属性—值二元组(A、V)。无论采用什么表示形式,都应便于和规则的条件部分相匹配,通常规则的条件部分与综合数据库的征兆事实采用相同的表示形式。规则库中的规则之间是相互独立的,它们之间只有通过综合数据库才能发生相互作用。

综合数据库由数据库管理系统进行管理,这与一般程序设计中的数据库管理没有什么区别,只是应使数据的表示方法与知识的表示方法保持一致。在综合数据库中,数据记录是以子句的方式储存的,因此在使用综合数据库之前,有必要对子句谓词进行定义。此外,在专家系统执行任务过程中,由于需要将知识库调进数据库,因而,还需在数据库中定义知识库谓词。

五、推理机

推理机是故障诊断专家系统的核心组成之一,其主要任务就是在问题求解过程中适时地决定知识的选择和运用,即在诊断对象故障发生时,采用某种策略调用知识库中的相应知识,对诊断对象进行检测;根据用户提供的征兆数据,进行分析与隔离,直至定位到故障源。推理机包括控制策略和推理方法两部分,控制策略确定知识的选择,推理方法确定知识的运用。下面主要介绍推理方法。

(一)推理方法简介

推理方法分为精确推理和不精确推理两种。前者是把领域知识表示为必然的因果关系,推理的前提和推理的结论或者是肯定的,或者是否定的,不存在第三种可能。对于这种方式的推理,一条规则被激活,其前提表达式必须为真。后者又称为似然推理,是根据知识的不确定性求出结论的不确定性的一种推理方法。不精确推理根据的事实可能不充分,经验可能不完整,推理过程也比精确推理复杂。因为事物的特征并不总是表现出明显的是与非,同时还可能存在着其他原因,如概念模糊、知识本身存在着可信度问题等,因此在故障诊断专家系统中往往要使用不精确推理方法。

(二)基于规则的诊断推理

根据故障诊断的知识表示,诊断推理的过程本质上是在故障网络上以某种搜索策略进行搜索的过程。诊断过程实际就是搜索匹配的过程,专家系统根据输入的测试值及征兆特征用判断规则引导搜索深入,直到找到一个故障源。

根据搜索策略的不同,可以将基于规则的诊断推理分为三种类型,即正向推理、反向推理及混合推理。

1. 正向推理

正向推理(forward chaining)方法是诊断推理最常用的方法之一。正向推理是由已知征兆事实到故障结论的推理,因此又称为数据(事实)驱动策略。将规则的条件与知识库中已知诊断对象征兆事实相匹配。若匹配成功,激活知识库中的规则并保存推理轨迹,以期对诊断结果进行解释;将规则的结论部分作为新的事实添加到知识库中。重复上述过程,直到没有可匹配的新规则为止。其推理流程如图6-3所示。

采用可信度CF来描述规则的不确定性和事实的不确定性,规则的可信度由专家给出,征兆的可信度由用户给出,诊断结论的可信度由规则的可信度与事实的可信度按照一定的算法传播计算得出。

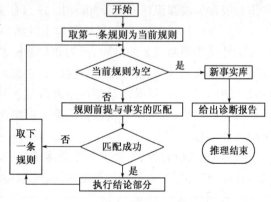

图6-3 基于规则的正向推理流程

2. 反向推理

反向推理(backward chaining)是由目标到支持目标的证据推理过程。这种由结论到数据、通过人机交互方式逐步寻找证据的方法又称为目标驱动策略。其基本思想是:先选定一个目标,在知识库中查找结论与假设目标匹配的规则,验证该规则的条件是否存在。若该条件能与事实库中的已知事实相匹配,或是通过与用户对话得到满足,则假设成立,推理成功并结束。当该目标未知时,则会在知识库中查找能导出该目标的规则集。若这些规则中的某条规则前提与数据匹配,则执行该规则的结论部分;否则,将该规则的前提作为子目标,递归执行刚才的过程,直到目标已被求解或没有能导出目标的规则。若子目标不能被验证,则假设目标不成立,推理失败,需重新提出假设目标。

与正向推理相比,反向推理具有很强的目的性,其优点是只考虑能导出某个特定目标的规则,因而效率比较高;不足之处在于选择特征目标时比较盲目。所以在反向推理中,初始目标的选择非常重要,它直接影响到系统的推理效率。如果初始目标选择不对,就会引起一系列无用操作。

3.混合推理

正向推理和反向推理是控制策略中两种极端的方法,各有其优缺点。正向推理的主要缺点是推理盲目;反向推理的主要缺点是初始目标的选择盲目。解决这些问题的有效办法是将正向推理和反向推理结合起来使用,即混合推理。

混合推理首先根据给定的不充分的原始数据或证据进行正向推理,得出可能成立的诊断结论;然后,以这些结论为假设,进行反向推理,寻找支持这些假设的事实或证据。

混合推理一般用于以下几种情形:

(1)已知条件不足,用正向推理不能激发任何一条规则;

(2)正向推理所得的结果可信度不高,用反向推理来求解更确切的答案;

(3)有已知条件查看是否还有其他结论存在。

(三)其他推理方法

1.基于模型的诊断推理

对于简单而熟悉的情况,专家可以仅凭其经验知识直接解决。当遇到复杂或是没有经历过的情况时,就需要运用有关诊断对象的基本原理进行分析,找出故障原因。领域专家的经验知识一般称为浅知识(shallow knowledge);有关诊断对象的结构和基本原理的知识称为深知识(deep knowledge),主要包括诊断对象的结构模型、功能模型及行为模型等。基于模型的诊断方法是使用诊断对象的结构、行为和功能模型等深知识来进行诊断推理。其基本思想是:根据系统的组成元件和元件之间的连接,建立起系统的结构、行为或功能模型。通过系统的模型以及系统的输入,可推导出系统在正常情况下的预期行为。如果观测到的实际行为与系统的预期行为有差异,就说明系统存在故障。根据这些差异征兆,利用逻辑推理就能够确定引发故障的元件集合。

该方法的优点是从原理上对故障症状与成因进行分析,知识集完备,摆脱了对经验专家的依赖性;缺点是若系统结构过于复杂,则效率会大大降低。

2.基于案例的诊断推理

基于案例的推理(Case - Based Reasoning,简称CBR),又称基于事例的推理,是人工智能领域中新兴的一种问题求解方法,它克服了基于规则的专家系统存在的知识获取瓶颈和推理的脆弱性等缺点。

基于案例的诊断系统把过去处理的故障描述成故障特征集和处理措施组成的故障案例,存储在案例库中。当出现新故障时,通过检索案例库查找与当前故障相似的案例,并对其处理措施作适当调整,使之适应于处理新故障,形成一个新的故障案例,并获得解决当前故障的措施。基于案例的故障诊断专家系统主要由故障特征分析、案例检索、案例调整、案例存储等模块组成。

CBR 系统与基于规则的推理（Rule－Based Reasoning,简称 RBR）系统相比,虽然都是利用经验知识解决问题,但是解决问题的方式却完全不同。RBR 系统通过基于因果规则链的推理方式进行问题求解,而 CBR 系统求解问题是通过查找案例库中与当前问题相似的案例,并根据当前问题的需要对案例进行适当修改来实现的。CBR 系统使用的知识主要是相关领域以前解决问题的具体记录;而 RBR 系统使用的知识则是由领域专家通过对实际案例进行分析提取出来的经验规则。因此 CBR 系统的知识获取工作相对容易。将 CBR 技术应用到故障诊断领域,对于提高故障诊断系统的问题求解能力、推动设备故障诊断技术的发展具有重要的意义。

3. 基于模糊集的诊断推理

模糊推理机实质上是一套决策逻辑,应用模糊规则库的模糊语言规则,推出系统在新的输入或状态作用下应有的输出或结论。模糊推理机采用基于规则的推理方式,每一条规则可有多个前提和结论,各前提的值等于它的隶属函数值。在推理过程中,取各个前提的最小值为规则值;结论的模糊输出变量值等于本条规则的最小值,而每一个输出模糊变量的值等于相应结论的最大值。具体的模糊诊断推理原理将在第二节中详述。

六、诊断推理解释机制

对于一个完善的诊断专家系统来说,不仅要求它能够以专家级的水平去解释问题,而且还要求它能对问题的求解过程和求解结果给出合理的解释。所以,解释机制应能够随时回答用户提出的各种问题,包括“为什么”之类的与系统推理有关的问题和“结论是如何得出的”之类的与系统推理无关的关于系统自身的问题。此外,它还应对推理路线和提问含义给出必要的清晰的解释,为用户了解推理过程以及维护提供便利手段,便于使用和软件调试,并增加用户的信任感。

(一)预置文本

预置文本解释机制是将每一个问题求解方式的解释框架采用自然语言或其他易于被用户理解的形式事先组织好,插入程序段或相应的数据库中。在执行目标的过程中,同时生成解释信息,其中的模糊量或语言变量通常都要转化为合适的修饰词,一旦用户询问,只需把相应的解释信息填入解释框架,并组织成合适的文本方式提供给用户即可。有时为比较直接明了地解释诊断检测分离故障的过程,可用图表浏览器来标明被检对象的诊断部位、工作参数以及采集信号波形等。

这种解释方法简单直观,知识工程师在编制相应解释的预置文本时,可以针对不同用户的要求随意编制不同的解释文本;其缺点在于对每一个问题都要考虑其解释内容,大大增加了系统开发时的工作量。因此,这种方法不适用于大型复杂专家系统,只能用于小型专家系统。

(二)可视化路径跟踪

可视化的诊断路径跟踪显示,通过对程序的执行过程进行跟踪,在问题求解的同时,将问题求解所使用的知识自动显示并记录下来,当用户提出相应问题时,解释机制向用户显示问题的求解过程。其特点是，能够对故障诊断的推理过程进行监视、跟踪，查看诊断路径上各结点的知识项、检测的结果值和匹配的规则。

(三)策略解释

专家系统中采用策略解释法向用户解释关于问题求解策略有关的规划和方法，从策略的抽象表示及其使用过程中产生关于问题求解的解释。

七、故障诊断专家系统应用实例

某石化公司尿素生产装置中的二氧化碳压缩机由一台工业汽轮机驱动。汽轮机与低压缸用齿式联轴器连接，低压缸经增速箱与高压缸连接。汽轮机和低压缸工作转速 7200r/min，高压缸工作转速 13900r/min。某日，该机组运行中汽轮机的振动突然增大。汽轮机入口端 Y 向轴振动峰峰值达 77 μm，超过了 66 μm 的报警值；X 向轴振动峰峰值为 63 μm。而此前两个方向的振动峰峰值分别为 34 μm、31 μm。

故障诊断专家系统通过对机组数据进行分析，并利用诊断知识进行推理，判断汽轮机振动增大的主要原因是转子上的部件脱落。停机解体抢修，发现汽轮机转子的次级断了两个叶片。下面具体说明专家系统的诊断过程。

(一)启动诊断

状态监测程序负责实时检测机组的各项参数，当发现机组透平入口端转子 Y 向振动幅值超标后，即向系统发出报警信息，启动专家系统进行故障诊断。

(二)征兆自动获取

系统首先对振动较大的测点的振动信号进行频谱分析，得到的分析结果是：振动信号中转子的转速频率成分（一倍频）较大，其他频率成分不明显。征兆获取程序将当前各频率成分的幅值与机组正常状态相应频谱的幅值进行比较，利用事先确定的模糊算法，计算出征兆存在的可信度。其中，征兆"机组轴振动一倍频幅值较大"存在的可信度 CF＝0.92。

(三)自动诊断

推理机首先采用正向推理，将获取的征兆事实与知识库中诊断规则进行匹配，激活规则 R012，得到初步诊断结果：存在不平衡故障。

> R012　如果　机组轴相对振动一倍频幅值较大(E)
> 　　　　那么　存在不平衡故障(H)(CF＝0.90)

根据 $CF(H)＝CF(H,E)×\max\{0,CF(E)\}$，其中 $\max(a,b)$ 表示取 a 和 b 的最大值，系统自动计算出不平衡故障存在的可信度为：$0.90×0.92≈0.83$。

(四)对话诊断

不平衡是一个故障类，包含多种具体故障，如热态不平衡、初始弯曲、质量偏心、部件结垢、部件脱落等，它们具有一些共性特征，但也具有各自的特点。为了确定究竟是哪种故障原因，系统采用反向推理，通过人机对话获取更多的征兆事实，对初始集中的故障进行验证，提高诊断结果的精确性和准确性。如通过人机对话得到如下征兆事实：

(1)转速不变时,转子振动幅值突然变化,CF=0.90;

(2)转速不变时,转子振动的1倍频相位突然变化,CF=0.80。

根据上述征兆事实,系统在验证部件脱落故障时,激活规则 R104 和 R105,给出部件脱落故障存大的可能性较大。

R104　如果　存在不平衡故障,且转速不变时,转子振动幅值突然变化

　　　　那么　存在部件脱落故障(CF=1.0)

R105　如果　存在不平衡故障,且转速不变时,转子振动的1倍频相位突然变化

　　　　那么　存在部件脱落故障(CF=1.0)

系统利用不精确推理模型,计算出在规则 R104 和 R105 单独作用下,部件脱落故障存在可信度分别为 0.90 和 0.80。进而计算出在这两条规则综合作用下,部件脱落故障存在的可信度为:0.9+0.8-0.9×0.8=0.98。

第二节　基于模糊集理论的智能故障诊断技术

前述章节讨论的故障诊断方法,是建立在诊断对象的故障及故障原因即故障模式明确、清晰和肯定的基础之上的。而在很多情况下,设备故障的信息环境基本上是一个模糊环境,模糊性的存在一方面是由于设备运行状态的划分设有确切的含义,在量上没有明确的界限,造成状态分类亦此亦彼的性态,这些性态的类属是不清晰的;另一面由于人们对机械设备症状的观察本身也是不明确的,主观的成分较高,导致对同一台设备的评价得到不确切的结论。

解决上述问题有效的方法是应用模糊数学,将模糊现象与因素间的关系用数学表达方式描述并进行运算,分析设备故障诊断中各个环节中所遇到的各种模糊信息,对它们进行科学的、定量的处理与解释,这就是模糊诊断技术。

一、隶属概念与隶属函数

(一)普通集合

现代数学是建立在集合论的基础上的。所谓的集合,一般是指具有某种属性的、确定的、可以区别的事物的全体。其中组成集合各事物称为集合的元素。为了考虑一个具体问题,常常是把议题局限在与问题相关的某一范围之内,这就是人们常说的所谓"论域"。而论域中的各个事物,亦即要考虑的各个对象,常称为论域中的元素,给定一个论域 U,U 中某一部分具有某种属性的元素的全体,称为 U 中的一个集合。

在经典集合论中,论域 U 中的任意一个元素 u 与集合 A 的关系只有 $u \in A$ 或 $u \in A$ 两种情况,二者必居且仅居其一,用函数表示为:

$$x_A(u) = \begin{cases} 1 & u \in A \\ 0 & u \notin A \end{cases} \qquad (6-1)$$

其中，x_A 称为集合 A 的特征函数。x_A 在 u 处的值 $x_A(u)$ 称为 u 对 A 的隶属度，$x_A(u)=1$ 时，表示 u 属于且绝对隶属于 A；$x_A(u)=0$ 时，表示 u 不属于且绝对不属于 A。

经典数学中关于集合的概念是基于形式逻辑的定律(同一律、矛盾律等)，即所研究的对象要么属于某个集合，要么不属于某个集合，两者必居其一。但客观现象中，大多数情况并不具备这种清晰性，所研究的集体往往并没有明确的边界。如过分简单地提取特征，就会影响客观事物本身的规律性。

(二)模糊集合

美国自动控制专家扎德(L. A. Zadek)在 1965 年第一次提出"模糊集合"(fuzzy set)的概念，首次成功地运用数学方法描述模糊概念，这是精确性对模糊性的一种逼近，是一个允许有模糊程度存在的理论，符合人类的思维与表达过程，如"柴油发动机水箱温度很高""铜精炼炉还原过程在冒黑烟，需要适当减少液化气流量"等。模糊理论就可以较好地表达，因此，模糊理论的发展，搭起了人类思维模式与计算机运算之间的桥梁，并使之成为人工智能领域的一种主要的知识表示方法。

模糊集合论把元素 x 对 A 的隶属度从 0、1 二值逻辑推广到可取 $[0,1]$ 闭区间中任意值的连续逻辑，此时的特征函数 x_A 转化为隶属函数，用 $\mu(x)$ 表示，它表征着所论及的特征 $X=\{x_i\}(i=1,2,\cdots,2^n)$ 以多大程度隶属于状态空间 $U=(A_1,A_2,\cdots,A_m)$ 中哪一个子集合 A_j，用 $\mu_A(x)$ 表示，且满足 $0 \leqslant \mu_A(x) \leqslant 1$。$\mu_A(x)$ 称为 x 对于模糊子集 A_j 的隶属度，$\mu_A(x)$ 的大小反映了元素 x 对于模糊集 A 的隶属程度，$\mu_A(x)$ 的值越接近 1，表示 x 隶属于 A_j 的程度越高；$\mu_A(x)$ 的值越接近 0，表示 x 隶属于 A_j 的程度越低。

在故障诊断中，可以将故障发生时出现的状态空间 U 作为论域，而把引起故障征兆 $X=\{x_i\}(i=1,2,\cdots,2^n)$ 的故障原因(即某中运行状态)看成论域的模糊子集 $A_j(j=1,2,\cdots,m)$，所以诊断问题就是确定 X 的某个元素 x_i 以多大程度隶属于哪个模糊子集的问题。

(三)隶属函数

隶属函数在模糊数学中占有重要地位，它是把模糊性进行数值化描述，使事物的不确定性在形式上用数学方法进行计算。设备状态监测诊断各个环节中所遇到的各种模糊信息，可借助模糊数学中的隶属函数来描述和处理，恰如其分地定量刻画出模糊诊断信息，是借助模糊诊断原理解决各种设备状态监测与故障诊断的一个重要环节。隶属函数的确定，一要符合客观规律，二可借助专家丰富经验，建立能客观反映不同状态之间的不确定性划分以及各种故障类型本身的不确定性分布情况的隶属函数。常用的方法有以下几种：

(1)专家确定法。根据专家的主观认识或个人经验，人为评分给出隶属度的具体数值。这种方法较适合于论域元素离散而有限的情况，特别是那些模糊性很强、数量有限的概念或问题，但是给出的隶属度的个人经验和主观色彩较浓。

(2)二元对比排序法。在不能直接给出隶属函数时，可以先比较两个元素相应隶属度的高低进行排序，再用一些数学手段得到其隶属函数。

(3) 常见的模糊分布确定法。工程上有些模糊集所反映的模糊概念已有比较成熟的"指标"或隶属度函数分布，这种"指标"经过长期实践检验，已成为公认的对客观事物的真实而又本质的刻画。在智能诊断与预测中，针对大量的模糊概念和特征指标，采用模糊分布的方法确定隶属函数即适合又方便。

(4)动态信号处理转换法。利用机械信号处理的结果,经过适当转换得到隶属函数。工程上机械设备信号处理的特征是多种多样的,需要根据特征的变化规律和物理意义与机械设备故障产生发展的相应关系,建立转换(或映射)关系,从而获得故障诊断隶属函数。

(5)人工神经网络模型学习法。如果有学习样本,可以通过在监测特征和隶属度之间建立人工神经网络模型,通过学习训练而获取隶属函数。此方法在模糊神经网络集成智能诊断中比较适用。

(6)模糊统计法。这是应用较为广泛的一种模糊不确定性处理方法,以调查统计结果得出的经验曲线作为隶属函数,一般采用一种集值统计——模糊统计的方法来进行这种调查统计是较为适宜的。

(7)综合加权法。对于一个由若干模糊因素复合而成的模糊概念,可以先求出各个因素的模糊集的隶属函数,再综合加权的方法复合出模糊概念的隶属函数。

(8)模糊演算法。根据模糊演算规则,通过模糊算子、函数变换、模糊推理、模糊集合运算等,将简单的模糊概念隶属度转变成所需要的模糊概念隶属度。

下面仅对方法(3)和(4)进行详细讨论。

(四)常用的模糊分布及其隶属函数表述

表6-1列出了工程中常用的几种隶属函数,可分为三大类:第一类是偏小型(戒上型),即随故障特征 x 增加而下降;第二类是偏大型(戒下型),即随故障特征 x 增加而上升;第三类是中间型(对称型)。在为模糊特征或参数选择具体隶属函数及确定其参数时,应该结合具体问题,根据数据的变化规律,综合其历史统计数据、专家经验和现场运行信息来合理选取。

表 6-1　常用隶属函数分布

类　　型	隶属函数名称	隶属函数图形	隶属函数表达式
偏小型 (戒上型)	降半 Γ 形 分布		$\mu(x)=\begin{cases} 1 & x\leqslant a \\ e^{-k(x-a)} & x>a, k>0 \end{cases}$
	降半正态 形分布		$\mu(x)=\begin{cases} 1 & x\leqslant a \\ e^{-k(x-a)^2} & x>a, k>0 \end{cases}$
	降半哥西 形分布		$\mu(x)=\begin{cases} 1 & x\leqslant a \\ \dfrac{1}{1+a(x-a)^\beta} & x>a, k>0, \beta>0 \end{cases}$
	降半凹 (凸)分布		$\mu(x)=\begin{cases} 1-ax^k & 0\leqslant x\leqslant \dfrac{1}{\sqrt[k]{a}} \\ 0 & \dfrac{1}{\sqrt[k]{a}}<x \end{cases}$

类　　型	隶属函数名称	隶属函数图形	隶属函数表达式
偏小型 （戒上型）	降半梯形 分布		$\mu(x)=\begin{cases}1 & 0\leqslant x\leqslant a_1\\ \dfrac{a_2-x}{a_2-a_1} & a_1\leqslant x\leqslant a_2\\ 0 & a_2<x\end{cases}$
	降半岭形 分布		$\mu(x)=\begin{cases}1 & 0\leqslant x\leqslant a_2\\ \dfrac{1}{2}-\dfrac{1}{2}\sin\dfrac{\pi}{a_2-a_1}\left(x-\dfrac{a_1+a_2}{2}\right) & a_1\leqslant 0\leqslant a_2\\ 0 & a_2<x\end{cases}$
偏大型 （戒下型）	升半Γ形 分布		$\mu(x)=\begin{cases}0 & x\leqslant a\\ 1-\mathrm{e}^{-k(x-a)} & x>a,k>0\end{cases}$
	升半正态 形分布		$\mu(x)=\begin{cases}0 & x\leqslant a\\ 1-\mathrm{e}^{-k(x-a)^2} & x>a,k>0\end{cases}$
	升半哥西 形分布		$\mu(x)=\begin{cases}1 & x\leqslant a\\ \dfrac{1}{1+a(x-a)^{-\beta}} & x>a,k>0,\beta>0\end{cases}$
	升半凹（凸） 分布		$\mu(x)=\begin{cases}0 & x\leqslant a\\ a(x-a)^k & a<x<a+a\dfrac{1}{\sqrt[k]{a}}\\ 1 & a+\sqrt[k]{a}<x\end{cases}$
	升半梯形 分布		$\mu(x)=\begin{cases}1 & 0\leqslant x\leqslant a_1\\ \dfrac{a_2-x}{a_2-a_1} & a_1\leqslant x\leqslant a_2\\ 0 & a_2<x\end{cases}$
	升半岭形 分布		$\mu(x)=\begin{cases}0 & 0\leqslant x\leqslant a_2\\ \dfrac{1}{2}-\dfrac{1}{2}\sin\dfrac{\pi}{a_2-a_1}\left(x-\dfrac{a_1+a_2}{2}\right) & a_1\leqslant 0\leqslant a_2\\ 1 & a_2<x\end{cases}$
中间型 （对称型）	矩形分布		$\mu(x)=\begin{cases}0 & 0\leqslant x\leqslant a-b\\ 1 & a-b\leqslant x\leqslant a+b\\ 0 & a+b<x\end{cases}$
	尖Γ形 分布		$\mu(\pi)=\begin{cases}\mathrm{e}^{k(x-a)} & x\leqslant a\\ \mathrm{e}^{-k(x-a)} & x>a,k>0\end{cases}$
	正态形 分布		$\mu(x)=\mathrm{e}^{-k(x-a)^2}\qquad k>0$

类　型	隶属函数名称	隶属函数图形	隶属函数表达式
中间型 (对称型)	哥西形分布		$\mu(x)=\dfrac{1}{1+a(x-a)^{\beta}}\qquad a>0,\beta$ 为正偶数
	梯形分布		$\mu(x)=\begin{cases}0 & 0\leqslant x\leqslant a_1\\[2pt]\dfrac{a_2+x-a}{a_2-a_1} & a-a_2<x<a-a_1\\[2pt]1 & a-a_1\leqslant x\leqslant a+a_1\\[2pt]\dfrac{a_2-x+a}{a_2-a_1} & a+a_1<x<a+a_2\\[2pt]0 & a+a_2\leqslant x\end{cases}$
	岭形分布		$\mu(x)=\begin{cases}0 & 0\leqslant x\leqslant a_1\\[2pt]\dfrac{1}{2}+\dfrac{1}{2}\sin\dfrac{\pi}{a_2-a_1}\left(x-\dfrac{a_1+a_2}{2}\right) & a-a_2<x<a-a_1\\[2pt]1 & a-a_1\leqslant x\leqslant a+a_1\\[2pt]\dfrac{1}{2}-\dfrac{1}{2}\sin\dfrac{\pi}{a_2-a_1}\left(x-\dfrac{a_1+a_2}{2}\right) & a+a_2<x<a+a_2\\[2pt]0 & a+a_1\leqslant x\end{cases}$

表中偏小型(戒上型)分布适用于 x 很小的隶属函数,由于隶属函数分布在第一象限,所以论域均取正值;偏大型(戒下型)分布适用于 x 较大时的隶属函数,由于隶属函数分布在第一象限,所以论域亦取正值。

(五)动态信号处理方法

对机械系统运行过程中的动态信号进行采集、分析处理来识别机械系统所处的状态或具有的状态,存在着随机性和模糊性。随机性是由因果关系不确定造成的,概率统计和随机过程方法对此进行了长期、深入的研究,动态信号处理就采用这一理论和方法;模糊性是指事物在质和量上没有明确的界限,即衡量尺度不清楚。模糊数学为解决此类问题提供了手段,将动态信号处理与模糊数学方法结合起来,是解决状态监测和故障诊断中随机性和模糊性这种不确定性问题的适宜途径。

1. 自相关系数法

当研究线性动态信号 $x(t)$ 中周期分量(或噪声)的多少时,就进入了模糊领域。设 $\boldsymbol{X}=[x_i(t),i=1,2,\cdots,n]$ 为表征论域 $\Omega=(w_1,w_2,\cdots,w_m)$ 中某一机械状态 w_j 的特征向量,则 w_j 表示 $x_i(t)$ 中周期分量大小的模糊子集,隶属函数(表示 $x_i(t)$ 属于 w_j 的程度)可以利用自相关系数定义为

$$\mu_w(x_i)=\frac{E[\max R_{x_i}(\tau)]-(\overline{x_i})^2}{\sigma_{x_i}^2} \tag{6-2}$$

其中,$R_{x_i}(\tau)$、$\overline{x_i}$、$\sigma_{x_i}^2$ 分别是 $x_i(t)$ 的自相关函数、均值和方差;$E[\max R_x(\tau)]$ 是当 $0<\tau_0\leqslant\tau$ 时自相关函数的极大值的平均值;τ_0 是一足够大的正数。这样 $\mu_w(x_i)\in[0,1]$。

由于周期函数的自相关函数仍是同周期的周期函数,噪声的自相关函数因噪声的不相关

性当时滞 τ 足够大时($\tau > \tau_0$)趋于零,所以当 $0 < \tau_0 < \tau$ 时,式(6-2)表示的隶属函数就反映了信号 $x(t)$ 中周期分量多少的程度。

2. 凝聚函数法

当研究系统的输出信号 $y(t)$ 在多大程度上受到输入信号 $x(t)$(或 $x_i(t)$,$i = 1, 2, \cdots, n$)的影响,或信号 $y(t)$ 与信号 $x(t)$ 在频域中的相关程度时,就使问题进入了模糊空间。设论域中的模糊子集 w 表示在某频带里信号 $x(t)$ 与信号 $y(t)$ 的相干程度,则属于 w 的隶属函数可用该频带内的凝聚函数的最大值 $\max \gamma_{xy}^2(f)$ 表示:

$$\mu_w(x) = \max \frac{|S_{xy}(f)|^2}{S_x(f) S_y(f)} = \max \gamma_{xy}^2(f) \tag{6-3}$$

其中,$S_{xy}(f)$ 是 $x(t)$ 与 $y(t)$ 的互功率谱密度;$S_x(f)$、$S_y(f)$ 分别是 $x(t)$、$y(t)$ 的自功率谱密度;$0 \leqslant \gamma_{xy}^2(f) \leqslant 1$,$\mu_w(x) \in [0, 1]$。

若信号处理所得到的参数其范围不在 $[0, 1]$ 区间,则可经过适当转换,用 $[0, 1]$ 之间的值表示隶属函数。

3. 峭度指标法

时域信号 $x(t)$ 的峭度指标 R_4 可灵敏地反映信号 $x(t)$ 的变化情况。根据所研究对象的实际情况,分析其状态的 R_4 值变化规律,可构造一定的模糊分布来刻画其隶属函数。表6-2是齿轮疲劳试验过程中不同阶段时的振动信号的 R_4 值,表6-3是铣刀在加工过程中随刀具磨损量增大时声发射信号的 R_4 值。

表6-2 齿轮疲劳试验 R_4 值

阶　　段	初　　期	中　　期	后　　期
峭度指标 R_4	3.63	8.18	26.6

表6-3 铣刀磨损声发射 R_4 值

铣刀磨损量	0.05	0.10	0.20	0.30
峭度指标 R_4	0.585	0.856	1.013	1.731

虽然表6-2与表6-3中的 R_4 值不同,但 R_4 值都随状态发展变化而增大,表明各状态属于"故障严重"(即齿轮疲劳损坏及铣刀磨损严重)这一模糊子集 w 的程度随 R_4 值增大,还可见随状态发展 R_4 值增加的幅度呈非线性增大,故可用戒下型(偏大型)的升半 Γ 分布来描述其隶属函数,其表达式为

$$\mu_w(R_4) = \begin{cases} 0 & R_4 \leqslant a \\ 1 - e^{-k(R_4 - a)} & R_4 > a, k > 0 \end{cases} \tag{6-4}$$

【例6-1】 对表6-2齿轮疲劳试验,若令 $R_4 = 3.0$ 时,$\mu_w(R_4) = 0$,可求得 $a = 3.0$,取 $R_4 = 24.60$ 时,令齿轮疲劳损坏故障严重性隶属度为0.95,可得 $k = 0.138$,则隶属函数可写为

$$\mu_w(R_4) = \begin{cases} 0 & R_4 \leqslant 3.0 \\ 1 - e^{-0.138(R_4 - 3)} & R_4 > 3.0 \end{cases}$$

同理,对表6-3铣刀磨损故障来说,可得 $a = 0.5$,并设 $R_4 = 1.731$ 时,磨损故障严重性隶属度为0.90,则隶属函数为

$$\mu_w(R_4) = \begin{cases} 0 & R_4 \leqslant 0.5 \\ 1 - e^{-1.87(R_4 - 0.5)} & R_4 > 0.5 \end{cases}$$

可见,不同的工况或不同的故障状态,它们的故障严重性程度在信号处理方法中给出了不同的峭度指标值 R_4,相互之间不便于比较。若用隶属函数表示,则故障严重这一模糊概念可以用同一尺度去衡量,即用 $[0,1]$ 之间的隶属度值进行衡量,不同工况状态之间也便于相互比较。

4. 谱距离指标(J 散度)法

在对动态信号分析和识别时,会遇到这样的问题:n 个机械状态信号 $x_1(t), x_2(t), \cdots, x_n(t)$ 对应的功率谱分别为 $S_1(f), S_2(f), \cdots, S_n(f)$,现有一待识别信号 $y(t)$,那么 $y(t)$ 应归属于上述 n 个状态中的哪一个呢? 这个问题可用 $y(t)$ 功率谱 $S_y(f)$ 与 n 个谱之间的散度 $J(y, x_i)(i=1,2,\cdots,n)$ 来分析。当 $J(y, x_i)$ 为最小时,则判定所处的状态与 $x_i(t)$ 所处的状态属于同一类,J 散度公式为

$$J(y, x_i) = \frac{1}{2m} \sum_{k=1}^{m} \left[\frac{S_y(k)}{S_i(k)} + \frac{S_i(k)}{S_y(k)} \right] - 1 \qquad i = 1, 2, \cdots, n \qquad (6-5)$$

显然,$J(y, x_i) = J(x_i, y) \geqslant 0$;当 $S_y(f) = S_i(f)$ 时,即对同一个谱,$J(y, x_i) = 0$。

分类问题是一个模糊问题,在一般模式识别问题中所有的距离函数均是值域在 $[0, +\infty]$ 上的实函数,不同状态和类别的距离值其差别很大,精确研究类别之间的相似程度时,用它往往难以表达清楚,使问题模糊化。若论域中的模糊集合 w 定义为 $y(t)$ 与 $\{x_i(t), i=1,2,\cdots,n\}$ 的相似程度,由 J 散度指标可知,当其取最小值时,表明两种状态的相似程度最大,因此可用偏小型函数来表示这种相似程度,即相似测度。相似测度是模糊测度的一种,可表示模糊集合的隶属度,功率谱(或幅值谱)J 散度属于 w 的隶属函数,可用降半哥西分布表示为

$$\mu_w(J) = \begin{cases} 1 & J \leqslant 0 \\ \dfrac{1}{1 + \alpha J} & J > 0, \alpha > 0, \text{且为两常数} \end{cases} \qquad (6-6)$$

由于 $J \in [0, +\infty]$,故式(6-6)可写成

$$\mu_w(J) = \frac{1}{1 + \alpha J} \qquad J \geqslant 0, \alpha > 0 \qquad (6-7)$$

这样,使距离值转化成 $[0,1]$ 区间中的值,有利于相互之间进行比较。

5. 状态参量法

不同时期机械所处状态的动态信号的某些参量 u,如谱峰值、均方差、频率的幅值、偏心等,其值增大表示状态向故障严重方向发展,那么参量 u 属于严重异常状态模糊子集 w 的隶属函数可定义为(升半梯形分布)

$$\mu_w(u) = \begin{cases} 0 & u \leqslant u_{min} \\ \dfrac{u - u_{min}}{u_{max} - u_{min}} & u_{min} < u \leqslant u_{max} \\ 1 & u > u_{max} \end{cases} \qquad (6-8)$$

其中,u_{min} 和 u_{max} 是根据工程要求设定的下限和上限值。

有了隶属函数的描述,借助模糊诊断原理,可以对机械设备的运行动态信号进行识别、分类、评判、推理与决策,从而能够全面正确地对机械设备进行状态监测和故障诊断。

二、基于模糊识别算法的故障诊断方法

(一)模糊识别算法

在故障诊断的实际问题中,当诊断对象的故障(故障原因、故障征兆等)是明确、清晰和肯定的,即模式是明确、清晰和肯定的,则可以应用故障模式识别的诊断方法;当诊断对象的模式具有模糊性时,则可以用模糊模式识别方法来处理。

设 Ω 是给定的待识别诊断对象全体的集合,Ω 中的每个诊断对象 w 有 m 个特性指标 x_1,x_2,x_3,$\cdots$,x_m,每个特性指标用来描述诊断对象 w 的某个特征,于是由 m 个特性指标构成的特征向量

$$\boldsymbol{X} = (x_1, x_2, x_3, \cdots, x_m) \tag{6-9}$$

可确定每个诊断对象 w。

识别对象集合 Ω 可能有 n 个类别,且每一类别均是 Ω 上的一个模糊集,记作 w_1,w_2,$\cdots$,w_n。模糊识别的宗旨是把对象 $\boldsymbol{X} = (x_1, x_2, x_3, \cdots, x_m)$ 划归到一个与其相似的类别 w_i 中。

当一个识别算法作用于诊断对象 $\boldsymbol{X}$ 时,就产生隶属度 $\mu_{w_i}(x)(i=1,2,\cdots,n)$ 表示诊断对象 $\boldsymbol{X}$ 属于集合 w_i 的程度。如果一个识别算法的清晰描述已经给出,这个算法称为明确的;如果算法没有清晰描述,这种算法称为不明确的。人们通常是通过不明确的算法直接对诊断对象 $\boldsymbol{X}$ 进行识别,而模糊模式识别则是将一个不明确的算法转换为明确的算法,从对诊断对象本身进行识别转化为对它的模式进行识别。

模糊识别算法的工作原则上分三步进行:

(1)特征抽取。从诊断对象 $\boldsymbol{X}$ 中提取与识别有关的诸特征,并测出 $\boldsymbol{X}$ 在各特征上的具体数据,将 $\boldsymbol{X}$ 转化为模式 $\boldsymbol{X} = (x_1, x_2, x_3, \cdots, x_m)$,称为诊断对象的特征模式。这步是基础,特征抽取是否得当,将直接影响识别的结果。

(2)建立隶属函数。建立一个明确算法以产生隶属函数 $\mu_{w_i}(i=1,2,\cdots,n)$,$\boldsymbol{X}$ 属于模糊集合 w_i 的隶属度 $\mu_{w_i}(x)$ 依赖于 x_1,x_2,x_3,$\cdots$,x_m。隶属函数的确定尚未有一般、普遍的原则,应用中的许多公式还带有主观性和经验性的成分。

(3)识别判决。按某种归属原则对 $\boldsymbol{X}$ 进行判决,指出它应归属哪一类型。

(二)模糊识别判决原则

识别判决一般分直接法与间接法两种。直接法又称个体识别方法,如果待识别对象 $\boldsymbol{X}$ 是确定的单个元素,即所要识别的诊断对象 $\boldsymbol{X}$ 是清楚的,则可用直接法进行诊断,按最大隶属原则来进行决策的。间接法又称群体识别方法,此时待识别对象并不是确定的单个元素,而是论域 Ω 上的模糊子集,且已知模式也是论域 Ω 上的模糊子集,需要采用模糊模式识别的间接方法按择近原则来归类。

1. 最大隶属原则

设 Ω 为全体被识别对象构成的论域,w_1,w_2,$\cdots$,w_n 是 Ω 的 n 个模糊子集(模糊模式),现对一个确定的对象 $x_0 \in \Omega$ 进行识别。由于模式 w_1,w_2,$\cdots$,w_n 是模糊的,而确定的对象 x_0 是清晰的,因此要用最大隶属原则进行归类。

若 w_1,w_2,$\cdots$,w_n 中每一个 $w_i(i=1,2,\cdots,n)$ 的隶属函数已确定,则对任一个元素 $x_0 \in \Omega$

均可按下述隶属原则确定其归属,假若 x_0 满足

$$\mu_{w_i}(x_0) = \max[\mu_{w_1}(x_0), \mu_{w_2}(x_0), \cdots, \mu_{w_n}(x_0)] \qquad (6-10)$$

可认为 x_0 隶属于 w_i,即待识别故障类别 x_0 应属于模糊子集 w_i。

2. 阈值原则

设给定域 Ω 上的 n 个模糊子集为 $w_1, w_2, \cdots, w_n$,规定一个阈值(水平) $\lambda \in [0,1]$,$x_0 \in \Omega$ 是一被识别诊断对象。

如果

$$\max[\mu_{w_1}(x_0), \mu_{w_2}(x_0), \cdots, \mu_{w_n}(x_0)] < \lambda \qquad (6-11)$$

则作"拒绝识别"的判决,应查找原因另作分析。

如果

$$\max[\mu_{w_1}(x_0), \mu_{w_2}(x_0), \cdots, \mu_{w_n}(x_0)] \geqslant \lambda \qquad (6-12)$$

并且共有 k 个 $\mu_{w_1}(x_0), \mu_{w_2}(x_0), \cdots, \mu_{w_k}(x_0)$ 大于或等于 λ,则认为识别可行,则将划归于 $w_1 \bigcap w_2 \bigcap \cdots \bigcap w_k$。

在实际诊断中,也可将最大隶属原则和阈值原则结合起来应用,还可以对各模糊子集和诊断对象的隶属函数进行加权处理。

3. 择近原则

设论域 Ω 上有 n 个模糊子集:$w_1, w_2, \cdots, w_n$,而被识别的对象是模糊的,它也是论域 Ω 上的模糊子集 B,这时就要考虑 B 与每个 w_i $(i=1,2,\cdots,n)$ 的贴近程度 $\sigma(B, w_i)$。B 和哪一个 w_i 最贴近就认为它属于哪一类,可采用择近原则进行判决。

若 w_i 和 B 满足

$$\sigma(B, w_i) = \max\{\sigma(B, w_1), \sigma(B, w_2), \cdots, \sigma(B, w_n)\} \qquad (6-13)$$

则认为 B 和 w_i 最贴近,或认为 B 应归属于 w_i。这里 σ 是某种贴近度。

在群体识别中,只要给定了模式本身的模糊子集与待识别的模糊子集,就能分别算出它们的贴近度,然后按照择近原则进行故障识别。

设 A、B 是由特征向量 $\boldsymbol{X} = \{x_1, x_2, \cdots, x_n\}$ 所描述的两个模糊集,则几种在实际中常用的贴近度计算方式见表 6-4。

表 6-4 常用贴近度

距离贴近度类型	数学表达式
海明贴近度	$\sigma_1(A,B) = 1 - d_1(A,B) = 1 - \dfrac{1}{n}\sum\limits_{i=1}^{n} \mid \mu_A(x_i) - \mu_B(x_i) \mid$
欧几里得贴近度	$\sigma_2(A,B) = 1 - d_2(A,B) = 1 - \dfrac{1}{\sqrt{n}}\sqrt{\sum\limits_{i=1}^{n}(\mu_A(x_i) - \mu_B(x_i))^2}$
闵可夫斯基贴近度	$\sigma_3(A,B) = 1 - [d_3(A,B)]^p = 1 - \dfrac{1}{n}\sum\limits_{i=1}^{n} \mid \mu_A(x_i) - \mu_B(x_i) \mid^p$
极小极大化贴近度	$\sigma_4(A,B) = 1 - d_4(A,B) = 1 - \dfrac{\sum\limits_{i=1}^{n} \mid \mu_A(x_i) - \mu_B(x_i) \mid}{\sum\limits_{i=1}^{n}(\mu_A(x_i) + \mu_B(x_i))}$

表 6-4 中 $d_i(A, B)$ $(i=1, 2, 3, 4)$ 为模糊距离,它具有非负性、对称性,具体计算见表 6-5。

表 6-5　几种常用的距离

距　离　类　型	数　学　表　达　式
海明距离	$d_1(A,B) = \dfrac{1}{n}\sum\limits_{i=1}^{n} \mid \mu_A(x_i) - \mu_B(x_i) \mid$
欧几里得距离	$d_2(A,B) = \dfrac{1}{\sqrt{n}}\sqrt{\sum\limits_{i=1}^{n}(\mu_A(x_i) - \mu_B(x_i))^2}$
闵可夫斯基距离	$[d_3(A,B)]^p = \dfrac{1}{n}\sum\limits_{i=1}^{n} \mid \mu_A(x_i) - \mu_B(x_i) \mid^p$
极小极大化距离	$d_4(A,B) = \dfrac{\sum\limits_{i=1}^{n} \mid \mu_A(x_i) - \mu_B(x_i) \mid}{\sum\limits_{i=1}^{n}(\mu_A(x_i) + \mu_B(x_i))}$

【例 6-2】　设 $X = \{x_1, x_2, x_3, x_4, x_5, x_6\}$，各特征对模糊集 A、B 的隶属度表述为

$$A = \frac{0.6}{x_1} + \frac{0.8}{x_2} + \frac{1}{x_3} + \frac{0.8}{x_4} + \frac{0.6}{x_5} + \frac{0.4}{x_6}, B = \frac{0.4}{x_1} + \frac{0.6}{x_2} + \frac{0.3}{x_3} + \frac{1}{x_4} + \frac{0.8}{x_5} + \frac{0.6}{x_6}$$

求各种距离的大小。

解：
$$d_1(A,B) = \frac{1}{6}\sum_{i=1}^{6} \mid \mu_A(x_i) - \mu_B(x_i) \mid \approx 0.28$$

$$d_2(A,B) = \frac{1}{\sqrt{6}}\sqrt{\sum_{i=1}^{6}\left[\mu_A(x_i) - \mu_B(x_i)\right]^2} \approx 0.34$$

取 $p = 1/3$，则有　$d_3(A,B) = \left[\frac{1}{6}\sum_{i=1}^{6} \mid \mu_A(x_i) - \mu_B(x_i) \mid^{\frac{1}{3}}\right]^3 \approx 0.16$

$$d_4(A,B) = \frac{\sum\limits_{i=1}^{6} \mid \mu_A(x_i) - \mu_B(x_i) \mid}{\sum\limits_{i=1}^{6}\left[\mu_A(x_i) + \mu_B(x_i)\right]} \approx 0.22$$

(三)模糊性度量

在应用最大隶属原则和择近原则进行模糊识别时，为衡量两个模糊集合之间的贴近程度，经常用到模糊数学中的模糊性变量概念建立模式识别关系。

1. 模糊度

设论域 Ω 上任一个模糊子集 w，为量度其模糊性大小，定义
$$D: w \rightarrow [0,1]$$
为 w 的模糊度 $D(w)$，它应满足以下 3 种情况：

(1)当且仅当 $\mu_{w_i}(x_i)$ 只取 0 或 1 时，$D(w) = 0$，$x_i \in \Omega$，$\mu_{w_i}(x_i)$ 是 x_i 对 w 的隶属度。模糊度取值为普通集合中的 0 时，说明普通集合并不模糊。

(2)当 $\mu_{w_i}(x_i) = 0.5$ 时，$D(w)$ 应取最大值，即 $D(w) = 1$，也就是说，当隶属度为 0.5 时最为模糊。

(3)对任意 $x \in \Omega$,设 Ω 上有两个模糊子集 A 和 B,若 $\mu_A(x) \geqslant \mu_B(x) \geqslant 0.5$,或 $\mu_A(x) \leqslant \mu_B(x) \leqslant 0.5$,则 $D(B) \geqslant D(A)$,就是说,越靠近 0.5 就越模糊,反之,离 0.5 越远就越清晰。最模糊时模糊度为 1;最清晰时模糊度为 0,在这种情况下,应属于普通集合。

2. 模糊熵

设一系统有 n 个状态 $w_1, w_2, \cdots, w_n$,其各自的概率为 $P(w_1), P(w_2), \cdots, P(w_n)$,则系统熵定义为

$$H[P(w_1), P(w_2), \cdots, P(w_n)] = -\sum_{i=1}^{n} P(w_i) \ln[P(w_i)] \qquad (6-14)$$

模糊事件 A 的熵定义为

$$H(A) = -\sum_{i=1}^{n} \mu_w(A) P(w_i/A) \ln[P(w_i/A)] \qquad (6-15)$$

其中,$P(w_i/A)(i=1, 2, \cdots, n)$ 为模糊事件 A 属于状态模糊子集 w_i 的概率。由式(6-15)可知模糊熵就是一个模糊事件 A 的模糊度。

三、故障诊断的模糊综合评判方法

综合评判是多目标决策问题的一个数学模型。故障诊断的模糊综合评判就是应用模糊变换原理和最大隶属度原则,根据各故障原因与故障征兆之间不同程度的因果关系,在综合考虑所有征兆的基础上,来诊断设备发生故障的可能原因。这里,首先是对各个征兆进行单独评判,然后再对所有征兆进行综合评判。

(一)征兆集

在设备故障诊断中,对设备的每一种故障,根据设备的各种资料和维修经验可统计出该种故障发生时可能表现出的各种征兆。设共有 n 种不同的征兆,则各种不同的征兆构成的集合就是征兆集,它可表示为 $\boldsymbol{X} = \{x_1, x_2, \cdots, x_n\}$。

例如,对汽轮机转子"轴系不对中"故障而言,其征兆可能有某轴承处轴颈垂直方向的"通频振幅 x_1",以及各阶谐波的"一阶振幅 x_2""二阶振幅 x_3"等。

x_i 对 $\boldsymbol{X}$ 的关系是普通集合关系,因此,征兆集是一个普通集合。模糊综合评判就是在综合考虑所有征兆的基础上,评判设备发生异常状态的可能原因。

(二)故障(状态原因)集

在设备故障诊断中,根据设备的各种资料和实际的经验可统计出各种故障状态。设共有 m 种故障状态,则所有可能故障构成的集合可表示为 $\boldsymbol{\Omega} = \{w_1, w_2, \cdots, w_m\}$。这些故障状态具有不同程度的模糊性。

例如,汽轮机转子主要故障有"初始不平衡 w_1""转子部件脱落 w_2""转子暂时热弯曲 w_3""汽封碰磨 w_4""轴向碰撞 w_5"等。

(三)单故障模糊评判

首先对故障集 $\boldsymbol{\Omega}$ 中的一个故障 $w_i(i=1, 2, \cdots, m)$ 作单故障模糊评判,确定被评判对象对征兆集元素 $x_j(j=1, 2, \cdots, n)$ 的隶属度(可能性程度)r_{ij},这样就得出第 i 个故障 w_i 的单故障

模糊集 $$r_i = (r_{i1}, r_{i2}, \cdots, r_{in}) \qquad (6-16)$$

它是征兆集 X 上的模糊子集,这样 m 个故障的评价集就构造出一个总的评价模糊矩阵 R

$$R = \begin{bmatrix} r_{11} & r_{12} & \cdots & r_{1n} \\ r_{21} & r_{22} & \cdots & r_{2n} \\ \vdots & \vdots & & \vdots \\ r_{m1} & r_{m2} & \cdots & r_{mn} \end{bmatrix} \qquad (6-17)$$

R 即是故障论域 Ω 到征兆论域 X 的一个模糊关系,$\mu_R(w_i, x_j) = r_{ij}$ 表示 w_i 和 x_j 之间隶属关系的程度,即评判对象按 w_i 评判时取 x_j 的亲疏程度。

(四)权重集(重要程度系数)

单故障评判是比较容易办到的,多故障的综合评判就比较困难了。因为,一方面,对于被评判的诊断对象,从不同的故障着眼可以得到截然不同的结论;另一方面,在诸故障 w_i($i=1$,$2, \cdots, m$)之间,有些故障在总评价中的影响程度可能大些,而另一些故障在总评价中的影响程度可能要小些,说明各个故障原因在总评价中所起的作用的重要程度是一个模糊择优问题。用 a_i($i=1, 2, \cdots, m$)表示各原因 w_i 在总评价中重要程度的权数,因此各权数组成的集合为故障论域 Ω 上的模糊子集 A,记作

$$A = \frac{a_1}{w_1} + \frac{a_2}{w_2} + \cdots + \frac{a_m}{w_m} \qquad (6-18)$$

或者 $$A = (a_1, a_2, \cdots, a_m)$$

其中,a_i($0 \leqslant a_i \leqslant 1$)为 w_i 对 A 的隶属度。它是单故障 w_i 在总评价中的影响程度大小的度量,在一定程度上也代表单故障 w_i 评定等级的能力。注意:a_i 可能是一种调整系数或者限制系数,也可能是普通权系数,A 称为 Ω 的因素重要程度模糊子集,a_i 称为因素 w_i 的重要程度系数。可依实际情况主观确定或用隶属函数法确定。

(五)模糊综合评判

当模糊向量 A 和模糊关系矩阵 R 为已知时,作模糊变换来进行模糊综合评判。

$$B = A \cdot R = (a_1, a_2, \cdots, a_m) \cdot \begin{bmatrix} r_{11} & r_{12} & \cdots & r_{1n} \\ r_{21} & r_{22} & \cdots & r_{2n} \\ \vdots & \vdots & & \vdots \\ r_{m1} & r_{m2} & \cdots & r_{mn} \end{bmatrix} = (b_1, b_2, \cdots, b_m) \qquad (6-19)$$

B 中的各元素 b_j 是在广义模糊合成运算下得出的运算结果。权重集 A 和模糊关系矩阵 R 的合成,一般用综合评判模型 $M(\overset{\cdot}{*}, \overset{+}{*})$ 表示,其中 $\overset{\cdot}{*}$ 为广义模糊"与"运算,$\overset{+}{*}$ 为广义模糊"或"运算。

B 称为征兆集 X 上的模糊子集,b_j($j=1, 2, \cdots, n$)为征兆 x_j 对综合评判所得模糊子集 B 的隶属度。如果要选择一个决策,则可按照最大隶属度原则选择最大的 b_j 所对应的征兆 x_j 作为综合评判的结果。

在广义模糊合成运算下综合评判模型,即式(6-17)的意义在于$r_{ij}(i=1,2,\cdots,m;j=1,2,\cdots,n)$为单独考虑故障原因$w_i$的影响时诊断对象对征兆$x_j$的隶属度;而通过广义模糊"与"运算$(a \overset{\bullet}{*} r_{ij})$所得的结果(记为$r_{ij}^*$),就是在全面综合考虑各种故障的影响时诊断对象对征兆x_j的隶属度,也就是在考试故障w_i在总评判中的影响程度a_i时对隶属度r_{ij}所进行的调整或限制。最后通过广义模糊"或"运算对各个调整(或限制)后的隶属度r_{ij}^*进行综合处理,即可得出合理的综合评价结果。

式(6-17)所示的模糊变换R(单故障评判矩阵),可以看作是从故障论域Ω到征兆论域X的一个模糊变换器,也就是说每输入一个模糊向量A就可输出一个相应的综合评判结果B。

(六)模糊综合评判模型

就理论上而言,上述的广义模糊合成运算有无穷多种,但在故障诊断的实际应用中,经常采用的具体模型有以下5种。

模型1: $M(\wedge,\vee)$,即用$\wedge$代替$\overset{\bullet}{*}$,$\vee$代替$\overset{+}{*}$,有

$$b_j = \overset{m}{\underset{i=1}{\vee}} (a_i \wedge r_{ij}) \qquad j=1,2,\cdots,n \qquad (6-20)$$

其中,$\wedge$、$\vee$分别为取小(min)和取大(max)运算,即:

$$b_j = \max[\min(a_1,r_{1j}),\min(a_2,r_{2j}),\cdots,\min(a_m,r_{mj})]$$

在此模型中,单故障u_i的评价对征兆x_j的隶属度r_{ij}被调整为

$$r_{ij}^* = a_i \wedge r_{ij} = \min(a_i,r_{ij}) \qquad j=1,2,\cdots,n$$

这清楚地表明,a_i是在考虑多故障时调整后的隶属度r_{ij}的上限,换句话说,在考虑多故障时,诊断对象对各征兆$x_j(j=1,2,\cdots,n)$的隶属度都不能大于a_i。因此,a_i是在考虑多故障时r_{ij}的调整系数。

用$\vee$代替$\overset{+}{*}$的意义是:在决定b_j时,对每个征兆x_j而言,只考虑调整后的隶属度r_{ij}^*最大的起主要作用的那个故障,而忽略了其他故障的影响。可见,模型$M(\wedge,\vee)$是一种"主故障决定型"的综合评判。它的优点是计算方便,缺点是运算太粗糙,诊断中往往丢掉有价值的信息,以致所得诊断结果常常不太令人满意。

模型2: $M(\cdot,\vee)$,即用$\cdot$代替$\overset{\bullet}{*}$,$\vee$代替$\overset{+}{*}$,于是

$$b_j = \overset{m}{\underset{i=1}{\vee}} (a_i \cdot r_{ij}) \qquad j=1,2,\cdots,n \qquad (6-21)$$

其中,"$\cdot$"为普通实用乘法,"$\vee$"为取大(max)运算。

此模型与模型$M(\wedge,\vee)$的意义很相近,其区别仅在于$M(\cdot,\vee)$以$r_{ij}^* = a_i r_{ij}$代替了$M(\wedge,\vee)$的$r_{ij}^* = a_i \wedge r_{ij}$,也就是说,用对$r_{ij}$乘一小于1的系数来代替给$r_{ij}^*$规定一个上限。此模型中,因为也是用$\vee$代替$\overset{+}{*}$,所以模型$M(\cdot,\vee)$也是一种"主故障突出型"的综合评判。

模型3: $M(\wedge,\oplus)$,即用$\wedge$代替$\overset{\bullet}{*}$,$\oplus$(有界算子)代替$\overset{+}{*}$,于是

$$b_j = \oplus \overset{m}{\underset{i=1}{\sum}} a_i \wedge r_{ij} \qquad j=1,2,\cdots,n \qquad (6-22)$$

这里"$\wedge$"为取小(min)运算，$\alpha \oplus \beta = \min(1, \alpha + \beta)$；$\sum\limits_{i=1}^{m}$ 为对 m 个数在 $\oplus$ 运算下求和，即

$$b_j = \min\left[1, \sum_{i=1}^{m} \min(a_i, r_{ij})\right]$$

由式(6-22)可以看出，与模型 $M(\wedge, \vee)$ 中一样，在模型 $M(\wedge, \oplus)$ 中也是对 r_{ij} 的规定上限 a_i 给以 r_{ij} 的调整，即有 $r_{ij}^* = a_i \oplus r_{ij}$，其区别在于，该模型是对各 r_{ij}^* 作有上界相加以求 b_j。因此，a_i 也是在考虑多故障时 r_{ij} 的调整系数。形式上这个模型是一种对每一种征兆 x_j 都同时对应各种故障的综合评判。

该模型在取小运算($a_i \wedge r_{ij}$)时，仍会丢失大量有价值的信息，以致所得诊断结果常常不太令人满意。当 a_i 和 r_{ij} 取值较大时，相应的 b_j 值均可能等于上限 1；当 a_i 取值较小时，相应的 b_j 值均可能等于各 a_i 之和，这样就会得不到有意义的诊断结果。

模型 4：$M(\cdot, \oplus)$，即用·代替 $\overset{\cdot}{*}$，$\oplus$(有界算子)代替 $\overset{+}{*}$，有

$$b_j = \oplus \sum_{i=1}^{m} a_i \cdot r_{ij} \qquad j = 1, 2, \cdots, n \qquad (6-23)$$

其中，"·"为普通实数乘法，$\alpha \oplus \beta = \min(1, \alpha + \beta)$。

此模型是在模型 $M(\cdot, \vee)$ 的基础上改进而成的。模型 $M(\cdot, \oplus)$ 在决定 b_j 时，是用对调整后的 $r_{ij}^* = a_i r_{ij}$ 取上界和来代替模型 $M(\cdot, \vee)$ 中对 $r_{ij}^* = a_i r_{ij}$ 取最大。

该模型有下列重要特点：

(1)在确定诊断对象对征兆 x_j 的隶属度 b_j 时，综合考虑了所有故障 $u_i(i = 1, 2, \cdots, m)$ 的影响，而不是像模型 $M(\cdot, \vee)$ 那样只考虑对 b_j 影响程度最大的那个故障。

(2)由于同时考虑到所有故障的影响，所以各 a_i 的大小具有刻画各故障 u_i 重要性程度的权数的意义，因此，a_i 应满足要求：$\sum\limits_{i=1}^{m} a_i = 1$。所以模型 $M(\cdot, \oplus)$ 是一种"加权平均型"的综合评判，在此模型中，模糊向量 $\boldsymbol{A} = (a_1, a_2, \cdots, a_m)$ 具有权向量的意义。

应该指出，由于 $\sum\limits_{i=1}^{m} a_i r_{ij} \leqslant 1$，运算 $\oplus$ 实际上已蜕化为普通实数加法"+"。因此模型 $M(\cdot, \oplus)$ 可改变成为模型 $M(\cdot, +)$，即用·代替 $\overset{\cdot}{*}$，+代替 $\overset{+}{*}$，这就是普通矩阵乘法，所以有

$$b_j = \sum_{i=1}^{m} a_i \cdot r_{ij} \qquad j = 1, 2, \cdots, n \qquad (6-24)$$

其中，·和+分别为普通实数的乘法和加法，权系数 a_i 的和满足条件：$\sum\limits_{i=1}^{m} a_i = 1$。

模型 5：$M(乘幂, \wedge)$，即用普通乘幂代替 $\overset{\cdot}{*}$，$\wedge$ 代替 $\overset{+}{*}$。

$$b_j = \bigwedge_{i=1}^{m} r_{ij}^{a_i} \qquad j = 1, 2, \cdots, n \qquad (6-25)$$

在此模型中，考虑多故障时，对故障论域 $\boldsymbol{U}$ 到征兆论域 $\boldsymbol{X}$ 的模糊关系矩阵 $\boldsymbol{R}$ 中元素 r_{ij} 的调整为 $r_{ij}^* = r_{ij}^{a_i}$，该模型最大的特点是在各调整值 r_{ij}^* 中取其最小者作为 b_j，这说明在这一模型中 r_{ij} 和 b_j 不再是各自相应的隶属度，而是某种评判指标。这里规定评判指标的最小者为最佳者。

以上 5 种模型，均称为综合评判初始模型。

四、故障诊断的模糊综合评判方法应用实例

(一)柴油机系统故障的模糊诊断

这里以柴油机系统故障分析与诊断为例介绍模糊综合评判故障诊断的应用。柴油机是一个极为复杂的系统,由曲柄连杆机构、配气机构、燃油系统、电气系统以及润滑、冷却、增压等部分组成。在柴油机工作过程中,各子系统及各零部件均会发生故障,而且故障的各种征兆往往不易发现或难以完全发现,故障现象和故障原因之间的对应关系也是模糊的。下面应用模糊综合评判对其进行分析和诊断。

(1)确定征兆集 X。以柴油机系统可检测信息组成柴油机系统的故障征兆集为

$$X = \{振动,压力,温度\} = \{x_1, x_2, x_3\}$$

(2)建立故障集 Ω。人为地将柴油机系统按各子系统划分,所以柴油机系统的故障集为

$$\Omega = \{曲柄连杆机构故障,配气机构故障,燃油系统故障,其他系统故障\}$$
$$= \{w_1, w_2, w_3, w_4\}$$

另外对柴油机系统定义一个评价集为

$$G = \{正常,不太正常,不正常\} = \{g_1, g_2, g_3\}$$

(3)建立模糊关系矩阵 R 及权重集 A。设第 i 个征兆的单故障原因模糊评判集为

$$r_i = \frac{r_{i1}}{g_1} + \frac{r_{i2}}{g_2} + \frac{r_{i3}}{g_3}$$

或简单地表示为

$$r_i = \{r_{i1}, r_{i2}, r_{i3}\}$$

式中 r_{ij}——第 $i(i=1,2,3)$ 个征兆对评价集中第 $j(j=1,2,3)$ 个元素的隶属度。

将各单故障原因模糊评判集的隶属度为行组成模糊综合评判矩阵

$$R = \begin{Bmatrix} r_{11} & r_{12} & r_{13} \\ r_{21} & r_{22} & r_{23} \\ r_{31} & r_{32} & r_{33} \end{Bmatrix}$$

式中 R——征兆集 X 到评价集的模糊关系矩阵。

又设对各个征兆 $x_i(i=1,2,3)$ 赋予的权重为

$$A_i = \frac{a_{i1}}{x_1} + \frac{a_{i2}}{x_2} + \frac{a_{i3}}{x_3}$$

式中 a_{ij}——第 j 个征兆对故障集 Ω 中第 $i(i=1,2,3)$ 个元素的权数。

总的权重矩阵为

$$A = \begin{bmatrix} a_{11} & a_{12} & a_{13} \\ a_{21} & a_{22} & a_{23} \\ a_{31} & a_{32} & a_{33} \\ a_{41} & a_{42} & a_{43} \end{bmatrix}$$

(4)诊断结果描述。对柴油机系统故障集 Ω 的综合评判结果为

$$\boldsymbol{\Omega} = \boldsymbol{A} \cdot \boldsymbol{R} = \begin{bmatrix} w_{11} & w_{12} & w_{13} \\ w_{21} & w_{22} & w_{23} \\ w_{31} & w_{32} & w_{33} \\ w_{41} & w_{42} & w_{43} \end{bmatrix}$$

其中 $\qquad w_{ik} = \bigvee_{j=1}^{3} a_{ij} \bigvee_{j=1}^{3} r_{jk} \qquad i = 1, 2, 3, 4; k = 1, 2, 3$

将 $\boldsymbol{\Omega}$ 中最后一列元素和第一列元素对应之差,按大小排列,如 $w_{13} - w_{11} \geqslant w_{23} - w_{21} \geqslant w_{33} - w_{31} \geqslant w_{43} - w_{41}$,则故障按隶属度大小排列为:$w_1, w_2, w_3, w_4$,所以故障最有可能发生在 w_1。

现对一台六缸柴油机进行故障诊断,试验中人为地减少某一缸的供油量,采集振动、压力、温度等信息,其中振动信息的评判是通过自相关值来进行的。

将采集到的征兆信息代入各单故障原因对于评价集的隶属函数,得到模糊综合评判矩阵为

$$\boldsymbol{R'} = \begin{bmatrix} 0.16 & 0.28 & 0.42 \\ 0.97 & 0.58 & 0.24 \\ 0.91 & 0.46 & 0.02 \end{bmatrix}$$

对其作归一化处理,即用其各行元素之和除遍原来的每个元素值,得归一化后的单故障原因模糊综合评判矩阵为

$$\boldsymbol{R} = \begin{bmatrix} 0.186 & 0.326 & 0.488 \\ 0.542 & 0.324 & 0.134 \\ 0.655 & 0.331 & 0.014 \end{bmatrix}$$

据经验,各故障对征兆的全重分配为

$$\boldsymbol{A} = \begin{bmatrix} 0.45 & 0.23 & 0.32 \\ 0.65 & 0.00 & 0.35 \\ 0.80 & 0.00 & 0.20 \\ 0.10 & 0.45 & 0.45 \end{bmatrix}$$

则模糊综合评判为

$$\boldsymbol{\Omega} = \boldsymbol{A} \cdot \boldsymbol{R} = \begin{bmatrix} 0.45 & 0.23 & 0.32 \\ 0.65 & 0.00 & 0.35 \\ 0.80 & 0.00 & 0.20 \\ 0.10 & 0.45 & 0.45 \end{bmatrix} \cdot \begin{bmatrix} 0.186 & 0.326 & 0.488 \\ 0.542 & 0.324 & 0.134 \\ 0.655 & 0.331 & 0.014 \end{bmatrix} = \begin{bmatrix} 0.32 & 0.326 & 0.45 \\ 0.35 & 0.331 & 0.448 \\ 0.20 & 0.326 & 0.488 \\ 0.45 & 0.331 & 0.134 \end{bmatrix}$$

按第三列减第一列后,得到

$\qquad w_{33} - w_{31} = 0.288 > w_{13} - w_{11} = 0.13 > w_{23} - w_{21} = 0.098 > w_{43} - w_{41} = -0.316$

所以故障发生在 u_3,即燃油系统故障,诊断结果正确。

(二)五种模型的应用效果

通过对工程机械液压系统故障分析与诊断,介绍上述五种模型的应用效果。

(1)确定征兆集 X。任何液压机械设备,其液压系统的故障征兆大致可归结为:压力不足 x_1、流量不足 x_2、温度高 x_3、操纵无反应 x_4、系统发生振动 x_5、噪声增大 x_6 和漏油加剧 x_7 等。因此,液压系统的故障征兆集为 $X=\{x_1,x_2,x_3,x_4,x_5,x_6,x_7\}$。

(2)建立故障集 Ω。找出各种可能的故障为:液压泵故障 w_1、油马达故障 w_2、液压缸压障 w_3、压力阀故障 w_4、流量阀故障 w_5、方向阀故障 w_6、管系故障 w_7、液压油故障 w_8、滤油器故障 w_9 和其他故障 w_{10}。因此,故障集为 $\Omega=\{w_1,w_2,w_3,w_4,w_5,w_6,w_7,w_8,w_9,w_{10}\}$。

(3)诊断结果。故障论域 Ω 到征兆论域 X 的评判模糊矩阵为

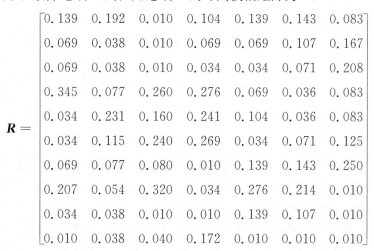

$$R=\begin{bmatrix} 0.139 & 0.192 & 0.010 & 0.104 & 0.139 & 0.143 & 0.083 \\ 0.069 & 0.038 & 0.010 & 0.069 & 0.069 & 0.107 & 0.167 \\ 0.069 & 0.038 & 0.010 & 0.034 & 0.034 & 0.071 & 0.208 \\ 0.345 & 0.077 & 0.260 & 0.276 & 0.069 & 0.036 & 0.083 \\ 0.034 & 0.231 & 0.160 & 0.241 & 0.104 & 0.036 & 0.083 \\ 0.034 & 0.115 & 0.240 & 0.269 & 0.034 & 0.071 & 0.125 \\ 0.069 & 0.077 & 0.080 & 0.010 & 0.139 & 0.143 & 0.250 \\ 0.207 & 0.054 & 0.320 & 0.034 & 0.276 & 0.214 & 0.010 \\ 0.034 & 0.038 & 0.010 & 0.010 & 0.139 & 0.107 & 0.010 \\ 0.010 & 0.038 & 0.040 & 0.172 & 0.010 & 0.010 & 0.010 \end{bmatrix}$$

故障重要程度模糊子集(权重集)为

$A=(0.188, 0.070, 0.064, 0.155, 0.128, 0.096, 0.107, 0.176, 0.037, 0.032)$

用五种模型计算故障诊断的评判结果见表 6-6。

表 6-6　五种模糊综合评判模型的故障诊断评判结果

模型	$A \cdot R = B = (b_1, b_2, b_3, b_4, b_5, b_6, b_7)$						
	b_1	b_2	b_3	b_4	b_5	b_6	b_7
模型 1 $M(\wedge, \vee)$	0.176	0.128	0.176	0.155	0.176	0.176	0.107
模型 2 $M(\cdot, \vee)$	0.053	0.030	0.056	0.043	0.049	0.038	0.027
模型 3 $M(\wedge, \oplus)$	0.763	0.694	0.707	0.672	0.658	0.725	0.616
模型 4 $M(\cdot, \oplus)$	0.132	0.101	0.137	0.132	0.120	0.103	0.099
模型 5 $M(乘幂, \wedge)$	0.649	0.598	0.581	0.551	0.661	0.597	0.445

第三节　人工神经网络及其在故障诊断中的应用

一、人工神经网络简介

人工神经网络是一门高度综合的交叉学科,它的研究和发展涉及神经生理科学、数理科学、信息科学和计算机科学等众多学科领域。

人工神经网络是模仿生物脑结构和功能的一种非线性信息处理系统,具有超越人的计算能力,又有类似于人的识别、智能、联想能力,虽然目前的模仿还处于低水平,但已显示出一些与生物脑类似的特点:

(1)大规模并行结构与分布式存储和并行处理,克服了传统的智能诊断系统出现的无穷递归、组合爆炸及匹配冲突问题,特别适用于快速处理大量的并行信息;

(2)具有良好的自适应性,系统在知识表示和组织、诊断求解策略与实施等方面可根据生存环境自适应、自组织达到自我完善;

(3)具有较强的学习、记忆、联想、识别功能,系统可根据环境提供的大量信息,自动进行联想、识别及聚类等方面的自组织学习,也可在导师的指导下学习特定的任务,从而达到自我完善;

(4)具有较强的容错性,当外界输入到人工神经网络中的信息存在某些局部错误时,不会影响到整个系统的输出性能。

自20世纪80年代人工神经网络的研究复兴以来,已经在信号处理、模式识别、目标跟踪、机器人控制、专家系统、系统辨识等众多领域显示出其极大的应用价值。作为一种新的模式识别技术或一种知识处理方法,人工神经网络以其具有的许多优点在复杂系统的故障诊断中受到越来越广泛的重视,显示出巨大的潜力,已成为故障诊断技术的一种重要手段。

人工神经网络在故障诊断领域的应用主要集中在三个方面:一是从模式识别角度应用人工神经网络作为分类器进行故障诊断;二是从预测角度应用人工神经网络作为动态预测模型进行状态预测;三是从知识角度建立基于人工神经网络的诊断专家系统。本章着重讨论第一方面的问题。

二、神经网络的基本组成

(一)生物神经元

神经元是生物体中参与信息处理的各种神经细胞的总称,其形状和大小是多种多样的,就结构而言,存在有共性。图6-4为生物神经元的基本结构,它主要由三部分组成:(1)细胞体,它是神经元的主体,含有细胞核、细胞质和细胞膜;(2)树突,它是神经元的输入端,接受其他神经元的传递信号,其形状类似树状分枝;(3)轴突,它是由细胞体伸出的一条最长的突起,用来传出细胞体产生的输出电信号,其端部的众多神经末梢为信号的输出端子,每一条神经末梢可与其他神经元形成功能性接触,该接触部分称为突触。

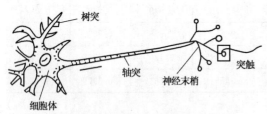

图6-4 神经元解剖结构

生物神经元具有兴奋和抑制两种工作状态。当传入的神经冲动使细胞膜电位升高到阈值时,细胞进入兴奋状态,产生神经冲动,由轴突输出;相反,若传入的神经冲动使细胞膜电位下降到低于阈值时,细胞进入抑制状态,没有神经冲动输出。

(二)人工神经元

人工神经元模型是生物神经元的抽象和模拟,它是人工神经网络的基本处理单元,其模型结构如图6-5所示,它是一个多输入单输出的非线性阈值元件,假定x_1,x_2,$\cdots$,x_n表示一

神经元的 n 个输入，w_{ji} 表示第 j 个神经元与第 i 个神经元的突触连接强度，其值称为权值，A_i 表示第 i 个神经元的输入总和，相应于生物神经细胞的膜电位，称为激活函数，y_i 表示第 i 个神经元的输出，h_i 表示神经元的阈值，则人工神经元的输出可描述为

$$y_i = f(A_i) \quad \text{及} \quad A_i = \sum w_{ji} x_j - h_i \tag{6-26}$$

式中　$f(A_i)$——神经元输入—输出关系的函数，称为作用函数或传递函数。

常用的传递函数可归结为三种形式：阈值型、S 型和伪线性型，如图 6-6 所示，这样，就有三类基本的神经元模型。

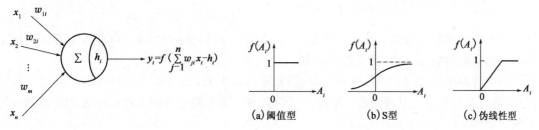

图 6-5　人工神经元模型　　　　图 6-6　常用的作用函数形式

1. 阈值型神经元

阈值型神经元是二值型神经元，其输出状态值为 1 或 0，分别代表神经元的兴奋和抑制状态。用数学表达式表示为

$$y_i = f(A_i) = \begin{cases} 1 & A_i \geqslant 0 \\ 0 & A_i < 0 \end{cases} \tag{6-27}$$

对阈值型神经元，权值 w_{ji} 可在 $(-1, +1)$ 区间连续取值时，取负表示抑制两神经元间的连续强度，正值表示加强。当神经元输出为 -1 或 1 时，$f(A_i)$ 为 sgn 函数。

$$y_i = f(A_i) = \mathrm{sgn}(A_i) = \begin{cases} 1 & A_i \geqslant 0 \\ -1 & A_i < 0 \end{cases} \tag{6-28}$$

2. S 型神经元

神经元输出值是在 $(0,1)$ 或 $(-1,1)$ 内连续取值，输入—输出特性多采用反指数、对数或双曲正切等 S 状曲线表示，如

$$y_i = f(A_i) = \frac{1}{1 + \mathrm{e}^{\beta A_i}} \quad \beta > 0$$

或

$$y_i = f(A_i) = \frac{1}{2} \left(1 + \mathrm{th} \frac{A_i}{A_0} \right) \tag{6-29}$$

图 6-6(b) 是式 (6-29) 的 $f(A_i)$ 在 β 取不同值时的曲线，显然，当 β 趋于无穷时，S 状曲线趋近于阶跃函数。通常情况下，β 取值为 1。

有时在网络中还采用下列简单的非线性函数

$$y_i = f(A_i) = \frac{A_i}{1 + |A_i|} \tag{6-30}$$

S 型传递函数反映了神经元的非线性输出特性。

3.伪线性型神经元

神经元的输入—输出特性满足一定的线性关系,其输出可表示为

$$y_i = f(A_i) = \begin{cases} 0 & A_i \leqslant 0 \\ cA_i & 0 < A_i \leqslant A_c \\ 1 & A_i < A_c \end{cases} \qquad (6-31)$$

式中 c、A_c——常量。

(三)人工神经网络的拓扑结构

人工神经网络是由人工神经元连接而成的网络。根据连接方式的不同,人工神经网络主要可分为前向网络、反馈网络及互联网络。

前向网络由轴入层、中间层(或叫隐层)和输出层组成,如图6-7(a)所示,中间层可有若干层,每一层的神经元只接受前一层神经元的输出。网络的输入模式经过各层的顺次处理后得到输出层输出。

反馈网络实际上是前向网络中输出层神经元的输出信号经延迟 Δt 后再送给输入层神经元,而网络本身仍是前向网络,如图6-7(b)所示。这种结构的网络又称为递归网络。

互联网络是指网络中任意两个神经元都可能有相互连接,所有神经元既可作为输入,也可作为输出。这种网络如果在某一时刻从外部加一个输入信号,各神经元一边相互作用,一边进行信息处理,直到收敛于某一稳定状态或进入周期振荡(或混沌)等状态。

简单的前向内层互联网络[图6-7(c)]是在同一层内存在连接,形成相互制约,但从外部看仍是一个前向网络,很多自组织网络大都存在着内层互联的结构。另一类是较复杂的反馈全互联网络,如图6-7(d)所示,它的每个神经元的输出都与其他神经元相连,Hopfield 神经网络和 Boltzmann 神经网络均属于这一类型。

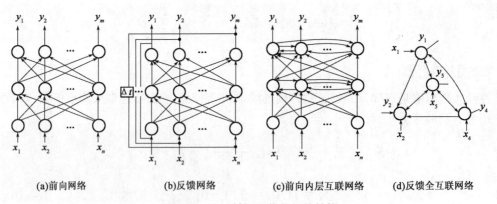

(a)前向网络　　　(b)反馈网络　　　(c)前向内层互联网络　　　(d)反馈全互联网络

图6-7　人工神经网络的拓扑结构

(四)人工神经网络的工作过程

人工神经网络的工作过程主要分为两个阶段:一是学习阶段,此时各计算单元状态不变,各连线上的权值通过学习来修改;二是工作阶段,此时各连接权固定,计算单元状态变化,以达到某种稳定状态。

人工神经网络最有价值的特性就是它的自适应功能,这种自适应功能是通过学习或训练

实现的。人工神经网络的学习规则可分为如下几种：

（1）相关规则：仅依赖于连接间的激活水平改变权重，如 Hebb 规则及其各种修正形式等。

（2）纠错规则：依赖于输出节点的外部节点的反馈改变网络权重，如感知器学习规则、δ 规则以及广义 δ 规则等。

（3）竞争学习规则：类似于聚类分析算法，学习表示为自适应于输入空间的事件分布，如矢量化（LOQ）算法、SOM 算法和 ART 训练算法都利用了竞争学习规则。

（4）随机学习规则：利用随机过程、概率统计和能量函数的关系来调节连接权，如模拟退火算法；此外，基于生物进化规则的基因遗传（GA）算法在某种程度上也可视为一类随机算法。

尽管人工神经网络的学习规则多种多样，但它们一般都可归结为以下两类：

（1）有指导学习：不但需要学习有用的输入事例（也称训练样本，通常为一矢量），同时还要求与之对应的表示所需期望输出的目标矢量。进行学习时，首先计算一个输入矢量的网络输出，然后同相应的目标输出比较，比较结果的误差用来按规定的算法改变加权。如上述纠错规则以及随机学习规则就是典型的有指导学习。

（2）无指导学习：不要求有目标矢量，网络通过自身的"经历"来学会某种功能。在学习时，关键不在于网络实际输出是否与外部的期望输出相一致，而在于调整权重以反映学习样本的分布，因此整个训练过程实质是抽取训练样本集的统计特性，如上述纠错规则和竞争学习规则。

值得指出的是，在工程实践中，有指导学习和无指导学习并不是相互冲突的，目前已经出现了一些融合有指导学习和无指导学习的训练算法。如在应用有指导学习训练一个网络后，再利用一些后期的无指导学习来使得网络自适应于环境的变化。

三、人工神经网络的基本模型

目前已经提出的人工神经网络（简称神经网络）模型大约有上百种。在信号分析和模式识别领域，应用较多的是以下 4 种基本模型和它们的改进型，即多层感知器、Hopfield 神经网络、自组织神经网络和概率神经网络。

（一）基于误差反向传播的多层感知器

多层感知器（BP 神经网络）是一种典型的有指导学习的前馈神经网络，图 6-8 为一种典型的结构。隐层和输入层中任一神经元的输入等于与之相邻的低一层中各神经元输出的加权和。以简单的两类问题为例，其基本思想是：将输入的样本通过一个简单权向量集 $\textbf{\textit{W}}$ 的超平面，分离成两种模式类型，如"A"类或"B"类。基本过程是：在提供网络的正确输出样本下，按照误差校正学习规则去寻找合适的权集 $\textbf{\textit{W}}=(W_0,W_1,W_2,\cdots,W_n)$，以使如果输入样本属于"$A$"类，感知器输出为"$A$"；如果输入样本属于"$B$"类，则输出为"$B$"类，如图 6-9 所示。

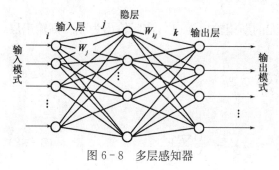

图 6-8　多层感知器

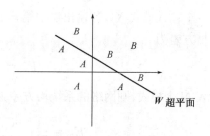

图 6-9　感知器分类

感知器学习方程可以表示为

$$W^{\text{new}} = W^{\text{old}} + (Y - Y')X \qquad (6-32)$$

式中　W——权向量矩阵；

　　　Y——正确的输出向量矩阵(训练期间提供)；

　　　Y'——感知器输出向量矩阵；

　　　X——输入向量矩阵。

由式(6-32)可以看出，如果感知器在输出中产生一个误差向量 $Y-Y'$，则需重新校正 W 超平面(权向量)去消除这个误差，如果输出误差 $Y-Y'=0$，则感知器输出正确。

BP算法使误差反向传播算法实现了多层感知器学习的设想。当给定网络一个输入模式时，它由输入层单元传到隐层单元，经隐层单元处理后，再送到输出层单元，由输出层单元处理后产生一个输出模式。在正向传播阶段，每一层神经元的状态只影响下一层神经元的状态。如果输出与相应的期望模式有误差，不满足要求，那么就转入误差后向传播，将误差值沿原来的连接通路逐层返回传送并修正各层连接权值，使误差信号达到最小。对于给定的一组训练模式，不断用一个训练模式训练网络，重复前向传播和误差反向传播过程，当各个训练模式都满足要求时，就可认为网络已经学习好了。下面详细讨论采用BP算法的学习过程。

由图6-8可知，输入层中任一神经元的输出为输入模式分量的加权和。其余各层中，设某一层中任一神经元 j 输入为 net_j，输出为 y_j，与这一层相邻的低一层中任一神经元 i 的输出为 y_i，则有

$$net_j = \sum_i w_{ji} y_i \qquad 及 \qquad y_j = f(net_j) \qquad (6-33)$$

$$y_i = f(net_j) = \frac{1}{1 + e^{-(net_j + h_j)/\theta_0}} \qquad (6-34)$$

式中　w_{ji}——神经元 j 与神经元 i 之间的连接权；

　　　$f(net_j)$——神经元的输出函数，取为 S 型函数；

　　　h_j——神经元 j 的阈值，它影响输出函数水平方向的位置；

　　　θ_0——用来修改输出函数形状的参数。

设输出层第 k 个神经元的实际输出为 y_k，输入为 net_k，与输出层相邻的隐层中的第 j 个神经元的输出为 y_j。y_k 和 net_k 分别为

$$net_k = \sum_j w_{kj} y_j \qquad (6-35)$$

$$y_k = f(net_k) \qquad (6-36)$$

对于一个输入模式 X_p，若输出层中第 k 个神经元的期望输出为 O_{pk}，实际输出为 y_{pk}，则输出层的输出方差为

$$E_p = \frac{1}{2} \sum_k (O_{pk} - y_{pk})^2 \qquad (6-37)$$

若输入 N 个模式，则网络的系统均方差为

$$E_p = \frac{1}{2N} \sum_p \sum_k (O_{pk} - y_{pk})^2 = \frac{1}{N} \sum_p E_p \qquad (6-38)$$

权值 w_{ji} 的修改应使 E(或 E_p)最小。因此,w_{kj} 应沿 E_p 的负梯度方向变化。也就是说,当输入 X_p 时,w_{kj} 的修正量 $\Delta_p w_{kj}$ 应与 $-\partial E_p/\partial w_{kj}$ 成正比,即

$$\Delta_p w_{kj} = -\eta \frac{\partial E_p}{\partial w_{kj}} \tag{6-39}$$

$-\partial E_p/\partial w_{kj}$ 又可以写成

$$-\frac{\partial E_p}{\partial w_{kj}} = -\frac{\partial E_p}{\partial net_k} \frac{\partial net_k}{\partial w_{kj}} \tag{6-40}$$

由式(6-35)得

$$\frac{\partial net_k}{\partial w_{kj}} = \frac{\partial}{\partial w_{kj}} \sum_j w_{kj} \cdot y_{pj} = y_{pj} \tag{6-41}$$

令 $\delta_{pk} = -\partial E_p/\partial net_k$,由式(6-36)和式(6-37)得

$$\delta_{pk} = -\frac{\partial E_p}{\partial y_{pk}} \cdot \frac{\partial y_{pk}}{\partial net_k} = (O_{pk} - y_{pk})f'(net_k) \tag{6-42}$$

由式(6-34)和式(6-35)得

$$f'(net_k) = \frac{\partial}{\partial net_k}\left(\frac{1}{1+e^{-(net_k+h_k)/\theta}}\right) = y_{pk}(1-y_{pk}) \tag{6-43}$$

因此
$$\delta_{pk} = (O_{pk} - y_{pk})y_{pk}(1-y_{pk}) \tag{6-44}$$

$$\Delta_{pk} w_{kj} = \eta \delta_{pk} y_{pj} \tag{6-45}$$

对于与输出层相邻的隐层中神经元 j 和比该隐层低一层中的神经元 i,权值 w_{ji} 的修正量仍应为

$$\Delta_p w_{ji} = -\eta \frac{\partial E_p}{\partial w_{ji}} = -\eta \frac{\partial E_p}{\partial net_j} \frac{\partial net_j}{\partial w_{ji}} = -\eta \frac{\partial E_p}{\partial net_j} = \eta \delta_{pj} y_{pi} \tag{6-46}$$

$$\delta_{pj} = -\frac{\partial E_p}{\partial net_j} = -\frac{\partial E_p}{\partial y_{pj}} \cdot \frac{\partial y_{pj}}{\partial net_j} = -\frac{\partial E_p}{\partial y_{pj}}f'(net_j) = -\frac{\partial E_p}{\partial y_{pj}}y_{pj}(1-y_{pj}) \tag{6-47}$$

式中($-\partial E_p/\partial y_{pj}$)不能直接计算,可以根据其他已知量计算。具体算法为

$$-\frac{\partial E_p}{\partial y_{pj}} = -\sum_k \frac{\partial E_p}{\partial net_k} \cdot \frac{\partial net_k}{\partial y_{pj}} = \sum_k \left(-\frac{\partial E_p}{\partial net_k}\right) \cdot \frac{\partial}{\partial y_{pj}} \sum_m w_{km} p_m$$

$$= \sum_k \left(-\frac{\partial E_p}{\partial net_k}\right)w_{kj} = \sum_k \delta_{pk} w_{kj}$$

因此得到
$$\delta_{pj} = y_{pj}(1-y_{pj})\sum_k \delta_{pk} w_{kj} \tag{6-48}$$

$$\Delta_p w_{ji} = \eta \delta_{pj} y_{pi} \tag{6-49}$$

如式(6-45)和式(6-49)所示,输出层中神经元的输出误差反向传播到前面各层,以各层之间的权值进行修正。

BP 算法的具体步骤如下:

第一步,权值和神经元阈值初始化。给所有权值和阈值赋以在[0,1]上分布的随机数。

第二步,输入样本模式,指定输出层各神经元的期望值 $O_1,O_2,\cdots,O_M$。

$$O_j = \begin{cases} 1 & X \text{ 属于第 } j \text{ 类} \\ 0 & X \text{ 不属于第 } j \text{ 类} \end{cases} \qquad j = 1, 2, \cdots, M$$

第三步,依次计算每层神经元的实际输出,直到计算出输出层各神经元的实际输出(y_1, y_2, y_3, $\cdots$, y_M)。各神经元的实际输出根据式(6-34)计算。

第四步,修正每个权值。从输出层开始,逐步向后递推,直到第一隐层。递推公式为

$$w_{ji}(t+1) = w_{ji}(t) + \eta \delta_i y_i$$

式中　$w_{ji}(t)$——t 时刻从神经元 i(输入层或隐层神经元)到上一层神经元 j(隐层或输出层神经元)的连接权;

　　　y_i——神经元 i 在 t 时刻的实际输出;

　　　η——步长调整因子,$0 < \eta < 1$。

如果神经元 j 是输出层一个神经元,则

$$\delta_j = y_j(1 - y_j)(O_j - y_j)$$

如果神经元 j 是一个隐层神经元,则

$$\delta_j = y_j(1 - y_j)\sum_k \delta_k w_{kj}$$

式中　y_j——神经元 j 在 t 时刻的实际输出;

　　　k——神经元 j 的高一层神经元的编号。

如果权值按下面方式修正,收敛会更快,且权值会平滑的变化,即

$$w_{ji}(t+1) = w_{ji}(t) + \eta \delta_j y_i + \alpha[w_{ji}(t) - w_{ji}(t+1)]$$

式中　α——平滑因子,$0 < \alpha < 1$。

若把神经元的阈值当成一个权值,相应的输入模式增加一个分量1,则阈值可以用调整权值的方法调整。

第五步,转到第二步。如此循环,直到权值稳定为止。

BP算法是一个很有用的算法,受到了广泛的认识,但也存在着一些问题,如存在局部极小值问题、算法收敛速度慢、选取隐单元的数目尚无一般的指导原则、新加入的学习样本会影响已学习样本的学习结果等。对隐层数目分类性能的问题,李普曼作了简单的论证,其结果如表6-7所示。可以证明,包含两个隐层的多层感知器能形成任一复杂的判决界面。即使同类模式分布在模式空间几个不连通的区域中,这种多层网络也能进行正确的判决。一般说来,隐层越多,网络的学习能力越强。鲁姆尔哈特等人发现,若隐单元的数目以指数规律增加,则学习或解决问题的速度线性增加。另一些人发现,对于其他一些问题,随隐层数目的增加,学习速度会减小。

表6-7　单层感知器和多层感知器形成的判决区

感知器结构	异或问题	复杂问题	判决域形状	判决域
无隐层				半平面

感知器结构	异或问题	复杂问题	判决域形状	判决域
单隐层				凸域
双隐层				任意复杂形状域

针对上述 BP 算法存在的收敛速度缓慢和容易陷入局部极小值的问题,近几年来很多学者通过借鉴不同领域的一些数学、物理关系和自然规律提出了不同的改进算法,并取得了一定的成果,如变学习速率 BP 算法、动量 BP 算法、LM 算法、遗传算法等,以提高 BP 神经网络的泛化能力和诊断精确性。总之,通过不断改进、优化,BP 算法在神经网络上的应用潜力依然巨大,BP 神经网络的应用也将更加广泛。

(二)Hopfield 神经网络

人具有很强的模式识别能力,其主要原因之一就是人具有联想记忆能力。具体地说,人不仅能识别记忆中的一个完整的模式,而且能根据记忆中模式的部分信息进行正确识别和分类。例如,人能够认出有某种程度缺损或模糊的字符等等。可见人的识别能力具有很强的容错性。所以许多研究人员对人的联想记忆特征进行了长期不懈的研究,提出了一些模拟人脑联想记忆功能的神经网络模型。其中最重要的并对未来神经网络的发展产生了重大影响的是 Hopfield 提出的反馈形式的神经网络模型。在该模型中,Hopfield 引入了网络能量函数来描述网络系统的稳定性;记忆的样本模式以向量形式分布存储于神经元之间的连接权上,并使其对应网络能量函数的局部极小值;每个神经元的输入、输出特性为一有界的非线性函数(S 型函数);各神经元以随机等概率分布方式进行计算。这种网络由初始状态(初始输入模式矢量)向稳定状态演化的过程就是寻找记忆的过程,即由一个不完整的模式向完整的模式演化的过程。这种记忆方式为内容寻址记忆,与实际神经系统的方式十分相似。

1. 离散时间 Hopfield 神经网络

由图 6-10 可知,离散时间 Hopfield 神经网络的各神经元相互连接,神经网络中的每个神经元的输出通过连接权与其余各神经元的输出端连接。输入模式矢量的各分量及神经元的输出值取 +1 和 0(或 -1),它们分别代表神经元的激活或抑制状态。神经元的个数与输入模式矢量的维数相同。样本模式记忆在神经元之间的连接权上。

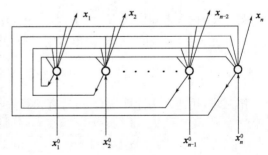

图 6-10 离散时间 Hopefield 神经网络

若有 M 类模式,并设 $X_s=(x_{s1}, x_{s2}, \cdots, x_{sn})$ 是第 s 类样本,为了存储 M 个样本,要求存储网络的稳定状态集为 $\{X_s\}$ $(s=1,2,\cdots,M)$。神经元 i 和神经元 j 之间的权值 w_{ij} 为

$$w_{ij} = \sum_{s=1}^{M} x_{si} x_{sj} \qquad (6-50)$$

若神经元 i 膜电位为 u，输出为 x_i（称为神经元 i 的状态），则 u_i 和 x_i 关系为

$$x_i = f(u_i) = f\left(\sum_{j=1}^{n} w_{ij} x_j\right) \qquad (6-51)$$

其中，函数 $f(u_i)$ 定义为符号函数，即

$$f(u_i) = \begin{cases} +1 & u_i > 0 \\ -1 & u_i < 0 \end{cases}$$

若输入一个未知模式 X_0，网络的初始状态 X 由 X_0 决定，即令 $x_i = X_{0i} (i = 1, 2, \cdots, n)$，那么根据以上算法，网络从初始状态开始逐步演化，最终趋向于一个稳定状态，即网络最终输出一个与未知模式最相近的样本模式。为了说明这一点，在这里定义网络的能量函数为

$$E = -\frac{1}{2} \sum_{i=1}^{n} \sum_{j=1}^{n} w_{ij} x_i x_j \qquad (6-52)$$

由式(6-52)可知，E 随 x_i 的变化而变化。由某一个神经元状态的变化 Δx_i 引起的 E 的变化量为

$$\Delta E = -\frac{1}{2} \left(\sum_{j=1}^{n} w_{ij} x_j\right) \Delta x_i \qquad (6-53)$$

其中，$w_{ij} = w_{ji}$，$w_{ii} = 0$。由式(5-51)可知，当式(6-53)中的 $\sum$ 项为正时，Δx_i 也为正值；当 $\sum$ 项为负时，Δx_i 也为负值。这就是说，当 x_i 随时间变化时，E 的变化量总是小于零。因为 E 是有界的，所以算法最终使网络达到一个不随时间变化的稳定状态。

Hopfield 神经网络算法的具体步骤如下：

第一步，给神经元的连接权赋值，即存储样本模式。设 $X_s = (x_{s1}, x_{s2}, \cdots, x_{sn})^{\mathrm{T}}$ 是第 s 个模式类的样本模式，则神经元 i 与神经元 j 时间的连接权为

$$w_{ij} = \sum_{s=1}^{M} x_{si} x_{sj} \quad i, j = 1, 2, \cdots, n; i \neq j$$

第二步，输入未知模式 $X_0 = (x_{01}, x_{02}, \cdots, x_{0n})^{\mathrm{T}}$，用 x_{0i} 设置神经元 i 的初始状态。若 $x_i(t)$ 表示神经元 i 在 t 时刻的状态（输出），则 $x_i(t)$ 的初始值为

$$x_i(t) = x_{0i} \quad i = 1, 2, \cdots, n$$

第三步，用迭代法计算 $x_i(t+1)$，直到算法收敛。$x_i(t+1)$ 根据式(6-51)计算，即

$$x_i(t+1) = f\left[\sum_{j=1}^{n} w_{ij} x_j(t)\right] \quad i = 1, 2, \cdots, n$$

计算进行到神经元的输出不随进一步的迭代而变化时算法收敛。此时神经元的输出即为与未知模式匹配最好的样本模式。

第四步，转到第二步，输入新模式。

2. 连续时间 Hopfield 神经网络

对于连续时间情况,Hopfield 提出了如图 6-11 所示的神经网络模型,同样由 n 个神经元互连而成,但神经元的输出不是离散值 0(或−1)和 1,而可以在某一区间连续变化。

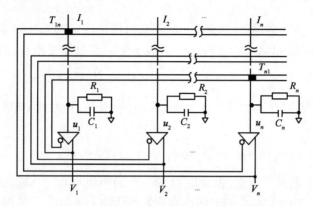

图 6-11　连续时间 Hopefield 神经网络

在连续时间模型中,神经元可以看成由电阻、电容和运算放大器组成。电阻 R_i 和电容 C_i 并联,模拟生物神经元输出的时间常数。神经元 i 和神经元 j 之间的连续权 w_{ij} 可以看成神经元 j 的输出到神经元 i 的输入之间的互电导,它模拟神经元之间的突触特性。运算放大器模拟生物神经元的非线性特性。放大器的“+”输出端和“−”输出端分别模拟生物神经元的兴奋和抑制特性。$w_{ij} > 0$(对应于兴奋性突触)时,神经元 i 的输入和神经元 j 的“+”输出端相连接;$w_{ij} < 0$(对于抑制性突触)时,神经元 i 的输入和神经元 j 的“−”输出端相连。每个神经元的输出通过连接权与其余神经元的输入相连。外界输入 I_i 用来建立一般的兴奋电平。若神经元 i 的输入为 u_i,输出为 V_i,且神经网络有 n 个神经元互连,则神经元状态变量的动态变化可用下面的非线性和微分方程描述为

$$\begin{cases} C_i \dfrac{\mathrm{d}u_i}{\mathrm{d}t} = \displaystyle\sum_{j=1}^{n} w_{ij} V_j - \dfrac{u_i}{R_i} + I_i \\[2mm] V_i = f(u_i) \text{ 或 } u_i = f^{-1}(V_i) \end{cases} \qquad i = 1, 2, \cdots, n \qquad (6-54)$$

这里取 $f(u_i)$ 为 S 型函数。

$$f(u_i) = \frac{1}{1 + \mathrm{e}^{-(u_i + h_i)/\theta_0}}$$

式中　h_i——神经元 i 的阈值;

θ_0——用来改变 $f(u_i)$ 曲线渐近“0”和“1”的陡峭或缓慢程度的参数。

$f(u_i)$ 连续时间网络模型的系统能量函数定义为

$$E = \frac{1}{2} \sum_i \sum_j w_{ij} V_i V_j - \sum_i V_i I_i + \sum_i \frac{1}{R_i} \int_0^{V_i} f^{-1}(V) \mathrm{d}V \qquad (6-55)$$

下面根据 E 的定义讨论网络的稳定性。要使网络随时间最终趋于一个稳定状态,E 随时间的增加必须逐渐减小,即必须 $\mathrm{d}E/\mathrm{d}t < 0$。为此,求 $\mathrm{d}E/\mathrm{d}t < 0$,并假定 $w_{ij} = w_{ji}, C_i > 0$。根据式(6-54),式(6-55)的导数 $\mathrm{d}E/\mathrm{d}t$ 为

$$\frac{\mathrm{d}E}{\mathrm{d}t} = \sum_i \frac{\mathrm{d}E}{\mathrm{d}V_i}\frac{\mathrm{d}V_i}{\mathrm{d}t} = \sum_i \frac{\mathrm{d}V_i}{\mathrm{d}t}\Big(-\sum_i w_{ij}V_i - I_i + \frac{u_i}{R_i}\Big)$$

$$= \sum_i \frac{\mathrm{d}V_i}{\mathrm{d}t}C_i\frac{\mathrm{d}u_i}{\mathrm{d}t} = \sum_i C_i\frac{\mathrm{d}u_i}{\mathrm{d}V_i}\Big(\frac{\mathrm{d}V_i}{\mathrm{d}t}\Big)^2 = \sum_i C_i f^{-1}(V_i)\Big(\frac{\mathrm{d}V_i}{\mathrm{d}t}\Big)^2$$

由于 $C_i > 0$，且 $f^{-1}(V_i)$ 单调递增，因此有 $\mathrm{d}E/\mathrm{d}t \leqslant 0$，即从任意初态开始，随着时间的增加，网络的状态轨道总是朝着能量减小的方向运动，网络最终达到稳定平衡点，即 E 的极小值点。

$$E = -\frac{1}{2}\sum_i\sum_j w_{ij}V_iV_j - \sum_i V_iI_i \tag{6-56}$$

根据式（6-56），要记忆 M 个类似样本 $X_s = (x_{s1}, x_{s2}, \cdots, x_{sn})$，神经元 i 和神经元 j 之间的权值可以根据下式构成

$$w_{ij} = \sum_s x_{si}x_{sj} \quad i = 1, 2, \cdots, n \tag{6-57}$$

每个 X_s 是网络的一个渐近平衡点，也对应 E 的一个局部极小点。当输入模式是记忆中的一个样本的某种程度的变形时，网络随时间的演化最终达到一个稳定状态，输出一个与输入模式最相似的样本。

Hopfield 神经网络模型的局限性主要有两个方面。其一，网络能够记忆和正确回顾的样本数是相当有限的。如果记忆的样本数太多，网络可能收敛于一个不同于所有记忆中样本的伪模式。当用于模式类的样本数小于网络中神经元数（或模式矢量的分量数）的 0.15 倍时，网络收敛于伪样本的情况才不会发生。其二，如果记忆中的某一样本的某些分量与别的记忆样本的对应分量相同，这个记忆样本可能是一个不稳定的平衡点。

【例 6-3】 模式的联想记忆。用 Hebb 规则对下列模式学习记忆问题设计离散时间 Hopfield 神经网络，并考察其联想性能，其中：

输入模式矢量为 $\boldsymbol{P} = \boldsymbol{T} = [1\ -1\ 1;\ 1\ -1\ -1;\ -1\ 1\ 1]$

记忆模式矢量为 $\boldsymbol{T} = [T_1\ T_2\ T_3] = [1\ -1\ 1;\ 1\ -1\ -1;\ -1\ 1\ 1]$

解：根据 Hebb 学习法则的外积和离散时间 Hopfield 神经网络权值设计公式有

$W = T_1T_1' + T_2T_2' + T_3T_3' - 3I = [0\ 1\ -1;\ 1\ 0\ -3;\ -1\ -3\ 0]$

验证：$A_1 = \mathrm{sg}(WP_1) = T_1$；$A_2 = \mathrm{sgn}(WP_2) = T_2$；$A_3 = \mathrm{sgn}(WP_3) = T_3$。

由此可见，采用 Hebb 规则设计的网络"记住"了模式 P_1、P_2，但是没有记住 P_3，网络没有准确地记住所有期望的模式。

【例 6-4】 含有两个神经元的 Hopfield 神经网络的设计实例。网络所要存储的目标平衡点为一个列矢量：$\boldsymbol{T} = [1\ -1;\ -1\ 1]$

解：MATLAB 中 Hopfield 神经网络的设计采用工具箱函数 solvehop( )。

运行网络可以看出其权值是对称的。用目标矢量作为网络输入来测试其是否被存储到网络中，网络运行 3 次，网络的输出为目标矢量。

```
>> Ptest=[1 -1;-1 1];
>>Ttest=simuhop(Ptest,W,B,3)
Test=  1  -1
      -1   1
```

如果想知道所设计的网络对任意输入矢量的收敛结果，可以进行测试。一般运行次数越多，收敛情况越好。

(三)自组织神经网络

多层感知器的学习和分类是以已知一定的先验知识为条件的,即网络权值的确定是在监督情况下进行的。而在实际应用中,有时并不能提供所需的先验知识,这就需要网络具有能够自学习的功能。Kohonen 提出的自组织特性映射图就是一种具有自学习功能的神经网络,这种网络是基于生理学和脑科学的研究成果提出来的。脑神经科学研究表明:传递感觉的神经元排列是按某种规律有序进行的,这种排列往往反映所感受的外部刺激的某些物理特征。例如,在听觉系统中,神经细胞的纤维是按照其最敏感的频率分布而排列的。为此,Kohonen 认为,神经网络在接受外界输入时,将会分成不同的区域,不同的区域对不同的模式具有不同的响应特征,即不同的神经元以最佳的方式响应不同性质的信号激励,从而形成一种拓扑意义上的有序图。这种有序图也称为特征图,它实际上是一种非线性映射关系,它将信号空间中各模式的拓扑关系几乎不变地反映在这张图上,即各神经元的输出响应上。由于这种映射是通过无监督的自适应过程来完成的,所以也称为自组织特征图。

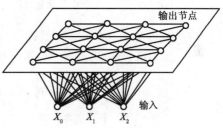

图 6-12 自组织神经网络

如图 6-12 所示,在这种网络中,输出节点与邻域其他节点广泛连接,并互相激励。输入节点和输出节点之间通过强度 $w_{ji}(t)$ 相连接,通过某种规律,不断地调整 $w_{ji}(t)$,使得其在稳定时,每一邻域的所有节点对某种输入具有类似的输出,并且这种聚类的概率分布与输入模式的概率分布相接近。

完成自组织特征映射的算法较多。一种常用的自组织算法步骤如下:

(1)权值初始化并选定邻域的大小。

(2)输入模式。

(3)计算空间距离:

$$d_j = \sum_{i=1}^{N-1} \left[x_i(t) - w_{ji}(t) \right]^2 \tag{6-58}$$

式中　$x_i(t)$——t 时刻 i 节点的输入;

　　　$w_{ji}(t)$——输入节点 i 与输出节点 j 的连接强度;

　　　N——输入节点的数目。

(4)选择节点 j^*,它满足 $d_{j^*} = \min d_j$。

(5)按下式改变 j^* 和其邻域节点的连接强度

$$w_{ji}(t+1) = w_{ji}(t) + \eta(t) \left[x_i(t) - w_{ji}(t) \right]$$

式中　$\eta(t)$——衰减因子,$0 < \eta(t) < 1$。

(6)返回到第(2)步,直到满足 $[x_i(t) - w_{ji}(t)] < \varepsilon$($\varepsilon$ 为给定的误差)。

通过这种无指导的学习,稳定后的网络输出就对输入模式生成自然的特征映射,从而达到自动聚类的目的。

(四)概率神经网络

概率神经网络与统计信号处理的许多概念有着紧密的联系。当这种网络用于检测和模式分类时,可以得到贝叶斯最优结果。图 6-13 为一概率神经网络的示意图,它通常由 4 层组成。第一层为输入层,每个神经元均为单输入单输出,其传递函数也为线性的,这一层的作用只是将输入信号用分布的方式来表示。第二层称为模式层,它与输入层之间通过连接权值 w_{ji} 相连接,该层第 i 个神经元的输入 $Z_i = \boldsymbol{X}^T - \boldsymbol{W}_i$,其中 $\boldsymbol{X}$ 为输入列矢量 $\boldsymbol{W}_i = [w_{i1}(t), w_{i2}(t),$ $\cdots, w_{ip}(t)]^T$。模式层神经元的传递函数不再是通常的 S 型函数,而为 $f(Z_i) = \mathrm{e}^{(Z_i-1)/\delta^2}$,模式层结构如图 6-14 所示。第三层称为累加层,它具有线性求和的功能,这层的神经元数目与欲分的模式数目(如图 6-13 中对应着两模式)。第四层为输出层,它具有判决功能,它的神经元输出为离散值 1 和 -1(或 0),分别代表着输入模式的类别。

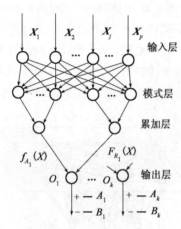

图 6-13 概率神经网络

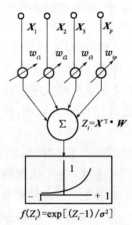

图 6-14 模式层第 i 个神经元

概率神经网络具有如下特点:

(1)训练容易,收敛速度快,从而非常适用于实时处理;

(2)可以完成任意的非线性变换,所形成的判决曲面与贝叶斯最优准则下的曲面相接近;

(3)具有很强的容错性;

(4)模式层的传递函数可以选用各种用来估计概率的核函数,并且分类结果对核函数的形式不敏感;

(5)各层神经元的数目比较固定,因而易于硬件实现。

这种网络已经较广泛地应用于非线性滤波、模式分类、联想记忆和概率密度估计当中,但是它的权值学习算法及有关的理论还有待于更进一步的研究。

四、神经网络在机械设备故障诊断中的应用

多层感知器与 BP 算法在工程中应用很广,应用中选择网络结构参数非常重要。输入层节点数一般根据输入的特征多少来决定。输入层节点数选取有两种方式:一种是根据输出的分类数来定,另一种是将输出按二进制编码。隐层节点数选取还不够清楚,依靠经验和试验来选取。

【例 6-5】 用三层 BP 神经网络诊断旋转机械故障。这里构造的三层感知分类器的输出层节点数与故障类别数相等,隐层节点数等于输入层节点数,输入层节点数为待识别状态信号的特征数。

表 6-8 内的值表示各训练示例的特征值大小,其取值区间为 [0,1],如在不平衡训练示例中 0~1/4 倍频的振动幅值的当量值为 0,1/4~3/4 倍频的振幅值的当前值为 0,3/4~1 倍频的振动幅值的当量值还为 0,1 倍频的振动幅值的当量值为 0.9,2 倍频的振动幅值的当量值为 0.1,等等,其余类推。

表 6 - 8　旋转机械的故障诊断训练示例

	$0\sim\frac{1}{4}$ 倍频	$\frac{1}{4}\sim\frac{3}{4}$ 倍频	$\frac{3}{4}\sim1$ 倍频	1 倍频	2 倍频	3 倍频	高次偶频	低次偶频
不平衡	0	0	0	0.9	0.1	0	0	0
油膜涡动	0	0.6	0	0.3	0.1	0	0	0
不对中	0	0	0	0.6	0.4	0	0	0

将这些故障诊断训练示例输入到一个具有 8 个输入层节点、8 个中间层节点和 3 个输出层节点的网络中,经过 1200 次迭代,形成了一个网络,该网络的记忆效果如表 6 - 9 所示,经过 12000 次迭代所形成网络的记忆效果如表 6 - 10 所示。

表 6 - 9　1200 次迭代所形成网络的记忆效果

	不平衡	油膜涡动	不对中
不平衡故障	0.94	0.00	0.06
油膜涡动故障	0.00	0.96	0.04
不对中故障	0.06	0.04	0.90

表 6 - 10　12000 次迭代所形成网络的记忆效果

	不平衡	油膜涡动	不对中
不平衡故障	0.98	0.00	0.02
油膜涡动故障	0.00	0.96	0.04
不对中故障	0.06	0.02	0.92

表 6 - 9 中第一行表示,当输入一组不平衡故障时,得出该故障的置信度为 0.94,而其他故障几乎为 0;第二行表示,当输入一组油膜涡动故障时,得出该故障的置信度为 0.96,而其他故障几乎为 0;第三行表示,当输入一组不对中故障时,得出该故障的置信度为 0.90,而其他故障几乎为 0。表 6 - 10 的结果有所改进,其值已趋于稳定。通过比较表 6 - 9 与表 6 - 10,可看出训练中迭代次数越多,得到的网络越能够更好地联想出训练示例。但训练次数也不宜过长,只要满足精度要求,训练次数应尽可能少,以减少训练时间。

【例 6 - 6】　在雷达故障诊断中的应用。在某雷达监控系统的故障诊断调试过程中,在监控软件中加入了训练模型并进行了仿真调试,现以发射分系统的仿真调试数据为例予以说明。表 6 - 11 为该雷达发射系统中的 15 个实际故障样本,每个故障样本由领域工程师按照调试记录和经验总结归纳了 9 个具有代表性的故障特征值,即网络的输入节点数为 9;再把某一个故障样本的 9 个故障特征值输入网络的输入层节点,并从网络的输出层节点得到其对应的输出。限于篇幅,取前 10 个故障样本用于计算且每个输出节点的输出代表一个故障类型,则网络的输出节点数为 10 个。根据发射系统的实际需要,取隐层的节点数为 6 个,设发射系统的总误差 $E = 0.001$,用 Matlab 编程,经过 29580 次训练后,得到了如表 6 - 12 所示的 10 个故障样本所对应的三层 BP 神经网络输出。

若设定网络输出层任意节点输出值 $1/k = 0.96$,并将表 6 - 11 中的第 10 个故障样本"无触发"的 9 个故障特征值输入给三层 BP 神经网络的输入层节点,则网络输出层节点与其对应的输出为表 6 - 12 的"无触发"所在行的 10 个输出值,从表中可以看出只有 $y_{10} = 0.9905 > 0.96$,其他值均小于 0.96,故诊断结果为"无触发"故障。又将表 6 - 11 中的第 5 个故障样本"管体过流"的 9 个故障特征值输入给三层 BP 神经网络的输入层节点,则网络输出层节点与其对应的输出为表 6-12 的"无触发"所在行的 10 个输出值。从表中可以看出,只有 $y_5 = 0.9917 > 0.96$,其他值均小于 0.96,故诊断结果为"管体过流"故障。

表 6-11　典型故障样本

故障样本	故障特征值								
	1	2	3	4	5	6	7	8	9
灯丝故障	0.00	0.00	0.00	0.00	0.00	0.80	0.20	0.00	0.00
激励故障	0.90	0.00	0.00	0.00	0.00	0.00	0.00	0.00	0.00
磁场过流	0.00	0.30	0.10	0.60	0.00	0.00	0.00	0.00	0.00
阴极过流	0.00	0.30	0.10	0.90	0.00	0.00	0.00	0.00	0.00
管体过流	0.00	0.70	0.20	0.00	0.10	0.00	0.00	0.00	0.00
钛泵过流	0.00	0.00	1.00	0.00	0.00	0.00	0.00	0.00	0.00
波导打火	0.10	0.80	0.00	0.10	0.00	0.00	0.00	0.00	0.00
驻波打火	0.00	0.00	0.00	0.00	0.40	0.50	0.10	0.00	0.00
波导气压	0.10	0.05	0.05	0.00	0.30	0.10	0.00	0.10	0.10
无触发	0.00	0.00	0.00	0.00	0.90	0.00	0.05	0.00	0.00
冷却水温	0.00	0.90	0.00	0.00	0.00	0.00	0.00	0.00	0.10
水位调整	0.00	0.03	0.00	0.00	0.20	0.00	0.75	0.00	0.00
调制故障	0.20	0.00	0.00	0.00	1.00	0.00	0.00	0.00	0.04
SSA 故障	0.00	0.00	0.00	0.00	0.00	0.60	0.00	0.20	0.00
磁场故障	0.00	0.00	0.00	0.00	0.00	0.00	0.10	0.00	0.85

表 6-12　典型故障样本网络输出值

故障样本	故障特征值 y									
	1	2	3	4	5	6	7	8	9	10
灯丝故障	0.9918	0.0068	0.0077	0.0000	0.0045	0.0002	0.0044	0.0000	0.0001	0.0000
激励故障	0.0068	0.9907	0.0001	0.0000	0.0038	0.0008	0.0000	0.0017	0.0049	0.0000
磁场过流	0.0053	0.0001	0.9905	0.0031	0.0000	0.0000	0.0001	0.0000	0.0006	0.0077
阴极过流	0.0000	0.0000	0.0057	0.9893	0.0001	0.0083	0.0000	0.0001	0.0045	0.0048
管体过流	0.0006	0.0002	0.0000	0.0000	0.9917	0.0051	0.0040	0.0000	0.0015	0.0000
钛泵过流	0.0001	0.0052	0.0000	0.0090	0.0061	0.9888	0.0000	0.0070	0.0001	0.0000
波导打火	0.0000	0.0000	0.0000	0.0000	0.0050	0.0002	0.9902	0.0085	0.0001	0.0014
驻波过大	0.0000	0.0018	0.0000	0.0000	0.0007	0.0048	0.0092	0.9882	0.0010	0.0065
波导气压	0.0000	0.0052	0.0013	0.0054	0.0007	0.0000	0.0000	0.0038	0.9939	0.0002
无触发	0.0000	0.0005	0.0042	0.0038	0.0000	0.0000	0.0001	0.0043	0.0001	0.9905

第四节　集成智能故障诊断技术

对于大型复杂设备,使用单一的智能诊断技术进行状态监测和故障诊断,其精度不高、泛化能力弱、通用性不强,难以获得满意的诊断结果。集成智能故障诊断技术正是针对这一问题提出的,它综合运用多种人工智能技术的差异性和互补性,分而治之,优势互补,并结合先进的信号处理技术与特征提取方法,对大型复杂设备进行状态监测、故障诊断和趋势预测,能够有效地提高诊断系统的灵敏性、鲁棒性、精确性,降低误诊率和漏诊率,确定故障发生的位置,估计其严重程度,预示其发展趋势。

一、神经网络与模糊逻辑集成诊断技术

(一)神经网络与模糊逻辑的关联

近年来,神经网络与模糊逻辑集成的故障诊断技术逐渐成为研究的热点,原因在于两者之间的互补性和关联性。作为两种重要的智能信息处理方法,模糊逻辑和神经网络在模拟人脑功能方面各有偏重:模糊逻辑主要模仿人脑的逻辑思维,具有较强的结构性知识表达能力,能有效地控制难以建立精确模型而凭经验可控制的系统;神经网络则主要模仿人脑神经元的功能,能有效地利用系统本身的信息,并能映射任意函数关系,具有并行处理、自学习和容错能力。所以,模糊逻辑与神经网络的融合有助于模糊逻辑系统的自适应能力的提高,有利于神经网络系统的全局性能改善和可观测性的加强。

模糊逻辑与神经网络关联方式即可串联,也可并联,通常的做法是:神经网络用于处理低层感知数据,模糊逻辑可用于描述高层逻辑框架,模糊逻辑与神经网络分别独立控制不同的对象或同一对象不同参数的模型,以神经网络的输出作为模糊推理系统输出的修正模型;也可用神经网络作为模糊逻辑的前端,以改善模糊逻辑系统的输入样本,或者在神经网络的输入或输出端接模糊逻辑模块,以增强神经网络的样本特征的提取或者改善神经网络的结果使其更为合理。

(二)模糊神经网络模型

神经网络和模糊系统均属于无模型控制器和非线性动力学系统,神经网络适合于处理非结构化信息,而模糊系统对处理结构化的知识更有效。将模糊逻辑与神经网络集成起来构成模糊神经网络,使之能同时具有模糊逻辑和神经网络的优点,既能表示定性知识,又具有强大的自学习能力和数据的直接处理能力。

模糊神经网络模型的基本思想是采用模糊神经元、模糊聚合算子的神经网络。模糊神经元如图 6-15 所示,它是将神经元模型式(6-26)进行推广,使之满足表达式:

$$net = \overset{n-1}{\underset{i=0}{\hat{+}}} (w_i \hat{\bullet} x_i) - \theta \quad \text{及} \quad y = f(net)$$

即以算子$(\hat{+}, \hat{\bullet})$代替算子$(\sum, \bullet)$。算子$(\hat{+}, \hat{\bullet})$称为模糊神经元算子,与模糊评判模型$M(\overset{+}{*}, \overset{\cdot}{*})$含义相近。

模糊 BP 神经网络是常用的模糊神经网络模型。模糊 BP 神经网络和 BP 神经网络一样,本质上也是实现从输入到输出的非线性映射,结构上也是多层前馈网络,在对权值没有约束的情况下,与普通的 BP 神经网络没有区别。

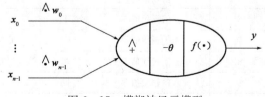

图 6-15　模糊神经元模型

模糊 BP 神经网络诊断模型共有 5 层,如图 6-16 所示,其中第一层为输入层,它的每一个节点代表一个输入变量;第二层是量化输入层,作用是将输入变量模糊化,它是一个可将前提条件中模糊变量的状态转化为其基本状态的网络层,这种转化的依据是定义在前提模糊变量定义域上的模糊子空间,即隶属函数,而这些模糊子空间则与模糊推理前提条件中的基本模糊状态相对应;第三层为 BP 神经网络的隐含层,实现输入变量模糊值到输出变量模糊值的映射,它联系着模糊推理的前提与结论,确切地说是模糊推理的前提变量和结论变量的基本模糊状态转化成确定状态的网络层,其目的是给出确定的输出以便系统执行,这样通过网络学习,就可实现模糊推理模型中的隶属函数的自动调整、确定;第四层为量化输出层,其输出是模糊化数值;第五层是输出层,实现输出的反模糊化。

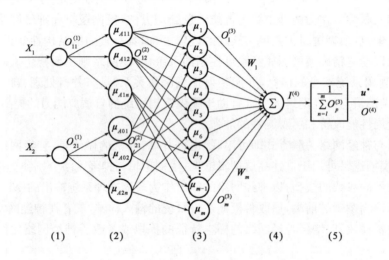

图 6-16　模糊 BP 神经网络诊断模型结构图

(三)模糊神经网络在汽轮发电机组故障诊断中的应用

某厂一台 50MW 汽轮发电机组近年来的 6 次测试数据(对应 6 个样本)如表 6-13 所示,每个样本用 10 个指标表示时域与频域参量。

表 6-13　机组振动信号特征

指标	样本	1	2	3	4	5	6
1	波形偏差	23.45	73.67	99.54	83.70	24.37	154.56
2	方差	194.59	295.32	264.15	156.66	185.94	183.34
3	自相关系数	0.9285	0.9929	0.9951	0.9485	0.9841	0.9627
4	一倍频幅值	251.56	382.41	317.95	172.30	224.79	162.87
5	二倍频幅值	22.87	102.89	96.53	107.56	103.31	148.92
6	三倍频幅值	20.17	25.70	30.31	34.53	29.01	57.86
7	四倍频幅值	5.93	40.74	28.64	26.27	15.75	42.77
8	五倍频幅值	5.70	29.92	10.69	10.68	17.15	11.86
9	六倍频幅值	4.06	32.49	17.20	23.52	13.88	33.15
10	分频幅值	18.45	2.00	4.11	23.60	10.62	10.78

表 6-13 中的"波形偏差"是指时域波形峰峰值的平均值的中点偏离波形均值的大小,它反映轴承刚度不均匀、不同频率分量的相位不同等因素;"分频"是指小于一倍频的频率分量;"自相关系数"是取 $\tau=50T_s$ 后的平均,表示噪声衰减程度或故障周期分量占总能量的比重;各频率分量分别表示失衡、不对中、松动、油膜涡动、刚度不均、非线性等故障原因。

(1)确定输入量化层神经元。模糊神经网络输入层神经元个数与表 6-13 的特征参数个数相同,每一个输入量均对应两个量化输入,如表 6-14 所示,量化输入层的输入量模糊化采用的隶属函数也在表 6-14 列出,结合表 6-13 的数据,计算可得各样本特征变量的隶属度。

表 6-14　样本变量的隶属函数

模糊子集		样本 1	2	3	4	5	6	隶属函数
输入	波形偏差小 x_1	0.90	0.34	0.14	0.25	0.88	0.01	$\exp(-0.002u^2)$
	波形偏差大 x_2	0.10	0.66	0.86	0.75	0.12	0.99	$1-\exp(-0.002u^2)$
	波动方差小 x_3	0.68	0.35	0.45	0.81	0.71	0.72	$(400-u)/300$
	波动方差大 x_4	0.32	0.65	0.55	0.19	0.29	0.28	$(u-100)/300$
	相关性好 x_5	0.29	0.93	0.96	0.49	0.84	0.63	$10u-10$
	相关性差 x_6	0.71	0.07	0.04	0.51	0.16	0.37	$10-10u$
	一倍频幅值小 x_7	0.62	0.27	0.46	0.82	0.69	0.84	$(500-u)/400$
	一倍频幅值大 x_8	0.38	0.71	0.54	0.18	0.31	0.16	$(u-500)/400$
	二倍频幅值小 x_9	0.89	0.49	0.52	0.46	0.48	0.26	$(200-u)/200$
	二倍频幅值大 x_{10}	0.11	0.51	0.48	0.54	0.52	0.74	$u/200$
	三倍频幅值小 x_{11}	0.66	0.57	0.50	0.42	0.52	0.04	$(60-u)/60$
	三倍频幅值大 x_{12}	0.34	0.43	0.50	0.58	0.48	0.96	$u/60$
	四倍频幅值小 x_{13}	0.88	0.18	0.43	0.47	0.69	0.14	$(50-u)/50$
	四倍频幅值大 x_{14}	0.12	0.82	0.57	0.53	0.31	0.86	$u/50$
	五倍频幅值小 x_{15}	0.87	0.34	0.76	0.76	0.62	0.74	$(45-u)/45$
	五倍频幅值大 x_{16}	0.13	0.66	0.24	0.24	0.38	0.26	$u/45$
	六倍频幅值小 x_{17}	0.90	0.19	0.57	0.41	0.65	0.17	$(40-u)/40$
	六倍频幅值大 x_{18}	0.10	0.81	0.43	0.59	0.35	0.87	$u/40$
	分频幅值小 x_{19}	0.39	0.93	0.24	0.21	0.65	0.64	$(30-u)/30$
	分频幅值大 x_{20}	0.61	0.07	0.76	0.79	0.35	0.36	$u/30$
输出	贴近度 y	0.639	0.402	0.451	0.468	0.654	0.343	—

根据机组的运行情况,可知机组处于正常运行情况时,表 6-13 中的各指标值必须小于某一值或等于 0。对应地,对于理想样本,表 6-14 所示的隶属度,奇数序号的隶属度为 1,偶数序号的隶属度为 0。最后计算各状态与理想状态的贴近度,如表 6-14 最后一行所示。该数据可用于衡量各运行状态的优劣情况,也即可作为模糊神经网络的输出。

(2)确定模糊神经网络结构。BP 神经网络隐含层的神经元个数选取 5 个;量化输出层将反映汽轮发电机组的运行状态,即与理想运行状态的欧几里得贴近度的大小,因此 1 个神经元即可。模糊输出层将运行状态分为 3 个级别:良好、正常和不正常,整个网络结构如图 6-17 所示。

(3)训练神经网络。利用表 6-14 中的数据,对图 6-17 虚线框内的 BP 神经网络进行训练,获取相关连接权值和阈值。

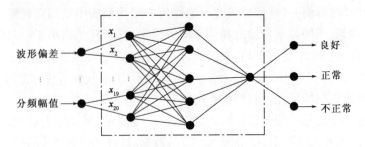

图 6-17　汽轮发电机组状态监测模糊神经网络结构图

（4）诊断输出。利用神经网络的权值、阈值、模糊化函数与反模糊化函数进行故障诊断与推理,得到模糊化输出。设 out_d 为量化输出,out_1 表示模糊输出,则可以采用下面的反模糊化原则:

$$out\_1 = \begin{cases} 良好 & out\_d > 0.6 \\ 正常 & 0.6 \geqslant out\_d \geqslant 0.4 \\ 不正常 & out\_d < 0.4 \end{cases}$$

假设现有待诊断样本｛波形偏差,波动方差,相关性,一倍频幅值,二倍频幅值,三倍频幅值,四倍频幅值,五倍频幅值,六倍频幅值,分频幅值｝＝{48.50,230.64,0.9580,260.75,59.67,40.64,30.12,18.16,20.18,12.78}。

依照表 6-14 的隶属函数对这些数据进行模糊化,得到量化输入

$$\{x_1, \cdots, x_{20}\} = \{0.62, 0.38, 0.56, 0.44, 0.58, 0.40, 0.60, 0.40, 0.70, 0.30,$$
$$0.32, 0.68, 0.40, 0.60, 0.60, 0.40, 0.50, 0.50, 0.57, 0.43\}$$

经神经网络计算,得到量化输出为 0.545。将量化输出清晰化,得到最后的输出结论:汽轮发电机组运行状况正常。

如果计算待诊断样本与正常运行状况的欧几里得贴近度,其结果为 0.533,与模糊神经网络的输出相差无几。

二、专家系统与神经网络集成诊断技术

专家系统和神经网络虽然都是研究和模仿人类思维的科学,但两者的途径根本不同:传统的专家系统依赖于演绎推理,类似于人类的抽象思维;神经网络则采用归纳递推,模仿人类的形象思维。将专家系统技术与神经网络技术结合起来建立神经网络专家系统进行复杂故障诊断,要比它们各自单独使用时更为有力,而且解决问题的方式与人类智能更为接近。专家系统可代表智能的认知性,神经网络可代表智能的感知性,这就形成了神经网络专家系统的特色,既可以发挥各自的优势,又可以由一方为另一方提供支持,有利于提高故障诊断的智能化水平。

(一)专家系统与神经网络的集成方法

目前,神经网络与专家系统的结合大致有两种:以神经网络为中心的专家系统和以专家系统为中心的专家系统。

1. 以神经网络为中心的专家系统

在以神经网络为中心的专家系统中,系统的全部或者主要功能部件由神经网络实现,此类

专家系统的一般结构如图 6-18 所示。其知识获取、知识表示、证实和检验及知识维护,均可由神经网络支持,它是系统的核心。知识通过神经网络学习算法获得,知识库则变成一个连接机制网络。这时专家系统能从两方面来支持神经网络:一方面为神经网络提供所需的部分或全部的预处理;另一方面为神经网络提供解释。知识预处理模块和知识后处理模块主要承担知识表达的规范化及表达方式的转换,它是神经网络模块与外界连接的"接口";系统控制模块用来控制系统的输入/输出以及系统的运行。

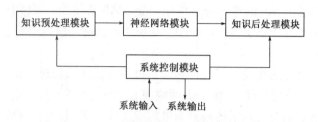

图 6-18　神经网络为中心的专家系统模型结构

以神经网络为中心的专家系统由于主要采用神经网络来构造专家系统,传统专家系统基于符号的推理变成基于数值运算的推理,显著提高了专家系统的执行效率,并解决了专家系统的自学习问题。这种专家系统最显著的优点是它的学习能力,保证了系统对变化环境的自适应性。由于知识库的建立过程实际上变成了网络的训练学习过程,建造系统时不再需要规则性信息,从而大大降低了知识获取的困难。

2. 以专家系统为中心的神经网络型专家系统

这种专家系统的几种基本操作如知识获取、知识表达、推理、证实和检验及知识维护均由神经网络支持,神经网络将作为专家系统知识表示的一种模型,用它表达那些与形象思维有关的知识,用其他知识表示方法表达与逻辑思维有关的知识,即神经网络与其他知识表示模型相结合,共同表达领域专家的知识系统。

在此类专家系统中,由于神经网络模型无法直接接受基于符号的信息,因此需要增加三个新的功能模块:一是神经网络转换模块,用它来完成符号与数值之间转换的任务;二是导入规则,完成输入模式到输入向量的转换;三是导出规则,完成输出向量到解的转换。转换模块的引入极大提高了表达知识的能力,并且有可能在解释机制中实现"基于案例"的解释功能,用"举例说明"去推理解释故障现象。这种专家系统由于加入了神经网络知识处理功能,增强了系统的知识处理能力,部分解决了原来专家系统固有的几个"瓶颈"问题。

(二)专家系统与神经网络集成的应用

专家系统与神经网络集成的神经网络专家系统主要适用于以下场合:

(1)不充分的知识库:没有规则或很难总结规则,或基于规则的方法可能不适合该领域,这时增加一个神经网络作为前端,会起到很好的作用。

(2)容易变化的知识库:规则和事实可能要经常修改,或基于规则的知识可能要演变(这取决于人们在新领域的经验),这时采用神经网络能很好地处理这些变化。

(3)数据密集的系统:含有高速数据输入和需要迅速处理数据的应用场合、带有噪声或容易出错的输入、包含与视觉和语音子系统的交互功能等,都可以用神经网络进行处理。

集成化神经网络专家系统是一类新的知识表达体系,它以连接节点为基础,在微观结构上模拟人类大脑的形象思维,采用分布式信息保持方式,为专家知识的获取、表达和推理提供了一种全新机制。

三、案例推理与神经网络集成故障诊断技术

神经网络(ANN)与案例(CBR)集成故障诊断模型的核心思想是:根据案例的属性特征,将一个大型的案例库划分为多个子案例库,并且每个子案例库对应一种"体制用途"(案例索引),案例索引的建立由 ANN 的输出分类结果决定。ANN 作为 CBR 的前序模块,对输入的故障信息通过学习训练赋予索引,从而可在 CBR 模块中具有相应索引的子案例库中索引相似的案例集。

系统的工作方式可分为建模学习过程和诊断过程。在对系统进行诊断建模时,首先将诊断训练数据输入 ANN 模型,训练出预分类网络模型,同时将训练数据组成案例,形成案例库文件。然后利用训练好的分类网络的输出结果对案例建立索引,这样将原案例库划分为若干个子案例库。诊断时,先将测试数据输入分类网络,根据网络的输出,在相应的子案例库中寻找相似案例集,最后对得到的案例集参照神经网络的输出进行评价修正,得到最终的诊断结果。对于有价值的新案例,可将其存储在案例库中,这个过程实现了系统的自学习。

目前,已经研究开发了多种在 CBR 系统中应用神经网络的方法,涉及在 CBR 系统推理的各个过程中集成应用神经网络组件。理论上在基于符号描述模型的 CBR 系统中,可以利用神经网络来提取规则;而在基于定量描述模型的 CBR 系统中,由于系统更具有柔性,很多数学的以及最优化技术可以用于案例相似性尺度与案例适配标准的定义与分析,可以在 CBR 系统中使用更多的神经网络技术。

第五节　信息融合智能故障诊断策略

一、多传感器信息系统的功能与结构模型

(一)信息融合的定义

信息融合的概念始于 20 世纪 70 年代初期,来源于军事领域的 C³I(Command, Control, Communication, and Intelligence)系统的需要。之后,多传感器信息融合技术获得了普遍的关注和广泛的应用,融合(fusion)一词几乎无限制地用在众多应用领域。除重点应用于军事领域的各种指挥、控制、通信和情报任务,如目标自动识别、多基地雷达警戒跟踪网、无人驾驶飞机、战场事态分析及威胁评估等外,信息融合技术还广泛应用于导航系统、机器人和智能仪器系统、遥测遥感、图像分析与理解、多源图像复合、自动化生产、机械故障诊断等非军事领域。因此,对于信息融合这样一个具有广泛应用领域的概念,很难给出一个统一的定义。

在军事领域,信息融合定义为一个处理检测、互联、相关、估计以及组合多源信息和数据的多层次、多方面过程,以达到准确的状态估计和身份识别、完整而及时的战场态势和威胁估计。这一定义强调信息融合的三个核心方面:第一,信息融合是在多个层次上完成对多源信息处理的过程,其中每一个层次都表示不同级别的信息抽象;第二,信息融合包括检测、互联、相关、估

计以及信息组合；第三，信息融合的结果包括较低层次上的状态和身份估计，以及较高层次上的整体战术态势估计。

针对一个系统中使用多个和/或多类传感器这一特定问题的信息处理技术，根据国内外研究成果，信息融合可定义为：利用计算机技术对按时序获得的若干传感器的观测信息在一定准则下加以自动分析、处理与综合，以完成所需的决策和估计任务所进行的信息处理过程。按照这一定义，多传感器系统是信息融合的硬件基础，多源信息融合的加工对象、协调优化和综合处理是信息融合的核心。

综合考虑上述两个定义，机械系统故障诊断的多传感器信息融合方法定义为：用多传感器从多方面探测系统的多种物理量，利用计算机技术对监测系统运行状态的多传感器信源的信息，在一定准则下进行分析、关联与综合、状态估计和判决等多级处理，准确并及时地判断出机械系统的运行状态。

在综合处理复杂诊断问题的信息融合系统中，各种传感器的信息可能具有不同的特征：实时的或非实时的，快变的或慢变的，模糊的或确定的，相互支持或互补，也可能相互矛盾或竞争。多传感器信息融合的基本原理是信息综合处理，充分利用多个传感器资源，通过对这些传感器及其检测信息的合理支配和使用，把多个传感器在空间或时间上的冗余或互补信息依据某种准则来进行组合，以获得被检测对象的一致性解释或描述。

由于习惯上的原因，很多文献中用信息融合（information fusion），也有相当数量的文献用数据融合（data fusion），也有的用传感器融合（sensor fusion）。实际上它们是有一定区别的，普遍的看法是：传感器融合包含的内容比较具体和狭窄；对于信息融合和数据融合，一些学者认为数据融合包含了信息融合，有些学者认为信息融合包含了数据融合，而更多的学者把两者同等看待，认为在不影响应用的前提下，两种提法都是可以的，故本书将不加区分地使用信息融合和数据融合这两个术语。

(二)信息融合的特点

单传感器信号处理或低层次传感器数据处理都是对人脑信息处理的一种低水平模仿，它们不能像多传感器信息融合系统那样有效地利用多传感器资源。多传感器信息融合系统可以得到各个传感器所不能得到的信息，从而可以最大限度地获得有关被测对象和状态的信息量。多传感器信息融合与经典信号处理方法之间存在本质的区别，其关键在于信息融合所处理的多传感器信息具有更为复杂的形式，而且可以在不同的信息层次上出现。与单一传感器系统相比，多传感器信息融合系统具有许多优点，可综合如下：

（1）系统具有良好的鲁棒性。多传感器信息融合系统采取数据融合技术，减小了因环境突然变化对系统性能的影响，对环境的变化有很强的适应性。

（2）扩展系统的时空覆盖能力。多传感器在时间、空间的交叠，扩展了时间、空间覆盖范围，这是任何同类单一传感器所达不到的。

（3）减小系统的信息模糊程度。多传感器信息融合系统采用多传感器的信息进行检测、判断、推理等运算，降低了事件的不确定性。

（4）提高了信息的可信度。多传感器互相配合，大量信息的融合与综合使系统具有内在的冗余度，降低了系统故障率，从而使系统信息具有更高的精度和可靠性。

（5）提高了信息的容错能力。多个传感器所采集的信息具有冗余性，当系统中一个甚至几个传感器出现故障时，尽管某些信息量减少了，但仍可由其他传感器获得有关信息，使系统继续运行,故信息融合处理无疑会使系统在利用这些信息时具有很好的容错性能。

(6) 增加了目标特征矢量的维数。各个传感器性能相互补充,增大了特征空间维数,能获得单个传感器无法感知的特征信息,可显著提高系统的性能。

(7) 减少了获得信息的代价。和传统的单一传感器系统相比,多传感器信息融合系统在相同的时间内能获得更多的信息,即获得等量信息费用更低。

(8) 减少了信息获取的时间。多传感器处理并行进行,各单一传感器可以相对简化处理步骤,故能以更少的时间获得所需的系统信息。

(9) 提高了整个系统的性能。国内外对多传感器信息集成与融合技术的研究,已从理论上证明通过多传感器信息集成与融合获得对环境或目标状态的最优估计,一定不会使整个系统的性能下降,即多传感器信息融合性能不会低于单传感器的性能,并且准严格地证明了使用多传感器一般总能提高系统的性能,增强系统的稳定性。

综上所述,多传感器信息融合技术的优点突出地表现在信息的冗余性、信息的容错性、信息的互补性、信息的实时性和信息的低成本性。

(三)信息融合的通用结构模型

由于应用领域不同,信息融合模型可能有些区别。美国国防部实验联合指导委员会数据融合小组给出了一个数据融合在军事领域应用的通用模型。该功能模型开始分为三级,后来发展成四级,如图 6 - 19 所示。

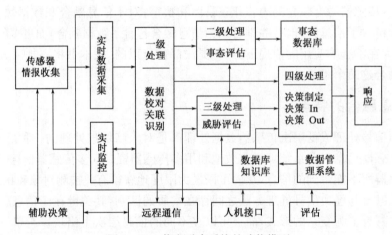

图 6 - 19　信息融合系统的功能模型

第一级处理包括数据和图像的配准、关联、跟踪和识别。数据配准是从各个传感器接收的数据或图像在时间和空间上进行校准,使它们有相同的时间基准、平台和坐标系。数据关联是把各个传感器送来的点迹与数据库中的各个航迹相关联,同时对目标位置进行预测,保持对目标进行连续跟踪,关联不上的那些点迹可能是新的点迹,也可能是虚警。识别主要指身份或属性识别,给出目标的特征,以便进行态势和威胁评估。

所采用的网络结构不同,所对应的信息处理方法也有所不同。对分布式融合系统,所处理的对象是各个传感器送来的航迹,首先要对它们进行关联,以保证不同传感器对同一目标观测的航迹得到合并。

第二级处理包括态势提取、态势分析和态势预测,统称为态势评估。态势提取是从大量不完全的数据集合中构造出态势的一般表示,为前级处理提供连贯的说明。静态态势包括敌我双方兵力、兵器、后勤支援对比及综合战斗力评估;而动态态势包括意图估计、遭遇点估计、致命点估计等。

第三级处理即威胁评估,是关于敌方兵力对我方杀伤能力及威胁程度的评估,具体地说,包括综合环境的判断、威胁等级判断及辅助决策。

第四级处理也称为优化融合处理,包括优化利用资源、优化传感器管理和优化武器控制,通过反馈自适应,提高融合的效果。也有人把辅助决策作为第四级处理。

主要用于军事领域的态势评估、威胁评估,属于高层的信息融合模式,其目的是根据获取的信息进行事件预测,必要时发出威胁警告。如果用于非军事领域,则可以用态势评估来描述环境中各物体之间、物体与环境之间的关系。在目标状态估计方面,研究人员提出了通用处理结构概念。

(四)机械故障诊断信息融合层次化模型

多传感器信息集成与融合的目的是将系统中若干个相同类型或不同类型的传感器所提供的相同形式或不同形式、同时刻或不同时刻的测量信息加以分析、处理与综合,得到对被测对象全面、一致的估计。多传感器信息融合的一般模式如图 6-20 所示。不同时刻、不同形式及不同层次的各个传感器融合有不同的融合方式,对于具体的融合系统而言,它所接受的信息可以是单一层次上的信息,也可以是几种层次上的信息。融合的基本策略就是先对同一层次上的信息进行融合,从而获得更高层次的融合信息,然后再汇入相应的信息融合层次。传感器各层次的信息逐次在各融合节点(即融合中心)合成;各融合节点的融合信息和融合结果,也可以交互的方式通过系统进入其他融合节点,从而参与其他融合节点的融合。因此总的来说,信息融合本质上是一个由低(层)至高(层)对多源信息进行整合、逐层抽象的信息处理过程。

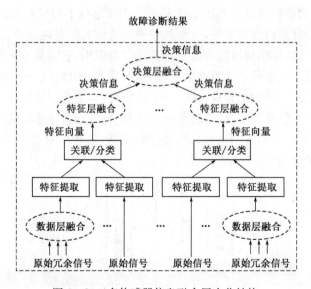

图 6-20 多传感器信息融合层次化结构

由图 6-20 的模型可见,系统的信息融合相对于信息表征的层次可以分为三类:数据层融合、特征层融合和决策层融合,但这并不意味着每个融合系统必须包括这三个信息层次上的融合,它们仅仅是融合的一种分类方式。无论是单层融合还是多层融合,多传感器信息融合系统都必须具有以下的主要功能模块:

(1)传感器信息的协调管理:用于将多传感器信息统一在一个共同的时空参考系,把同一层次的各类信息转化成同一表达形式,即实现数据配准;然后把各传感器对相同目标或状态的观测信息进行关联,一般称为信息关联。

(2)多传感器信息的优化合成:依据一定的优化准则,在各不同的层次上合成多源信息。

(3)多传感器协调管理:包括传感器的有效性确定、传感器的任务分配和排序、传感器工作模式和监测对象的控制等功能。

多传感器信息融合一方面强调对传感器信息的优化合成,另一方面也十分重视对传感器的优化管理,以便获得所监测对象的最大信息,从而达到对传感器资源的最佳利用和总体上的系统最优性能。

一般说来,大多数的融合问题都是针对同一层次上的信息形式来开展研究的,因此,本章根据融合系统所处理的信息层次,对各种信息融合方法进行概要的分类描述:

(1)数据层融合。数据层融合(对图像处理来说为像素级融合)方式见图6-21。在这种方法中,匹配的传感器数据直接融合,而后对融合的数据进行特征提取和状态(属性)说明。实现数据层融合的传感器必须是相同的或匹配的,在原始数据上实现关联,保证了同一目标或状态的数据进行融合,传感器的原始数据融合后,识别的处理等价于对单传感器信息的处理。数据层融合所达到的精度依赖于可得到的物理模型的精度。

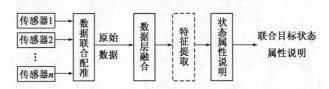

图6-21　数据层信息融合

最简单、最直观的数据层融合方法是算术平均法和加权平均法。加权平均法是将由一组传感器提供的冗余信息进行加权平均,并将加权平均值作为信息融合值。

(2)特征层融合。特征层属性融合就是特征层联合识别,它实际上是模式识别问题。多传感器系统为识别提供了比单传感器更多的有关目标(状态)的特征信息,增大了特征空间维数。具体的融合方法仍是模式识别的相应技术,只是在融合前,融合系统首先对传感器数据进行预处理以完成特征提取及数据配准,即通过传感器信息变换,把各传感器输入数据变换成统一的数据表达形式(即具有相同的数据结构),在数据配准后,还必须对特征进行关联处理,把特征矢量分成有意义的组合,如图6-22所示。

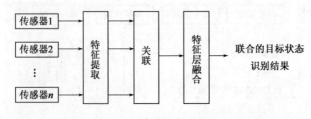

图6-22　特征层融合

对目标(状态)进行的融合识别,就是基于关联后的联合特征矢量,具体实现技术包括参量模板法、特征压缩和聚类分析、神经网络及基于知识的技术等。

(3)决策层融合。图6-23说明了决策层融合的基本概念。不同类型的传感器监测同一个目标或状态,每个传感器各自完成变换和处理,其中包括预处理、特征提取、识别或判决,以建立对所监测目标或状态的初步结论。而后通过关联处理、决策层融合判决,最终获得联合推断结果。

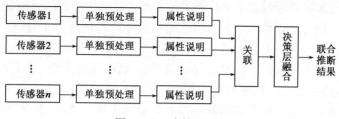

图 6-23　决策层融合

决策层融合输出是一个联合决策结果,在理论上这个联合决策应比任何单传感器决策更精确或更明确。决策层融合所采用的主要方法有 Bayesian 推断、Dempster - Shafer 证据理论、模糊集理论、专家系统等。

(4)融合层次的比较。如上所述,多传感器信息融合从层次上看分为数据层融合、特征层融合和决策层融合。

数据层融合是最低层的融合,是在对传感器原始信息未经或经过很小的处理的基础上进行的,其优点是预处理工作很少,且能够提供其他两种层次的融合所不具有的细节信息,由于没有信息损失,它具有较高的融合性能,但也具有下述几方面的局限性:

①对数据传输带宽、数据之间的配准精度要求很高,故要求各传感器信息来自同质传感器;

②由于传感器信息稳定性差,不确定和不完全情况严重,特别是在目标检测与分类时,故在融合时要求有较高的纠错处理;

③由于其通信量较大,故抗干扰能力较差;

④所要处理的数据量大,对计算机的容量和速度要求较高,所需处理时间长,实时性差。

决策层融合是最高层次的融合方式,其优缺点正好与数据层融合相反:

①它的传感器可以是异质传感器;

②系统对信息传输带宽要求较低,能有效地融合反映目标(状态)各个侧面的不同类型信息,可以处理非同步信息;

③其预处理代价较高,而融合中心处理代价小;

④整个系统的通信量小,抗干扰能力强;

⑤容错性强,即当某个和某些传感器出现错误时,系统经过适当融合处理,仍能得到正确结果,决策层融合能把某个或某些传感器出现错误的影响降到最低限度;

⑥对计算机性能要求较低,运算量小,实时性强;

⑦决策层融合的缺点主要是信息损失大,性能相对较差。

特征层融合是上述两种融合的折中形式,兼容了两者的优缺点。在融合的三个层次中,特征层融合无论在理论上还是在应用上都逐渐趋于成熟,形成了一套针对问题的具体解决方法。

就信息融合的精度而言,接近于信源的信息融合,具有较高的精度,也就是说,数据层融合的精度要高于特征层融合的精度,而特征层融合的精度要高于决策层融合的精度。此外,一个系统采用哪个层次上的信息融合方法,与所利用的传感器的类型、传感器所进行的预处理及系统的实现有关。

二、信息融合的实现技术概述

信息融合技术涉及检测技术、信号处理、通信、模式识别、决策论、不确定性理论、估计理论、最优化理论等众多学科领域。在多传感器信息融合过程中,信息处理过程的基本功能包括相关、估计和识别。相关处理要求对多源信息的相关性进行定量分析,按照一定的判据原则,将信息分成不同的集合,每个集合中的信息都与同一源(目标或事件)关联,其处理的方法通常有最近邻法则、最大似然法、最优差别法、统计关联法、聚类分析法等。估计处理是通过对各种已知信息的综合处理来实现对待测参数及目标状态的估计,其处理方法通常有最小二乘法、最大似然法、卡尔曼滤波等。识别技术包括物理模型识别技术、参数分类识别技术和认识模型识别技术,其中比较成熟的方法有贝叶斯法、模板法、表决法、证据推理法、模糊识别法、神经网络及专家系统等。

(一)加权平均融合算法

加权平均是一种最简单和直观的方法,即将多个传感器提供的冗余信息进行加权平均后作为融合值。该方法能实时处理动态的原始传感器数据,但调整和设定权值系数的工作量很大,且具有一定的主观性。对加权平均法的改进,可以采用模糊贴近方法;还有的将多传感器对某一状态的测量结果分组,针对每组测量变量的算术平均值,依据极大似然原理,提出了多传感器分组加权融合算法。通过对各组传感器测量值的方差进行估计,从而对每组传感器测量平均值的权值进行合理的分配,解决了在传感器和环境干扰未知情况下,加权融合算法中权系数如何确定的问题。

(二)卡尔曼滤波

卡尔曼滤波用于实时融合动态的低层次冗余传感器数据,它是一种线性递推的滤波算法,根据早先估计和最新观测,用测量模型的统计特性递推地决定统计意义下的最优融合数据估计。如果系统具有线性动力学模型,且系统噪声和传感器噪声是高斯分布的白噪声模型,卡尔曼滤波为融合数据提供唯一的统计意义下的最优融合数据估计,适应于处理包含干扰的随机信号,它的递推特性使系统数据处理不需要大量数据存储和计算。

确切地说,卡尔曼滤波应称为最优估计理论,此处所谓的滤波与常规滤波具有完全不同的概念和含义。利用卡尔曼滤波可将车辆的 GPS(全球定位系统)信息与 DR(车辆航位推算导航系统)信息进行融合,解决卫星信号丢失和航位推算误差随时间累积的问题。卡尔曼滤波也常将 GPS 和 INS(惯性导航系统)的信息进行融合,提高定位精度。卡尔曼滤波在机器人定位、车辆和舰船等定位方面应用得很广泛。

(三)聚类分析法

聚类分析法是根据事先给定的相似准则,按照目标间相似性把目标空间划分为若干子集,划分的结果应使表示聚类质量的准则函数为最大。当用距离来表示目标间的相似性时,其结果将判别空间划分若干区域,每一区域相当于一个类别。常用的距离函数有明氏(Minkowski)距离、欧式(Eudidean)距离、曼氏(Manhattan)距离、类块距离等。判别聚类优劣的聚类准则,一种是凭经验,根据分类问题选择一种准则;另一种是确定一个函数,当函数取最佳值时认为是最佳分类。

聚类分析法有很大的主观倾向性,因此在使用聚类分析法时应对其有效性和可重复性进行分析,以形成有意义的属性聚类结果。

(四)表决法

表决法类似于生活中的民主选举,每一传感器提供一个对目标对象的输入说明,融合节点对这些说明进行检查。若超过阈值个数的传感器"同意"某个说明,判决结果即为此说明。表决法处理简洁,特别适合于实时融合,当然融合误差也较大。为了提高表决法精度,可引入加权方法、门限技术以及其他方法。

(五)模糊集理论

模糊集理论将传感器信息处理与融合过程中的不确定性直接表示在推理过程中,是一种不确定推理过程。此方法首先对多传感器的输出模糊化,将所测得的物理量进行分级,用相应的模糊子集表示,并确定这些模糊子集的隶属函数,每个传感器的输出对应一个隶属函数;然后通过一种融合算法将这些隶属函数进行综合处理;最后将结果清晰化,求出非模糊的融合值。模糊集理论在信息融合的应用中主要是对估计过程的模糊拓展,综合利用多传感器的信息来获得有关目标的知识,既可避免单一传感器的局限性,减少不确定性误差的影响,又可解决信息或决策冲突问题。模糊集理论应用于传感器信息融合、专家意见综合以及数据库融合,特别是在信息很少又只是定性信息的情况下效果较好。

(六)神经网络

神经网络信息融合故障诊断的基本思想是通过信息的有效组合,用神经网络从不同的角度诊断故障,充分利用各类信息,最大限度地提高故障确诊率。在神经网络中,信息融合有两种实现方式:

(1)单网络直接实现。这种融合方式是单个神经网络基于特征信号而形成的诊断输出,神经网络的输入为不同类型的信号或同一信号形成的不同特征参数,通过神经网络的学习、训练、融合和决策,最终给出诊断结果。

此方法可分为3个重要步骤:①根据系统要求和融合方式来选择神经网络的拓扑结构;②将各传感器的输入信息综合为一个输入函数,并映射定义为相关单元的映射函数,通过神经网络与环境的交互作用将环境的统计规律反映在网络本身的结果中;③对传感器的输出信息进行学习、理解,并确定权值的分配,完成知识获取和信息融合,进而对输入模式作出解释,将输入数据向量转化成高层逻辑(符号)概念。

(2)不同子网络综合决策实现。神经网络由多个子网络组成,各个子网络分别完成对应各自的故障诊断任务,融合方式是对各不同子网络的输出通过综合决策得到诊断结果,各不同子网络间的融合起到了会诊作用,此是一种基于决策的全局性融合。每个子网络由于输入信息特征来自不同传感器,其输出就从不同方面反映了设备或系统的状态,对它们重新进行融合,有利于减少决策时的不确定性,提高故障确诊率。

为了获取概率、可能性或证据分布数据决策结果,通常可将神经网络技术与其他理论技术结合使用,比如将其和证据推理相结合,构造快速神经网络决策融合,可较好地综合各子网络的输出而获得决策诊断结果。

(七)Bayes 估计法

Bayes 估计是 Durrant‐Whyte 提出的一种数理统计多传感器信息融合方法。该方法将系统中的各传感器作为一个决策者队列，通过队列的一致性观察来描述目标，即将每个传感器当作一个 Bayes 估计器，将每个传感器信息对目标的关联概率分布组合为一个联合的后验概率分布函数，然后使这个联合后验概率分布的似然函数达到最大，提供多传感器信息的最终融合值。

Bayes 综合诊断与预测是基于 Bayes 统计推断原理的信息融合方法，也是综合诊断与预测的基本方法。由于 Bayes 理论不仅承认和利用已有的知识，而且能利用新信息修改并丰富已有的知识，因此它是一个很好的信息融合与更新的理论方法。

(八)Dempster‐Shafer 证据推理方法

证据理论是由 Dempster 于 1967 年提出的，后由 Shafer 于 1976 年出版的《A Mathematical Theory of Evidence》专著所发展。Dempster‐Shafer 证据理论针对事件发生后的结果（证据集合）探求事件发生的主要原因（命题），分别通过各证据对所有的命题进行独立判断，得到各证据下各种命题的基本概率分配即 mass 函数。mass 函数是人们主观或凭经验给出的，也可以结合其他方法如神经网络方法得到相对客观的 mass 函数值，然后对某命题在各证据下的判断信息进行融合，进而形成"综合"证据下该命题发生的融合概率。概率最大的命题即为判决结果。

证据理论是 Bayes 理论的扩展，它满足更弱的公理系统。证据理论采用信任度而不是概率表示不确定性，能区分"不知道"和"不确定"，同时也不需要先验概率和条件概率，并且证据理论可以实现对证据的组合，而主观 Bayes 方法则不能。证据推理建立了命题和集合之间的一一对应关系，把命题的不确定性问题转化为集合的不确定问题，而证据理论处理的正是集合的不确定性。其在不确定性的表示、量度和组合方面的优势受到大家的重视，从而使其在信息融合中得到了广泛应用。但是，证据理论在推理链较长时，合成公式使用很不方便，而且它需要各证据之间是彼此独立的，实际上有时难以满足要求。随着推理过程的增加，识别框架变得很复杂，且计算量也大大增加。此外，合成规则的组合灵敏度高，即基本概率赋值的一个很小变化都可以导致结果发生很大变化。

(九)黑板模型专家系统

专家系统是多种多样的，对于多传感器信息融合系统，采用黑板模型来构成互相协作的多信息融合专家系统。黑板模型是专家系统中问题求解的一种组织形式，求解过程是通过一个子目标和子目标的层次结构或树来引导和控制，可以对全空间的多源、异类、实时等大量信息进行处理，它以黑板为中心适时激活知识源进行渐进式问题求解，在此框架下，一个动态问题分解成许多方面，每个专家在其特定领域提供解决问题的方法，并利用黑板交流如何利用它们的专家经验解决问题，在执行过程中可动态地修改黑板上的数据。

除了上述几种常用的方法之外，目前已有大量的融合方法，它们都有各自的优缺点，其中在故障诊断信息融合领域常用的方法有概率论、证据理论推理、模糊理论、神经网络和专家系统方法等。由于模糊理论、神经网络和专家系统等智能方法原理已经详细描述，所以以下章节仅对前述章节未提及的 Bayes 估计法、证据理论及黑板模型等融合方法作简要阐述。

三、基于 Bayes 理论的故障决策信息融合方法

故障诊断本质上就是故障征兆与故障原因之间的因果推理过程,这与 Bayes 融合模型的因果推理是一致的。Bayes 推理用在多传感器信息融合时,提供了一种简便的方法来计算在一定证据下命题成立的可能性。首先将多传感器提供的各种不确定性信息表示为概率。将相互独立的决策看作一个样本空间的划分,使用贝叶斯条件概率公式对它们进行处理,最后系统的决策可用某些规则给出,如取最大后验概率的决策作为系统的最终决策。

(一)Bayes 公式

设 Ω 是一个基本事件集合,P 为 Ω 上的概率测度,w 是 Ω 上的一个假设随机变量,由随机变量就可以确定事件。

假设有一个 N 类问题 $w_j(j=1,2,\cdots,N)$,若每类的先验概率为 $P(w_j)$,对于证据随机矢量 $\boldsymbol{X}$,其每类的条件概率为 $P(\boldsymbol{X}/w_j)$,根据 Bayes 公式

$$P(w_j/\boldsymbol{X}) = \frac{P(\boldsymbol{X}/w_j)P(w_j)}{\sum\limits_{i=1}^{N} P(\boldsymbol{X}/w_j)P(w_j)} = \frac{P(\boldsymbol{X}/w_j)P(w_j)}{P(\boldsymbol{X})} \tag{6-59}$$

得到后验概率 $P(w_j/\boldsymbol{X})$。

从式(6-59)不难看出,Bayes 理论实质上是一种利用二次信息修正和改进原有概率分布的信息融合方法。式(6-59)同时也说明,若要知道系统各状态的综合概率,需要三个方面的信息。

(1)先验概率 $P(w_j)$ 的估计。先验(基本)概率 $P(w_j)$ 是对系统状态的初步和基本估计,是在综合诊断与预测之前用某种方法在现场分析的结果,基本上反映了系统的情况。这个概率值可以直接从算法中获取,如从专家系统诊断结论的概率分布和模糊诊断的隶属度等当中获取。

(2)似然概率 $P(\boldsymbol{X}/w_j)$ 的估计。似然概率是系统的可能的故障状态 w_j 条件下出现证据 $\boldsymbol{X}$ 的条件概率,大致反映了不同诊断与预测方法和途径的准确性和可靠性,表示系统在故障状态 w_j 下特征证据 $\boldsymbol{X}$ 出现的可能性。一般来说,它与系统诊断与预测结果的置信程度或隶属程度成正比。在综合诊断与预测时,它可以从大量的经证实的故障诊断与预测的结果中统计出来。

(3)证据 $\boldsymbol{X}$ 信息的估计。在故障诊断与预测中,证据 $\boldsymbol{X}$ 信息往往是多方面的,系统的综合诊断与预测主要依据于这些不同的证据。由于不同的途径和方法可能获得相互矛盾的证据信息,因此,需要对证据进行处理和整合,以确定系统的真实状态。

(二)多证据 Bayes 融合推理

设证据随机矢量 $\boldsymbol{X}(x_1,x_2,\cdots,x_D)$ 是多证据系统,且其各分量相互独立,即 $x_i \bigcap x_j = \varnothing$,则 $P(\boldsymbol{X}/w_j)=\prod\limits_{i=1}^{D} p(x_i/w_j)$,代入式(6-59)得

$$P(w_j/\boldsymbol{X}) = \frac{\prod\limits_{i=1}^{D} P(x_i/w_j)P(w_j)}{\sum\limits_{i=1}^{N} \prod\limits_{k=1}^{D} P(x_k/w_i)P(w_i)} \tag{6-60}$$

式(6-60)把一个多维的决策问题转化成各个分量的条件概率和先验概率的结合。进一步,因为 $P(x_i/w_j) = \dfrac{P(w_j/x_i)P(x_i)}{P(w_j)}$,代入式(6-60)得

$$P(w_j/\boldsymbol{X}) = \frac{\prod\limits_{i=1}^{D} P(w_j/x_i)}{P(w_j)^{D-1}} \qquad (6-61)$$

式(6-61)把各分量的后验概率化成总的后验概率,即把各分量的决策结果融合成总决策结果。这是一个典型的决策层融合方法。

Bayes 决策规则为:若对于 $\boldsymbol{X}_0 \subset \boldsymbol{X}$

$$P(w_{j0}/\boldsymbol{X}_0) = \max\{P(w_j/\boldsymbol{X})\} \qquad (6-62)$$

则认为 w_{j0} 在证据 $\boldsymbol{X}_0$ 条件下被确认。

上述诸式中,先验概率是前提 Ω 的不确定性测度,是推理的已知条件;条件概率是规则的不确定性测度,两者均是基于人的经验给出,得到的结果是给定模式类属于 w_j 的后验条件概率,这实际上是把概率测度看成不确定性测度,是直接用概率方法解决不确定性推理问题。

Bayes 推理方法是融合静态环境中多传感器低层数据的一种常用方法。其在利用样本提供的信息时充分利用了先验的信息,信息的不确定性描述为概率分布,它以先验分布为出发点,克服了古典统计中精度和信度是事先确定而不依赖于证据的不合理性。Bayes 融合推理方法的优点是简洁、易于处理相关事件,但是也存在几个问题:其一是独立性的要求,即类别属性是互斥的。其二是要求已知先验概率,如果没有先验知识,则难以给出先验概率,或给出不合理的值。例如,若对假设没有先验知识,则会取先验概率为等概率。这种选择往往是不合理的。当假定的先验概率与实际相矛盾时,推理结果很差,特别是在处理多假设和多条件问题时显得相当复杂。其三,概率测度若代表可信度,则无法反映已知程度,一个数值无法表示两种不同的不确定性,因此,实际系统不易区分"不确定"和"不知道"。

(三)应用案例

某隧道全断面掘进机(TBM)的掘进断面直径达 11m,其转动的掘进刀盘是由一个直径近 9m 的大型滚柱轴承(主轴承)支承,该轴承在工作过程中主要承担刀盘挤压和切割岩石的巨大反作用力,工作条件十分恶劣。为了有效地监测轴承滚道的磨损、点蚀、裂纹等故障,在 TBM 的主轴承上对称安装了一套 24 个电涡流传感器的监测系统,另外还配备一套工业内窥镜。

该装备投入运行一年多后,发现了异常情况。在一次常规检查中,通过内窥镜观察发现,轴承滚道的部分区域颜色变黑变暗。但监测系统没有发现明显的问题,各通道监测波形在正常范围之内,基本上可以认定是正常的。主轴承的润滑油样光谱和铁谱分析,发现油样中铜、铁、钙和有机物浓度和成分高出标准油样的数百倍,油样中存在明显的铜片和纤维组织,所以认为轴承存在严重磨损故障,但也存在一些疑问,润滑油中的纤维组织是哪里来的? 经专家会诊,认为纤维组织和铜片是来自于安装不当的电涡流传感器,因为只有传感器上才有这些成分。经过专家论证得到诊断结论:主轴承工作符合设计要求,磨损基本正常,不存在严重隐患;部分传感器安装存在问题,埋入过深;主轴承滚道磨损偏大,已经磨损到深埋的传感器突出部分。

利用 Bayes 融合诊断方法,对轴承监测数据和专家经验知识再进行融合分析。假设可能

的故障有 4 种:磨损 w_1、点蚀 w_2、裂纹 w_3、传感器磨损(或称其他)w_4。根据内窥镜和光谱、铁谱分析的结果,并考虑专家意见,对 4 种故障发生概率估计分别是:$P(w_1)=0.70$,$P(w_2)=0.10$,$P(w_3)=0$,$P(w_4)=0.20$。

由于对于 Bayes 融合推理中的条件概率的确定不易把握与理解,所以利用两个新概念——充分似然率和必然似然率对 Bayes 融合推理公式(6-60)进行改造。

充分似然率定义为设备处于状态 w 和状态 $\bar{w}$ 下出现证据 $\boldsymbol{X}$ 的条件概率之比:

$$LS = \frac{P(\boldsymbol{X}/w)}{P(\boldsymbol{X}/\bar{w})} \tag{6-63}$$

必然似然率定义为设备处于状态 w 和状态 $\bar{w}$ 下未出现证据 $\bar{\boldsymbol{X}}$ 的条件概率之比:

$$LN = \frac{P(\bar{\boldsymbol{X}}/w)}{P(\bar{\boldsymbol{X}}/\bar{w})} \tag{6-64}$$

由式(6-60)、式(6-63)和式(6-64),整理获得 Bayes 融合推理的变形式:

$$P(w/\boldsymbol{X}) = \frac{L \cdot P(w)}{(L-1) \cdot P(w) + 1} \tag{6-65}$$

在上述证据的条件下,专家对 4 种故障主观估计的为充分似然率和必然似然率分别为

$$LS_1 = 0.8, LN_1 = 1.07; LS_2 = 1, LN_2 = 1; LS_3 = 1, LN_3 = 1; LS_4 = 2.5, LN_4 = 0.26$$

因此,由式(6-65)可得

$$P(w_1/X) = \frac{LS_1 \cdot P(w_1)}{(LS_1 - 1) \cdot P(w_1) + 1} = \frac{0.8 \times 0.7}{1 - 0.2 \times 0.7} = 0.65$$

$$P(w_1/\bar{X}) = \frac{LN_1 \cdot P(w)}{(LN_1 - 1) \cdot P(w) + 1} = \frac{1.07 \times 0.7}{0.07 \times 0.7 + 1} = 0.71$$

同理,得
$$P(w_2/\boldsymbol{X}) = 0.1, P(w_2/\bar{\boldsymbol{X}}) = 0.1$$

$$P(w_3/\boldsymbol{X}) = 0.0, P(w_3/\bar{\boldsymbol{X}}) = 0.0$$

$$P(w_4/\boldsymbol{X}) = 0.38, P(w_4/\bar{\boldsymbol{X}}) = 0.06$$

Bayes 融合诊断结果主要为轴承磨损,并兼有传感器故障。检修结果表明:由于坚硬的岩石粉、水等混入滚道中,轴承磨损十分严重,同时发现一个传感器座损坏,这与诊断结果完全相符。

四、基于 Dempster - Shafer 证据理论的决策层信息融合方法

(一)证据理论的若干基本概念

Dempster - Shafer 证据理论中最基本的概念是(论域)识别框架(frame of discernment),记为 Θ。Θ 表示变元 q 所有可能值的集合,即机械系统运行中发生可能故障的总集;如果集合 A 是 Θ 的一个子集,即 $A \subseteq \Theta$,则命题可以写成"q 的值在 A 中",或"q 在 A 中"。该命题就与 A 对应,各命题都用 Θ 的子集表示,Θ 的幂集(2^Θ)构成了命题集合 $\Omega(\Theta)$,若假设

$$\Theta = \{a, b, c\}$$

则有 2^Θ 个子集

$$\Omega(\Theta) = \{\phi, (a), (b), (c), (a,b), (a,c), (b,c), (a,b,c)\}$$

可以看成为所有可能命题的集合。

【定义 6.1】 基本概率分配(basic probability assignment)(或称为 mass 函数)$m: 2^\Theta \rightarrow [0,1]$ 是满足下述两个条件的映射:

(1)不可能事件的基本概率分配为 0,即 $m(\varnothing) = 0$;

(2)2^Θ 中全部焦点元素的基本概率分配之和为 1,即 $\sum\limits_{A \subseteq 2^\Theta} m(A) = 1$。

【定义 6.2】 焦点元素(focal element)与核(core):如果对子集 $A \subseteq \Theta$ 有 $m(A) \neq 0$,则 A 称为在 Θ 上 mass 函数的焦点元素;一个 mass 函数的所有焦点元素的并集称为它的核 C,即 $C = \bigcup_{m(A) \neq 0} A$。

【定义 6.3】 信任测度(belief measure):设 $\forall A \subseteq \Theta$,则由

$$Bel(A) = \sum_{D \subseteq A} m(D) \tag{6-66}$$

定义的函数 $Bel: 2^\Theta \rightarrow [0,1]$ 称为信任测度。$Bel(A)$ 是"q 在 A 中"的全部测度,它是"q 恰好在 A 的子集 D 中"的所有测度之和。

【定义 6.4】 似然测度(plausibility measure):设 $\bar{A}$ 是 A 相对论域 Θ 的余集,则由

$$Pl(A) = 1 - Bel(\bar{A}) = \sum_{D \cap A \neq \varnothing} m(D) \quad A \subseteq \Theta \tag{6-67}$$

定义的函数 $Pl: 2^\Theta \rightarrow [0,1]$ 称为似然测度。$Pl(A)$ 表示"q 在 A 中"的似然性(可能性),如果 q 在与 A 相交的 D 中,q 就可能在 A 中;如果 q 在 A 的子集 D 中,q 就必然在 A 中。

基本概率分配 $m(A)$ 表示对集合 A 的精确信任程度;似然测度 $Pl(A)$ 反映可能性,它是概率上限函数;信任测度 $Bel(A)$ 反映必然性,它是概率下限函数。证据 q 关于集合 A 的总概率 $P(A)$ 为

$$Bel(A) \leqslant P(A) \leqslant Pl(\bar{A})$$

而且 $Pl(A) - Bel(A)$ 的值反映了对 A 的不知道信息。

上述 3 个测度的性质如下:

$$Bel(\varnothing) = Pl(\varnothing) = 0, Bel(\Theta) = Pl(\Theta) = 1$$

$$Pl(A) \geqslant Bel(A)$$

$$Bel(A) + Bel(\bar{A}) \leqslant 1, \ Pl(A) + Pl(\bar{A}) \geqslant 1$$

若 $A \subseteq B$,则 $Bel(A) \leqslant Bel(B), Pl(A) \leqslant Pl(B)$。上述性质中的后 3 个不等式表示信息不完全,如果信息是完全的,则 3 个式子都是等式,即完全知道时,$Pl(A) = Pl(B)$;完全无知时,有 $m(\Theta) = 1$,且 $\forall A \subseteq \Theta$ 有 $m(A) = 0$,则有

$$Bel(A) = Bel(\bar{A}) = 0 \quad 和 \quad Pl(A) = Pl(\bar{A}) = 1$$

(二)Dempster – Shafer 证据合成规则

1. 两个信任测度的合成规则

设 Bel_1 和 Bel_2 是同一识别框架 2^Θ 上的信任测度,相应的基本概率分配分别为 m_1 和 m_2,

且焦点元素分别为 A_1，A_2，$\cdots$，A_s 和 B_1，B_2，$\cdots$，B_k，则对于

$$m(\varnothing) = 0$$

及

$$N = \sum_{A_i \cap B_j \neq \varnothing} m_1(A_i) m_2(B_j) > 0$$

或

$$N = 1 - E > 0$$

其中

$$E = \sum_{A_i \cap B_j = \varnothing} m_1(A_i) m_2(B_j)$$

有

$$m(A) = \frac{1}{N} \sum_{A_i \cap B_j = A} m_1(A_i) m_2(B_j) \tag{6-68}$$

$m(A)$ 称为 m_1 和 m_2 的正交和，记为 $m(A) = m_1 \oplus m_2 = Bel(A)$。根据合成公式显然有

$$m_1 \oplus m_2 = m_2 \oplus m_1 \tag{6-69}$$

$$m_1(m_2 \oplus m_3) = (m_1 \oplus m_2) \oplus m_3 \tag{6-70}$$

即合成公式满足交换率和结合率。

2. 多个信任测度的合成规则

设 $Bel_1, Bel_2, \cdots, Bel_n$ 是同一识别框架 2^Θ 上 n 个独立证据的信任测度，相应的基本概率分配为 $m_1, m_2, \cdots, m_n$，令

$$N = \sum_{\bigcap_{i=1}^{n} A_i \neq \varnothing} m_1(A_1) m_2(A_2) \cdots m_n(A_n) = \sum_{\bigcap_{i=1}^{n} A_i \neq \varnothing} \prod_{1 < i < n} m_i(A_i) > 0$$

则

$$Bel(A) = (m_1 \oplus m_2 \oplus \cdots \oplus m_2)(A) = \frac{1}{N} \sum_{\bigcap_{i=1}^{n} A_i = A} m_1(A_1) m_2(A_2) \cdots m_n(A_n) \tag{6-71}$$

对于 n 个信任测度，可以利用式(6-68)一步一步合成，即利用结合率公式(6-70)逐步合成，也可以直接利用式(6-71)一次性合成。

在 Dempster - Shafer 合成公式中，必须有 $N > 0$。若 $N = 0$，即 $m_1(A) \cdot m_2(B) > 0$ 时，$A \cap B = \varnothing$，则 $m_1 \oplus m_2$ 不存在，这时 m_1、m_2 是矛盾的；若假设 C_1 表示 m_1 的核，C_2 表示 m_2 的核，则

$$C_1 \cap C_2 = \left(\bigcup_{m_1(A_1)} A_1 \right) \cap \left(\bigcup_{m_2(A_2)} A_2 \right) = \varnothing$$

亦即是说，m_1 和 m_2 不能合成，当且仅当它们的核不相交。如果能合成，它们的核的交 $C_1 \cap C_2$ 即是合成后的 mass 函数的核。

设 $k = 1/N$ 为 mass 函数正交和的正则常量，它是 mass 函数间的冲突程度的度量，起归一化作用，使之满足定义要求：$\sum_{X \subseteq \Theta} m(X) = 1$。

3. 置信区间之间的合成

由于 mass 函数与信任测度、似然测度之间相互存在的密切关系，如果给出置信区间，也可以计算合成以后的置信区间。

设 $\Theta = \{A, \bar{A}\}$，给出两组置信区间 $[Bel_1(A), Pl_1(A)]$ 和 $[Bel_2(A), Pl_2(A)]$，其中

$$Bel_1(A) = a_1 \quad Pl_1(A) = b_1 \quad Bel_2(A) = a_2 \quad Pl_2(A) = b_2$$

于是可得

$$m_1(A) = Bel_1(A) = a_1$$

$$m_1(\bar{A}) = Bel_1(\bar{A}) = 1 - Pl_1(A) = 1 - b_1$$
$$m_1(\Theta) = b_1 - a_1$$

同理可得 $\qquad m_2(A) = a_2 \qquad m_2(\bar{A}) = 1 - b_2 \qquad m_1(\Theta) = b_2 - a_2$

由于 $\{A\} \cap \{\bar{A}\}$，于是 $\qquad E = a_1(1 - b_2) + a_2(1 - b_1)$

由 Dempster – Shafer 合成公式即得

$$m(A) = \frac{a_1 b_2 + a_2 b_1 - a_1 a_2}{1 - E} \tag{6-72}$$

$$m(\bar{A}) = \frac{1 - a_1 - a_2 + a_2 b_1 + a_1 b_2 - b_1 b_2}{1 - E} \tag{6-73}$$

$$m(\Theta) = \frac{(b_1 - a_1)(b_2 - a_1)}{1 - E} \tag{6-74}$$

于是可以计算合成以后的置信区间。

(三)信息融合故障诊断策略

机械系统故障的综合诊断与预测,是一个相当复杂的信息融合问题。首先,从数据和信息来源看,这是一个多源系统,一般有振动、压力、温度、流量、油液等多个信息来源;从特征参数来说,通常有几十个甚至上百个特征可用于判断与预测系统的状态;从决策层来说,可利用的信息、融合模型和方法较多。这些数据信息、特征参数和模型方法不仅表现在不同层次上的相互支持、相互补充甚至竞争和冲突,而且它们的表现形式也不相同,可能是确定的,也可是模糊的,可能是数值型的,也可能是知识型的。基于证据理论的故障决策层融合诊断研究,目的是寻求能够有效融合多个初步诊断结果,包括基于多种方法的特征层诊断结果、专家经验等信息进行快速融合的模型及方法,能够正确、高效地识别故障

在设备的故障诊断中,若干个可能的故障产生某些征兆,每个征兆下多个故障都可能有一定的发生概率。证据理论中,用信任测度表达故障发生概率的大小,通过对多传感器监测信号的处理,获得监测信息对被诊断对象的状态证据(征兆)属于各类故障的基本信任测度,运用Dempster – Shafer 合成规则进行信息融合,得到融合处理后各证据(特征量)属于各类故障的信度函数,根据一定的决策规则确定故障类型。

由以上诊断过程可知,Dempster – Shafer 证据理论的故障诊断融合过程包括建立故障辨识框架、获取证据、合成证据、故障决策准则。在运用证据理论进行融合诊断与预测计算时,被诊断系统的辨别框中元素的数量对计算工作量往往有很大影响。例如,大型转子一般有 20 多种故障状态,其辨别框中元素应有 20 多个,按 20 计算,其幂集合有 $2^{20} = 1048576$ 个,可见,其计算的理论搜索空间是很惊人的。考虑到实际机械系统的故障通常只有几种,诊断辨别框中的元素可依据初级诊断的情况,进行适当的动态简化。

传感器获取信息,信息生成证据,而在实际中,证据的生成比较复杂,传统上较多采用专家经验方法获取证据。目前,特征级诊断结果,也广泛被采纳为证据体,如神经网络、支持向量机等给出的融合诊断结果,也有采用其他方法生成证据体的,如模糊隶属度方法、层次分析法、粗糙集理论决策表等。

证据融合采用 Dempster – Shafer 合成规则,在遇到相互冲突的证据时会失效。对于这情形,常采用改进的合成规则进行组合。证据融合后,得到"综合"证据下各故障模式发生的信任

测度,而信任测度最大的故障模式被认为是故障发生的主要原因。

(四)融合诊断应用实例

【例6-7】 某40t吊车的主油泵是双齿轮泵,监测发现该油泵异常。经检测分析,该油泵可能的故障有三个:齿端磨损(h_1)、齿间磨损(h_2)和断齿(h_3)。

通过油泵出口振动信号功率谱分析诊断,这三种故障的支持度分别为0.4、0.4、0.1;经过液压油样铁谱分析获知前两种故障的支持度为0.55、0.3;经过专家系统诊断认为前两种故障同时发生的可能性为0.85。

经过分析,油泵的故障基本清楚了,但是诊断结果仍然存在着一定的模糊性和不确定性。三种诊断结果存在着相互支持和相互补充的成分,若充分利用三种结论中冗余的信息,进行综合诊断,将获得一个比较准确的结果和明确的概念。

本例中设故障时别框架 $\Omega = \{h_1, h_2, h_3, \theta\}$,由三种初步诊断结果,得到应用证据理论进行融合诊断所需的基本概率分布:

$$m_1(h_1) = 0.4, \quad m_1(h_2) = 0.4, \quad m_1(h_3) = 0.1, \quad m_1(\theta) = 0.1$$

$$m_2(h_1) = 0.55, \quad m_2(h_2) = 0.3, \quad m_2(h_3) = 0.0, \quad m_2(\theta) = 0.15$$

$$m_3(h_1, h_2) = 0.85, \quad m_3(h_1) = 0.0, \quad m_3(h_2) = 0.0, \quad m_3(h_3) = 0.0, \quad m_3(\theta) = 0.15$$

按照算法式(6-68),首先计算前两个估计的综合,即

$$N_1 = \sum_{h_i \cap h_j \neq \varnothing} m_1(h_i) m_2(h_j) = 1 - \sum_{h_i \cap h_j = \varnothing} m_1(h_i) m_2(h_j)$$

$$= 1 - [m_1(h_1) \cdot m_2(h_2) + m_1(h_2) \cdot m_2(h_1) + m_1(h_3) \cdot m_2(h_1) + m_1(h_3) \cdot m_2(h_2)]$$

$$= 1 - (0.4 \times 0.3 + 0.4 \times 0.55 + 0.1 \times 0.55 + 0.1 \times 0.3) = 0.575$$

$$m_1 \oplus m_2(h_1) = \frac{1}{N_1} \sum_{h_i \cap h_j = h_1} m_1(h_i) m_2(h_j)$$

$$= \frac{1}{N_1} [m_1(h_1) \cdot m_2(h_1) + m_1(h_1) \cdot m_2(\theta) + m_1(\theta) \cdot m_2(h_1)]$$

$$= \frac{1}{0.575} (0.4 \times 0.55 + 0.4 \times 0.15 + 0.1 \times 0.55) = \frac{0.335}{0.575} = 0.583$$

同理得 $$m_1 \oplus m_2(h_2) = 0.365, m_1 \oplus m_2(h_3) = 0.026$$

再按照相同算法将前两种综合结果与第三个估计进行融合计算,得:

$$N = 0.95451, m(h_i) = m_1 \oplus m_2 \oplus m_3(h_i) = \begin{cases} m(h_1) = 0.61 \\ m(h_2) = 0.38 \\ m(h_3) = 0.04 \\ m(\theta) = 0.006 \end{cases}$$

可见,经过融合诊断后,装备故障的信任程度有了明显的变化,不确定性减小显著,基本上可以肯定是齿端磨损。后经检修证实了综合诊断结论的正确性。

【例6-8】 一空气压缩机转子振动一直比较大,经多次检修仍没有多大变化,某月振动显著加大,达 62 μm。经功率谱分析,发现工频及高频振动成分很大,怀疑可能是不平衡(h_1)、

不对中(h_2)及双重故障:不平衡与不对中同时发生($h_{1=2}$)、不平衡发生的可能性大于不对中($h_{1>2}$)和不平衡发生的可能性小于不对中($h_{1<2}$)。由频谱分析首先产生两个基本假设:

$$H_1 = \{h_1, \bar{h}_1\}, H_2 = \{h_2, \bar{h}_2\}$$

且 $$m_{H_1}(h_1) = 0.4, m_{H_1}(\bar{h}_1) = 0.3; m_{H_2}(h_2) = 0.5, m_{H_2}(\bar{h}_2) = 0.3$$

其中,$\bar{h}$ 表示设备无故障。

基本概率分配函数 m_{H_1} 和 m_{H_2} 分别表示设备状态关于两个假设 H_1 和 H_2 的证据。由两个基本假设构造一综合辨识框架 $\Omega = H_1 \times H_2$ 描述两种故障同时发生的情况,根据设备结构特点及工作原理,可以认为证据 m_{H_1} 和 m_{H_2} 是非交互性的,对 Dempster 规则进行推广,即用

$$m_1(A \times B) = m_{H_1}(A) \cdot m_{H_2}(B) \quad A \subseteq H_1, B \subseteq H_2 \tag{6-75}$$

来计算综合后的基本概率分配函数 m:

$$m_1(h_{1=2}) = m_{H_1}(h_1) \cdot m_{H_2}(h_2) = 0.4 \times 0.5 = 0.2$$

$$m_1(h_{1>2}) = m_{H_1}(h_1) \cdot m_{H_2}(\bar{h}_2) = 0.4 \times 0.3 = 0.19$$

$$m_1(h_{1<2}) = m_{H_1}(\bar{h}_1) \cdot m_{H_2}(h_2) = 0.3 \times 0.5 = 0.15$$

$$m_1(\bar{h}) = m_{H_1}(\bar{h}_1) \cdot m_{H_2}(\bar{h}_2) = 0.3 \times 0.3 = 0.09$$

$$m_1(\theta) = 1 - [m_{H_1}(h_1) + m_{H_1}(\bar{h}_2)] \cdot [m_{H_2}(h_2) + m_{H_2}(\bar{h}_2)]$$
$$= 1 - [(0.4 + 0.3) \times (0.5 + 0.3)] = 0.44$$

由此得到的综合诊断结果显然无法确定真正的故障类型。后又经过专家系统诊断,认定

$$m_2(h_{1=2}) = 0.4, m_2(h_{1>2}) = 0.1, m_2(h_{1<2}) = 0.2, m_2(\bar{h}) = 0.2, m_2(\theta) = 0.1$$

这比较明显地说明系统存在双重故障,但单重故障的可信度也较大。

利用算法式(6-68)进行证据融合,可得

$$N = 1 - m_1(h_{1=2}) \cdot m_2(\bar{h}) - m_1(\bar{h}) \cdot m_2(h_{1=2}) = 1 - 0.2 \times 0.1 - 0.09 \times 0.4 = 0.944$$

$$m(h_{1=2}) = \frac{1}{N}[m_1(h_{1=2}) \cdot m_2(h_{1=2}) + m_1(h_{1=2}) \cdot m_2(\theta) + m_1(\theta) \cdot m_2(h_{1=2})]$$

$$= \frac{1}{0.944}(0.2 \times 0.4 + 0.2 \times 0.1 + 0.44 \times 0.4) = 0.29$$

同理得:$m(h_{1>2}) = 0.13, m(h_{1<2}) = 0.14, m(\bar{h}) = 0.07, m(\theta) = 0.37$。

综合诊断的结果说明,系统存在双重故障的可能性较大,无故障的可能性很小,同时模糊性也较大。经检修证实,这两种故障不同程度地存在。

由上述两个实例的分析和综合过程可以看出:

(1)基于证据理论的融合诊断可以较好地综合相互支持和相互补充的信息,提高诊断准确性,同时也可以对相互矛盾和冲突的信息进行处理。

(2)融合诊断成功的关键是正确区分相互支持补充的信息和相互矛盾的信息,并确定合理的概率分配函数。

(3)对于矛盾比较突出的信息,直接应用 Dempster-Shafer 证据理论进行处理是不合适的。目前已有较多算法处理上述问题,可供参考。

五、基于黑板模型的信息融合智能诊断系统

由于多传感器数据融合需要多方面的专家知识,以对全频谱覆盖的各类传感器的数据进

行处理,因此,需要一种相互协作的多专家系统。而黑板模型就是这样一个多专家系统,它把一个动态问题分解成许多方面,每个专家在其特定领域提供解决问题的方法,并利用黑板交流如何利用这些专家经验解决问题。

由于涉及多源、异类等大量诊断信息以及相关的设备故障机理知识,机械设备故障诊断问题本质上是个应用知识进行推理求解的过程,它是在不同级别上对诊断信息进行分类处理的渐进式求解过程。在黑板框架下,应用知识从基本证据推断出正确决策结果的过程也就是从原始检测数据分析出确切的故障类型及其原因的步步逼近的过程。

基于黑板模型的故障诊断信息融合智能决策系统如图 6-24 所示,它主要包括黑板框架、知识源、决策推理控制及解释查询 4 个功能模块。

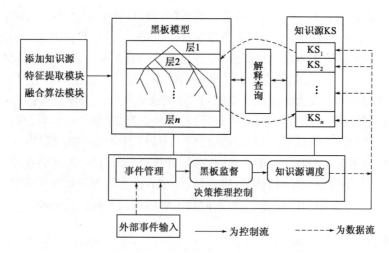

图 6-24　故障诊断信息融合智能决策黑板模型

(一)黑板模型的基本框架

黑板模型是一种互相协作的多信息融合专家系统,可以对全空间的各类技术提供的多源数据进行处理。

黑板系统由黑板结构和黑板管理模块组成。黑板结构是在不同抽象级表示信息的多维、分块数据区,通过共享信息和在该结构上设置假设来协调知识源。黑板管理模块的职责是:维护黑板结构,管理知识源和黑板之间的交换,保持跟踪知识源的执行,维护假设。

黑板系统以黑板为中心适时激活知识源进行渐进式问题求解,在此框架下,一个动态问题分解成许多方面,每个专家在其特定领域提供解决问题的方法,并利用黑板交流如何利用专家经验解决问题,在执行过程中可动态地修改黑板上的数据,这对多传感器目标识别融合这种需要动态的修正数据的场合是非常有用的。

(二)知识源

在基于黑板模型的故障诊断信息融合智能决策系统中,知识源相当于一般专家系统中的知识库,它包含描述关系、现象、方法的规则,以及在系统专家知识范围内解决问题的知识。知识源可由事实性知识与推理性知识组成。由此可见,知识源是推理规则与函数的集合,各知识源是独立的,它们通过黑板联系。

(三)黑板控制

机械设备故障诊断信息融合智能决策系统的决策控制模块负责监视黑板上信息的变化状态,并不断调用知识源进行黑板状态的更新,最终获得对问题的求解。它包括监视黑板内容改变的黑板监督;对输入到黑板中的事件进行分类,由优先权最高的事件去激发知识源,将事件按照所属的类别及所属类别的不同层次放入不同层次上进行推理的事件管理;以信息融合后所产生的证据为依据对知识源进行推理的知识源调度三个子模块。

系统的控制搜索策略是黑板模型的重要组成部分,其功能包括:依据黑板当前信息状态,查找知识库中的可用规则;在可用规则集中选出最合适的规则;执行选出规则,作用于黑板,使之发生变化。如此循环下去,直到问题解决。系统的运行过程实际上是一个匹配过程,即黑板中的事实匹配知识源中的规则,不断产生新事实并匹配,这一过程需要讲究控制策略。

控制策略通常包括数据驱动、目标驱动及混合驱动。数据驱动是从已有信息出发,不断应用规则,然后得到解答。目标驱动则是对可能的解答作出假设,在运用规则中的有关信息加以证实。混合式驱动是综合两者的优点产生的,它实现起来大致有三种方式:(1)数据与目标驱动交替,它首先根据数据选择可能目标,再进行目标驱动推理求解该目标;(2)数据与目标同时驱动,它是根据初始数据驱动推理的同时,从目标出发进行目标驱动推理,当数据驱动推出的中间结果满足目标驱动推理对证据的要求时,推理终止;(3)最佳驱动,它将整个知识库划分为小知识库子集,每个子集中有其适宜的数据或目标驱动,推理过程中根据用到的子集随时变换控制策略,此方法总是采用最佳控制策略,在问题求解时可得到较高的效率。

(四)推理机

基于知识的多传感器目标识别数据融合需要根据对各传感器报告的部分置信度进行融合,并以融合后所产生的证据为依据进行推理。由于证据的不确定性,因此,在多传感器目标识别融合中要采用不确定推理。常用的不确定推理模型有主观 Bayes 方法、模糊推理和证据理论等。其中 Dempster - Shafer 证据理论由于能区分"不确定性"和"不知道",能处理报告冲突等,因而在目前受到青睐。

设 A 是条件部分的命题,则对于证据 E,定义 A 与 E 的匹配程度为

$$MA(A,E) = \begin{cases} 1 & \text{若 } A \text{ 的所有元素均在 } E \text{ 中} \\ 0 & \text{其他} \end{cases} \qquad (6-76)$$

当采用 Dempster - Shafer 证据理论时,定义命题 A 的确定性为

$$CER(A) = MA(A,E) \cdot f(A) \qquad (6-77)$$

其中
$$f(A) = Bel(A) + \frac{|A|}{|\Theta|}[Pl(A) - Bel(A)] \qquad (6-78)$$

式中　$|A|$、$|\Theta|$——A 与 Θ 所含元素的个数,即基数;

$Bel(A)$——信任函数;

$Pl(A)$——似然函数。

显然,$CER(A) \in [0,1]$。

引入上述定义后，不确定推理模型可以归纳为以下几种情况：

(1)不确定的合取命题推理出命题的不确定性，即若 $A = \bigcap_{i=1}^{n} A_i$，则

$$CER(A) = \bigwedge_{i=1}^{n} CER(A_i) \qquad (6-79)$$

(2)不确定性的析取命题推理出命题的不确定性，即若 $A = \bigcup_{i=1}^{n} A_i$，则

$$CER(A) = \bigvee_{i=1}^{n} CER(A_i) \qquad (6-80)$$

(3)由前提的不确定性和前提对结论的可信度 CF 推出结论的不确定性，即若 IF E THEN $H(CF)$，则假设的基本概率赋值为

$$m(H) = CER(E) \cdot CF \qquad (6-81)$$

(4)多条规则或不同证据支持同一结论，即若有

$$\text{IF } E_i \text{ THEN } H(CF_i) \qquad i = 1,2,\cdots,n \qquad (6-82)$$

则 $\forall\ i=1,2,\cdots,n$，首先按式（6-81）求出 $m_i(H)$，然后再按 Dempster 组合规则进行组合，即

$$m(H) = m_1 \oplus m_2 \oplus \cdots \oplus m_n \qquad (6-83)$$

得到 $m(H)$ 之后，在计算 $Bel(H)$ 和 $Pl(H)$，进而可得到 $CER(H)$，并根据 $CER(H)$ 进行目标识别融合后的判断。

在进行目标识别融合的推理时，若对各领域专家给出的基本概率赋值有不同的可信度，则在融合前应先对基本概率赋值进行修正，然后再按 Dempster 组合规则进行组合。

习题与思考题

6-1　简述专家系统的组成及各部分主要功能。

6-2　简述专家推理方法及控制策略。

6-3　简述专家系统故障诊断的特点。

6-4　设论域 $U = \{a,b,c,d,e,f\}$ 上五类模式为

$$A_1 = \frac{0.8}{a} + \frac{0.3}{b} + \frac{0.2}{c} + \frac{0}{d} + \frac{0.5}{e} + \frac{0.1}{f}, A_2 = \frac{0.7}{a} + \frac{1}{b} + \frac{0.3}{c} + \frac{0}{d} + \frac{0.3}{e} + \frac{0.9}{f}$$

$$A_3 = \frac{0.2}{a} + \frac{1}{b} + \frac{0.8}{c} + \frac{0.4}{d} + \frac{0.5}{e} + \frac{0.1}{f}, A_4 = \frac{0.8}{a} + \frac{0}{b} + \frac{0.4}{c} + \frac{0.2}{d} + \frac{0.7}{e} + \frac{0}{f}$$

$$A_5 = \frac{0.5}{a} + \frac{0.3}{b} + \frac{0.6}{c} + \frac{6}{d} + \frac{0}{e} + \frac{0.4}{f}$$

今有样本

$$B = \frac{0.7}{a} + \frac{0.4}{b} + \frac{0.6}{c} + \frac{0.1}{d} + \frac{0.2}{e} + \frac{0.8}{f}$$

应将 B 划归哪一类？

6-5　试举出利用最大隶属原则和择近原则进行故障模糊识别的例子。

6-6 对某产品质量作综合评判,考虑从 4 种因素来评价产品,$X=\{x_1, x_2, x_3, x_4\}$。将产品质量分为 4 等 $U=\{u_1, u_2, u_3, u_4\}$,设单因素决断模糊映射为 $\widetilde{f}:X \rightarrow \widetilde{f}(U)$

$$\widetilde{f}(x_1)=(0.3, 0.6, 0.1, 0), \qquad \widetilde{f}(x_2)=(0, 0.2, 0.5, 0.3)$$

$$\widetilde{f}(x_3)=(0.5, 0.3, 0.1, 0.1), \quad \widetilde{f}(x_4)=(0.1, 0.3, 0.2, 0.4)$$

设有两种因素权重分配

$$A_1=(0.5, 0.2, 0.2, 1), A_2=(0.2, 0.4, 0.1, 0.3)$$

试评价此产品按两种权重分配情况下分别相对地属于哪级产品。

6-7 试举一模糊综合评判的实际机械故障诊断的例子(由建立评判空间到综合评判结束)。

6-8 简述模糊故障诊断系统的基本结构及各部分实现的功能。

6-9 模糊故障诊断方法主要有哪些?简述其原理。

6-10 神经网络中的神经元模型是如何体现生物神经元的结构和功能特征的?

6-11 从结构上讲,神经网络可以分为哪几类?各有什么结构特点?

6-12 多层感知器网络中只有一层连接权可调节,那么,采用多层感知器的原因何在?

6-13 试述 BP 神经网络学习过程中输出误差后向传播及权值调节的原理。

6-14 S 型函数的导数具有什么特点?这一特点在 BP 算法的实现中有什么好处?

6-15 在 BP 神经网络的学习过程中,为什么需要加上惯性项?惯性因子起着什么样的作用?如何确定学习因子的具体数值?

6-16 Hopfield 神经网络可分为几大类?它们各有什么特点?

6-17 离散型 Hopfield 神经网络的拓扑模型和 BP 神经网络的拓扑模型有哪些区别?

6-18 神经网络是如何用于机械设备故障诊断的?试从本章应用举例中进行总结。

6-19 简述集成化故障诊断的集成方式。

6-20 简述基于案例的故障诊断模型主要部分的内容及其功能。

6-21 简述信息融合的定义及其优点。

6-22 信息融合的关键技术有哪些?

6-23 简述信息融合的层次划分及各层故障诊断原理。

第七章
油样分析技术

第一节　概　　述

油样分析技术,就是指通过检测和分析运行设备中有代表性的润滑油样,获得油品性能指标变化以及油中污染和变质产物的宏观或微观物态特征变化信息,进而确定设备润滑与磨损状态和相关的故障发生机制。

在机械设备中广泛存在着两类工作油:液压传动中的液压油和减少运动副摩擦的润滑油,它们携带有大量的关于机械设备运行状态的信息,特别是润滑油,各运动副的磨损碎屑都将落入其中并随之一起流动。这样,通过对工作油液(脂)的合理采样,并进行必要的分析处理后,就能取得关于该机械设备各运动副的磨损状况,包括磨损部位、磨损机理以及磨损程度等方面的信息,从而对设备所处工况作出科学的判断。油样分析技术有如人体健康检查中的血液化验,已成为机械故障诊断的主要技术手段之一。

在机械设备故障诊断这个特定的技术领域中,油样分析技术通常是指理化分析技术、油样铁谱分析技术和油样光谱分析技术,有时也包含磁塞技术。机械设备状态监测油样分析技术工作流程如图 7-1 所示。

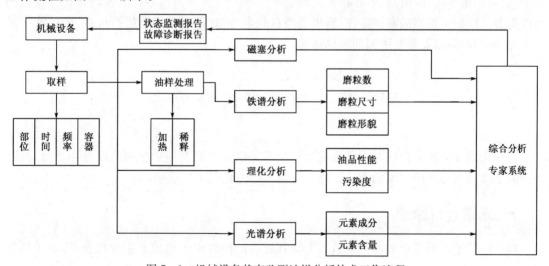

图 7-1　机械设备状态监测油样分析技术工作流程

光谱技术、铁谱技术以及磁塞这三种油样分析技术都可用作铁磁性物质颗粒(光谱分析不仅限于铁磁性物质)的收集和分析,但各有不同的尺寸敏感范围,三种油样分析方法的检测效率随颗粒尺寸的变化情况如图 7-2 所示。

图7-2清楚地表明了光谱、铁谱以及磁塞这三种油样分析技术对铁磁性颗粒的敏感尺寸范围分别为:光谱<10 μm、铁谱1～100 μm、磁塞100～1000 μm,这三种油样分析技术所提供的信息也不尽相同,因而各有其应用场合。

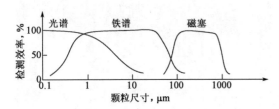

图7-2　三种油样分析技术的颗粒尺寸敏感范围

利用油液分析技术,可以获得许多机器运行状态信息:

(1)磨损分析:用光谱和铁谱技术检测油液中各种金属元素的含量和磨屑形貌。磨屑的浓度和颗粒大小反映了机器磨损的严重程度;磨屑的大小和形貌反映了磨屑产生的原因,即磨损发生的机理;磨屑的成分反映了磨屑产生的部位,即零件磨损的部位。将以上三方面的信息综合起来,即可对零件运动副的工况作出合乎实际的判断。

(2)污染分析:用光谱技术检测油液中异常的灰尘含量、发动机中有无冷却液进入、有无其他油品串入。用自动颗粒计数器可以检测液压系统中固体污染物的含量。

(3)油质分析:检测在用油品的理化指标,如黏度、闪点、水分、总酸值、总碱值等,以判断油液是否可以继续使用。

(4)附属分析:对入库的新润滑油进行检测,以判断真假;检测燃料油中的颗粒度和水分含量,以评价燃料油的品质;检测冷却液的冰点和酸碱度,判断是否需要更换;新设备出厂时液压系统清洁度的检测评价。

油样分析工作分为采样、检测、诊断、预测和处理5个步骤进行。从润滑油中采样,必须采集能反映当前机器中各个零部件运行状态、具有代表性的油样。检测是指对油样进行分析,测定油样中磨损残渣的数量和粒度分布,初步回答机器的磨损状态,是正常磨损,还是异常磨损。当机器属于异常磨损状态时,需要进一步进行诊断,即确定磨损零件和磨损的类型(例如,磨料磨损、疲劳剥落等)。所谓预测,是指预测处于异常磨损状态的机器零件的剩余寿命和今后的磨损类型。根据所预测的磨损零件、磨损类型和剩余寿命,即可对机器进行处理,确定维修的方式、维修的时间以及需要更换的零部件等。

第二节　油样光谱分析法

油样光谱分析法是指用原子吸收或原子发散光谱分析润滑油中金属的成分和含量,判断磨损的零件和磨损严重程度的方法。这种方法对有色金属比较适用。

一、光谱分析原理

物质的原子由原子核和在一定轨道上绕其旋转的核外电子组成。正常状态下,电子的负电核与原子核的正电核是相等的,即电子沿固定轨道绕原子核旋转产生的离心力与原子核对它的吸引力相等,原子处于稳定状态,原子具有的能量也一定。当外来能量加到原子上时,核外电子吸收能量,便从较低能级跃迁到高能级的轨道上去,此时,原子的能量状态是极不稳定的,电子会自动地从较高能级跃回到低能级的轨道,同时以发射光子的形式把它吸收的能量再辐射放出,即发出光。各种不同的元素的原子辐射的光都有各自一定的波长,各种波长的光就组成了光谱。

利用棱镜或光栅的色散作用,将某一光源辐射的光束中代表不同元素的不同波长的光分解开来,并通过感光板记录下来,再利用测光器测出谱线的强度,根据光谱线的强度和元素浓度的特定比例关系,就可求得元素的浓度,用 10^{-6} 表示。元素的浓度越高,则受激发后产生的辐射线的强度也越高。

因为光谱线的强度与光谱的激发条件、激发光源的强度、曝光的时间以及感光板的性能等诸因素有关,所以一般是测量被分析元素的谱线与一个内标元素的对照谱线的相对强度。内标元素一般是人为外加的,即在分析的油样中和标准样品中同时加入一定的某一元素为内标。

二、光谱分析特点

光谱分析法的优点为:

(1)检出限低,灵敏度高:火焰原子吸收法的检出限可达 10^{-9} g,石墨炉原子吸收法的检出限可达 $10^{-10} \sim 10^{-14}$ g 等。

(2)准确度高:火焰原子吸收法测定中等和高含量元素的相对标准差可达 1%,石墨炉原子吸收法的准确度一般约为 3%~5%。

(3)分析速度快:用 PE5000 型自动原子吸收光谱仪在 35min 内能连续地测定 50 个试样中的 6 种元素。

(4)试样用量小:无火焰原子吸收光谱法分析仅需试样溶液 5~100 μL 或 5~100 μg。

(5)应用范围广:可测定的元素达 70 多种,不仅可以测定金属元素,也可以用间接原子吸收法测定非金属和有机化合物。

(6)仪器操作较简便。

将原子光谱分析用于机械设备的故障诊断与工况监测,有下列不足之处:

(1)信息量有限:原子光谱分析只能提供关于元素及其含量的信息,而不能提供磨屑形貌的信息。因此,要根据油样光谱分析的结果直接对摩擦副的状态作出判断有很大的困难。

(2)只能用于分析含量较低且颗粒尺寸很小(小于 10 μm)的磨屑,而异常磨损状态下所产生的磨屑粒度一般较大,一般只能用于故障的早期监测与预防。

(3)与铁谱分析技术、磁塞技术等方法相比,油样光谱分析的成本要高得多。一台光谱仪的价格约为 50 万人民币,为分析式铁谱仪的十几倍。

(4)光谱仪对工作环境要求苛刻,需要在专门建造的实验室内工作。

三、光谱分析方法及仪器

(一)油样光谱分析法的种类

油样光谱分析法有以下三种:

(1)发射光谱分析法:利用气体火焰、交流电弧或直流电弧等离子体,以及电火花等方法激发油样,以获得发射光谱,从而测得谱线的相对强度,求得分析元素的含量。

(2)直读发射光谱分析法:将发射光谱通过光电转换仪(如光电倍增管)直接转换为电流,通过测量仪器再转换为元素的浓度,这种方法称为直读发射光谱。一次油样可分析全部所含元素,分析速度快、操作简便。

(3)原子吸收光谱分析法:在光源和分光镜中间加入透明的物质,把某种单色光的成分吸收掉,产生原子吸收光谱。被分析的元素都有特定的波长,通过测量原子蒸气对辐射光的吸收,从而测定油样中的元素的浓度。虽然原子吸收光谱对周围环境的干扰影响较小,分析精度及可靠性较高,但是一种阴极灯只能分析一种元素,操作比较麻烦,分析速度慢。

(二)光谱仪

原子吸收或原子发射光谱仪均有三个主要部分:激发源、光学系统、信号处理及读出系统,如图7-3所示。

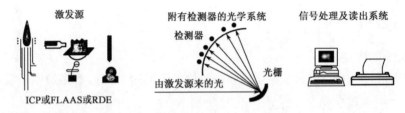

图7-3　光谱仪系统主要部件

机械设备状态监测油液分析所采用的光谱仪多为原子发射光谱仪(AES),其激发源多为转盘电极型(RDE)或电感耦合等离子体型(ICP)。两者不同之处仅在于采用不同的方式激发油样,见图7-4。在RDE-AES技术中,有一个旋转的电极,将油样不断地送入到它与一个固定棒状碳电极所形成的间隙中,然后用高压电弧闪激油样,使油样中的各个元素均发出光或辐射能。在ICP-AES技术中,激发技术是由惰性气体氩气产生无电极等离子体,氩气不断地通过一匝或三匝射频圈内的等离子体炬管,该线圈与射频交流电发生器相连接,氩气的作用犹如变压器的次级线圈,因此,氩气可以加热到极高的温度。油样被吸入炬管中心,并进入等离子体,油样中的元素被激发,发出辐射能。

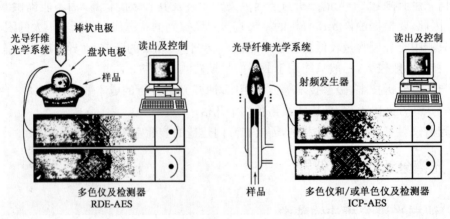

图7-4　RDE-AES及ICP-AES光谱仪系统简图

RDE-AES及ICP-AES光谱仪工作原理如图7-5所示。用透镜或光导纤维使激发源的辐射能聚焦到光学系统上,通过光学系统的光照射到一个凹面光栅上,光栅使光色散为因元素而异的各个波长的谱线。用光电倍增管来检测辐射能,并将其转换为倍增的电信号,一个光电倍增管对应某一元素的特定波长光线。电子处理转换器将电信号转换成待测元素的浓度值,仪器屏幕上显示检测结果,最后由打印机输出结果。

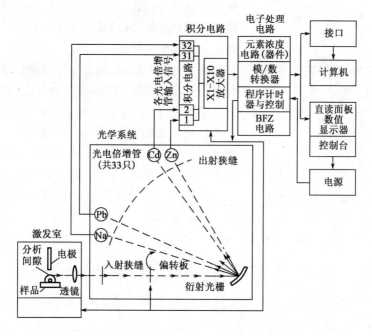

图 7-5 电子发射光谱仪工作原理

(三)光谱分析的信息种类及应用

光谱分析给出的元素成分及其含量值,可以提供下列信息:

(1)磨粒元素的成分及其含量。根据设备运行副零件的材料构成,可以判断磨粒产生的可能部位。

(2)添加剂元素及污染物元素的成分及含量。根据润滑油的性能要求,可以判断润滑油的劣化变质程度。

(3)磨粒的增长率。单位时间主要磨粒元素含量值可表示磨粒的增长速度,即

$$\eta = \frac{\Delta n}{t}$$

式中　η——磨粒的增长率,$10^{-6}/h$;

　　Δn——磨粒的增加量,10^{-6};

　　t——取样间隔时间。

根据磨粒的增长率可以判断摩擦副的磨损趋势及其严重程度。例如,柴油机主轴瓦及连杆轴瓦的材料为钢背网状铝锡合金,这种合金是以锡—铝共晶软化相的形式存在的。通过油样光谱分析可知,润滑油中微量的锡和铝的存在,来自主轴瓦和连杆轴瓦的磨损,其机理是运转初期润滑油供应瞬时中断,摩擦副油膜破裂以致直接接触摩擦,出现局部高温,使低熔点的共晶锡液珠自合金中析出;镁的存在,是来自球墨铸铁曲轴轴颈的磨损;铜和锌的存在则是来自连杆小头锡青铜衬套的磨损,等等。这样,油样光谱分析方法不但可以定性地判断磨损的零件,而且可以从润滑油中金属成分含量的多少,定量地判断出零件磨损的程度。

取样间隔时间应由不同设备的运行特点而定,往往最合适的取样间隔时间是在积累了长期经验之后而确定的,例如,铁路内燃机车油样光谱分析取样间隔时间约为机车行走 5000km 左右为宜。通常,取样间隔时间可根据工作环境、设备的质量状况、管理水平,以及设备维修情

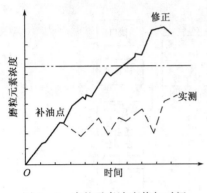

图 7-6　磨粒元素浓度值与时间
或距离的关系曲线

况等因素综合而定。工作环境好,维修质量较高,设备技术状态良好时,取样间隔时间可以长一些;反之,取样间隔时间要短一些。

列表、记录并追踪被监测设备油样增长率及其相应的时间或运行距离,绘制相应的设备磨损趋势曲线,对于设备运行过程中需要换油或补充新油的情况下,绘制磨损趋势线图时,应作相应的修正,以反映设备磨损过程的真正磨损趋势。图 7-6 为磨粒元素浓度值与时间的关系曲线。显然,一个成功的机械设备状态监测工作,油样光谱分析结果都应该认真建立自身的数据资料档案或数据库。

第三节　油样铁谱分析法

一、油样铁谱分析法简介

铁谱分析技术(ferrography)是 20 世纪 70 年代国际摩擦学领域出现的一项新技术。1970年,美国麻省理工学院(MIT)的 W. W. Seifert 教授和福克斯波洛(Foxboro)公司的 V. C. Westcott 首先提出了铁谱技术的原理,并研制成功了用于分离磨屑和进行观察分析的仪器——铁谱仪。此后,铁谱技术迅速被许多国家的摩擦学工作者所接受,开始主要用作实验室磨损机理研究的一种手段,接着发展成为直接用于机械设备工况监测诊断的工具。铁谱技术的理论日臻完善,应用范围也日趋扩大,已从最初的在发动机上的应用扩展到液压系统、齿轮蜗轮传动箱、轴承等部件,并广泛地应用于冶金、矿山、机械、汽车、铁路、船舶、煤炭、化工、建筑等行业,在机械设备故障诊断的油样分析方法中居主导地位。

油样铁谱分析法的基本原理是将油样按一定的严格操作步骤稀释在玻璃试管或玻璃片上,利用高梯度磁场的作用将机器运动副中产生的磨损颗粒按照其磨粒大小有序地从润滑油液中分离出来,依次沉积在显微基片上而制成铁谱片,然后用光学或电子显微镜观察、分析这些磨损残渣的形貌、数量、粒度和成分,根据残渣情况判断出机械设备的运行工况、关键零部件磨损的程度。

铁谱分析法主要用于铁质磨粒进行定性及定量分析,其分析的磨粒尺寸范围约 0.1~1000 μm,它包含了对故障诊断具有特殊意义的 20~200 μm 尺寸范围。它测定的主要内容包括:(1)磨粒浓度和大小;(2)磨粒形貌(反映磨粒产生原因和机理);(3)磨粒成分(反映产生的部位)。

铁谱分析法具有以下特点:

(1)较宽的磨粒尺寸检验范围:由于能从油样中沉淀 0.1~1000 μm 尺寸范围内的磨粒进行检测,而在该范围内的 20~200 μm 磨粒最能反映机器的磨损特征,所以可及时准确地判断机器的磨损变化,并能获得磨粒的多种信息。

(2)可以直接观察、研究油样中沉淀磨粒的形态、大小和其他特征,掌握运动副表面磨损状态,确定磨损类型。

(3)通过磨粒成分的分析和识别,判断不正常磨损发生的部位。

(4)能同时进行磨粒的定性检测和定量分析。与其他技术相比,铁谱分析技术能在对磨粒定性观测的同时,对磨粒量、磨损烈度、磨粒材质成分等进行定量测量。

(5)能够准确监测机器中一些不正常磨损的轻微征兆,如早期的疲劳磨损、擦伤与腐蚀磨损等,从而为设备状态监测人员提供宝贵的信息,避免机械事故的发生。

然而,铁谱分析技术也有不可避免的缺点:

(1)对润滑油中非铁系颗粒的检测能力较低;

(2)作为一门新兴技术,铁谱分析的规范化不够,分析结果对操作人员的经验有较大的依赖性。

二、基本仪器

国内外已开发的铁谱仪种类很多,根据机器状态监测方式可分为离线铁谱仪和在线铁谱仪;按实现铁谱定量和定性分析功能需要可分为分析式铁谱仪、直读式铁谱仪、双联式铁谱仪等,上述三种铁谱仪都属于离线铁谱仪;此外,若根据铁谱片的制作原理不同分类,又可分为旋转式铁谱仪和固定式铁谱仪。目前已研制出能在润滑系统中分离测量磨粒的在线铁谱仪。铁谱仪具体分类如图7-7所示。

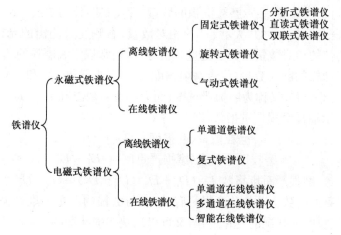

图7-7　铁谱仪分类图

这里主要介绍直读式铁谱仪和分析式铁谱仪两种。

(一)直读式铁谱仪

直读式铁谱仪的主要特点是可以比较迅速而方便地测出磨损特性指标,对设备的磨损状态给出定量分析,特别适用于设备的状态监测,目前在工厂、港口、船舶等处得到广泛应用。

直读式铁谱仪如图7-8所示。稀释后的油样装入高处的试管中,经毛细管,油样被虹吸向下流入沉积管。高梯度强磁场装置位于沉积管下方,当油样缓慢流入沉积管时,油样中的铁磁磨粒在磁场作用下,有序地沉积排列在沉积管下部,如图7-9所示。磨粒在沉积管中沉降的速度取决于本身的尺寸、形状、密度和磁化率,以及润滑油的黏度、密度和磁化率等许多因素。当其他因素固定后,磨粒的沉降速度与其尺寸的平方成正比,同时还与磨粒进入磁场后离管底的高度有关。从图7-9中可以看到,在入口处沉淀有大颗粒和一部分小颗粒残渣,尺寸约在$5\sim10\ \mu m$;在距入口5mm处沉淀有部分小颗粒残渣,尺寸约1$\sim2\ \mu m$。

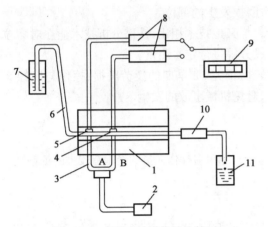

图 7-8 直读式铁谱仪结构简图

1—磁场装置；2—光源；3—光通道；4—沉积管；

5—光电传感器；6—毛细管；7—油样；

8—信息转换器；9—数字显示仪；10—虹吸泵；

11—废油；A、B—光束

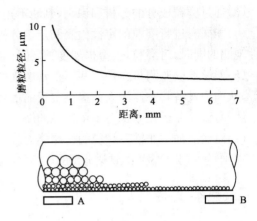

图 7-9 沉积管内的磨粒排列

A、B—光电元件

图 7-8 中两道光束分别穿过上述大小磨粒沉积区，并被位于对侧的光电元件所接收。光电元件所接受到的光束强弱，表示磨粒沉积的数量，即反映磨粒的浓度。设左侧光束测出的光密度值为 D_L，代表大于 5 μm 的"大磨粒"的相对数量；右侧光束测出的光密度值为 D_S，代表 1～2 μm 的"小磨粒"的相对数量。为了定量分析方便，通常规定大磨粒的读数 D_L 和小磨粒的读数 D_S 之和表示油样的磨粒数量，代表磨损程度；大磨粒的读数 D_L 和小磨粒的读数 D_S 之差表示油样磨粒的尺寸分布，又称为磨损严重度；而大小磨粒之和 D_L+D_S 与大小磨粒数之差 D_L-D_S 的乘积表示油样磨损严重指数，即

$$磨粒数量（磨损度）=D_L+D_S$$

$$磨粒尺寸分布（磨损严重度）=D_L-D_S$$

$$磨损严重度指数\ I=(D_L+D_S)(D_L-D_S)=D_L^2-D_S^2$$

显然，磨损严重度指数 I 既与总磨损量有关，又与磨损的严重程度有关，所以磨损严重度指数 I 不但可以反映磨损状况的变化过程，又可以反映磨损状况的严重程度，是铁谱技术定量参数中的重要指标之一。在设备状态监测中，还可归纳如下两个参数：

$$磨粒浓度=\frac{D_L+D_S}{油样量}\times100\%$$

$$大磨粒百分数=\frac{D_L-D_S}{D_L+D_S}\times100\%$$

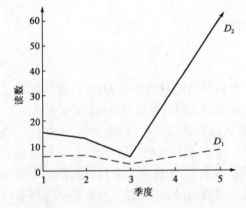

图 7-10 直读式铁谱仪的磨损度趋势

记录绘制磨损程度指标曲线的变化，可以有效地监测设备的早期磨损，长期监测某一特定设备的经验积累，就可以定出磨损程度指标的基准线，从而提高状态监测的有效性。图 7-10 为季度取样的趋势图，D_1 表示正常磨损状态下的磨损度，D_2 表示异常磨损状态下的磨损度。在正常磨损状态下，D_1 可能超过 D_2；当磨损趋于严重时，D_2 与 D_1 的比值可能变得很大。

（二）分析式铁谱仪

直读式铁谱仪只能提供有关残渣数量和大小的信息，为了进一步确定残渣的形态和成分，需要采用分析式铁谱仪。分析式铁谱仪是最先研制出来的铁谱分析技术仪器，由铁谱仪和铁谱显微镜两部分组成。图7-11为分析式铁谱仪工作原理图。

按一定要求从设备润滑系统中取得油样，经稀释、加热后将约2mL的待检油样放入玻璃管中，稳定低速率的微量泵输送油样到放置在强磁场装置上方，且成一定倾斜角（1°～3°）的玻璃基片（亦称铁谱基片）上。油样由上端以约15m/h的流速流过高梯度的强磁场区，从玻璃基片下端流入回油管，然后排入贮油杯中。油样中的磨粒在高梯度强磁场的作用下，按一定的规律排列沉积在基片上，经四氟乙烯溶剂冲洗去除底片上的残油，待固定剂全部挥发干后，垂直向上取下铁谱片，然后用显微镜对残渣磨粒进行观察，根据磨粒的形态可以确定磨损的类型，还可根据磨粒沉积的位置和形态区别出有色金属残渣。例如，沉积部位偏下的大颗粒残渣，其长轴方向与磁力线方向成较大的角度，说明其磁敏感性较低；残渣表面的孔洞和变形褶皱也说明它们比较软，等等。图7-12为铁谱片形状和磨粒尺寸的分布。实验分析表明，"大磨粒"（粒径≥5μm）一般沉积在距出口端约50～57mm的入口区，"小磨粒"（粒径1～2μm）一般沉积在距出口端约50mm处，而粒径＜1μm的"细小磨粒"通常沉积在距出口端约30mm以下的区域。

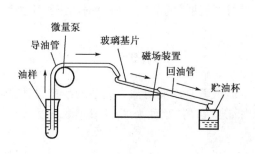

图7-11　分析式铁谱仪工作原理

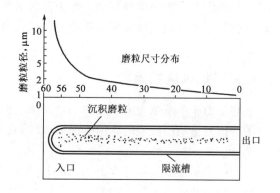

图7-12　铁谱片和磨粒尺寸的分布

磨损研究表明，润滑工况下，相对运动的两表面的磨损状态与磨损过程中产生的磨粒数量、磨粒的尺寸及其分布密切相关。非正常的磨损均会导致磨粒浓度的变化，严重磨损总是伴随着较大磨粒的数量增加。所以，测量、记录油样磨粒的浓度变化、尺寸分布变化及其趋势，就可以相对定量地诊断和监测设备的磨损状况。图7-13为一般金属表面磨损过程与磨粒尺寸及磨粒数量的关系。

分析式铁谱分析技术的各磨损程度定量指标与直读式铁谱仪的分析指标基本相同。

由于分析式铁谱仪谱片制作的误差、光密度读数器对被测点的圈点误差以及定标误差等，上述定量分析值准确性较难控制，许多铁谱

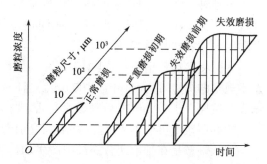

图7-13　磨损过程与磨粒尺寸

分析技术工作者取直读式铁谱读数和光谱分析值作为磨损量的指标,分析式铁谱分析技术以观察、分析磨粒的形状、大小、表面形貌等为主。

三、磨损类型及磨粒相关性

铁谱分析的目的是通过分析磨粒的特征判断运动副的磨损程度和磨粒成分,确定设备的磨损部位和失效情况,区分正常磨损和异常磨损,并对磨损失效提出早期预报。其中,磨粒识别是很关键的步骤。不同磨损状态下形成的磨粒在显微镜下的形态描述如下。

(一)正常滑动磨损磨粒

正常滑动磨损磨粒是指机器正常滑动磨损产生的磨粒。在正常的磨合期内,磨损表面上形成了特殊薄层,对钢而言,通常是厚度小于 1 μm 以下的薄层,该层称为剪切混合层。正常滑动磨损磨粒是从剪切混合层中剥落下来的薄碎片,其典型的主要尺寸范围为 0.5～15 μm 或更小,它们具有光滑的表面。

正常滑动磨损磨粒是剪切混合层部分剥落的结果。若剪切混合层未完全剥落,润滑系统中像沙粒一样的过量污染物可能使磨损的发生率增加一个数量级以上,虽然不大可能发生灾难性的事故,但这时系统会迅速遭到磨损。在这种情况下,虽然大部分磨屑可能是正常滑动磨损的颗粒,即将发生的故障还是可以利用这类磨粒数量明显增加来预报。磨屑实际数量上的增加取决于污染的类型和数量。易于发生这种问题的零部件是那些具有大致相同硬度的配合面,例如,柴油机的气缸壁和活塞环的运动配合面。对这类油样的磨粒分析将揭示出污染类型等信息。

(二)切削磨损磨粒

它是由一个摩擦表面切入另一个摩擦表面形成的,或者是由润滑油中夹杂的沙粒、其他部件的磨损残渣切削较软的摩擦表面形成的,其形状如带状切屑,宽度为 2～5 μm,长度为 25～100 μm。

切削磨损颗粒是不正常磨损,应当仔细地检测它们的存在及数量。若系统中的大多数切削磨损颗粒达到了大约几微米长、几分之一微米宽,应当怀疑是否有污染物存在;若系统显示出大的切削磨损磨粒(50 μm 长)的数量在不断增加,部件可能即将发生失效。

(三)滚动疲劳磨损磨粒

滚动轴承疲劳磨损,如滚柱端部磨损、滚道和涉及滑动的其他接触等,产生的颗粒,称为滚动疲劳磨损磨粒。已经发现,有三种不同性质的颗粒与滚动轴承疲劳有关。这三种颗粒是疲劳剥落颗粒、球状颗粒和层状颗粒。

疲劳剥落颗粒呈片状,其主要尺寸与厚度之比大约为 10:1。它们具有光滑的表面和任意不规则的周边,最大尺寸达 100 μm。当产生宏观剥落而发生疲劳时,颗粒的尺寸可能继续增大。按照大于 10 μm 的颗粒数量是否增加,可以判断初期出现的不正常磨损。某些设备中产生的磨屑数量可能不大,但这些磨屑会引起设备功能上的严重损失。

球状颗粒是在轴承疲劳裂纹中产生的。若发生这种情况,可以作为即将发生故障而需要采取措施的预报。迄今为止,在所有检测的工业系统中,滚动轴承疲劳剥落都是发生在直径为 1～5 μm 球状钢颗粒大量产生以后。据估计,在失效过程中,轴承要产生数百万颗球状颗粒。

层状颗粒非常薄,游离金属颗粒主要尺寸为 $20\sim50\ \mu m$,厚度约为 $1\sim2\ \mu m$,主要尺寸与厚度之比一般为 $30:1$。层状颗粒可能在轴承的整个使用期内产生,但是在疲劳剥落开始发生以后,这种颗粒产生的数量将会增加,所以,若它们的数量增加,而且发现有不明根源的严重磨损发生,便表明滚动轴承工作中出现了故障。同样地,若随着球状颗粒的大量产生,层状颗粒的数量也增加,这表明滚动轴承存在疲劳裂纹了,这些裂纹将导致材料的剥落。

(四)滚动疲劳兼滑动疲劳磨粒

这种颗粒主要是由齿轮节圆上的材料疲劳剥落形成的。其形状不规则,主要尺寸与厚度之比在 $4:1\sim10:1$ 之间变化。当齿轮的载荷过大、速度过高时,齿面上也会出现凹凸不平、表面粗糙的擦伤。一旦发生擦伤,它通常影响到齿轮上的每一个齿,并产生大量的磨屑。齿面存在的拉伸应力会引起疲劳裂纹,而且裂纹向轮齿深处扩散,直至剥落形成块状磨粒。

(五)严重滑动磨损磨粒

这种颗粒是在摩擦面的载荷过高或速度过高的情况下剪切混合层不稳定而形成的。磨粒呈大颗粒剥落,引起磨损率增加。若因载荷或速度过高而使磨损表面上的应力进一步增加,整个表面将遭到破坏,磨损率会达到灾难性的数值。

这种磨粒尺寸在 $20\ \mu m$ 以上,厚度在 $2\ \mu m$ 以上,由于滑动,其中有些磨粒带有表面擦伤,并且具有锐利的直边。在这种磨损下,当磨损进一步加剧时,磨粒上的擦伤和直的刃会变得更加突出。

第四节　磁塞分析法与理化分析技术

一、磁塞分析法

磁塞分析法早于油样铁谱分析法,是在飞机、轮船和其他工业部门中长期采用的简单而有效油液检测与诊断技术。

磁塞分析法的基本原理是将带磁性的磁塞安装在润滑系统中的管道内,用以收集油液中的铁磁性磨损颗粒,然后定期取下磁性探头,对附着在磁性探头上的磨损微粒进行分析。通过磨屑与过油量之比,可以算出润滑油中所含磨屑的浓度;对附着在探头上的微粒,用光学显微镜或电子显微镜进行观察,就可以得到关于磨屑形状、尺寸的信息,以此推断机器零部件的磨损状态。由此可以看出,磁塞分析具有设备简单、成本低廉、分析技术简便、一般维修人员都能很快掌握、能比较准确获得零件磨损和故障信息等优点,适用于磨屑颗粒尺寸大于 $50\ \mu m$ 的情形。由于机器零部件的磨损后期一般均出现尺寸较大的颗粒,因此,磁塞分析法是一种很重要的手段。图 7-14 是磨损过程中磨屑尺寸随时间的发展趋势

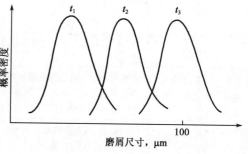

图 7-14　磨屑尺寸分布随磨损过程变化曲线
$t_1 < t_2 < t_3$

图,说明了机器零部件在磨损过程中,磨屑的尺寸分布随时间的增长而增长。

(一)磁塞的构造

磁塞(图7-15)由磁钢4、用非导磁材料制成的磁塞座7、磁塞芯8、自闭阀3(更换磁塞时,利用弹簧作用能堵住润滑油)和弹簧5等组成。磁塞通过螺纹连接在润滑系统管道中。

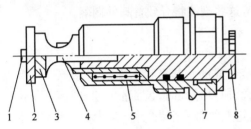

图7-15　磁塞结构示意图

1—螺钉;2—挡圈;3—自闭阀;4—磁钢;5—弹簧;
6—密封圈;7—磁塞座;8—磁塞芯

(二)磁塞的安装

磁塞应该安装在润滑系统中能得到最大捕获磨屑机会的地方,尽可能靠近被监测的磨损零件,中间不应有过滤网、油泵或其他液压件的阻隔。较合适的安装部位是管子弯曲部位的外侧,这样磨屑会因离心力而被带到磁铁处。在直管中安装磁塞时,应在安装处准备一个扩大部。

二、理化分析技术

理化分析技术主要包括油液的物理和化学两个方面,表征油液的性能指标,综合反映油品质量。油品性能变化的原因如表7-1所示,油液参数与性能的关系如表7-2所示。

表7-1　油品性能变化的可能原因

名　称	描述	变化可能引起的原因
抗腐蚀性	润滑油中的酸性物质、氧化产物与金属之间的反应,导致润滑油劣化	温度过高,导致酸性物质和氧化产物过多;(抗腐蚀性)添加剂分解或流失
防锈蚀性	润滑油延缓金属部件生锈的能力	水分过多;酸性物质过多;防锈剂可能分解
抗泡性	油品中通入空气时或搅拌时发泡体积的大小及消泡的快慢等性能	水分过多
抗乳化性	润滑油抵抗与水混合形成乳化液的性能	润滑油与水形成乳化液的本质原因是:油水之间的表面张力过小,具体包括三点:水过多;杂质混入;亲水基和亲油基的添加剂过多

表7-2　油液参数与性能的关系

名称		定义或描述	反映油品性能
颜色		油品的外观色质	反映其精制程度和稳定性,不适合无颜色或色度的润滑油,可以大致估量其氧化、变质和受污染情况。实际上,只要其他油品指标合乎要求,颜色深浅对润滑几乎无影响
相对密度		20℃时的油品与4℃时同体积的水的质量比	反映油品变质或污染
黏度(油品的内摩擦力)	动力黏度	面积为1cm²、相距1cm远的两个油层,当其中一个以1cm/s的速度相对另一个油层相对运动时所产生的阻力	反映油品油性和流动性的一项指标。黏度越大,油膜强度越高,而流动性越差
	运动黏度	相同温度下,液体的动力黏度与其密度之比,即动力黏度/密度	
相对黏度		也称条件黏度,是各种黏度计测得的黏度	反映温度的变化,黏温特性,一般是常温到100℃之间黏温特性曲线的平缓度

名称	定义或描述	反映油品性能
闪点	将油品在规定实验条件下加热使温度升高,其中一些成分蒸发或分解产生可燃性气体。当油液升到一定温度并与空气混合后,与火焰接触能发生瞬间闪火的最低温度	反映油品蒸发性的一项指标;油品着火危险性的指标。一般情况下,闪点比使用温度高 20～30℃ 为安全
凝点	在指定的冷却条件下,油品停止流动的最高温度	反映油品低温流动性的一个重要质量指标
倾点	在规定实验仪器和条件下,冷却到液体不流动后缓慢加热到开始流动的最低温度	也是反映油品低温流动性指标,表示润滑油储运和使用时的低温流动性
总酸值	表示润滑油中含有酸性物质的指标,单位是 mgKOH/g	对于新油品,表示精制的深度,或添加剂量;对于旧油,表示氧化变质的程度
水分	润滑油中水分含量	反映油品品质、油膜的形成、有机酸的形成、各种添加剂的分解等
残炭	润滑油中烃在空气不足的情况下,受强热分解、缩合而成残炭	粗略地判断油品的老化变质,不一定正确,尤其是对含添加剂的油更是如此
污染度	尘埃、杂质和水分	反映油品被污染程度
氧化度(级)	受空气氧化或高温氧化	反映油品氧化特性
腐蚀	钢或有色金属的腐蚀	反映油品腐蚀性
机械杂质	存在于润滑油中不溶于汽油、乙醇和苯等溶剂的沉淀物或胶状物,大部分是砂石和铁屑之类或难溶于溶剂的有机金属盐	反映油品纯洁性的质量指标

第五节　油样分析技术应用

将前述的分析方法总结如图 7-16 所示。

油样分析技术在机械设备状态监测与故障诊断中的应用实例较多,这里仅以柴油机状态监测为例进行说明。监测柴油机的运转状态,可以防止突发事故的发生,加强早期预防柴油机关键运动件的故障。油样分析技术是柴油机状态监测最有效的方法之一,可以从以下三方面获得监测信息。

(1)腐蚀度。借助分析式铁谱技术,可以监测润滑油腐蚀性以及柴油机主要零件的腐蚀程度,将腐蚀磨损的颗粒沉积在铁谱片上,检测其颗粒的数量及形貌。借助直读式铁谱技术可以检测出大磨粒数与小磨粒数的相对比例。借助光谱技术,可以检测主要零件的腐蚀程度,例如检测 Fe、Cu、Pb 等主要金属元素的浓度及其变化。

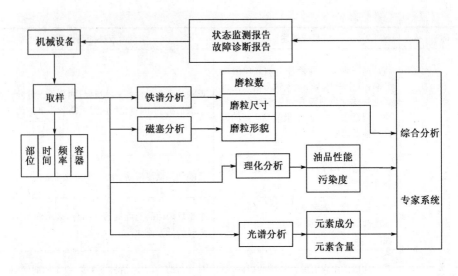

图 7-16　油样分析流程图

（2）氧化度。监测润滑油被氧化的程度，利用红外光谱测定润滑油中氧、氧化物的变化趋势以及添加剂衰减的趋势。

（3）污染度。监测润滑油被金属或非金属杂质污染的程度。在许多情况下，引起故障的原因是外来污染物对润滑油的污染，例如灰尘、泥沙、积碳颗粒，以及油变质形成的化合物、集合物等。通常污染度可分为 10 级：1～3 级有少量污染物；4～7 级有一定数量污染物，应注意；大于 7 级应采取措施。

润滑油中金属磨粒浓度的监测，大多数借助于光谱技术测量，用发射光谱仪可以监测柴油机 9 个最有价值的元素浓度值：Fe、Cr、Mo 的浓度值反映主要钢铁零件的磨损和腐蚀；Cu、Pb、Sn 的浓度值反映轴承的磨损、腐蚀；Si 的浓度值反映环境的污染程度；Ai 的浓度值反映活塞裙部或 Al-Sn 合金轴承的磨损；V 的浓度值反映燃烧物或燃油的污染程度。

由于发射光谱仪能最有效地检测润滑油中小于 10 μm 的悬浮于油中的金属颗粒，所以发射光谱测出的金属元素浓度变化范围，可以很好地反映零件的腐蚀和摩擦副表面正常磨损的变化趋势。如果有异常磨损现象，发射光谱仪测出的元素浓度的突然变化可以给出很明显的反映。

柴油机出现的异常磨损，如擦伤、刮伤、磨粒磨损、粘着磨损以及疲劳磨损等，产生的磨粒尺寸往往都大于 10 μm，严重磨损时可产生几百微米的磨粒。借助铁谱分析技术，可以监测预防柴油机的烧瓦、拉缸等严重故障；用直读式铁谱仪可以较快地给出大磨粒相对值 D_L 和小磨粒 D_S 相对值，尤其是 D_L 值对于分析严重磨损更有意义。D_L+D_S 代表了磨粒的总相对浓度，所以对于柴油机状态监测时，应记录追踪 D_L+D_S 的变化趋势。同时，在分析严重磨损原因时，还应参考磨粒的形貌显微观察，从而得出比较可靠的结论。

图 7-17 为监测某柴油机时得到的铁谱片。不同分析方法的结果如表 7-3 所示。

图 7-17　某柴油机铁谱片

表 7 - 3   使用不同分析方法对某柴油机的分析结果

分析方法	结　果
铁谱分析	在谱片上发现大量红色氧化物,明显表明油中有进水的迹象
光谱分析	润滑油中钠元素的含量高达 500×10^{-6},明显高于其他油样,初步判断为润滑油中进海水
理化分析	使用 SYP1015 石油产品水分试验器,测试结果为水分含量达 1.5%
结论	柴油机润滑油中有海水,含量为 1.5%,已经导致油液中产生大量的红色氧化物

习题与思考题

7-1　油样分析的基本工作程序是什么?

7-2　油样光谱分析方法的原理是什么?

7-3　试述原子发射光谱仪的组成及其工作原理。

7-4　油样光谱分析有哪些特点?

7-5　在机械设备故障诊断中,光谱分析可提供哪些信息?

7-6　常用油样铁谱分析仪器有哪些? 其原理是什么?

7-7　直读式铁谱仪与分析式铁谱仪在分析磨粒信息方面和性能上有什么区别?

7-8　油样铁谱分析的诊断指标有哪些? 各自的含义是什么?

7-9　磁塞分析法有什么特点?

7-10　如何应用油样分析方法进行故障诊断?

第八章
旋转机械振动监测与故障诊断

第一节 概 述

一、旋转机械

绝大多数机械都有旋转件。旋转机械是指主要功能由旋转运动完成的机械,尤其是指主要部件作旋转运动的、转速较高的机械,由转轴、联轴器及滚动轴承等旋转部件和轴承(动轴承)、轴承座、机壳等非转动部件等构成,如汽轮机、燃气轮机、发电机、电动机、离心压缩机、水轮机、各类风机等机械设备。转速范围一般为每分钟几千转至每分钟几十万转,这类机组通常称为高速旋转机械,当然也有低速的水轮机机组,其转速只有 100r/min。

旋转机械通常具有大型、高速、连续工作及处于关键环节的特点,其故障停车会造成整个生产流程的停顿,影响企业的生产,甚至给企业带来巨大的经济损失乃至严重的灾难性后果。因此,对旋转机械进行状态监测和故障诊断,是保证企业正常安全生产、提高生产率和企业效益的重要途径。

旋转机械的结构及其零部件的加工和安装方面的缺陷,使机器在运行时引起振动,其振动类型可分为横向振动、轴向振动和扭转振动三类。其中,过大的横向振动往往是机器破坏的主要原因,所以成了振动监测的主要对象,也是对机组状态进行诊断的主要依据。

二、机械振动的分类

(一)按振动动力学特征分类

机器产生振动的根本原因在于其承受一个或几个力的激励,不同性质的力激起不同类型的振动。了解机械振动的动力学特征不仅有助于对振动的力学性质做出分析,还有助于说明设备的故障机理。按振动动力学特征可将机械振动分为三种类型。

1.自由振动

自由振动是物体受到初始激励(通常是一个脉冲力)所引发的一种振动,若系统无阻尼,则系统维持等幅振动;但系统都存在阻尼,则系统作衰减振动。这种振动靠初始激励一次性获得振动能量,历程有限,一般不会对设备造成破坏,不是现场设备诊断所必须考虑的因素。

物体并不是一受到激励都可发生振动。实际的振动体在运动过程中总是会受到某种阻尼作用,如空气阻尼、材料内摩擦损耗等,只有当阻尼小于某一临界值时才可激发起振动,临界阻尼也是振动体的一种固有属性。

2. 强迫振动

强迫振动又称同步振动,是由外界持续周期性激振力作用而引起的振动,产生强迫振动的主要原因有转子质量的不平衡、联轴器的不对中、安装不良等。对于旋转机械,其振动的频率为转子的回转频率及其倍频。振动的振幅,在转子的临界转速前随着转速的增加而增大,超过临界转速则随转速 n 的增加而减小,在临界转速处有一共振峰值。对转子来说,其激振原因是转子的不平衡(转子的质心与回转轴线偏离)在旋转时产生的离心惯性力,该力的大小取决于转子的不平衡程度。

因此,对转子进行动平衡处理,减小转子质心与回转轴线的偏距,即可减轻这种振动。在设计上,使转子在远离临界转速处运行,以避免共振的发生。

3. 自激振动

自激振动,也叫亚同步振动,是在没有外力作用下,由系统自身原因产生的激励而引起的振动,如油膜振荡、喘振等。自激振荡的振动频率低于转子的回转频率,由于这种差异而在转子和定子中产生交变应力,并且这种振动常常在某个转速下(大于临界转速)突然发生,因而对旋转机械具有极大的危害性。自激振动对环境条件的变化是十分敏感的,环境条件有微小差别,机器的稳定性可能具有极大的差异。

自激振动有如下特点:

(1)随机性。因为能引发自激振动的激励力(大于阻尼力的失稳力)一般都是偶然因素引起的,所以自激振动没有一定规律可循。

(2)振动系统非线性特征较强,即系统存在非线性阻尼元件(如油膜的黏温特性、材料内摩擦)、非线性刚度元件(柔性转子、结构松动等)时才足以引起自激振动,使振动系统具有的非周期能量转为系统振动能量。

(3)自激振动频率与转速不成比例,一般低于转子工作频率,与转子第一临界转速接近。

(4)转轴存在异步涡动。

(5)振动波形在暂态阶段有较大的随机振动成分,而稳态时,波形是规则的周期振动。

自由振动、强迫振动和自激振动在设备故障诊断中有各自的使用领域。对于结构件,因局部裂纹、紧固件松动等原因导致结构件的特性参数发生改变的故障,多利用脉冲力作激励的自由振动来检测,以测定构件的固有频率、阻尼系数等参数的变化。对于减速箱、电动机、低速旋转设备等机械故障,主要以强迫振动为特征,通过对强迫振动的频率成分、振幅变化等特征参数的分析来鉴别故障。对于高速旋转机械以及能被工艺流体所激发的设备,除了需要监测强迫振动的特征参数外,还需要监测自激振动的特征参数。

(二)按振动频率分类

机械振动频率是设备振动诊断中一个十分重要的概念。在各种振动诊断中,常常要分析频率与故障的关系,要分析不同频段振动的特点,因此理解振动频段的划分对振动诊断的检测参数选择具有很实用的意义。按照振动频率的高低,通常把振动分为三种类型。

1. 低频振动

频率小于 10Hz 的振动称为低频振动。在低频范围,主要测量的振幅是位移量。这是因为在低频范围造成破坏的主要因素是应力的强度,位移量是与应变、应力直接相关的参数。

2.中频振动

中频振动的频率在 10~1000Hz 之间,在此范围内,主要测量的振幅是速度量。这是因为振动部件的疲劳进程与振动速度成正比,振动能量与振动速度的平方成正比。这时,零件主要表现为疲劳破坏,如点蚀、剥落等。

3.高频振动

频率大于 1000Hz 的振动称为高频振动。在高频范围,主要测量的振幅是加速度。这是因为加速度表征振动部件受冲击力的强度,冲击力的大小与冲击的频率和加速度值正相关。

三、转子的临界转速

旋转机械在启停升降速过程中,往往在某个(或某几个)转速下出现振动急剧增大的现象,有时甚至在工作转速下振动也比较强烈。其振动原因往往是转子系统处于临界转速附近产生共振。

在无阻尼的情况下,转子的临界转速等于其横向固有频率,因此转子的临界转速个数与转子的自由度相等。对实际转子来说,理论上有无穷多个临界转速,但由于转子的转速限制,往往只能遇见数个临界转速。

在有阻尼的情况下,转子的临界转速略高于其横向固有频率。

根据转子的工作转速 n 与其第一阶临界转速 n_{cr1} 间的关系,可将转子划分为刚性转子($n<0.5n_{cr1}$)、准刚性转子($0.5n_{cr1}\leqslant n<0.7n_{cr1}$)、柔性转子($n\geqslant0.7n_{cr1}$)。刚性转子与柔性转子的动力学特性有很大不同,这对于动平衡来说十分重要。

第二节 旋转机械振动评定标准

振动直接影响大型旋转机械的安全、稳定运行。旋转机械振动评定尺度主要有轴承座振动位移、轴承座振动烈度和轴径向振动位移三种,通常以通频振幅来衡量机械运行状态。

轴承振动评定可以利用接触式传感器(例如磁电式振动速度传感器或压电式振动加速度传感器)放置在轴承座上进行测量。

轴振动值评定可利用非接触式传感器(例如涡流式传感器)测量轴相对于机壳的振动值或轴的绝对振动值。

一、轴承座振动

轴承座振动又称轴承振动或瓦振,以轴承座垂直、水平和轴向三个方向中的最大振动作为评定依据。振动位移和烈度是轴承座振动监测所主要采用的两个尺度。

(一)以轴承振动位移峰峰值作评定标准

我国早在 1959 年就在《电力工业技术管理法规》中规定了汽轮发电机组轴承的振动标准,

1980年对该法规进行了修订。该标准以轴承振动位移信号峰峰值为尺度,要求汽轮机在新安装投入运行时、大修前后及在正常运行(每月)中,均应检查记录汽轮机轴承在3个方向(垂直、横向、轴向)的振动情况,振动限值见表8-1。新装机组的轴承振动不宜大于0.03mm。

表8-1 汽轮机组振动限值表

转速,r/min	振动双振幅值,mm	
	良好	合格
1500	0.05 及以下	0.07 及以下
3000	0.025 及以下	0.05 及以下

表8-2为机械部关于《离心鼓风机和压缩机技术条件》中规定的轴承振动标准。

表8-2 离心鼓风机和压缩机振动标准

振动标准 μm	转速,r/min			
	≤3000	≤6500	≤10000	>10000
主轴承	50	≤40	≤30	≤20
齿轮轴承		≤40	≤40	≤30

表8-3为国际电工委员会IEC推荐的汽轮机振动标准。

表8-3 IEC汽轮机振动标准

振动标准 μm	转速,r/min				
	≤1000	1500	3000	3600	≥6000
轴承上	75	50	25	21	12
轴上(靠近轴承)	150	100	50	44	20

由上述三表可以看出,转速低,允许的振动值大;转速高,允许的振动值小。这是因为对于同样的振动值,高速机组比低速机组更易出现故障。同时还必须强调,上述表中的振幅均为双振幅,即峰峰值,而有些国家、公司采用峰值标准,相应允许振动值要减少1/2,这点应给予重视,以免造成不必要的损失。

(二)以轴承振动烈度作为评定标准

在制定上述振动标准时,假设:

(1)机组振动为单一频率的正弦波振动;

(2)轴承振动和转子振动基本上有一固定的比值,因此可利用轴承振动代表转子振动;

(3)轴承座在垂直,水平方向上的刚度基本上相等,即认为是各向同性的。

实践证明上述假设与事实不尽相符,所测得的振动多数是由数种频率的振动合成的;轴承组水平刚度明显低于垂直刚度;转子振动和轴承座振动的比值,可以是2～50倍,它和轴承型式、间隙、轴承座刚度、油膜特性等有关,且同类机组亦不尽相同。因此,为了较全面地反映机组的振动情况,必须制定其他的振动标准。

由式(8-1)可知,振动速度幅值同时反映了振动位移幅值和频率的影响,因此又称振动烈度。对于高频振动或冲击型振动,监测振动烈度比振动位移更为有效。

$$v_{rms} = \sqrt{\frac{1}{T}\int_0^T v^2(t)\,dt} = \sqrt{\frac{1}{n}(v_1^2 + v_2^2 + \cdots + v_n^2)}$$

$$= \sqrt{\frac{1}{n}(A_1^2\omega_1^2 + A_2^2\omega_2^2 + \cdots + A_n^2\omega_n^2)} \tag{8-1}$$

式中　v_{rms}——振动烈度，mm/s，即轴承振动速度的均方根值（或称有效值）；

　　　　T——振动周期，s；

　　　　$v(t)$——振动速度信号，mm/s；

　　　　$\omega_1,\omega_2,\cdots,\omega_n$——非简谐振动的各个角频率；

　　　　$v_1,v_2,\cdots,v_n$——相应角频率下的振动速度值；

　　　　$A_1,A_2,\cdots,A_n$——相应角频率下的振动位移峰值。

　　如果振动信号只含有单一频率成分 ω，振动位移和振动速度表达式分别为

$$\begin{cases} y(t) = \dfrac{A_{p-p}}{2}\sin(\omega t + \varphi) \\[2mm] v(t) = \dfrac{\omega A_{p-p}}{2}\cos(\omega t + \varphi) \end{cases} \tag{8-2}$$

式中　A_{p-p}——振动位移峰峰值，mm/s。

　　对于频率为 50Hz 的振动，$v_{rms}=0.11A_{p-p}$。

　　ISO 10816-3:2009《机械振动——在非旋转部件上测量来评定机器振动——第 3 部分：现场测量额定功率 15kW 以上、额定转速在 120r/min 和 15000r/min 之间的工业机器》给出了现场测量时评估振动水平的准则，如表 8-4 所示。

表 8-4　4 组机器的振动烈度评定等级（ISO 10816-3:2009）

振动烈度 mm/s	第一、三组		第二、四组	
	柔性	刚性	柔性	刚性
0.71	A	A	A	A
1.4	A	A	A	B
2.3	A	B	B	B
2.8	B	B	B	C
3.5	B	B	B	C
4.5	B	C	C	C
7.1	C	C	C	D
11	C	D	D	D
	D	D	D	D

　　该标准按设计、型号或轴承及支承结构的显著区别将机器分类成 4 组（对转轴高度 H，见 ISO 496）。这 4 组类型的机器可以卧式、立式或者倾斜地安装到柔性或刚性支撑结构上。具体分类如下：

　　一组：功率超过 300kW 的大型机器；转轴高度 $H \geqslant 300$mm 的电动机器。该组机器通常具有滑动轴承，运行或额定转速范围相对较宽，从 120r/min 到 15000r/min。

　　二组：功率在 15～300kW（包括 300kW）的中型机器；转轴高度 160mm $\leqslant H \leqslant$ 315mm 的电动机器。该组机器通常具有滚动轴承，运行转速通常在 600r/min 以上。

三组：功率超过 15kW 的带分离式驱动的多级叶轮泵（离心、混流、轴流）。该组机器通常具有滑动轴承或滚动轴承。

四组：功率超过 15kW 的带一体式驱动的多级叶轮泵（离心、混流、轴流）。该组机器通常具有滑动轴承或滚动轴承。

该标准有 4 个评价区域可对给定机器振动作定性的评价，并对可能采取的措施提供指南。这 4 个评价区域是：

区域 A：新交付的机器的振动通常落在该区域。

区域 B：机器振动处于该区域通常认为可无限制长期使用。

区域 C：机器振动处于该区域一般不宜长时间连续使用，通常机器可在此状态下运行有限时间，直到有采取补救措施的合适时机为止。

区域 D：机器振动处于该区域通常认为其振动烈度足以导致机器损坏。

支撑刚度对轴承振动的影响很大。相同激励力下，支撑刚度越小，轴承振动越大。因此，进行轴承振动烈度评定时，针对刚性支撑和柔性支撑给出了不同标准。刚性支撑通常指支撑系统固有频率高于激振力频率，柔性支撑通常指支撑系统固有频率低于激振力频率。ISO 2372 规定：如在测量方向上机器与支撑系统组合的最低自振频率至少大于主激振频率（大多数情况下为旋转频率）25%，则支撑系统在该方向上可以看作刚性支撑，其他支撑系统都可以看作柔性支撑。大型电动机、泵和小型汽轮发电机组一般是刚性支撑，大型汽轮发电机组部分轴承座则采用柔性支撑。某些情况下，支撑部件可能在某一测量方向上为刚性支撑，而在其他方向上为柔性支撑。

二、转轴振动标准

轴承座振动并不能完全反映转轴在轴瓦内的振动（轴振）。轴承振动和轴振的比值与轴承支撑刚度有关。激振力一定时，支撑刚度越大，轴承座振动越小，轴振越大。即使在不大的轴承振动下，转轴仍可能存在较大的相对振动。转轴振动过大，可能使轴承疲劳损坏并导致动、静部件碰磨。振动评定标准中应充分考虑该因素。为弥补轴承振动不能全面反映转轴振动的不足，大型旋转机械应考虑以转轴振动作为机组振动状态评定标准的尺度。

轴振有相对振动和绝对振动两种测量方式。表 8-5 和表 8-6 给出了 ISO 7919-2：1996《陆地安装大型汽轮发电机组旋转轴径向振动测量与评价标准》。该标准适用于陆地安装、功率大于 50MW、额定转速范围 1500～3600r/min 的电站大型汽轮发电机组，振动区域划分与表 8-4 相同。轴振动测量参数是通频振动峰峰值，以两个相互垂直方向上测得的位移峰峰值中较大者作为评定依据。表 8-7 给出了美国 GE 公司推荐的汽轮发电机组轴振标准，该标准在我国电力行业得到广泛应用。

表 8-5　大型汽轮发电机组轴相对振动位移推荐值（峰峰值，μm）

区域上界	额定转速，r/min			
	1500	1800	3000	3600
A/B	100	90	80	75
B/C	200	185	165	150
C/D	320	290	260	240

表 8-6　大型汽轮发电机组轴绝对振动位移推荐值(峰峰值,μm)

区域上界	额定转速,r/min			
	1500	1800	3000	3600
A/B	120	110	100	90
B/C	240	220	200	180
C/D	385	350	320	290

表 8-7　美国 GE 公司汽轮发电机组轴振标准

轴振标准	良好	报警	跳闸
双振幅	75 μm 以下	125 μm 以上	250 μm 以上

轴振测量时,受机械干扰和电磁干扰等因素的影响,将会产生测量偏差(偏摆)。当偏摆幅值不大于振动允许限值的 25% 或 6 μm 中的较大值时,轴振测量可以不计偏摆的影响。当偏摆超出此范围时,应采取必要的补偿措施,在轴振动测量信号中扣除偏摆分量。

三、旋转机械振动通用标准

振动标准作为故障诊断不可或缺的一部分非常重要,是机械设备运行状态的评价依据,是现场设备维护人员必备的资料。

(一)绝对判断标准

目前,旋转机械常用的振动诊断标准有国际标准化组织 ISO 颁布的 ISO 2372《机器振动的评定标准基础》和 ISO 3945《振动烈度的现场测量与评定》,如表 8-8 所示。除此之外,各国根据自身国情,颁布了相应的振动评定准则。

表 8-8　ISO 2372 和 ISO 3945 振动标准

振动强度范围			ISO 2372				ISO 3945	
分级范围	v_{rms},mm/s	dB	I 级	II 级	III 级	IV 级	刚性基础	柔性基础
0.28	0.28	89	A	A	A	A	优	优
0.45	0.45	93	A	A	A	A	优	优
0.71	0.71	97	A	A	A	A	优	优
1.12	1.12	101	B	A	A	A	优	优
1.8	1.8	105	B	B	A	A	优	优
2.8	2.8	109	C	B	B	A	良	优
4.5	4.5	113	C	B	B	B	良	良
7.1	7.1	117	C	C	C	B	可	良
11.2	11.2	121	D	C	C	C	可	可
18.0	18.0	125	D	C	C	C	可	可
28.0	28.0	129	D	D	D	C	不可	不可
45.0	45.0	133	D	D	D	D	不可	不可
71.0		137	D	D	D	D	不可	不可

注:(1)ISO 2372 振动标准中,把诊断对象分为 4 个等级:I 级为小型机械,如 15kW 以下电动机等;II 级为中型机械,如 15~75kW 电动机等;III 级为刚性安装的大型机械(600~12000r/min);IV 级为柔性安装的大型机械(600~12000r/min)。

(2)A、B、C、D 对应"优""良""可""不可",代表对设备状态的评价等级。

(3)采用 ISO 2372 标准时,要考虑被诊断设备的功率大小、基础型式、转速范围等约束条件。

(4)标准 ISO 2372 和 ISO 3945 所采用的诊断参数均为速度有效值(v_{rms})。

(二)相对判断标准

振动的相对振动标准可见表8-9至表8-11。

表8-9 旋转机械振动诊断相对标准

实测值与初始值之比	1	2	3	4	5	6	7
低频振动(≤1000Hz)	良好		注意		危险		
高频振动(>1000Hz)	良好			注意			危险

注:(1)本标准的判断依据:实际测量振动值与其初始值之比;所测振动信号的频率范围。
　　(2)标准将设备状态的评定分为3个等级:"良好""注意""危险"。

表8-10 相对判断标准的状态阈值

机构	低频诊断			高频诊断		
	良好	注意	危险	良好	注意	危险
旋转机械	<2	2~4	>4	<3	3	6
齿轮	<2	2~4	>4	<3	3	6
滚动、滑动轴承	<2	2~6	>6	<3	3	6

注:表中数值为被测值相对原始值的倍数。

表8-11 ISO 2372建议的相对判断标准

频率范围,Hz	<1000	>4000
注意区	2.5倍(8dB)	6倍(16dB)
异常区	10倍(20dB)	100倍(40dB)

美国石油学会给出了功率不超过1000kW的中小型涡轮机械轴振动的振动标准API 617《石油、化学和气体工业用轴流离心压缩机及膨胀机—压缩机》,其振动许可值为

$$A = 25.4\sqrt{\frac{12000}{n}} \qquad (8-3)$$

式中　A——振动许可值(双振幅),μm;

　　　n——机器的转速,r/min。

以上振动标准不能机械地套用,还应结合机组的振动趋势综合考虑,如长期振动较小的机组或测点,当其振动值增加但还仍未超过振动标准时,这也是故障征兆,应给予足够的重视,以防产生不良后果。

第三节　旋转机械振动监测参数与分析

一、监测参数

一台机器有许多物理量可以测量,为了达到故障诊断目的,应该选择哪些量作为监测参数? 由于机器的振动情况直接反映了机器运行状态的优劣,机器的许多故障都以振动形式反映出来,振动为故障诊断提供了重要信息,因此振动是故障诊断必须监测的参数之一。此外,与之相关的过程参数、工艺参数等也是故障诊断的有用参数。

监测参数可分为动态参数和静态参数两种。

(一)动态参数

(1)振幅。它表示机器振动的严重程度的一个重要指标,可用位移、速度或加速度表示。根据对振幅的检测,可以判断机器是否在平稳地运行。常用的振动传感器的使用频率范围见图8-1。

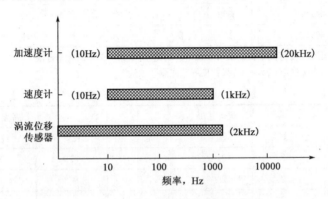

图8-1　常用振动传感器的测量范围

(2)振动烈度。近年来,国际上已统一使用振动烈度作为描述机器振动状态的特征量,其表达式见式(8-1)。

(3)相位。它对于确定旋转机械的动态特性、故障特性及转子的动平衡等具有重要意义。

(二)静态参数

(1)轴心位置:在稳定情况下,轴承中心相对于转轴轴颈中心的位置。在正常工况下,转轴在油压、阻尼作用下在一定的位置上浮动。在异常情况下,由于偏心太大,会发生轴承磨损的故障。

(2)轴向位置:机器转子上止推环相对于止推轴承的位置。当轴向位置过小时,易造成动静摩擦,产生不良后果。

(3)差胀:旋转机械中转子与静子之间轴向间隙的变化值。它对机组安全启动具有十分重要的意义。对于大型旋转机械,要求启动时机壳与转子必须以同样的比率受热膨胀。

(4)对中度:轴系转子之间的连接对中程度。它与各轴承之间的相对位置有关,不对中故障是旋转机械的常见故障之一。

(5)温度:轴瓦温度反映轴承运行情况。

(6)润滑油压:反映滑动轴承油膜的建立情况。

二、旋转机械故障振动分析

(一)常态频域分析

(1)振动频率。线性系统中振动的频率应等于激振力的频率,而激振力又是零部件故障产生的,因此,测量了转轴组件的振动频率,就可以找到激励源。但是,当转轴组件对中不良、松动或过载时,系统出现非线性刚度,振动频率中会包含有激振频率的高次谐波。图8-2是一台在管道共振区附近运行的汽轮机,由于内部质量不平衡造成过载,从而迫使轴承在非线性区域工作。图上出现激振频率的高次谐波。

（2）多重频率。如果振动传感器测量的信号是两个信号叠加，则此两个信号的频率可以在谱图上区分出来。图8-3是一台转速为800r/min的大型水泵的振动频谱。由于水泵的叶轮上有4个叶片，每个叶片上的水量不等（不平稳）而产生基频信号，频率54.4Hz（4×13.6Hz）是叶片与水撞击形成的。

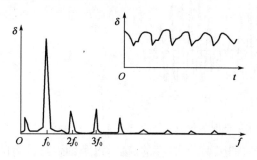

图8-2　汽轮机由于不平衡引起的振动　　　　图8-3　一台大型水泵的振动频谱

（3）脉冲激发。当机器受到冲击载荷时，机器就会按其固有频率进行振动，如图8-4(a)所示，功率谱图上将有一谱峰位于机器的固有频率处。如果机器中零件的缺陷比较严重，则此固有频率还被缺陷的重复频率f_1所调制而产生边频，如图8-4(b)所示。这方面典型的例子是齿轮传动，将在第十章讨论。

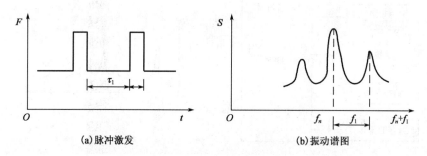

图8-4　机械系统对脉冲激发的响应

（4）拍。拍的现象在回转机械振动中经常出现，当两种振动频率相近且幅值相等时，叠加起来就会产生拍：

$$x = a\sin\omega_1 t + a\sin\omega_2 t = 2a\cos\frac{\omega_1 - \omega_2}{2} \cdot \sin\frac{\omega_1 + \omega_2}{2}$$

如图8-5所示，时域信号的包络，相当于频率等于$(\omega_1 - \omega_2)/2$的缓慢波动。在功率谱上，可以分辨出两个频率十分接近、高度又接近相等的谱峰。

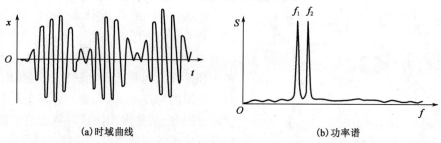

图8-5　拍及其在频域中的分解

（5）频率和差规律，是指旋转机械功率谱图上各个谱峰的中心频率等于两个频率的和或差值，例如，等于 $\omega_2-\omega_1$、$\omega_1+\omega_2$、$\omega_1+2\omega_2$、$2\omega_2-\omega_1$、$2\omega_1+\omega_2$、$2\omega_1-\omega_2$ 等等。这种现象是当时域信号形成拍并且单边削平时（图8-6）经频域变换得到的。

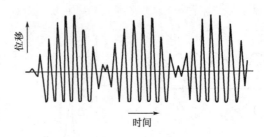

图8-6　拍经单边削平后的时域信息

回转机械中诸如失衡、齿轮和滚动轴承的缺陷、油膜涡动、封存的流体，以及轴颈与油封的摩擦等激振原因促使转子以一定的频率振动，当机器存在对中不良、松动和刚度的非线性时，转子的振动传到定子上就形成了单边削平的现象，如图8-7所示。单边削平的拍在功率谱上出现的频率分量的多少，取决于削平的深度。

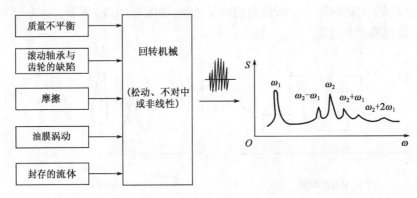

图8-7　利用频率的和差规律诊断回转机械的故障

图8-8解释了当转子在轴承间隙中偏心安装时如何使定子的输出波形出现削平的现象。设 $y_0(t)$ 为转子的输入波形，$y(t)$ 为定子的输出波形，当转子轴颈与定子轴承接触并一起振动时，相当于

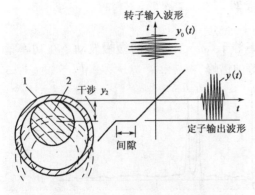

$$y_0(t) \geqslant y_1 \text{ 时}, y(t)=y_0(t)$$

而当转子与定子脱开后，即

$$y_0(t) < y_1 \text{ 时}, y(t)=y_1$$

式中　y_1——干涉距离。

作为频率和差规律的一个例子是一台225kW电动机的振动频谱，当承受轴向载荷的滚动轴承SKF6313产生缺陷时，谱图上出现一系列和频和差频。随着滚道上缺陷的不断增大，由于单边削平的深度增加，和频和差额的数目也随之增加。图8-9是内圈滚道圆周上有整圈剥落的情况下出现的一群谱峰。这些谱峰所在的中心频率都是钢球通过内圈道的频率（$f_i=148\text{Hz}$）与转

图8-8　拍削平现象的一种解释

1—定子轴承；2—转子轴颈；实线—轴承与轴颈一起振动；虚线—轴承与轴颈分开

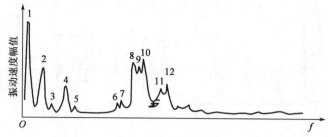

图 8-9　一台 225kW 电动机水平方向振动谱

1—32Hz(f_1)；2—112Hz(f_i-f_1)；3—184Hz($2f_o$)；4—256Hz($2f_i-f_1$)；5—320Hz($2f_i+f_1$)；

6—568Hz($4f_i-f_1$)；7—600Hz($4f_i$)；8—688Hz($5f_i-2f_1$)；9—712Hz($5f_i-f_1$)；

10—744Hz($5f_i$)；11—856Hz($6f_i-f_1$)；12—888Hz($6f_i$)；

f_1—转轴组件的转速，29.6Hz；f_o—钢球通过外圈滚道频率，92Hz；f_i—钢球通过内圈滚道频率，148Hz

轴组件回转频率（$f_1=29.6$Hz）之和或差。这两种频率是分别由于转轴组件质量失衡和内滚道缺陷所引起的。

上面所讨论的 5 种情况都是以频域分析为基础，即以激振频率来查找激振原因，但频域分析必须和时域识别密切结合，有些特征能够在时域信息中表现出来，但却不能在频谱图中明显地反映出来。如图 8-10 所示，(a)表示一台汽轮发电机组振动的时域曲线；(c)表示轴弯曲或不对中产生的另一种振动的时域曲线，即单边削平波形；(b)、(d)分别为(a)、(c)的频域谱图。这两种情况下，在谱图上都是有一个基频分量和一些高度逐渐降低的高次谐波分量，但在时域信号中却表现了很大的差异。在(a)中仅仅是基频分量和二次谐波分量的叠加，而在(c)中组件可能存在非线性振动。由此可见，频域和时域分析结合是十分重要的。

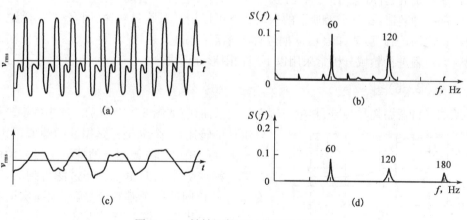

图 8-10　转轴组件不对中引起的振动

(6)轴心轨迹。转子在轴承中高速旋转时不只围绕自身中心旋转，还环绕某一中心作涡动运动。产生涡动运动的原因可能是转子不平衡、对中不良、动静摩擦等，这种涡动运动的轨迹称为轴心轨迹。轴心轨迹的获取一般采用两个互成 90°安置的涡流式位移传感器，在各自的方向上测量转轴组件相对机座的振动。图 8-11 是一台燃气轮机排气轴的轴线运动轨迹，(a)是水平和垂直两个方向上轴颈的振动频谱，由谱图上可以看到，两个方向上的振动都包含有回转频率的高次谐波，并且振动的水平分量比垂直分量大；(b)是两个方向的合成，即轴心轨迹的图示，通过分析轴心轨迹的运动方向和转轴的旋转方向，可以确定转轴的进动方向（正进动或逆进动）；(c)是两个方向振动的时域信号。

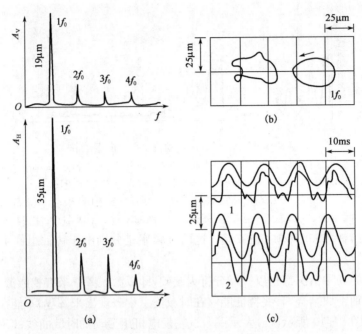

图 8-11　燃气轮机转子运转时的轴心轨迹

A_V—振幅垂直分量；A_H—振幅水平分量；1—垂直分量；2—水平分量

(二)暂态频域分析

将机械系统的起停过程称为暂态过程。由于转轴组件从启动、升速到达额定转速的过程经历了全部各种转速，在各个转速下的振动状态可以用来对临界转速、固有频率、阻尼系数各个参数辨识之用，因此启动和停车过程包含了丰富的信息，是常规运行状态下所无法获得到的。对暂态过程进行频域分析常采用以下三种图形分析法。

1. 波德(Bode)图

波德图是机器振幅与频率、相位与频率的关系曲线，如图 8-12 所示。图中的横坐标是转轴组件的转速，一个纵坐标是振动的幅值，另一纵标是振动的相位。波德图上的幅值是将振动信号经过同步跟踪数字式向量滤波器过滤得到的，只包含有与转速相同的一个基频分量，其他高次谐波均已滤除。由于基频分量主要是由转子失衡引起的，因此波德图有时也称为失衡响应图。由如图 8-12 所示的波德图上可以得到如下信息：

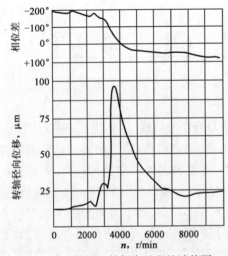

图 8-12　转轴组件暂态过程的波德图

(1)转子系统在各个转速下的振幅和相位；

(2)通过振幅峰值和相位偏移时的转速，可以判断共振频率(或临界转速值)为 3750r/min；

(3)在 190°处有一个 12.7μm 大小的慢滚动向量；

(4)反映系统阻尼的放大系数约等于 4(在共振峰处幅值的 100 μm 除以共振后的幅值 25 μm)；

(5)测量共振时振幅峰值的高度可以确定系统的阻尼。

2. 极坐标图

极坐标图又称为奈魁特斯(Nyquist)图,它是把上述幅频特性曲线和相频特性曲线综合在极坐标上表示出来,即在转轴组件起动过程中,当转速增加时,将不同转速下的幅值和相位作在极坐标平面上所连成的曲线,如图8-13所示。图上各点的极半径表示振幅值,角度表示相位。由如图8-13所示的奈魁斯特图上,可以得到如下信息:

(1)转轴自零转速到运行转速整个范围内对失衡力的响应;

(2)共振频率(或临界转速)为3750r/min;

(3)在165°处有一个12.7 μm大小的慢滚动向量;

(4)在共振时有180°相位偏移;

(5)共振过程中相位角滞后(与转轴转动方向相反移动);

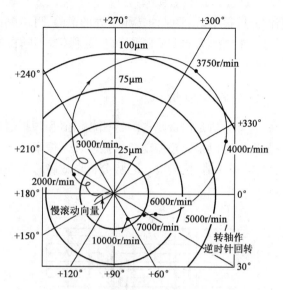

图8-13 转轴组件暂态过程的奈魁斯特图
箭头表示极坐标速度增长的方向

(6)在1500r/min和3000r/min处结构有亚共振区。

比较两种图示的方法,一般来说,奈魁斯特图比较直观地反映出轴心的暂态位置,使用也比较方便。例如,在共振速度区能清楚地表示出转子的响应和180°相位翻转;轴弯曲产生的慢滚动向量可以简单地用图解法从任意向量中减去;可以从内回路中找到结构共振区以及它们的相位关系。因此,奈魁斯特图是较为常用的方法。

3. 瀑布图

除了上述两种图示方法外,还有一种所谓瀑布图示法,如图8-14和图8-15所示,也是描述暂态过程的工具。它实质上是在启动或停车过程中,在不同转速下振动的功率谱图的叠置,因此纵坐标是机器的转速和幅值,转速自零到额定转速,横坐标是频率。图8-14是在不同转速下作出的多个功率谱叠置而成的三维瀑布图。

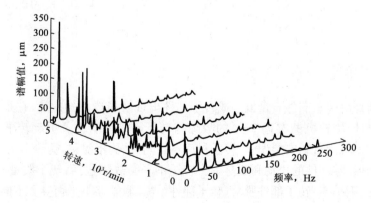

图8-14 由机器在不同转速下的功率谱叠置成的瀑布图

由图 8-15 可以看到回转频率 n 及其各次谐波下谱峰的高度，从而判断机器的临界转速、阻尼比和振源。有时在瀑布图上还会看到频率稳定、不随转速改变的谱峰，一般这类谱峰可能是转子上零件的自振频率（如叶片）。在图 8-15 中，临界转速约在 4000r/min 附近；由于高次谐波分量很小，主要是回转频率处的谱峰，可以判断转子的失衡比较严重。此外，在瀑布图上还有一个频率为 60Hz 的谱峰，位置稳定，不随机器转速的升高而改变，这主要是电磁脉动的影响。

(三)趋势分析

趋势分析是把所测得的特征数据值和预报值按一定的时间顺序排列起来进行分析。这些特征数据可以是通频振动、$1\times$振幅、$2\times$振幅、$0.5\times$振幅、轴心位置等，时间顺序可以按前后各次采样、按小时、按天等。趋势分析在故障诊断中起着重要的作用。图 8-16 为 $1\times$振动趋势示意图。

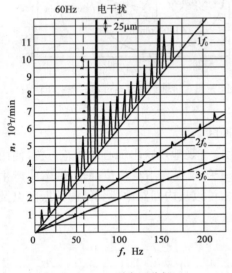

图 8-15 瀑布图分析

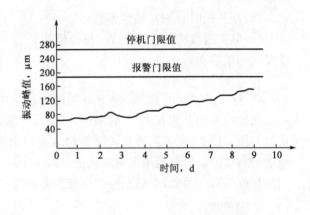

图 8-16 通频振动峰峰值趋势图

第四节 旋转机械典型故障机理和特征

一、转子不平衡

转子不平衡是由转子部件质量偏心或转子部件出现缺损造成的故障，它是旋转机械最常见的故障。据统计，旋转机械有近 70% 的故障与转子不平衡有关。引起转子不平衡的原因有：结构设计不合理，制造和安装误差，转子材质不均匀，结构不对称，受热不均匀，运行中转子的腐蚀、磨损、结垢、零部件的松动和脱落等。转子不平衡故障包括：转子质量不平衡、转子初始弯曲、转子热态不平衡、转子部件脱落、转子部件结垢、联轴器不平衡等。不同原因引起的转子不平衡故障规律相近，但也各有特点。

(一)不同原因引起的转子不平衡

1.转子质量不平衡

所有不平衡都可归结为转子的质量偏心,为此,首先分析带有偏心质量的转子的振动情况。转子的质量不平衡所产生的离心力始终作用在转子上,它相对于转子是静止的,其振动频率就是转子的转速频率,也称为工频(即工作频率)。在频谱分析时,首先要找的就是工频分量。

2.转子初始弯曲

人们习惯上将转子的初始弯曲与质量初始不平衡同等看待,实际上两者是有区别的。所谓质量不平衡,是指各横截面的质心连线与其几何中心连线存在偏差。而转子弯曲是指各横截面的几何中心连线与旋转轴线不重合。两者都会使转子产生偏心质量,从而使转子产生不平衡振动。

初始弯曲的转子具有与质量不平衡的转子相似的振动特征,所不同的是初始弯曲的转子在转速较低时振动较明显,趋于初始弯曲值,可通过检查转子各部位的径向跳动量予以判断。在汽轮发电机组中,通常是在盘车时和盘车后测量晃动度的大小来判断转子是否存在初始弯曲。

3.转子热态不平衡

在机组的启动和停机过程中,由于热交换速度的差异,转子横截面产生不均匀的温度分布,使转子发生瞬时热弯曲,产生较大的不平衡。热弯曲引起的振动一般与负荷有关,改变负荷,振动相应地发生变化,但在时间上较负荷的变化滞后。随着盘车或机组的稳态运行,整机温度趋于均匀,振动会逐渐减小。

4.转子部件脱落

运行中的转子部件突然脱落也会引起转子不平衡,使转子振幅突然发生变化,严重影响机组的正常运行。为了防止脱落部件在惯性力作用下飞出使机体发生二次事故,必要时应及时停机检修。

可以将部件脱落失衡现象看作对工作状态的转子的瞬时阶跃响应。由于瞬态响应最终要衰减为零,因此,部件脱落的主要特征是振动会突然发生变化而后趋于稳定,振动的幅值一般会有较明显的增大。

5.转子部件结垢

如果工件的质量不合格,随着时间的推移,将在转子的动叶和静叶表面产生尘垢,使转子原有的平衡遭到破坏,振动增大。由于结垢需要相当长的时间,所以振动是随着年月逐渐增大的,并且由于通流条件变差,轴向推力增加,轴向位移增大,机组级间压力逐渐增大,效率逐渐下降。

6.联轴器不平衡

制造、安装的偏差或者动平衡时未考虑联轴器的影响,可能使联轴器产生不平衡。联轴器不平衡具有与质量不平衡相似的振动特征,通常是联轴器两端轴承的振动较大,相位基本相同。

(二)转子不平衡的故障特征

转子不平衡故障的主要振动特征是:

(1)振动的时域波形为近似的等幅正弦波,轴心轨迹为比较稳定的圆或椭圆,这是轴承座及基础的水平刚度与垂直刚度不同所造成的,如图8-17所示。轴心轨迹为同步正进动。

(2)频谱图中,谐波能量集中于基频,并且会出现较小的高次谐波,使整个频谱呈所谓的"枞树形",如图8-18所示。

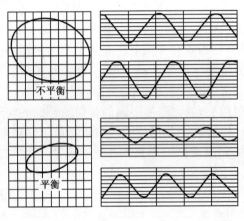

图8-17 转子不平衡的轴心轨迹

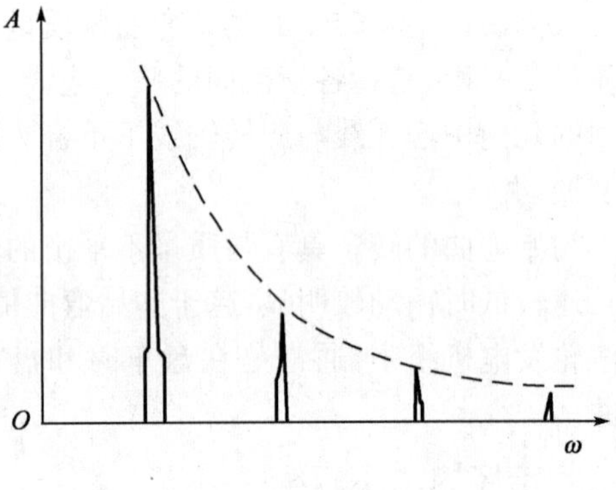

图8-18 转子不平衡故障谱图

(3)当$\omega < \omega_n$即为刚性转子时,由于转子质量不平衡产生的离心力$F = mr\omega^2$(r为偏心质量)与转速的平方成正比,即振幅与转速的平方成正比,振动频率与转子转速一致,所以在轴承座测得的振动随转速增大而增大,但不一定与转速平方成正比,这是由轴承与转子之间的非线性所致,如图8-19(a)所示。当$\omega > \omega_n$,即为柔性转子时,转子稳态振动是一个与转速同频的强迫振动,振动幅值随转速按振动理论中的共振曲线规律变化,转速频率的高次谐波幅值很低,在临界转速处达到最大值,如图8-19(b)所示。因此转子不平衡故障的突出表现为一倍频振动幅值大。

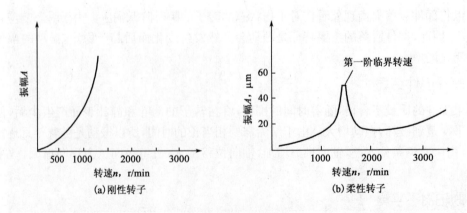

图8-19 转子不平衡的主要特征

(4)表示转子各横截面中心位移的复数向量相角是不同的,因此轴线弯曲成空间曲线,并以转子转速绕Oz轴转动,如图8-20所示。

二、转子不对中

转子不对中通常是指相邻两转子的轴心线与轴承中心线的倾斜或偏移程度。转子不对中可分为联轴器不对中和轴承不对中两类,其中联轴器不对中又可分为平行不对中、偏角不对中和平行偏角不对中三种情况。

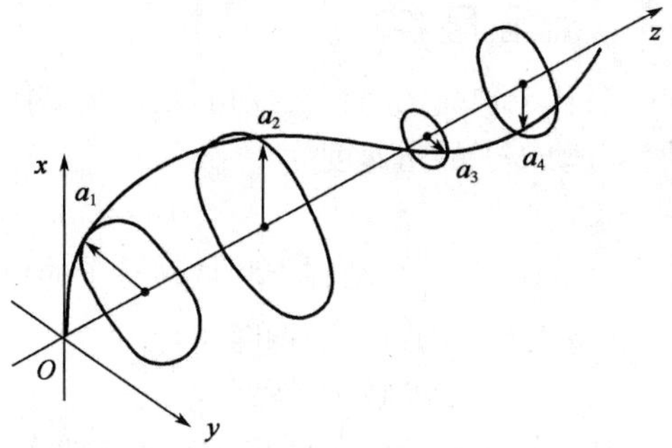

图 8-20　转子轴线形状示意图

(一)联轴器不对中

1. 平行不对中

当转子轴线之间存在径向位移时,联轴器的中间齿套与半联轴器组成移动副,不能相对转动,但中间齿套却与半联轴器产生滑动而作平面圆周运动,即中间齿套的中心是沿着以径向位移 y 为直径作圆周运动,如图 8-21 所示。设 A 为主动转子的轴心投影,B 为从动转子的轴心投影,K 为中间齿套的轴心,AK 为中间齿套与主动轴的连线,BK 为中间齿套与从动轴的连线,AK 垂直于 BK,如图 8-22 所示,设 AB 长为 D,K 点坐标为 $K(x,y)$,取 θ 为自变量,则有

$$\begin{cases} x = D\sin\theta\cos\theta = \dfrac{1}{2}D\sin2\theta \\ y = D\cos\theta\cos\theta - \dfrac{1}{2}D = \dfrac{1}{2}D\cos2\theta \end{cases} \tag{8-4}$$

对 θ 求导,得 $\qquad \mathrm{d}x = D\cos2\theta\mathrm{d}\theta, \mathrm{d}y = -D\sin2\theta\mathrm{d}\theta$

K 点的线速度为

$$v_K = \sqrt{(\mathrm{d}x/\mathrm{d}t)^2 + (\mathrm{d}y/\mathrm{d}t)^2} = D\mathrm{d}\theta/\mathrm{d}t \tag{8-5}$$

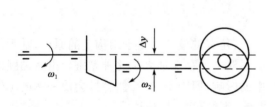

图 8-21　联轴器平行不对中 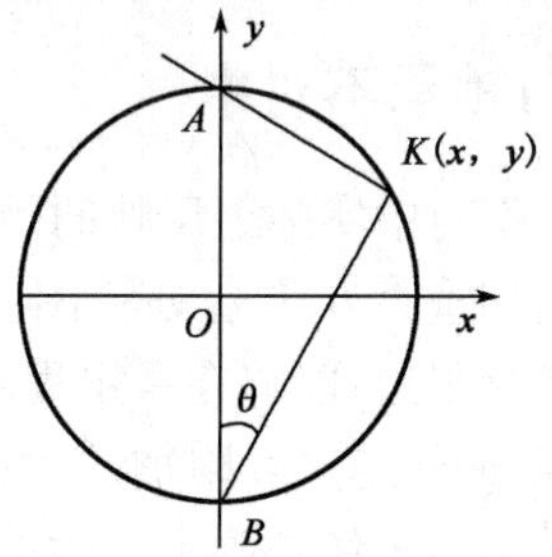　　　　图 8-22　联轴器齿套运动分析

由于中间齿套平面运动的角速度($\mathrm{d}\theta/\mathrm{d}t$)等于转轴的角速度,即 $\mathrm{d}\theta/\mathrm{d}t = \omega$,所以 K 点绕圆周中心运动的角速度 ω_K 为

$$\omega_K = 2v_K/D = 2\omega \tag{8-6}$$

式中　　v_K——点 K 的线速度。

由式(8-6)可知,K 点的转动为转子角速度的两倍,因此当转子高速运转时,就会产生很大的离心力,激励转子产生径向振动,其振动频率为转子工频的 2 倍。此外,由平行不对中而引起的振动有时还包含有大量的谐波分量,但关键的是一个很大的 2 倍频分量。

2.偏角不对中

当转子轴线之间存在偏角位移时,如图 8-23 所示,从动转子与主动转子的角速度是不同的。从动转子的角速度为

$$\omega_2 = \omega_1 \cos\alpha / (1 - \sin^2\alpha\cos^2\varphi_1) \tag{8-7}$$

式中　ω_1、ω_2——主动转子和从动转子的角速度;

　　　α——从动转子的偏斜角;

　　　φ_1——主动转子的转角。

从动转子每转动一周其转速变化两次,如图 8-24 所示,变化范围为

$$\omega_1 \cos\alpha \leqslant \omega_2 \leqslant \omega_1 / \cos\alpha \tag{8-8}$$

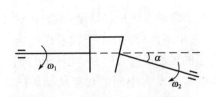

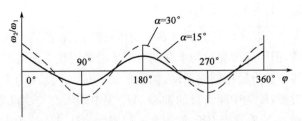

图 8-23　联轴器偏角不对中图　　　　图 8-24　转速比的变化曲线

偏角不对中使联轴器附加一个弯矩,弯矩的作用是力图减小两轴中心线的偏角。轴旋转一周,弯矩作用方向交变一次,因此,偏角不对中增加了转子的轴向力,使转子在轴向产生工频振动。

3.平行偏角不对中

实际上,各转子轴线之间往往既有径向位移又有偏角位移,因此当转子运转时,就有一个 2 倍频的附加径向力作用于靠近联轴器的轴承上,有一个同频的附加轴向力作用于止推轴承上,从而激励转子发生径向和轴向振动。

(二)轴承不对中

轴承不对中实际上反映的是轴承坐标高和左右位置的偏差。由于结构上的原因,轴承在水平方向和垂直方向上具有不同的刚度和阻尼,不对中的存在加大了这种差别。虽然油膜既有弹性又有阻尼,能够在一定程度上弥补不对中的影响,但当不对中过大时,会使轴承的工作条件改变,使转子产生附加的力和力矩,甚至使转子失稳和产生碰摩。

轴承不对中使轴颈中心的平衡位置发生变化,使轴系的载荷重新分配。负荷大的轴承油膜呈现非线性,在一定条件下出现高次谐波振动,负荷较轻的轴承易引起油膜涡动进而导致油膜振荡。支承负荷的变化还使轴系的临界转速和振型发生改变。

(三)转子不对中故障的特征

转子不对中故障的主要振动特征是:

(1)转子径向振动出现 2 倍频,以 1 倍频和 2 倍频分量为主。不对中越严重,2 倍频所占比例越大。1 倍频和 2 倍频分量的比例通常可以用来判断问题的严重程度。

(2)相邻两轴承的油膜压力反方向变化,一个油膜压力变大,另一个则变小。

(3)典型的轴心轨迹为香蕉形或双环椭圆形,正进动。

(4)联轴器不对中时轴向振动较大,振动频率为1倍频,振动幅值和相位稳定。

(5)轴承不对中时径向振动较大,有可能出现高次谐波,振动不稳定。

(6)振动对负荷变化敏感。当负荷改变时,由联轴器传递的扭矩立即发生改变,振动值随负荷的增大而增高;如果联轴器不对中,则转子的振动状态也立即发生变化。由于温度分布的变化,轴承座的热膨胀不均匀而引起轴承不对中,也要使转子的振动发生变化。但由于热传导的惯性,振动的变化在时间上要比负荷的改变滞后一段时间。

三、转子碰摩

随着机组参数的不断提高、动静间隙的不断缩小,以及运行过程中不平衡、不对中、热弯曲等的影响,经常发生转子碰摩故障。在国产 20×10^4 kW 汽轮发电机组中,已有多台因动静碰摩而造成转子弯曲的严重事故。根据摩擦部位不同,碰摩分两种情况,转子外缘与静止件接触而引起的摩擦,称为径向碰摩;转子在轴向与静止件接触而引起的摩擦,称为轴向碰摩。从不同的角度,摩擦还可分为局部摩擦和全周摩擦,早期、中期和晚期碰摩等。

(一)摩擦振动对转子的影响

转子碰摩是复杂的过程,从机理上分析,摩擦振动对转子有以下三方面的影响:

(1)直接影响。转子运动可分为自转和进动两种形式。摩擦对自转的影响在于附加了一个力矩,因此,在转子原有力矩不变的条件下有可能使转子转速发生波动。至于进动,由于摩擦力的干预可能使正进动转化为反进动,特别是全周摩擦,常常产生所谓的"干摩擦"现象,从而引起自激振动,影响转子正常运行,甚至损坏机组。

(2)间接影响。摩擦的作用使动静部件相互抵触,相当于增加了转子的支承条件,增大了系统的刚度,改变了转子的临界转速及振型,且这种附加支承是不稳定的,从而可能引起不稳定振动及非线性振动。

(3)冲击影响。局部碰摩除了摩擦作用外还会产生冲击作用,其直观效应是给转子施加了一个瞬态激振力,激发转子以固有频率作自由振动。虽然自由振动是衰减的,但由于碰摩在每个旋转周期内都产生冲击激励作用,在一定条件下有可能使转子振动成为叠加自由振动的复杂振动。

(4)热变形。摩擦引起的热变形可能引起转子弯曲,加大偏心量,使振动增大。

转子碰摩的定量分析比较困难,一般来说,转子与静止件发生摩擦时,转子受到静止件附加作用力,它是非线性的和时变的,因此使转子产生非线性振动,在频谱图上不仅有工频,还有高次和低次谐波分量。当摩擦加剧时,这些谐波分量的增长很快。典型的碰摩故障的波形和频谱如图 8-25 所示。

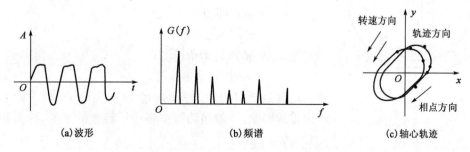

| (a)波形 | (b)频谱 | (c)轴心轨迹 |

图 8-25　转子碰摩的波形和频谱图

转子径向碰摩主要影响转子的径向振动,对转子的轴向振动影响较小。但当转子发生轴向碰摩时,除了对径向振动产生影响外,由于轴向力的存在,使轴向位移和轴向振动增大,有时还会使级间压力发生变化,造成机组效率的下降。

(二)转子碰摩故障的特征

转子碰摩故障的主要振动特征是:
(1)转子失稳前频谱丰富,波形畸变,轴心轨迹不规则变化,正进动;
(2)转子失稳后波形严重畸变或削波,轴心轨迹发散,反进动;
(3)轻微摩擦时同频幅值波动,轴心轨迹带有小圆环;
(4)碰摩严重时,各频率成分幅值迅速增大;
(5)系统的刚度增加,临界转速区展宽,各阶振动的相位发生变化;
(6)工作转速下发生的轻微摩擦振动,其振幅随时间缓慢变化,相位逆转动方向旋转。

四、油膜振荡

(一)半速涡动分析

当轴颈在轴瓦中转动时,在轴颈与轴瓦之间的间隙中形成油膜,油膜的流体动压力使轴颈具有承载能力。当油膜的承载力与外载荷平衡时,轴颈处于平衡位置;当转轴受到某种外来扰动时,轴颈中心就会在静平衡位置附近发生涡动,其振动频率约为转子回转频率的一半,因而,常称为半速涡动或半频涡动。半速涡动是一种自激振动,涡动幅值保持在一稳定值,一般幅值较小,但半速涡动可能演变为发散情况,属于不稳定振动。

假设油在轴承中无端泄,轴瓦表面的油膜流动速度为零,而轴颈表面的油膜流动速度与转速为 ω 的轴颈表面线速度相同。因此,在层流的假设下,油膜沿径向的速度分布如图 8-26 所示,在连心线上 AB 截面流入油楔的流量 $r\omega b(c+e)/2$ 与在 CD 处流出的流量 $r\omega b(c-e)/2$ 之差应等于因轴心涡动引起收敛楔隙内流体容积的增加率,即

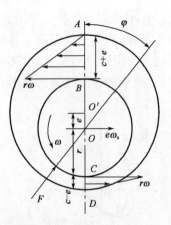

图 8-26 半速涡动的原理

$$\frac{1}{2}r\omega b(c+e)-\frac{1}{2}r\omega b(c-e)=2rbe\omega_s \qquad (8-9)$$

由此得

$$\omega_s=\frac{1}{2}\omega$$

式中 r——轴颈半径;

  b——轴承宽度;

  c——轴承间隙;

  e——轴心偏心距;

  ω——轴颈转动角速度;

  ω_s——轴颈涡动角速度。

这就是所谓的半速涡动的含义。实际上,由于轴承端泄等因素的影响,一般涡动频率略小于转速的一半,约为转速的 $0.42\sim0.48$ 倍。

（二）油膜振荡现象

转轴的转速在失稳转速以前转动是平稳的,当达到失稳转速后即发生半速涡动。随着转速升高,涡动角速度也将随之增加,但总保持着约等于转动速度之半的比例关系,半速涡动一般并不剧烈。当转轴转速升到比第一阶临界转速的 2 倍稍高以后,由于这时半速涡动的涡动速度与转轴的第一阶临界转速相重合即产生共振,表现为强烈的振动现象,称为油膜振荡。油膜振荡一旦发生之后,就将始终保持约等于转子一阶临界转速的涡动频率,而不再随转速的升高而升高,在图上出现一个"平台",见图 8-27。

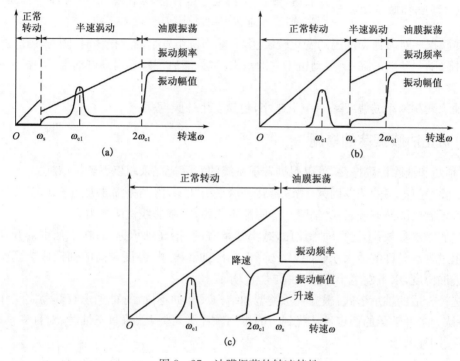

图 8-27　油膜振荡的转速特性

图 8-27 表示油膜振荡的转速特性分三种情况,图中均表明了随转速 ω 变化的正常转动、半速涡动和油膜振荡三个阶段,其中一条曲线表示振动频率的变化,一条曲线表示振动幅值的变化。其中,(a)表示失稳转速在一阶临界转速之前;(b)表示失稳转速在一阶临界转速之后,这两种情形的油膜振荡都在稍高于 2 倍临界转速的某一转速时发生;(c)表示失稳转速在 2 倍临界转速之后,转速在稍高于 2 倍临界转速时,转轴并没有失稳,直到比 2 倍临界转速高出较多时,转轴才失稳。而降速时油膜振荡消失的转速要比升速时发生油膜振荡的转速低,表现出油膜振荡的一种"惯性"现象。

（三）油膜振荡故障的特征

油膜振荡故障的主要振动特征是:

(1)油膜振荡总是发生在转速高于转子系统一阶临界转速的 2 倍以上。

(2)油膜振荡的频率接近转子的一阶临界转速,即转速再升高,其频率基本不变。

(3)油膜振荡时,转子的挠曲呈一阶振型。

(4)油膜振荡时,振动的波形发生畸变,在工频的基波上叠加了低频成分,有时低频分量占主导地位。低频振动的幅值,轴承座振动可达 40 μm 以上,轴振动可达 100～150 μm 以上,且振幅不稳,轴心轨迹发散。

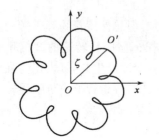

(5)油膜振荡时,转子涡动方向与转子转动方向相同,轴心轨迹呈花瓣形,正进动,如图 8-28 所示。

(6)油膜振荡的发生和消失具有突然性,并具有惯性效应,即升速时产生振荡的转速比降速时振荡消失的转速要大。

(7)油膜振荡剧烈时,随着油膜的破坏,振荡停止;油膜恢复后,振荡再次发生。这样持续下去,轴颈与轴承不断碰摩,产生撞击声,轴瓦内油膜压力有较大波动。

图 8-28　油膜振荡时的涡动轨迹

(8)油膜振荡对转速和油温的变化较敏感,一般当机组发生油膜振荡时,随着转速的增加,振动不下降;随着转速的降低,振动也不立即消失,称为滞后现象。提高进油温度,振动一般有所降低。

(9)轴承载荷越小或偏心率 $\varepsilon = e/c$ 越小,越易发生油膜振荡。

(四)防止油膜振荡的措施

为了预防和消除油膜振荡,可以根据转子系统的实际情况采取以下若干措施:

(1)消除油膜振荡的诱发因素:①改善转子的平衡状态,限制振幅放大因子;②消除转子不对中故障,限制低次谐波分量;③消除动静间隙不均匀,限制非线性激振力。

(2)改变轴承参数:①提高轴承比压,减小轴承宽度,抬高轴承标高,在下瓦中部开环形槽等,但不超过轴承允许的最大承载能力;②降低润滑油黏度,将黏度较高的油换成黏度较低的油,提高进油温度,以不发生干摩擦、油质劣化为限。

(3)选择合适的轴承形式:根据轴承类型和结构尺寸的不同,每种轴承有其稳定工作的范围。一般认为各种轴承的稳定性从优到劣的排列顺序为可倾瓦、偏置三油叶、对称三油叶、椭圆、三油楔、圆柱轴承。

(4)增加转子系统刚度:增加转子系统刚度,可提高转子系统的临界转速。转子固有频率越高,发生油膜振荡的失稳转速也越高,系统失稳转速应在工作转速的 125% 以上。

五、其他常见典型故障

(一)转轴裂纹

导致转轴裂纹最重要的原因是高周期疲劳、低周期疲劳、蠕变和应力腐蚀开裂。此外转轴裂纹也与转子工作环境中含有腐蚀性化学物质等有关。而大的扭转和径向载荷,加上复杂的转子运动,造成了恶劣的机械应力状态,最终也将导致轴裂纹的产生。

裂纹在转子旋转的动态应力下,始终处于“开”和“闭”的周期变化过程中。定性表示裂纹转轴的挠度变化如图 8-29 所示。

裂纹轴响应中除 1× 分量外,还有 2×、3×、5× 等高阶谐波分量,利用转子升速通过 $\omega_1/2$、$\omega_1/3$ 转速时相应的 2 倍频、3 倍频成分被共振放大的所谓超谐波共振现象,也可监测轴裂纹。

图 8-30 为某裂纹转子的升速共振频谱图，从图中可以看出它包含有 $\omega_1/2$、$\omega_1/3$ 临界转速分量。一般在低于临界转速运行时所观测到的高阶成分较明显，而在高于临界转速状态下运行时高阶成分不明显。

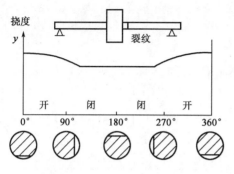

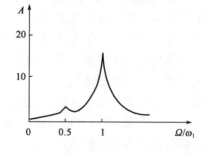

图 8-29　裂纹转轴的挠度变化　　　　　图 8-30　某裂纹转子升速共振频谱图

此外，裂纹转子的动平衡会遇到反复无常的变化，这是由于裂纹转子的非线性特性。

裂纹转子的监测和诊断方法有：

（1）稳态响应法。对裂纹转子的监测和诊断要着眼于各阶谐波分量幅值 1×、2× 和 3× 的大小以及随时间的变化。1×、2× 和 3× 分量幅值随时间稳定增长的趋势表明转子可能存在裂纹。

（2）滑停法。此法将机组从工作转速滑降至零转速，在降速过程中测量振动响应并进行谱分析。若转子产生裂纹或裂纹有进一步的扩展，则在转速过临界及 1/2、1/3 临界转速时，振动响应将有明显的改变。

（3）温度瞬间法。此法原理是快速降低蒸汽温度，使转子表面产生拉伸的热应力。如果转子有裂纹存在，拉应力将使裂纹张开，使转子振动瞬间增大。通过快速降温或快速升温的办法可以发现转子是否有裂纹。

裂纹故障的主要振动特征为：

（1）各阶临界转速较正常时要小，尤其在裂纹严重时；

（2）由于裂纹造成刚度变化且不对称，转子的共振转速扩展为一个区；

（3）裂纹转子轴系在强迫响应时，一阶分量的分散度比无裂纹时大；

（4）转速超过临界转速后，一般各高阶谐波振幅较未超过时小；

（5）恒定转速下，各阶谐波幅值 1×、2× 和 3× 及其相位不稳定，且尤以 2× 突出；

（6）轴心轨迹为双椭圆或不规则，正进动；

（7）裂纹引起刚度不对称，使转子动平衡发生困难，往往多次试重也达不到所要求的平衡精度。

（二）旋转失速

旋转失速是压缩机最常见的一种不稳定现象。当压缩机流量减少时，由于冲角增大，叶栅背面将发生流体分离，流道将部分或全部被堵塞。这样失速区会以某速度向叶栅运动的反方向传播。实验表明，失速区传播的相对速度低于叶栅转动的绝对速度。因此观察到失速区沿转子的转动方向移动，故称分离区，这种相对叶栅的旋转运动为旋转失速。旋转失速使压缩机中的流动情况恶化，压比下降，流量及压力随时间波动。在一定转速下，当入口流量减少到某一

值 Q_{min} 时,机组会产生强烈的旋转失速,强烈的旋转失速会进一步引起整个压缩机组系统一种危险性更大的不稳定的气动现象,即喘振。此外,旋转失速时压缩机叶片受到一种周期性的激振力,如旋转失速的频率与叶片的固有频率相吻合,则将引起强烈振动,使叶片疲劳损坏造成事故。

旋转失速故障的识别特征有:

(1)旋转失速发生在压气机上;

(2)振动幅值随出口压力的增加而增加;

(3)振动发生在流量减小时,且随着流量的减小而增大;

(4)振动频率与工频之比为小于1的常值;

(5)转子的轴向振动对转速和流量十分敏感;

(6)一般排气端(尤其是排气管道)的振动较大;

(7)排气压力有波动现象;

(8)机组的压比有所下降,严重时压比突降。

(三)喘振

旋转失速严重时可以导致喘振,但两者并不是一回事。喘振除了与压缩机内部的气体流动情况有关之外,还同与之相连的管道网络系统的工作特性有密切的联系。

压缩机总是和管网联合工作的,为了保证一定的流量通过管网,必须维持一定压力,用来克服管网的阻力。机组正常工作时的出口压力是与管网阻力相平衡的。但当压缩机的流量减少到某一值 Q_{min} 时,出口压力会很快下降,然而由于惯性作用,管网中的压力并不马上降低,于是,管网中的气体压力反而大于压缩机的出口压力,因此,管网中的气体就倒流回压缩机,一直到管网中的压力下降到低于压缩机出口压力为止。这时,压缩机又开始向管网供气,压缩机的流量增大,恢复到正常的工作状态。但当管网中的压力又回到原来的压力时,压缩机的流量又减少,系统中的流体又倒流。如此周而复始,产生了气体强烈的低频脉动现象——喘振。

喘振是压力波在管网和压缩机之间的来回振荡的现象,其强度和频率不但和压缩机中严重的旋转脱离气团有关,还和管网容量有关:管网容量越大,则喘振振幅越大,频率越低;管网容量小,则喘振振幅小,喘振频率也较高。

喘振故障的识别特征有:

(1)诊断对象为压气机组或其他带长导管、容器的流体动力机械;

(2)振动发生时,机组的入口流量小于相应转速下的最小流量;

(3)振动的频率一般在 $0\sim10\,Hz$ 之内;

(4)机组及与之相连的管道都发生强烈振动,且有周期性;

(5)进出口压力、流量呈大幅度波动,甚至有倒流现象;

(6)机组的功率(表指针)呈周期性的变化;

(7)振动前有失速现象;

(8)振动时声音异常,为周期性的吼叫声;

(9)机组的工作点在喘振区(或附近)。

(四)迷宫密封的气流激振

气体在迷宫中的流动是一种复杂的三维流动。当转子因挠曲、偏磨、安装偏心或旋转产生涡动运动时,密封腔内周向的间隙不均匀,即使密封腔内入口处的压力周向分布是均匀的,在该腔的出口处也会形成不均匀的周向压力分布,这样会形成一个作用于转子上的合力。此力在与转子偏心位移相垂直方向上的切向分力相互作用,就将激励转子作进一步的涡动,成为转子一个不稳定的激励力,可能导致转子失稳,发生异常振动。失稳时的频率因不同的气体状态及迷宫几何形状而不同。

迷宫密封中的流体力激振所引起的机器振动频率,往往表现为低于工作转速的亚异步振动。许多机器的振动还与机组的负荷与转速有关,在操作时存在一个与转速、负荷等因素密切相关的"阈值",当机器运行到这个值时,只要很小的转速或负荷的变化,就可能导致机器强烈振动,使原来运行稳定的转子运行不稳定,或是机器在低负荷下运行稳定,在高负荷下运行不稳定。

迷宫密封气流涡动故障特征有:

(1)涡动频率一般为0.6～0.9倍工频;

(2)轴心轨迹紊乱、扩散,正进动;

(3)强振时有可能激发转子的一阶自振频率,表现为自激振动;

(4)转速和负荷存在一个"阈值",在其值附近可导致强烈振动;

(5)强振时的主频为转子的一阶固有频率,频带较宽;

(6)振动的再现性强;

(7)一般在转子不平衡、不对中、偏心时易发生。

(五)不均匀气流涡动

汽轮机、燃气轮机、压气机等的转子都有叶片,除离心压气机外,气(汽)体在叶轮周围是轴向流动的,气流对叶片产生周向力。如果转子没有弯曲,则叶轮与固定内腔的径向间隙沿周向是相同的,因此气流沿周向是均匀分布的,它对叶轮各叶片的周向力相等,所有这些力的合力是一个推动或阻碍叶轮转动的力偶。如果轴发生了弯曲,则叶轮偏向内腔的一侧,径向间隙沿周向是不均匀分布的。图8-31表示汽轮机气流驱使叶轮转动,这时,气流加于叶轮上的周向力在间隙大的一边小于间隙小的一边,即$F_{t1} > F_{t2}$。各叶片所受周向力的总和除了力偶外,还有与轮心O'的位移垂直的力$F_t = F_{t1} - F_{t2}$,这个力使转子产生涡动,涡动的方向与转子运转的方向一致,涡动的频率约为0.6～0.9倍的转速。随着转速提高,涡动频率接近系统的固有频率,且气流压力足够大时,会发生振荡。这一失稳机理同油膜失稳是类似的。

不均匀气流涡动故障的主要识别特征有:

(1)振动频率为0.6～0.9倍工频;

(2)转子有偏心弯曲造成的间隙不均;

(3)振动对气流压力、流量的改变非常敏感;

(4)负荷存在一个"阈值",在其值附近可导致剧烈振动;

(5)在一个由多个转子组成的轴系中,气流涡动常发生在气流压力高的转子上,如在汽轮发电机组中,蒸汽振荡主要发生于高压转子。

(六)转子内壁吸附液体

在某些空心转子中,有时可能在转子内壁的局部吸附了油或水汽等冷凝后的液体,汽轮机大轴中心孔进油也属于这种情况。当转轴有弯曲变形时,这种液体的离心力也会使转子失稳,见图8-32。当转轴弯曲时,液体沿轴心位移OO'的方向被甩向转子的内壁,但此液体并不是

停留在 OO' 的延长线上,而是因黏性被内壁带至延长线一侧,液体的重心位于与 OO' 的夹角为 φ 的直线上。设液体的离心力为 F_s,它可以分解为 F_n 和 F_t 两个分力,F_t 与位移 OO' 垂直,促使转子运动失稳。经过分析可知,失稳角速度 ω_t 高于临界角速度 ω_c,但小于它的两倍,即 $\omega_c < \omega_t < 2\omega_c$,或者说,转子失稳角速度与转速之比为 $0.5 \sim 1.0$,涡动是正向的,其频率等于临界转速。

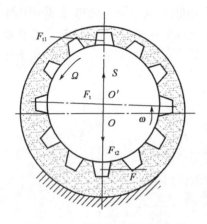

图 8-31 蒸汽不均转子受力图

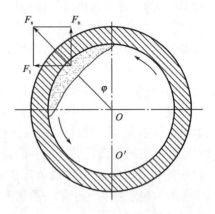

图 8-32 转子内壁吸附液体受力图

第五节 旋转机械振动故障诊断示例

一、某大型离心式压缩机转子不平衡故障

(一)机组情况

某大型离心式压缩机组蒸汽透平经检修更换转子后,机组启动时发生强烈振动。压缩机两端轴承处径向振幅达到报警值,机器不能正常运行。主要振动特征如图 8-33 所示。

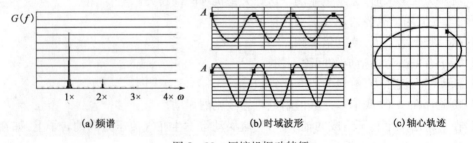

(a)频谱　　　　　　　　(b)时域波形　　　　　　　(c)轴心轨迹

图 8-33 压缩机振动特征

(二)振动特征分析

由图 8-33 可见,振动大小随转速升降变化明显;时域波形为正弦波;轴心轨迹为椭圆;振动相位稳定,为同步正进动;频谱中能量集中于 $1\times$ 频,有突出的峰值,高次谐波分量较小。

(三)故障诊断

根据以上振动特征,压缩机发生强烈振动是由转子不平衡造成的。检查该转子的库存记录,该转子库存时间较长,因转子较重,保管员未按规定周期盘转,断定是转子动平衡不良造成的转子不平衡。

考虑到机组故障原因是转子不平衡,短期内不会迅速恶化,因此监护运行。在加强监测的前提下维持运行,其振动趋势稳定,没有增大。维持运行一个大修周期后,更换转子并送专业厂检查,发现转子动平衡严重超标。

二、H型离心压缩机转子—定子碰摩振动故障

(一)机组简况

某厂环氧乙烷装置离心式空气压缩机由高、低压两缸组成。低压缸为H型三轴式压缩机,其高速末端又驱动一高压缸,其结构如图8-34所示,有关主要性能参数如表8-12所示。

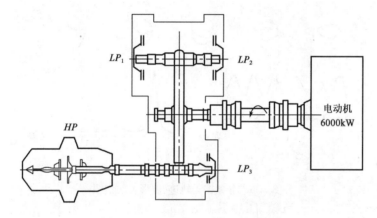

图8-34   H型离心压缩机结构简图

表8-12   离心压缩机主要性能参数

参数	低压缸	高压缸
转速,r/min	8383	13987
功率分配,kW	4000	2000

(二)机组启动时振动故障

正常情况下 LP_3 轴承处转子振动最大可达 $41\sim45~\mu m$。检修后再次启动机组时,振动达325 μm以上,居高不下,无法投入运行。

(三)振动数据采集及信号处理

对振动信号的监测分析结果表明,振动状态有突变,即有跳跃现象发生,转子振动呈现两种状态:

(1)不稳定同频振动状态。如图8-35所示,由频谱图可见工频振动占主导,有很小的1/2分频成分。随着振动增大,轨迹图变扁变大,直至振动剧烈时扁圆形发散。

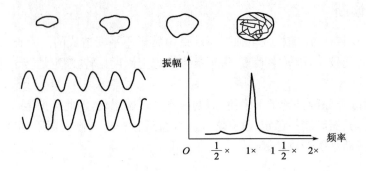

图 8-35　同频振动轨迹、波形及频谱图

(2)1/2 分频振动状态。如图 8-36 所示,由频谱图可见 $\frac{1}{2}\times$ 频率成分占主导,工频成分很小;波形畸变,波峰时大时小;振动小时轨迹为双圆套在一起,随振动加大逐渐分开,呈"8"字形,轨迹明显变长,即一个方向振动大,另一方向较小。

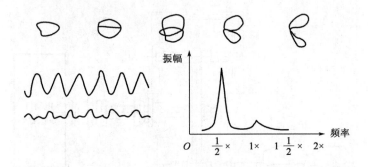

图 8-36　分频振动轨迹、波形及频谱图

(四)故障诊断

本例突出征兆是分频振动。产生分频振动的候选故障集主要有 4 种可能的故障:支承系统、碰摩、流体动力和分频谐振,其中第 4 种可以排除。另外,H 型压缩机无隔板,不会发生因隔板倾斜产生流体动力激振,因此流体动力原因亦可排除。余下有支承系统、碰摩两种可能。但从相位特征看,振动从高振幅陡降时相位变化 720°,即从反进动变为正进动,说明高振幅时为反进动,所以工频振动应是碰摩,从而可初步推论 $\frac{1}{2}\times$ 分频振动也是碰摩产生的。

解体检查验证说明,轴承间隙过大是引起转子—定子碰摩的主要原因。经减小顶部间隙、调整对中及增大润滑油黏度后,故障彻底消除。

三、某船用汽轮机振动故障的诊断

(一)机组结构及故障概况

某船用机组是由平行布置的高、低压汽轮机及与其相连的两级转动减速齿轮箱所组成,如图 8-37 所示,其高压汽轮机工作转速为 6900r/min。当高压汽轮机转速在 5200r/min 以下时,机组运行正常,各测点振动都较小。高低压缸前、后轴承的振动幅值均小于 10 μm。试车中当转速升至 6200r/min 左右时,高压缸后轴承突然起振,振幅(单峰值)达 40 μm;当转速升至 6900r/min 时,振幅达到 60 μm;大大超过允许振动值。

(二)现场测试及分析

(1)振动具有明显的突发性,起振前振动很小(3 μm),起振后振动很大(40 μm);

(2)起振后,随着转速升高,振幅值也升高;

(3)起振转速与进气方式有关,在部分进气时一般为 5860~6180r/min,而在全周进气时,起振转速推迟,直到 6780~6900r/min 左右才起振;

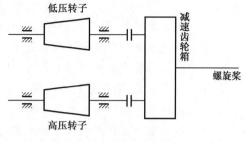

图 8-37 机组结构示意图

(4)频谱分析,振动为低频振动,如图 8-38 所示,振动主导频率约为 40Hz。

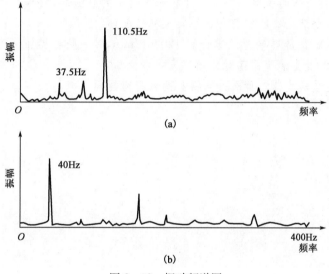

图 8-38 振动频谱图

(三)故障诊断

经反复分析,并进行转子临界转速及失稳转速的计算,排除多种故障原因后,分析该机组轴承的长径比为 0.69,比压为 5.91kgf/cm²,比压偏低。经理论计算,其失稳转速为 2121r/min,可见该轴承的稳定性较差,因此断定该机组的振动是由油膜涡动而发展为油膜振荡。消除振动最有效的措施是采用减小长径比,提高轴承比压(改变间隙和油温都做过试验,效果不大)。改变前后的参数变化如表 8-13 所示。

表 8-13　处理前后轴承参数

	长径比 L/D	比压,kgf/cm²	轴瓦长,mm	振幅,μm
改变前	0.693	5.9	104	60
改变后	0.5	8.2	75	2.5

对高压后轴承进行了上述处理后,进行验证性试验,结果令人满意,达到了预期效果,高压后轴承的振幅从原来的 60 μm 降至 2.5 μm,高压转子运行十分稳定。

习题与思考题

8-1 强迫振动时,阻尼是如何影响共振频率的?

8-2 强迫振动与自激振动的本质区别是什么?

8-3 表述旋转机械振动评定方法。

8-4 拍的形成、振动信号单边削平在频率结构上有什么规律和特点?

8-5 进行暂态频域分析的手段有哪些?从暂态分析中可以得到什么信息?

8-6 转子振动监测方法有哪些?各有何特点?

8-7 转子的主要故障有哪些?各有何特点?

8-8 产生转子不平衡的原因是什么?转子不平衡产生的振动有什么特点?

8-9 转子不对中的类型有哪些?引起转子不对中的原因是什么?

8-10 油膜振荡产生的原因是什么?其表现特征如何?

8-11 若一转子的旋转转速从零升至 17000r/min,其一阶临界转速为 8000r/min,则半速涡动频率是多少?发生油膜振荡时的频率又是多少?

8-12 什么是旋转失速?什么是喘振?两者有何异同?

第九章
往复机械的监测与故障诊断

第一节 概 述

往复机械种类很多,有往复式压缩机、内燃机(柴油机及汽油机)、往复泵等,其应用范围十分广泛,因此,和旋转机械一样,对往复机械进行状态监测与故障诊断具有十分重要意义。

往复机械由于其以下特点,它的故障诊断工作一直是国内外学者潜心研究的难题:

(1)众多的频率范围和宽广的激励力的识别;

(2)运动部件多,结构形状复杂,且运动件包在机身里,工作状态下难以接近;

(3)在往复机械的不同部件中,激励力的传递途径及其对表面振动的响应是不同的,难以识别;

(4)当运动部件出现不同程度的机械故障时,相应的激励力的变化难以识别,激励力和表面振动信号的对应关系难以确定,相应的信号也难以获取;

(5)各运动部件存在相互干扰,信号不易区别;

(6)早期故障振动信号的提取和报警阈值设立困难等。

表9-1是有关工业用柴油机410次停机故障的分类统计,表9-2为往复式压缩机常见故障及发生原因,这些统计资料反映了往复机械故障的一个侧面。往复机械的故障种类较多,反映故障状态的征兆主要有两大类。一类故障征兆表现在机器的热力参数变化上。如进、排气压力与流量变化,各部分温度变化,以及油路、水路故障所表现的出来的热力参数变化。另一类故障征兆表现在机器的动力性能参数变化上,可以由结构性的故障引起,也可能是性能方面的故障原因。结构性故障是指零件磨损、裂纹、装配不当、动静部件间的碰磨、油路堵塞等;而性能方面故障表现在机器性能指标达不到要求,如功率不足、油耗量大、转速波动较大等。

表9-1 柴油机故障统计

故障分类	故障发生率,%	故障分类	故障发生率,%
喷油设备及供油系统故障	27.0	调速器齿轮故障	3.9
漏水故障	17.3	燃油泄漏	3.5
气门及气门座故障	11.9	漏气	3.2
轴承故障	7.0	机座故障	0.9
活塞组件故障	6.6	曲轴故障	0.2
漏油及润滑系统故障	5.2	其他故障	5.0
涡轮增压器故障	4.4		
齿轮及传动装置故障	3.9	总计	100.0

表 9-2 往复式压缩机常见故障及其原因

常 见 故 障	故 障 原 因
吸气温度异常升高	气源温度高,吸气阀动作不良,吸气管路阻力过大
排气温度异常升高	冷却器效果不好,排气阀动作不良,排气管路阻力过大,泄漏或损坏
吸气压力过低	吸气过滤器不清洁,吸气管路阻力大,气源系统压力低
排气压力过低	出口逆止阀损坏或局部污物堵塞,排气阀动作不良,排气管路阻力过大
气缸发热	冷却水供应不足,气缸润滑不良,活塞环磨损或断裂,缸内进入异物或气体被污染
阀片磨损、过热	腐蚀或动作不正常,弹簧软,负荷不均匀
填料漏气	填料函紧固不良,装配、研磨、调整不当,气体油混入杂物或气体被污染
排气量不足	气阀泄漏,填料函泄漏,余隙容积过大,活塞环磨损、咬死,驱动装置转速降低
功率消耗过大	气阀阻力过大,吸气压力过低,压缩级间的内泄漏
油压过低	油泵损坏,过滤器、冷却器堵塞,润滑油黏度低,轴瓦间隙不当,油安全阀泄放压力降低

显然,结构性故障会反映机器的性能指标,而通过性能指标的评定,也可反映结构性故障的存在和其严重程度。这些故障表现出来的机器振动和不正常的声振是往复机械运行状态监测和故障诊断的主要征兆参数,所以往复机械的监测和诊断比较有效方法是振动诊断法,还须辅以其他的检测方法和手段,如温度监测,油样的光谱、铁谱分析及性能参数的测定等。

第二节　往复机械的动力性能监测

一、气缸的压力检测

监测气缸压力可以检查内燃机燃油燃烧是否处于良好状态,燃油的耗量与燃烧状态存在密切关系。气缸中的燃烧过程与燃油的品质、预热温度及喷油系统工作状态有关,因此监测气缸压力具有十分重要意义。

以活塞移动或曲轴旋转时的位置信号(行程、曲轴转角或时间)作为横坐标、以气缸压力为纵坐标的示功图包含有丰富的信息,可以利用示功图上压力膨胀线上某一固定曲轴转角时的压力值来获得有关燃烧好坏的信息,如过后燃烧或燃烧阻滞方面信息。根据示功图上最高压缩压力及压力升高率,通过计算可以得到内燃机功率值、燃烧放热规律等性能指标,还可以判断气阀、活塞环与缸套的工作状态及其密性。

压缩机运行时,气缸内的气体体积和压力是在不断变化的。示功图形状变化,也可反映压缩机在结构设计、管道配置以及操作运行中的故障和问题,例如测量压缩机的指示功率,气阀上的压力损失和功率损失,气缸余隙容积的大小,气阀和管道截面积是否太小,气阀、活塞环、密封填料是否泄漏,气阀弹簧力过大或过小,以及阀片颤振、气流脉动等故障情况。图 9-1 是气阀不同工作情况下的几个典型示功图,其中(f)、(g)、(h)的吸、排气线(上、下曲线)呈多次波动状态,分别表示阀片颤振、升程高度过高和气流压力脉动,三者有时较难区分,可通过测量吸、排气腔或管道中的压力区分气流压力脉动情况,但阀片颤振情况与升程高度有关,两者较难区别。

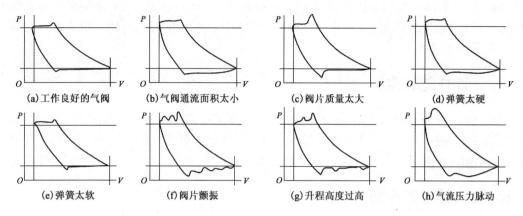

图9-1 气阀不同工况下的示功图

(a)工作良好的气阀　(b)气阀通流面积太小　(c)阀片质量太大　(d)弹簧太硬

(e)弹簧太软　(f)阀片颤振　(g)升程高度过高　(h)气流压力脉动

对各气缸测得的压力值进行互相关分析也有助于校检各缸间的功率是否平衡,以及监测内燃机的工况与故障诊断。试验表明,对于调整良好的内燃机,各缸压力信号之间的互相关系数峰值应近似为1,峰值之间所对应的时延即为两缸之间的发火间隔角。图9-2(a)为某6缸发动机各气缸压力的互相关图。由图可见,3个互相关函数的峰值均达到1,峰值对应的时延分别为119.6°、238.8°和358.9°,与理论点火间隔角(120°、240°及360°)相当接近,表明各个气缸工作过程均衡性调整良好。各缸工作过程调整不均匀,如各缸的换气、喷油等不一致时,互相关函数将出现异常,峰值达不到1,峰值对应的延时与理论点火间隔之间的差值将增大,如图9-2(b)所示,峰值之间的时延分别为120.1°、233°和351°,后两个角度与理论点火间隔角相差较大,说明1缸工作过程均衡性调整不良。

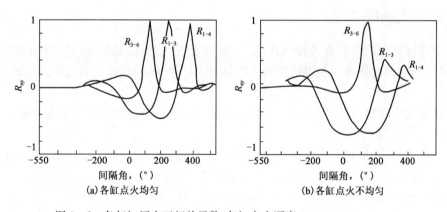

(a)各缸点火均匀　(b)各缸点火不均匀

图9-2 各气缸压力互相关函数(各缸点火顺序1—5—3—6—2—4)

对于同一气缸,利用不同样本的压力变化值进行互相关分析也可对气缸工作过程有无异常进行检查。在正常时,同一缸内压力的不同样本记录的互相关函数的峰值应达到或接近1,若采样时均从同一点触发,峰值对应的延时角为0°。因此,互相关函数可以用于发动机工作过程的工况监测与故障诊断。

二、温度信号的检测

发动机工作过程中,摩擦或者摩擦副润滑、冷却状态恶化等引起气缸、轴承、活塞、机体等各部件过热;介质在压缩过程中的状态不正常导致气体温度过高,带来气缸和阀门积碳、磨耗和零部件变形、损坏。可见,温度是柴油机工作时最基本的热工参数,它对柴油机的综合性能指标影响很大,是既方便检测又可进行有效诊断的参数。温度信号包括柴油机的水温、油温、排气温度及轴承温度等。

三、启动性能的检测

启动性能是柴油机的重要指标,影响启动性能的主要因素是启动动力源性能、启动机性能、气缸压缩性能、供油系统、进气系统以及环境温度等。为此应对动力源(蓄电池)的性能、气缸压缩性能、供油压力波、进气压力波、起动瞬时转速等进行检测,据此进行单项或多项相关性诊断。

四、动力性能的检测

动力性能是柴油机的核心,影响动力性能的因素主要有气缸的气密性、供油量、喷油提前角、进气量等,可以利用内燃机瞬时转速变化对气密性和动力性进行监测和诊断,详见第三节。

五、增压系统的检测

目前,大部分柴油机(除高速小型柴油机外)都装有废气涡轮增压器,增压器工作好坏直接影响主机工作的状态,因此,为了监测涡轮与压气机的效率,需要测量涡轮进出口压力、温度及其转速。对于压气机,也要测量相应的温度与压力参数。

对中间冷却器中增压空气压降的监测可以了解冷却器的污染程度,对空气过滤器前后压降的监测可以确定过滤器有否堵塞现象。

六、进排气系统的检测

进排气系统监测的内容有进排气压力、各缸支管排气温度、总管排气温度及排气的成分等,各缸排气温度的变化将反映进排气阀及喷油器工作状况,瞬时排气温度的测定能监测喷油器的故障。

对于往复式空压机性能监测参数,除各点温度、压力外,尚应监测排气量及气缸的漏气量,以了解气阀、活塞等的工作状态。

另外,往复机械中燃油品质恶化、排气阀泄漏、活塞环磨损、冷却器失效等故障也会对其性能参数发生影响,反之,若往复机械性能发生变化也可判别其故障的存在,因此,利用往复机械性能的监测来判别其故障是一种方便、实用的诊断方法。

第三节 往复机械故障诊断的油样分析法

油液监测技术是一种有效的往复机械工况监测和故障诊断方法,它利用润滑油这一机械磨损信息载体,对机器的摩擦学系统所产生的故障实施诊断。从机械设备润滑系统中定期、持续地采集油液样品进行光谱、铁谱分析,即可获得油样含有的各种元素成分、含量、磨粒形态等,从而获得设备的机械磨损、润滑油等的状态,根据磨损元素的变化来判断摩擦副的磨损趋势及其严重程度。

一、光谱技术分析往复机械运行状态

油样分析的光谱技术是机械设备故障诊断技术、状态监测中应用最早且最成功的现代技术之一。它可以有效监测机械设备润滑系统中润滑油所含磨损颗粒的成分及其含量的变化，并且可以准确地监测润滑油中添加剂的状况、润滑油污染变质的程度。表9-3列出了原子光谱技术测出的柴油机润滑油中磨粒元素的可能来源之处。需指出，不同型号、不同用途的柴油机，其运动件的材料有较大区别，特别是随着柴油机功率的不断提高，新材料、新工艺的不断采用，所用材料与传统的柴油机发生了极大变化，表9-3仅为说明问题。

表9-3 润滑油原子光谱监测元素及其主要来源

序号	元素	符号	来源
1	铁	Fe	缸套、活塞环、曲轴、气阀、凸轮、摇臂、轴承、齿轮、活塞销
2	银	Ag	轴承保持器、柱塞泵、齿轮、主轴、轴承、活塞销、其他银制零件
3	铝	Al	活塞、轴瓦、箱体、轴承保持器、行星齿轮、凸轮轴箱、衬垫、垫片、垫圈
4	铬	Cr	活塞环、镀铬缸套、滚动轴承、轴承保持器、密封环、冷却器的锈蚀
5	铜	Cu	轴承、轴套、油冷器、齿轮、阀门、垫片、冷却器的锈蚀
6	镁	Mg	飞机发动机箱体、部件架、进水、添加剂
7	钠	Na	冷却系统泄漏、油脂、进水
8	镍	Ni	轴承合金材料、燃气轮机的叶片、阀类零件
9	铅	Pb	轴承合金材料、密封件、焊料、漆料、油脂
10	硅	Si	灰尘、空滤器、密封件、添加剂
11	锡	Sn	轴瓦、衬套、活塞销、活塞环、油封、焊料
12	钛	Ti	喷气发动机中的支承段、压缩机盘、燃气轮机叶片
13	硼	B	密封件、灰尘、进水、冷却系统泄漏
14	钡	Ba	添加剂、油脂、水泄漏
15	钼	Mo	活塞环、电动机、油漆添加剂
16	锌	Zn	黄铜部件、氯丁橡胶密封件、油脂、冷却系统泄漏、添加剂
17	钙	Ca	添加剂、冷却系统泄漏
18	磷	P	添加剂、润滑脂
19	锑	Sb	轴承合金、油脂
20	锰	Mn	气阀、喷油嘴、排气和进气系统
21	钒	V	燃烧产物、燃油的污染程度

【例9-1】 某履带车辆在一次作业时，发现发动机声音异常。对其进行相关检查，发现该车连续大负载使用，油水温度偏高，冷却液量消耗过多且未及时补充，冷却水箱加水盖处冷却水液面已过低。该车辆发动机润滑油光谱分析结果见表9-4和图9-3。该车发动机主要摩擦副的材料见表9-5。

表9-4 发动机润滑油光谱分析结果

运行时间,h	40	80	120	160	200	240	280	320	360
Fe 含量,10^{-6}	18.8	45.1	27.9	31.3	29.6	37.3	48.55	78.6	159.8
Al 含量,10^{-6}	8.9	14.8	11.8	16.5	13.5	18.3	23.0	55.9	94.8
Cu 含量,10^{-6}	3.9	6.0	5.1	5.9	2.5	5.5	15.5	15.5	27.79

表9-5 发动机主要摩擦副材料

摩擦副	材料	摩擦副	材料
活塞	铝合金	活塞环	铸铁
气缸塞	铸铁	曲轴	合金钢
轴瓦	合金钢	气门	高合金钢、镍
凸轮轴	铸铁		

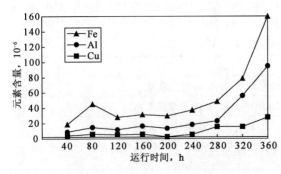

图9-3 发动机润滑油光谱分析结果

从表9-4和图9-3中可以看出,当发动机使用到280h时,油液中的Al及Fe元素浓度尚属正常;超过280h后,这些元素浓度上升速率明显加快;而到360h时,Fe及Al元素浓度上升率已达到20.3×10^{-6}/h和9.7×10^{-6}/10h,含量已达159.8×10^{-6}和94.8×10^{-6},Cu元素浓度虽有所上升但还基本在正常范围。由光谱分析结构初步判断该车辆发生发动机拉缸现象。

对发动机进行分解检查,发现发动机左排4缸、5缸及右排3缸活塞裙部均有轻微的拉伤,活塞环有较重的磨损痕迹。经调查,这是一起使用不当造成的拉缸故障。发动机冷却水在使用过程中的消耗,致使水箱中水量不足,造成发动机冷却不良;加之使用中连续负荷较大,使油水温度过高,因为活塞/缸套组的冷却条件恶化,发生异常磨损。

该例说明,分析油样中磨粒的成分和含量,可以积累部件工作状况的历史记录,了解部件的磨损部位。

【例9-2】 某卡车发动机油样光谱分析。

从1998年1月18日开始,对某卡车发动机使用油样进行光谱分析,主要监测其中Cu、Pb、Fe和Cr元素的含量变化,检测数据见表9-6所示。

表9-6 卡车发动机油样光谱分析数据记录

取样日期	保养时间,h	磨损金属,10^{-6}			
		Cu	Pb	Fe	Cr
1998年1月18日	250	1	2	12	1
1998年2月14日	250	1	2	10	2
1998年3月8日	250	1	2	19	2
1998年5月13日	250	1	3	16	3
1998年5月28日	250	1	3	10	1
1998年6月24日	250	138	5	19	2
1998年6月28日	250	65	3	10	2

从表9-6可看出,发动机在1998年5月28日之前运行一直很正常,各种磨损金属含量在控制范围内。6月24日发现Cu含量特别高,6月28日再次化验Cu含量仍特别高,说明卡车发动机运行存在故障,存在异常磨损。停机检查,发现发动机左排8缸活塞已经打烂。

二、基于铁谱技术的诊断方法

实施铁谱分析技术的重要工具之一是铁谱仪，应用比较普遍的铁谱仪主要有直读式、分析式和旋转式等，它们均为离线测量分析仪器。目前已研制出能在润滑系统中分离测量磨粒的在线铁谱仪。但由于技术上的原因，在线式铁谱仪研发较为缓慢，仅有在液压系统中取得应用结果的记录。

【例 9-3】 川崎装载机是某港务局七公司的关键设备。1991 年 11 月 8 日对该机的采油机进行了一次采样，1991 年 12 月 20 日进行了另一次油样的采集工作，期间装载机共运行了 226.5h。表 9-7 是对两次油样进行铁谱定量和定性分析的结果。

表 9-7 装载机油样铁谱分析结果

分析内容	采样日期	1991 年 11 月 8 日	1991 年 12 月 20 日
磨粒浓度与尺寸	最大微粒尺寸,μm	200	1000
	平均微粒尺寸,μm	10	20
	大磨粒读数 D_L	600	245
	小磨粒读数 D_S	480	215
	磨损严重度指数 I_S	129600	13800
磨粒种类	摩擦磨损微粒	大量	大量
	严重滑动磨损微粒	/	少量
	切削磨损微粒	中等	中等
	片状磨损微粒	少量	少量
	红色氧化物	中等	中等
	有色金属微粒	少量	少量
	非金属结晶体	大量	中等
磨粒成分	钢	35%	30%
	铸铁	55%	60%
	铝	10%	10%

由表 9-7 中的信息可以看到，11 月 8 日所采油样的磨粒浓度较高，并有标志着异常磨损的切削磨粒和有色金属磨粒；12 月 20 日所采油样的磨粒种类有了增加，尤其是出现了严重滑动磨损微粒，这标志着磨损状态的进一步恶化。根据上述分析结果，认为该柴油机的缸套活塞组发生了异常磨损，于是对柴油机进行拆检和维修。拆检结果发现：活塞环气环的最大开口间隙已达 1mm，油环最大开口间隙达 6mm，远远超过了磨损极限（小于0.4mm），连杆轴瓦已磨损到可见铜衬底，活塞裙部严重磨损，而且第 6 缸活塞头部有轻度拉毛痕迹，个别缸套有轻度失圆。拆检结果与铁谱分析结果基本一致。

【例 9-4】 图 9-4 为某发电厂柴油机高

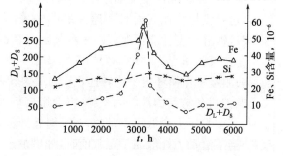

图 9-4 某柴油机高磨损时检测的
铁谱及光谱参数值

磨损时检测的铁谱及光谱参数值,表9-8为某发电厂柴油机轴承烧瓦故障前后润滑油油样铁谱分析、光谱分析的检测参数值。

表9-8 某柴油机轴承失效油样分析结果

油样编号	黏度(40℃) mm²/s	污染度等级	光谱分析,10^{-6}			铁谱分析		
			Fe	Cu	Pb	D_L	D_S	D_L+D_S
1	169	4.0	18.3	<2.0	3.7	6.5	5.0	11.5
2	162	5.5	19.0	<2.0	4.5	11.2	8.2	19.4
3	158	6.5	17.7	3.0	1.8	23.9	8.5	32.4
4	155	/	16.9	2.2	2.8	39.8	19.8	59.6

第四节 瞬时转速检测法

在往复机械的监测与故障诊断中,无论是内燃机的输出轴瞬时转速,还是压缩机的输入轴转速,都综合反映了机器的工作状态和工作质量,并包含有机器各部件工作状态的大量信息。例如,柴油机调速齿杆位置固定后,转速平稳意味着柴油机工况的稳定性,转速波动则表示柴油机工况发生了变化。柴油机的瞬时转速可定义为飞轮齿圈上两个相邻齿间隔内的平均转速,即工作循环内每 $360/z$ 度曲轴转角的平均转速(z 为柴油机飞轮齿数)。尽管这种定义不够严格,但在实际工程应用中,其精度能够满足要求,而且可直接利用飞轮齿圈等分工作循环,使测量方便易行。具体测试时,可用磁电或涡流传感器测量飞轮齿圈任意两轮齿之间的时间间隔,用来作为瞬时转速的测量;再将另一个传感器安装在齿轮轴上的转轮处,作为上止点检测器,以此来确定相位。

由于内燃机缸内气体压力的波动及往复惯性力的变化,其输出的扭矩是波动的,在阻力矩一定情况下,曲轴的瞬时转速也是波动的,曲轴的瞬时转速在一定程度上反映了机器工作状态和工作质量。

一、气缸动力性能的诊断

内燃机工作正常时,各缸的动力性能基本一致,柴油机运转平稳,测取的瞬时转速波形规则、峰谷分布均匀,有很好的周期性;当某缸工作不正常时,特别是机器发生故障时,如出现某缸供油量不正常或供油提前角不当等故障时,动力的一致性遭到破坏,该缸的动力性能将出现差异,这种差异将在其瞬时转速波形图中表示出来。图9-5为某柴油机瞬时转速波形图,(a)表示各缸动力性能正常;(b)表示某缸有断油的故障,其波形凌乱、不规则。图中带括号的数字是按柴油机点火顺序排列的缸号,S_{max} 为测量工作循环内转速最大值,S_{min} 为转速最小值,S_{mean} 为测量工作循环内平均转速,D_{sp} 为最大转差($S_{max}-S_{min}$)。

柴油机各缸动力性能的差异,将会影响其运转的平稳性。当某缸动力性能下降,如供油不足时,其爆发压力会低于正常值,在瞬时转速波形上表现为其上升沿变化较缓,速度峰值变低;反之,当某缸动力性能高于正常值时,如供油过量,气缸爆发压力高于正常值,其波形表现为上升沿变较陡,速度峰值高于正常峰值。因此,根据瞬时波形的变化可以方便地诊断柴油机各缸的动力性能。

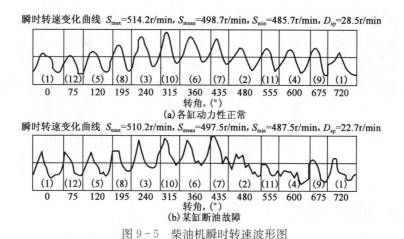

瞬时转速变化曲线 S_{max}=514.2r/min, S_{mean}=498.7r/min, S_{min}=485.7r/min, D_{sp}=28.5r/min

(a)各缸动力性正常

瞬时转速变化曲线 S_{max}=510.2r/min, S_{mean}=497.5r/min, S_{min}=487.5r/min, D_{sp}=22.7r/min

(b)某缸断油故障

图9-5 柴油机瞬时转速波形图

瞬时转速的波动是由各缸的顺序工作、负载及阻力等因素所致。当某缸处于压缩上止点时,瞬时转速降至最低点;爆发冲程至下止点时,瞬时转速上升到最高点。该转速差直接反映了气缸的工作性能。对于柴油机爆发工作缸,其爆发瞬间对曲轴做的功远大于其余缸合力功。因此,通过比较各缸爆发时瞬时转速的变化可以诊断各缸的动力性能。

二、气缸气密性的诊断

柴油机气缸的气密性反映了气缸磨损、装配等状况,与其动力性能及经济性能有密切关系。气密性不良将引起输出功率下降,经济性变坏。因此,柴油机工作一段时间后,应该检测气缸的气密性。采用测量启动倒拖时瞬时转速的方法来诊断气缸气密性较其他方法更简便、实用,因为启动倒拖瞬时转速波形与柴油机气缸压缩压力有很好的对应关系。应用时,断油启动柴油机,到转速基本稳定后测取瞬时转速,根据瞬时转速波动情况判断各缸的压缩性,从而检测各缸的气密性。

图9-6是实测的启动瞬时转速波形图,由(a)可知各缸瞬时转速起伏均匀,比较规则,其原因是柴油机各缸压缩性能良好,工作循环内各缸压缩阻力基本一致,对转速的影响基本相同,因此测得的转速波形比较均匀,说明各缸气密性良好;(b)表示第2缸漏气、气密性较差时的瞬时转速波形。直观上看,(a)、(b)两图有很大差别,波形不再均匀,在漏气缸位上形成一个

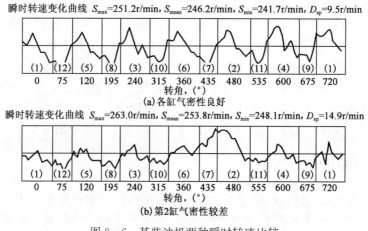

瞬时转速变化曲线 S_{max}=251.2r/min, S_{mean}=246.2r/min, S_{min}=241.7r/min, D_{sp}=9.5r/min

(a)各缸气密性良好

瞬时转速变化曲线 S_{max}=263.0r/min, S_{mean}=253.8r/min, S_{min}=248.1r/min, D_{sp}=14.9r/min

(b)第2缸气密性较差

图9-6 某柴油机两种瞬时转速比较

凸起,其原因是:漏气缸的压缩阻力比其他缸小,倒拖力矩不变时,在漏气缸压缩上止点处转速不但不下降,反而上升,从而在转速波形上形成一个凸起,此时的平均转速为 $S_{mean}=248.1r/min$,最大转差为 $D_{sp}=14.9r/min$,都比正常状态时测得的值($S_{mean}=241.8r/min$,$D_{sp}=9.5r/min$)增大了。实践表明,不同缸的漏气及漏气程度不同,都能从瞬时转速波形图上表示出来。

第五节　往复机械故障的振动诊断法

一、往复机械的脉动性

往复机械的特点是运动件多,而且复杂,在其工作时引起振动的激励源很多,振动的主要形式是脉动性。往复机械的运动机构主要是曲柄连杆机构。活塞(或柱塞)往复运动引起的振动、气体(液体)的脉动、各部件之间的周期性撞击都会使机体产生周期性脉动。为了说明这一点,下面讨论一下周期性脉冲信号。设周期信号的周期为 T,单个脉冲作用时间是 ζ,如图 9-7(a)所示,此周期脉冲的频谱如图 9-7(b)所示。

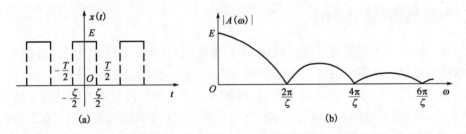

图 9-7　周期性脉冲信号及其频谱

这种脉冲频谱特征在实测的振动信号中得到很好的体现。如图 9-8 所示的往复式五柱塞注水泵泵头水平方向振动信号就是典型的冲击信号,冲击源主要是柱塞往复运动惯性力通过连杆、曲轴产生的周期性激励,以及进/排液阀以一定的频率撞击阀座所激励的信号等的综合响应。它的频谱谱峰分布于两个频带内,一群谱峰分布在的 0～152 Hz 低频带内,一群分布于 260～450 Hz 的中高频带内,相邻谱峰频率相差 6.17Hz,为柱塞泵的曲轴回转频率(转速为 370r/min),频谱呈转频的倍频分布,和理论上的分析接近。同样,往复式压缩机也有相似的脉动性,只是频带的分布有所不同而已。所要说明的是:理论分析只考虑一个脉冲,实际频谱是许多冲击信号在所测点的叠加信号的谱,各信号相位不同,传到测点的时间也不同,因此各信号在测点叠加要抵消掉一部分,所以叠加的结果未必使振动加强,在某些频率上的能量会变得很小。谱图上高频区(260～500 Hz)谱峰的高低错落正说明了这一点。正常信号的脉动特征在机器出现故障时会有所改变,其表现形式是谱图的能量分布及峰值的变化。

二、振动诊断法

振动诊断法在往复机械中的应用不如旋转机械那样广泛和有效,这是因为往复机械转速低,要求传感器有良好的低频特性,因而在传感器选用方面有一定限制。此外,由于往复机械结构复杂,运动件多,工作时振动激励源多,对不同零部件,这些激励源的作用是不同的,因而

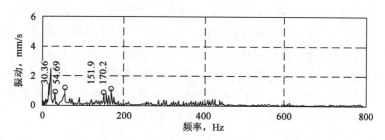

图9-8 五柱塞注水泵泵头水平方向振动频谱

利用振动信号进行分析困难较多,但近年由于振动分析技术的发展,振动诊断已日益得到更多的应用。

(一)振动特性分析法

目前研究较多的是利用发动机缸盖系统的动态特性诊断气缸内的故障。发动机缸盖系统是一个复杂的机械系统,主要表现在它本身的结构复杂和承受多种激励。在发动机工作时,缸盖系统承受气缸内气体压力、气门落座瞬时冲击力、活塞不平衡往复惯性力和曲轴不平衡回转惯性力以及随机激励等。从整个发动机结构来看,缸内气体压力、气门落座冲击力使缸盖产生相对机身的振动;而不平衡惯性力、沿活塞连杆向下传递的气体压力则通过机身传递到缸盖上,使机身和缸盖一起振动。图9-9是发动机缸盖振动响应的时域波形,从图中可以看到:对缸盖振动影响较大的是气体压力、气阀落座冲击和排气门开启,进气门关闭和机身振动对缸盖振动影响较小。这样一个系统的振动特征,可以简化成一个多输入单输出线性系统。由发动机的工作特性及图9-9可知:缸内气体压力(燃烧压力)、排气门落座冲击和开启以及进气门关闭所产生的响应各自按照一定规律作用于缸盖,根据缸盖表面测得的振动响应推断各个激励性质,从而对故障进行判断。

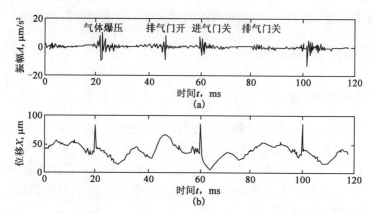

图9-9 发动机缸盖振动信号与时标信号

(二)能量谱法

应用振动信息频域分析中的响应能量谱也可对故障进行诊断。振动信号能量谱计算公式为

$$E = \sum_{i=1}^{N} S_i \cdot \Delta f \qquad (9-1)$$

式中 S_i——功率谱密度值;

Δf——频率分辨率。

用式（9-1）可以计算出某个频带内的能量 E_i 或整个频带内的能量 E。因为当发动机某部件发生故障时，其能量谱会发生变化，将实测的能量谱值与正常工作状态下的参考谱值进行比较，即可判别气缸活塞组的工作状态如何。一般地说，故障状态下的总能量值要比正常状态下的大得多。测量正常工作状态发动机机体的振动信号，将计算的功率谱作为标准谱；再测取实际工作状态下信号的功率谱，将两者按下式进行比较：

$$C = \frac{\sum\limits_{i=1}^{N} w_i S_i w_i S_{si}}{\sqrt{\sum\limits_{i=1}^{N} (w_i S_i)^2 \sum\limits_{i=1}^{N} (w_i S_{si})^2}} \tag{9-2}$$

式中　S_i——实际测得的功率谱；

　　　S_{si}——标准谱；

　　　w_i——加权系数。

因为在实测的功率谱中，对故障敏感的特征频率有一定的带宽，这样，对不同的谱值取不同的权系数，有助于提高对故障的敏感程度。系数 C 的值在 $0\sim1$ 之间，C 值越小，说明实测功率谱与标准谱的差距越大，故障也就越严重。如果建立故障时的功率谱参考值，用实测谱与其比较时，C 值越大，说明实际工况的故障程度越严重。

（三）时域特征量法

利用时域信号中的特征量来判断柴油机故障也是十分有效的方法，常用的时域特征量有Kullback-Leiber 信息距离指标、Bhattacharyya 距离指标等，具体计算这些指标的方法可参阅第五章。

除以上几种方法外，其他如评定缸体表面振动加速度总振级方法，也是在实际中经常应用的方法。综合运用上述各种方法，可以有效地确定气缸—活塞组的各种故障。

三、振动诊断法应用举例

（一）空压机气阀故障诊断

据统计，往复式压缩机 60% 的故障发生于气阀上，这里以 L2-20/8 型空压机为例，用加速度传感器拾取环状排气阀盖上的振动信号进行分析。图 9-10 为气阀不同状况下的振动信号功率谱。可以看出，在发生故障后，信号功率谱的能量分布发生了变化，能量明显降低，尤其是在阀片断裂以后，功率谱发生了显著的变化；在弹簧弹力不足时，功率谱能量分布所发生的变化与阀片断裂的谱图是不同的。

（二）柴油机拉缸时的故障判别

气缸—活塞组为柴油机工作的动力部分，它的故障将会导致柴油机不能正常工作，甚至会使柴油机损坏，造成巨大的经济损失。拉缸是气缸—活塞组十分严重的故障。所谓拉缸，是指气缸套表面与活塞表面间相互作用而造成的严重表面损伤。

造成柴油机拉缸的原因有多种。如果气缸与活塞之间的间隙不正常，就会导致故障的发生。间隙过大时，燃烧气体在活塞环和气缸壁之间有泄漏，有可能使活塞环因位置偏斜而粘牢

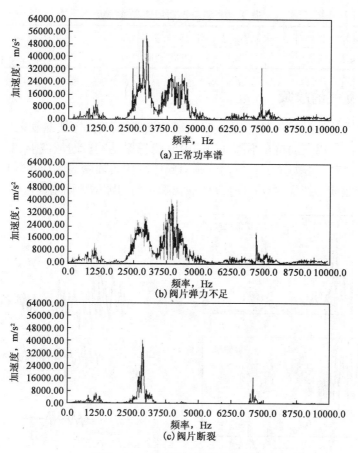

图 9-10 空压机气阀振动功率谱

咬死在环槽内；如果活塞和气缸套之间的间隙过小，活塞会在气缸套中咬死，产生卡瓦、拉缸等故障。其他如活塞与气缸套之间润滑不良、活塞环断裂、活塞销装配过紧，都会引起拉缸的故障。

当间隙过小发生拉缸时，在缸体表面测得功率谱密度高频成分（大于 3kHz）明显增加，如图 9-11所示。这与正常工作情况下不同的特征说明了此时活塞作用为宽频带激励，反映到缸体振动上是能量分布带宽增加，同时，总振级测量值明显小于基准值。据此，可以判别拉缸已经发生。

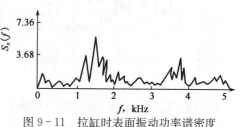

图 9-11 拉缸时表面振动功率谱密度

（三）气缸活塞磨损故障的判别

气缸活塞磨损可以利用缸体表面振动加速度总振级进行判别。若正常工作状态下各测点的振动加速度总振级为 L，实测各点的振动总振级为 L_a，比较这两值的倍数，可以确定气缸磨损状态并确定磨损极限。

发动机气缸磨损可以通过活塞—气缸套之间的间隙反映出来。图 9-12 是 X4105CQ 型车用发动机在不同间隙状态下机身表面振动响应的功率谱。从图中可知，功率谱峰值随气缸磨损量的增加而加大，达到极限磨损后，峰值急剧增加。表 9-9 是 1 缸处在不同间隙情况下机身的振动加速度总振级，从表中可见，磨损量增加，总振级呈上升趋势。

表 9-9　机身振动加速度总振级

气缸套磨损量,mm	0	0.12	0.20	0.60
总振级,9.8m/s²	25	80	150	210

(四)气阀漏气的故障

气阀间隙变大将导致气阀漏气,影响发动机的性能,而气阀不严漏气也是柴油机的常见故障。图 9-13 是一车用发动机在不同气门间隙时测得振动响应时域波形,测点在进气门底座附近。由图可见,气门间隙过大时,气门激励引起的缸体表面瞬态响应比较明显,且随着气门间隙增大而出现超前的特征,响应加速度的振幅随气门间隙增大而增大。

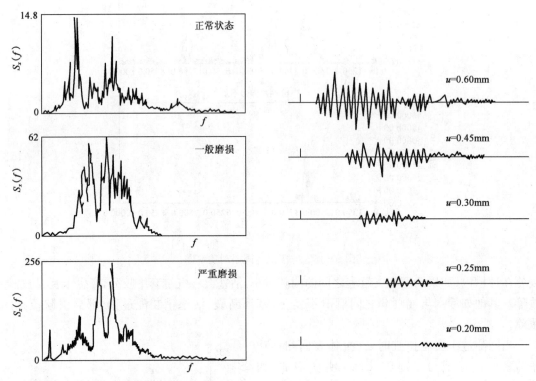

图 9-12　车用发动机在不同间隙状态下
机身表面振动功率谱

图 9-13　不同间隙时表面测点响应时域波形

响应时域波形均方根值反映信号能量的大小,因气门激励响应为瞬态响应,其中包括有限的能量,故可用均方根值来描述时域响应的特征。表 9-10 给出了进气门落座表面测点振动响应的均方根值。从表中可知,随气门间隙的增大,均方根值也增大。

表 9-10　进气门落座表面测点振动均方根值

间隙,mm	0.60	0.45	0.30	0.25	0.20
动均方根值,m/s²	5.383	4.234	1.161	0.889	0.633

根据实际测试结果,故障波形作用在同一转速、同一测点上,其幅值随气阀间隙增大而增大;两缸气阀间隙异常时,其波形相互独立,各自在相应的相位上出现故障波形。因此,利用时域波形分析方法可以判断发动机气阀漏气的故障及其部位和程度。

还可在不同试验条件下测取进排气门开启和底座冲击时的振动响应信号并进行频谱分

析，以获得信号的频谱特征。谱的总能量随间隙的增大而增大(也随转速升高而增大)，其特点是谱的能量均集中在某一频率附近，此频率为进气门测点的气门落座特征频率。气门开启和底座激励在表面的测点产生的振动响应，都有各自的特征频率，谱的能量主要集中在特征频率附近的频带内，而频带内的能量随气门间隙及发动机转速增大而增大。

从发动机缸盖系统的响应分析可知，气体爆炸是一个低频($f < 500\text{Hz}$)的激励力。如果气门漏气，在气体爆炸作用力上将增加一个准"白噪声"作用力，缸盖响应的高频部分能量将增加。这是因为狭缝喷流的声学特性的研究表明，漏气的声学信号相当于一个频率范围很宽的准"白噪声"信号。因此，根据测得的高频信号特征可以判别气门漏气情况。

在实际测试时应注意传感器安装的位置，因为漏气能量相对其他激励能量较小，气门漏气反映在缸盖上的振动特征易被其他干扰信号所淹没。另外，应防止高频信号被滤掉，必须采用高通滤波器。

除了以上从时域及频域能量谱对气门漏气故障进行诊断外，也可应用 AR 谱进行识别。测试表明，AR 谱突出了各测点响应信号的特征频率，AR 谱各种能量指标随气门间隙增大而增大，利用这些指标法可以判断气门间隙的变化情况。

以上对振动法在往复机械的诊断中的应用作了系统的介绍，以活塞—气缸拉缸、磨损和气门漏气三种故障作为实例进行了分析。往复机械的故障种类很多，除上述几种外，尚有曲轴连杆组件中各种部件的故障、配气机构方面的故障、供油系统的故障等，这里不作介绍。

第六节　柴油机供油系统故障诊断压力波形分析法

主要由燃油泵、出油阀、高压油管和喷油器组成的供油系统，是柴油机的一个重要组成部分，它直接影响燃烧过程和柴油机的工作性能。如表 9-1 所示，供油系统故障在柴油机各种故障中所占比例非常高。

供油系统工作不正常的结果是直接降低功率和热效率。功率下降后，必须增加供油量以满足增大功率的需要；热效率降低则使废热大量增加，增加的废热往往成为引发一些重大故障的根源，如可引起活塞过热，排气门烧蚀，润滑油结焦，水温、油温不正常升高等。又如，喷油器的喷射能力改变或喷油器针阀运动受阻，都会影响喷油雾化质量，造成因燃烧不良引起的故障。这类故障刚发生时并无明显的异常现象，但缸内结焦、润滑油损坏以及影响各缸载荷分配等影响运转可靠性的因素在不断发展，由于严重结焦，活塞环局部黏结，排气门的密封性也被破坏，进一步恶化了燃烧过程，使柴油机运转不正常。

由此可见，监测和诊断供油系统的工作状态，对保证柴油机可靠安全运行、延长工作寿命，以及增加动力经济性甚为重要。

传统的诊断方法是依靠生产人员的经验，根据柴油机发生故障时的外部征象来判断的。这种经验法只有在故障表现得比较严重时才容易判断，而不能在早期发现故障，所以它是一种比较被动的方法。另外，运用柴油机表面振动信号的频谱形状对供油系统的某些故障进行诊断也有研究，但由于频率范围很广，干扰故障特征的提取，给准确判断故障类型造成很大困难。

供油系统在不解体诊断情况下，监测雾化油的质量(平均油滴直径、靠近喷孔的油束锥角等)是相当困难的或是不可能的，但获取供油系统的燃油压力波形相对容易些。以燃油压力分析为基础，可以完成对供油系统的状态监测，判断供油系统的技术状况、典型的故障和异常喷射等。图 9 - 14(a)、(b)分别为 4135 柴油机正常工况下与喷油压力过高时燃油压力波形。与正常喷射压力波形相比,喷油压力过高时的波形不但出现二次喷射,三次压力峰值也较大,而且供油提前角与喷油提前角均有所减小。另外,在实验中,还先后人为设置了多种供油系统的典型故障,对出油阀密封锥面磨损、喷油器针阀磨损、喷油器针阀卡住,喷油压力改变、供油提前角变化、供油量变化及高压油管接头处漏油等 10 种故障状态进行了监测和诊断,从获取的压力波形中看到:不同的故障类型,压力波形的结构、供油提前角、喷油提前角、最大喷射压力等均有较大变化。所以,根据油压波形的结构特点能够分辨供油系统工作正常与否,同时也为进一步进行智能诊断提供了必要的实验依据。

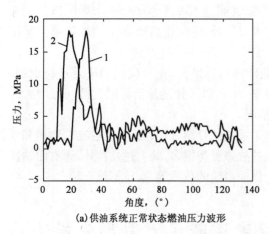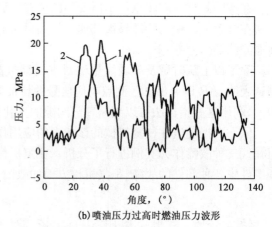

(a)供油系统正常状态燃油压力波形   (b)喷油压力过高时燃油压力波形

图 9 - 14   燃油压力波动分析

1—喷油器入口压力波形;2—出油阀出口压力波形;40°—上止点位置

另外从图中还可以看出,不管是哪种运行状态,喷油泵端与喷油器端的油压波形差别较大。这是由于在大幅度变化的压力作用下,燃油存在可压缩性,而且高压油管富有弹性,使高压系统形成一个弹性系统,燃油在高压系统中的流动也就产生弹性振动。在供油过程中,当出油阀开启时,高压油管中喷油泵端燃油产生的压力波向喷油器端传播,如果不足以升起针阀,则压力波全部被反射,向喷油泵端传播,与该处新产生的压力波叠加起来,又被反射,向喷油器端传播。当压力传播使喷油器端燃油压力升高到大于针阀开启压力时,针阀即打开,喷油开始,此时传至喷油器端的压力波仍有部分被反射回去。所以,在整个供油过程中,压力波往复传播多次反射,高压油管中的压力也就随时间和地点而变。由于存在上述的压力波动现象,实际喷油过程与柱塞的供油过程很不一致。

习题与思考题

9-1   对往复机械进行性能检测的目的是什么?

9-2   如何应用油样分析方法对往复机械进行故障诊断?

9-3   在每种磨损状态下,调整某柴油机在 900～2200r/min 之间运行,每隔一定的时间从油底壳提取润滑油。缸套—活塞—活塞环组件中,缸套为铸铁件,活塞为共晶铝硅合金,活塞环为铸铁件顶环镀铬,该类磨损主要表现为油样中 Fe、Al、Si 和 Cr 元素浓度的增加。油样需要用硝酸和高氯酸的混合酸去反复处理,直到把有机物硝化完全,然后加稀盐酸溶解并定容,预处理完毕后送入光谱仪进行分析处理。光谱分析结果见表 9-11。试分析柴油机的工作情况。

表 9-11 润滑油光谱分析结果

磨损程度 分析元素	正常磨损	中等磨损	极限磨损
Fe 质量浓度,mg/L	18.1	74.0	132.8
Al 质量浓度,mg/L	14.4	14.9	16.4
Si 质量浓度,mg/L	12.4	15.6	20.2
Cr 质量浓度,mg/L	4.0	5.8	16.1

9-4 某煤矿有一空压机,型号为 ZD12—100P8,空压机的曲轴箱、曲轴、连杆、十字头等主要部件的材质由灰铸铁、优质碳素钢、球磨铸铁、巴氏合金等材料组成。使用的润滑油是 68 号机械油,润滑方式属循环润滑。为了解磨损情况,在空压机的回油管口先后对其润滑油采样 2 次(采样间隔为 30d),进行铁谱分析。直读式铁谱仪直读数分别为 $D_L=98.4$,$D_S=62.3$ 和 $D_L=156.7$,$D_S=124.8$。由分析式铁谱仪制谱,在光学显微镜下观看谱片,发现在谱片上沉积了较浓密的正常磨粒、中量的球粒以及少量的摩擦聚合物。球粒的出现说明该机内的轴承或曲轴发生疲劳磨损,摩擦聚合物的出现说明可能出现了过载现象。当将铁谱片加热到 330℃ 保持 90s,发现磨屑颜色变为棕色,再将温度升到 400℃,时间仍保持 90s,发现磨屑颜色变为暗棕色,可判定磨屑材质为铸铁。(1)试计算两次磨损烈度指数,并根据其值判断磨损情况;(2)请判断什么部位发生了摩擦。

9-5 往复机械的振动特征与旋转机械的有何不同?原因所在?

9-6 用振动信号作为监测参数对往复机械进行故障诊断的方法有哪些?如何应用?

9-7 往复机械与旋转机械相比,故障诊断的难点何在?

第十章
典型传动部件的故障及其诊断方法

在机械设备中，机器的动力传递要靠传动部件来实现，传动部件的状态如何直接影响着整机的功能。因此，对其运行状态进行监测和故障诊断具有十分重要的意义。本章将主要对滚动轴承、滑动轴承和齿轮装置的故障及诊断方法进行讨论。

第一节　滚动轴承的故障及其诊断方法

一、滚动轴承的基本结构

滚动轴承的基本结构如图 10-1(a)、(b)所示，一般由内圈、外圈、滚动体和保持架等 4 部分组成。内圈用来和轴颈装配，外圈用来和轴承座装配，通常是内圈随轴颈回转，外圈固定，但也可以用于外圈回转而内圈不动或是内圈与外圈同时回转的场合。当内圈、外圈相对转动时，滚动体即在内圈、外圈的滚道间滚动。常用的滚动体有球、圆柱滚子、圆锥滚子、球面滚子、非对称球面滚子、螺旋和滚针等几种形式。轴承内圈、外圈上的滚道有限制滚动体侧向位移的作用。

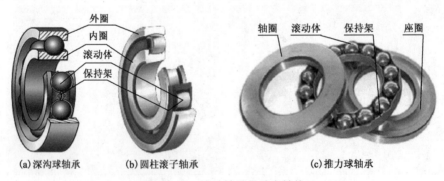

图 10-1　滚动轴承的基本结构

推力球轴承的基本结构如图 10-1(c)所示，同样有滚动体和保持架，但没有内圈、外圈，而是座圈和轴圈。推力轴承中与轴配合在一起的元件叫轴圈，与机座孔配合的元件叫座圈。

保持架的主要作用是均匀地隔开滚动体。如果没有保持架，则相邻滚动体转动时将会由于接触处产生较大的相对滑动速度而引起磨损。当滚动体是圆柱滚子或滚针时，在某种情况下可以没有内圈、外圈或保持架，这时的轴颈或轴承座就要起到内圈、外圈的作用。此外，还有一些轴承除了以上 4 种基本零件外，还有其他一些特殊零件，如在外圈上加上止动环或密封盖等。

二、滚动轴承的主要失效形式

滚动轴承是机械设备中最常见和最易损坏的部件之一,在使用过程中的主要失效形式有以下几种:

(1)疲劳剥落:这是滚动轴承常见的一种失效形式。在滚动轴承中,滚道和滚动体表面既承受载荷,又相对滚动。由于交变载荷的作用,首先在表面一定深度处形成裂纹,继而扩展到使表层形成剥落坑,最后发展到大片剥落。这种疲劳剥落现象造成了运行时的冲击载荷,使振动和噪声加剧。造成疲劳剥落的主要原因是疲劳应力。

(2)磨损:这是滚动轴承另一种常见的失效形式。轴承滚道、滚动体、保持架、座孔或安装轴承的轴颈,由于机械原因及杂质异物的侵入引起表面磨损。磨粒的存在是轴承磨损的基本原因,润滑不良会使磨损加剧。磨损导致轴承游隙增大,表面粗糙,降低机器运行精度,增大振动和噪声。

(3)塑性变形:轴承因受到过大的冲击载荷、静载荷、落入硬质异物等在滚道表面上形成凹痕或划痕,而且一旦有了压痕,压痕引起的冲击载荷会进一步使邻近表面剥落,这样,载荷的累积作用或短时超载就有可能引起轴承塑性变形。

(4)腐蚀:润滑油、水或空气水分引起表面锈蚀(化学腐蚀)、轴承内部有较大电流通过造成的电腐蚀、轴承套圈在座孔中或轴颈上微小相对运动造成的微振腐蚀等造成了轴承零件表面的腐蚀。

(5)断裂:载荷过大或疲劳常引起轴承零件破裂。若热处理、装配引起的残余应力,或运行时产生的热应力过大,就会引起轴承零件的裂纹或破裂。

(6)胶合:胶合指滚道和滚动体表面由于受热而局部融合在一起的现象,常发生在润滑不良、高速、重载、高温、启动加速度过大等情况下。由于摩擦发热,轴承零件可以在极短时间内达到很高的温度,导致表面烧伤,或某处表面上的金属黏附到另一表面上。

(7)保持架损坏:装配或使用不当而引起保持架发生变形,从而增加保持架与滚动体之间的摩擦,甚至使滚动体卡死不能滚动。保持架与内外滚动产生摩擦均可能引发保持架损坏,同时也使振动、噪声和发热量增加。

三、滚动轴承的振动类型及其故障特征

在工作过程中,滚动轴承的振动通常分为两类:其一为与轴承的弹性有关的振动,其二为与轴承滚动表面的状况(波纹、伤痕等)有关的振动。前者与轴承的异常状态无关,而后者反映了轴承的损伤情况。

滚动轴承在运转时,滚动体在内圈与外圈之间滚动,如果滚动表面损伤,滚动体在损伤表面转动时,便产生一种交变的激振力。由于滚动表面的损伤形状是无规则的,所以激振力产生的振动将是由多种频率成分组成的随机振动。从轴承滚动表面状况产生振动的机理可以看出,轴承滚动表面损伤的形态和轴的旋转速度,决定了激振力的频谱;轴承和外壳,决定了振动系统的传递特性。因此,振动系统的最终振动频谱,由上述两者共同决定。也就是说,轴承异常所引起的振动频率,由轴的旋转速度、损伤部分的形态及轴承与外壳振动系统的传递特性所决定。

通常,轴的旋转速度越高,损伤越严重,其振动的频率就越高;轴承的尺寸越小,其固有振

动频率越高。因此,轴承异常所产生的振动,对所有的轴承都没有一个共同的特定频率;即使对一个特定的轴承,当产生异常时,也不会只发生单一频率的振动。

为了加深对滚动轴承振动特性的认识,下面对其振动情况作进一步分析。

(一)滚动轴承的固有振动频率

滚动轴承在工作时,滚动体与内圈或外圈之间可能产生冲击而引起轴承各元件的固有振动。各轴承元件的固有频率与轴承的外形、材料和质量有关,而与轴的转速无关。钢球的固有频率为

$$f_{bn} = \frac{0.424}{r}\sqrt{\frac{E}{2\rho}} \tag{10-1}$$

式中　r——钢球的半径,m;

　　　ρ——材料密度,kg/m³;

　　　E——钢球的弹性模量,N/m²。

当滚动轴承为钢材时,其内外圈的固有频率可用下式计算:

$$f_{(i,o)n} = 9.40 \times 10^5 \times \frac{h}{D^2} \times \frac{n(n^2-1)}{\sqrt{(n^2+1)}} \tag{10-2}$$

式中　h——圆环的厚度,mm;

　　　D——圆环中性轴的直径,m;

　　　n——节点数。

需要注意的是,轴承元件的固有频率值,要受安装状态的影响,以上仅为轴承元件在自由状态下的计算公式。一般滚动轴承的固有振动频率通常可达数千赫到数十千赫,是非常高的振动频率。

(二)滚动轴承的缺陷特征频率

图 10-2 为滚动轴承元件运动分析简图,(a)为外圈固定而内圈随轴转动的情况,(b)为内圈固定而外圈旋转的情况。

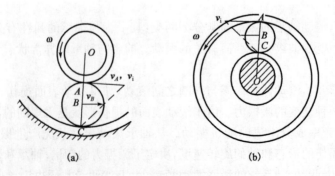

图 10-2　滚动轴承元件运动分析

为便于推导轴(轴承)旋转时运动元件缺陷的特征频率,作如下假设:

(1)滚动体与滚道之间无滑动接触;

(2)每个滚动体直径相同,且均匀分布在内外滚道之间;

(3)径向、轴向受载荷时各部分无变形。

1. 不受轴向力时轴承缺陷特征频率

1)外圈固定内圈随轴转动时单个滚动体(或保持架)相对于外圈的旋转频率

从图 10 - 2(a)可知,内圈滚道的切线速度为

$$v_{\mathrm{i}} = \pi D_{\mathrm{i}} f_{\mathrm{r}} = \pi (D_{\mathrm{m}} - d) f_{\mathrm{r}} \tag{10-3}$$

式中 f_{r}——轴的旋转频率;

   d——滚动体的直径;

   D_{i}——内圈滚道的直径;

   D_{m}——轴承滚道节径。

因为滚动体滚而不滑,所以滚动体与内圈滚道接触点 A 的速度为

$$v_A = v_{\mathrm{i}}$$

又因外圈固定,所以滚动体与接触点 C 的速度为

$$v_C = 0$$

而滚动体中心 B 的速度(即保持架的速度)为

$$v_B = \frac{1}{2} v_A = \frac{\pi}{2}(D_{\mathrm{m}} - d) f_{\mathrm{r}} \tag{10-4}$$

单个滚动体(或保持架)相对于外圈的旋转频率为

$$f_{Bo} = \frac{v_B}{l_{\mathrm{m}}} = \frac{\frac{\pi}{2}(D_{\mathrm{m}} - d) f_{\mathrm{r}}}{\pi D_{\mathrm{m}}} = \frac{1}{2}\left(1 - \frac{d}{D_{\mathrm{m}}}\right) f_{\mathrm{r}} \tag{10-5}$$

式中 l_{m}——滚道节圆周长。

2)内圈固定外圈旋转时单个滚动体(或保持架)相对于内圈的旋转频率

若外圈的旋转频率仍为 f_{r},则从图 10 - 2(b)可知,保持架相对内圈的切向速度为

$$v_B = \frac{1}{2} v_A = \frac{\pi}{2}(D_{\mathrm{m}} + d) f_{\mathrm{r}} \tag{10-6}$$

单个滚动体(或保持架)相对于内圈的旋转频率为

$$f_{Bi} = \frac{v_B}{l_{\mathrm{m}}} = \frac{\frac{\pi}{2}(D_{\mathrm{m}} + d) f_{\mathrm{r}}}{\pi D_{\mathrm{m}}} = \frac{1}{2}\left(1 + \frac{d}{D_{\mathrm{m}}}\right) f_{\mathrm{r}} \tag{10-7}$$

3)内外圈均转动

若内外圈相对转动频率仍为 f_{r},则当内外圈同向旋转时两者相对转动频率等于内外圈转动频率之差,反向旋转时为两频率之和。

4)轴承内外圈有一缺陷时的特征频率

如果内圈滚道上某一处有缺陷,则 Z 个滚动体滚过该缺陷时的频率为

$$f_{\mathrm{i}} = f_{Bi} Z = \frac{1}{2}\left(1 + \frac{d}{D_{\mathrm{m}}}\right) f_{\mathrm{r}} Z \tag{10-8}$$

如果外圈道上某一处有缺陷,则 Z 个滚动体滚过该缺陷时的频率为

$$f_o = f_{Bo}Z = \frac{1}{2}\left(1 - \frac{d}{D_m}\right)f_r Z \qquad (10-9)$$

5)单个滚动体某处有缺陷时特征频率

单个滚动体相对于外圈的转动频率为

$$f_{ro} = f_{Bo}\frac{\pi(D_m + d)}{\pi d} = \frac{1}{2}\left(1 - \frac{d^2}{D_m^2}\right)f_r \cdot \frac{D_m}{d} \qquad (10-10)$$

单个滚动体相对于内圈的旋转频率为

$$f_{ri} = f_{Bi}\frac{\pi(D_m - d)}{\pi d} = \frac{1}{2}\left(1 - \frac{d^2}{D_m^2}\right)f_r \cdot \frac{D_m}{d} \qquad (10-11)$$

可见 $\qquad\qquad\qquad\qquad f_{ro} = f_{ri}$

如果单个有缺陷滚动体每自转一周只冲击内圈滚道一次,则其频率为

$$f_{RS} = f_{ri} = f_{ro} = \frac{1}{2}\left(1 - \frac{d^2}{D_m^2}\right)f_r \cdot \frac{D_m}{d} \qquad (10-12)$$

如果该滚动体每自转一周冲击内外滚道各一次,则频率加倍,即

$$f_{RD} = \left(1 - \frac{d^2}{D_m^2}\right)f_r \cdot \frac{D_m}{d} \qquad (10-13)$$

如果滚动体是滚珠,其运转中不但有公转和自转,还会发生摇摆,因此,滚珠表面缺陷对滚道有时产生冲击,有时无冲击,从而会产生断续性故障信号。

6)保持架与内圈或外圈某处发生碰撞的频率

保持架碰外圈的频率为 $\qquad f_{Bo} = \frac{1}{2}\left(1 - \frac{d}{D_m}\right)f_r \qquad (10-14)$

保持架碰内圈的频率为 $\qquad f_{Bi} = \frac{1}{2}\left(1 + \frac{d}{D_m}\right)f_r \qquad (10-15)$

2. 承受轴向力时轴承缺陷特征频率

由于滚珠轴承具有相当大的间隙,在承受轴向力时就会形成如图 10-3 所示的状态:轴承内外圈轴向相互错开,滚珠与滚道的接触点由 A、B 点移到 C、E 点。

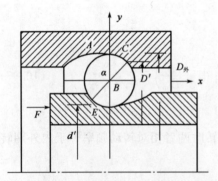

图 10-3 承受轴向力的滚珠轴承

此时,虽轴承的节径(中径)不变,但内滚道的工作直径变大,外滚道的工作直径变小,就是说滚珠的工作直径由 d 变为 $d\cos\alpha$。不受轴向力的轴承缺陷特征频率的计算公式只与滚珠直径和轴承节径两个物理量有关,因此,只需将不受轴向力时轴承缺陷特征频率计算公式中的滚珠直径 d 用 $d\cos\alpha$ 代替,便可得到受轴向力时轴承缺陷特征频率。这样,受轴向力时轴承缺陷特征频率就具有如下形式:

内滚道缺陷 $\qquad f_i = \frac{1}{2}\left(1 + \frac{d}{D_m}\cos\alpha\right)f_r Z \qquad (10-16)$

外滚道缺陷 $$f_{\circ} = \frac{1}{2}\left(1 - \frac{d}{D_{\mathrm{m}}}\cos\alpha\right)f_{\mathrm{r}}Z \tag{10-17}$$

滚珠缺陷 $$f_{\mathrm{RS}} = \frac{1}{2}\left(1 - \frac{d^2}{D_{\mathrm{m}}^2}\cos^2\alpha\right)f_{\mathrm{r}} \cdot \frac{D_{\mathrm{m}}}{d} \tag{10-18}$$

保持架碰外圈 $$f_{Bo} = \frac{1}{2}\left(1 - \frac{d}{D_{\mathrm{m}}}\cos\alpha\right)f_{\mathrm{r}} \tag{10-19}$$

保持架碰内圈 $$f_{Bi} = \frac{1}{2}\left(1 + \frac{d}{D_{\mathrm{m}}}\cos\alpha\right)f_{\mathrm{r}} \tag{10-20}$$

式中　α——轴承的压力角。

【例 10-1】 某 204 滚珠轴承,节圆直径 $D_{\mathrm{m}}=33.5\mathrm{mm}$,滚珠直径 $d=7.938\mathrm{mm}$,滚珠数 $Z=8$,轴转速 $n=3000\mathrm{r/min}$,接触角 $\alpha=0°$。如果每次只出现一处缺陷,试计算缺陷的重复频率。

解:内滚道缺陷 $f_{\mathrm{i}} = \frac{1}{2}\left(1 + \frac{d}{D_{\mathrm{m}}}\cos\alpha\right)f_{\mathrm{r}}Z = \frac{1}{2}\times 50\times\left(1 + \frac{7.938}{33.5}\right)\times 8 = 247.39(\mathrm{Hz})$

外滚道缺陷 $f_{\circ} = \frac{1}{2}\left(1 - \frac{d}{D_{\mathrm{m}}}\cos\alpha\right)f_{\mathrm{r}}Z = \frac{1}{2}\times 50\times\left(1 - \frac{7.938}{33.5}\right)\times 8 = 152.61(\mathrm{Hz})$

滚珠缺陷 $f_{\mathrm{RS}} = \frac{1}{2}\left(1 - \frac{d^2}{D_{\mathrm{m}}^2}\cos^2\alpha\right)f_{\mathrm{r}} \cdot \frac{D_{\mathrm{m}}}{d} = \frac{1}{2}\times 50\times\left(1 - \frac{7.938^2}{33.5^2}\right)\times\frac{33.5}{7.938} = 99.58(\mathrm{Hz})$

保持架碰外圈 $f_{Bo} = \frac{1}{2}\left(1 - \frac{d}{D_{\mathrm{m}}}\cos\alpha\right)f_{\mathrm{r}} = \frac{1}{2}\times 50\times\left(1 - \frac{7.938}{33.5}\right) = 19.08(\mathrm{Hz})$

保持架碰内圈 $f_{Bi} = \frac{1}{2}\left(1 + \frac{d}{D_{\mathrm{m}}}\cos\alpha\right)f_{\mathrm{r}} = \frac{1}{2}\times 50\times\left(1 + \frac{7.938}{33.5}\right) = 30.92(\mathrm{Hz})$

(三)滚动轴承的振动及其故障特征

(1)正常情况。滚动轴承的振动时域波形如图 10-4 所示。从图中可以看出,其波形有两个特点:一是无冲击,二是变化慢。

(2)轴承元件发生异常时,就会产生冲击脉冲振动。冲击脉冲周期为基阶故障特征频率的倒数。冲击脉冲宽度在微秒数量级,它将激起系统或结构的高频响应(固有振动),响应水平取决于系统或结构的固有频率及阻尼的大小。图 10-5为轴承损伤引起的振动响应其频率。每组图中,

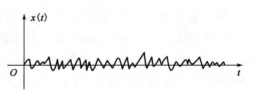

图 10-4　正常轴承的振动波形

上图为损伤引起的冲击脉冲,中间图形为冲击脉冲产生的振动,下图反映了损伤的特征频率。

对于内圈滚道产生损伤情况,如剥落、裂纹、点蚀等,如图 10-5(a)所示,当滚动轴承无径向间隙时,会产生频率为 $nZf_{\mathrm{i}}(n=1,2,\cdots)$ 的冲击振动。通常滚动轴承都有径向间隙,且为单边载荷,根据点蚀部分与滚动体发生冲击接触的位置不同,振动的振幅大小会发生周期性的变化,即响应振幅会受到调制。若以轴旋转频率 f_{r} 进行振幅调制,这时的振动频率为 $nZf_{\mathrm{i}}\pm f_{\mathrm{r}}(n=1,2,\cdots)$;若以滚动体的公转频率 f_{m}(即保持架的旋转频率)进行调制,这时的振动频率为 $nZf_{\mathrm{i}}\pm f_{\mathrm{m}}(n=1,2,\cdots)$。

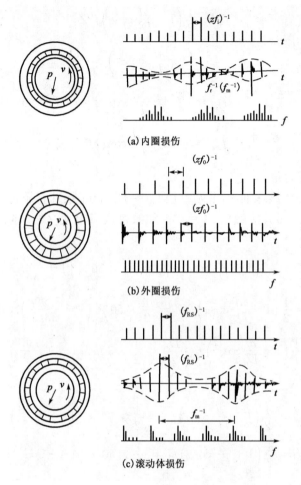

图 10 - 5　滚动轴承损伤引起的振动波形

（a）内圈损伤

（b）外圈损伤

（c）滚动体损伤

对于外圈滚道产生损伤情况，如剥落、点蚀等，在滚动体通过时也会产生冲击振动。由于损伤处的位置与承载方向之间的位置关系是一定的，故无振幅调制现象，振动频率为 $nZf_o(n=1,2,\cdots)$，如图 10 - 5(b)所示。

对于轴承滚动体产生损伤情况，如剥落、螺纹、点蚀等，缺陷部位通过内圈或外圈滚道表面时会产生冲击振动。当滚动轴承无径向间隙时，会产生频率为 $nZf_{RS}(n=1,2,\cdots)$ 的冲击振动。通常滚动轴承都有径向间隙，因此，同内圈存在损伤时的情况一样，根据损伤部分与内圈或外圈发生冲击接触的位置不同，也会发生振幅调制情况，不过此时是以滚动体的公转频率 f_m 进行振幅调制，这时的振动频率为 $nZf_{RS}\pm f_m(n=1,2,\cdots)$，如图 10 - 5(c)所示。

（3）轴承偏心引起的振动。当轴承内圈严重磨损或开裂时，轴的中心（即内圈中心）便以外圈中心为中心作振动，此时振动的频率成分为 $nf_r(n=1,2,\cdots)$。

（4）滚动体的非线性伴生振动。滚动轴承靠滚道与滚动体的弹性接触来承受载荷，因此具有"弹簧"的性质。这个"弹簧"的刚性很大，当润滑状态不良时，就会出现非线性弹簧性质的振动。轴向非线性伴生振动频率为轴的旋转频率 f_r、分数谐波 $f_r/2$ 及 $f_r/3$ 等及其高次谐波 $2f_r$、$3f_r$ 等；而径向非线性伴生振动是 Zf_r 的各次谐波及 f_r 的分数谐波成分。

（5）不同轴引起的振动。两个轴承不对中、轴承装配不良等都会引起低频振动。

根据上述轴承的各种振动特征，不但有可能判别运转中的轴承是否已出现故障，而且可进一步判断故障的类型及故障发生的元件。

四、滚动轴承故障诊断方法

目前,用于滚动轴承监测和诊断的方法很多,本节主要讨论利用振动信号对其进行监测的方法,并简单介绍利用光纤监测技术和接触电阻诊断法对滚动轴承进行故障诊断的方法。

(一)振动诊断法

滚动轴承在工作过程中会产生各种各样的异常和损伤,多数故障都会使轴承的振动加剧。这样,振动信号就成为诊断轴承故障的主要信息。采用振动诊断法主要有以下优点:(1)可以检测出各种类型轴承的异常现象;(2)在故障初期就可发现异常,并可在旋转中测定;(3)由于振动信号发自轴承本身,所以不需特别的信号源;(4)信号检测和处理比较简单。

在滚动轴承的振动诊断中,较常用的诊断方法有如下几种。

1. 概率密度特征判断法

图 10 - 6 为滚动轴承正常时和发生剥落损伤时轴承振动信号的幅值概率密度分布。从图中可以看出,轴承发生剥落时,幅值分布的幅度广,这是由于存在剥落的冲击振动。这样,从概率密度分布的形状,就可以进行异常诊断。

利用概率密度分布对正常或异常的轴承进行区分时,概率密度的求取比较困难,有时甚至不可能,因此,可将概率密度分布的幅度用量值表示出来,用式(2 - 28)和式(2 - 29)求出概率密度分布的峭度指标 R_4,把异常的程度数量化,然后根据 R_4 的大小判断轴承异常情况。

一般来讲,对正常轴承,R_4 的大小约为 3;当剥落发生时,R_4 将变大。R_4 与峰值指标类似,因其与轴承转速、尺寸、负荷等条件无关,因此使用起来比较单纯,对轴承好坏的判定非常简单。其

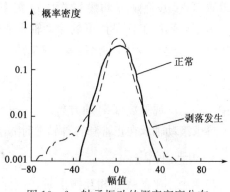

图 10 - 6　轴承振动的概率密度分布

缺点是对轴承表面皱裂、磨损等异常缺乏检测能力,它主要适用于轴承表面有伤痕的情况。

2. 有效值和峰值判断法

滚动轴承振动的瞬时值随着时间在不断地进行变化,为了表现这种振动变化大小,人们广泛地使用有效值。有效值是振动幅值的均方根值。由于有效值是对时间的平均,所以对具有表面皱裂无规则振动波形的异常,其测定值的变动可给出恰当的评价。但是,有效值对表面剥落或伤痕等具有瞬变冲击振动的异常是不适用的。这是由于冲击波峰的振幅大,但持续时间短,如作时间平均,则有无峰值的差异几乎表现不出来。对于这种形态的异常,可用峰值进行判断。

峰值是在某个时间内振幅的最大值。它对瞬时现象也可得出正确的指示值,特别是初期阶段轴承表面剥落非常容易由峰值的变化检测出来。它对滚动体对保持架的冲击及突发性外界干扰或灰尘等原因引起的瞬时振动比较敏感,所以比起有效值来,测定值的变化可能很大。

3. 峰值指标法

峰值指标 G 是指峰值与有效值的比。如上所述,由表面剥落或伤痕引起的瞬时冲击振

动,峰值比有效值的反应灵敏,使用峰值指标正是利用峰值的该性质。一般来讲,正常轴承振动的峰值指标约为 5,当轴承发生伤痕时,峰值指标有时会达到 10。所以用该方法也较容易对滚动轴承的异常作出判断。

该方法的最大特点是:由于峰值指标的值不受轴承尺寸、转速及负荷的影响,所以正常异常的判断可非常单纯地进行;此外,峰值指标不受振动信号的绝对水平所左右,所以传感器或放大器的灵敏度即使变动,也不会出现测定误差。这种方法对表面皱裂或磨损之类的异常却几乎没有诊断能力。

4.时序模型参数分析法

时序模型参数分析法,是一种把轴承振动信号采样值看作一个时间序列,并建立数学模型,然后利用模型的参数对轴承故障进行诊断的方法。

常用的模型为自回归模型 AR(m)。自回归模型参数 $\phi_j(j=1, 2, \cdots, m)$ 表征了被测系统的某些特性,如动态特性、信号的频率结构模式、信号的能量大小等。在建立模型时,ϕ_j 是通过残差方差 σ_a^2 最小而获得的。

如果轴承出现故障或工况发生变化,系统状态相应改变,那么表征系统特性的模型参数 ϕ_j 也会随之变化。这样,用来真实拟合描述系统的差分方程的阶数 m 也将相应发生变化。如果系统状态的改变不足以引起模型阶数的变化,则用原来的 ϕ_j 值来计算 a_k,σ_a^2 值将会增大。可以看出,模型阶数 m 和残差方差 σ_a^2 集中地代表了系统的特性。

为了对不同工作条件下的滚动轴承故障进行有效的诊断,应把信号强度变化这一因素加以排除。为此,引入归一化残差方差指标:

$$NRSS = \frac{\sigma_a^2}{\sigma_x^2} \tag{10-21}$$

式中 σ_x^2——观测数据 x_k 的方差。

寻求滚动轴承在正常和各种异常时 m 及 $NRSS$ 的变化规律,就能对轴承的状态作出诊断。

5.冲击脉冲法

当两个不平的表面相互撞击时,就会产生冲击波,即冲击脉冲。这个冲击脉冲的强弱反映了撞击的猛烈程度。基于这个原理,通过检测轴承内滚动体与滚道的撞击程度,可以了解轴承的工作状态。

如果滚动轴承的某些元件有损伤,轴承工作时,这些零件在接触过程中就会发生机械冲击,产生冲击脉冲力的幅度变化极大。通过加速度传感器可以测得此冲击引起的高频衰减振动波形,从而可对滚动轴承的故障作出判断。

振动加速度的振幅大小是与异常程度成比例的,因此可以利用冲击波形的最大值 x_P 或冲击波形的绝对平均值 $\mu_{|x|}$ 进行异常判断。当转速较低时(300r/min 以下),平均值很小,据此进行异常与否判断则很困难,因此用最大值进行诊断。有时也用 $x_P/\mu_{|x|}$ 来判断异常,$x_P/\mu_{|x|}$ 大表示轴承有损伤,$x_P/\mu_{|x|}$ 小则表示润滑不良或磨损异常。

6.包络法

包络法是利用包络检波和对包络谱的分析,根据包络谱峰来识别故障。

事实表明,当滚动轴承元件产生缺陷而在运行中引起脉动时,不但会导致轴承外圈及传感器本身产生高频固有振动,且此高频振动的幅值还会受到上述脉动激发力的调制。

在包络法中(图10-7),一般选择传感器的谐振频率(70～80kHz)作为监测频带,用高通滤波器滤掉强大的低频信号,拾取经调制的高频分量,在保留的高频时域中呈现出衰减的振荡波形,滤波后送入解调器,即可得到原来的低频脉动信号,再经谱分析即可获得功率谱。

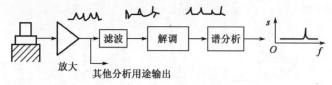

图10-7 包络法原理框图

包络法不仅可根据某种高频固有振动的出现与否判断轴承是否异常,而且可根据包络信号的频率成分识别出产生故障的元件(如内圈、外圈、滚动体)。

包络法把与故障有关的信号从高频调制信号中解调出来,从而避免与其他低频干扰的混淆,故有很高的诊断可靠性和灵敏度,是目前诊断滚动轴承故障最常用、最有效的方法之一。

7. 高通绝对值频率分析法

加速度计测得的振动加速度信号经电荷放大器后,再经过1kHz的高通滤波器,只抽出其高频成分,然后将滤波后的波形作绝对值处理,再对经绝对值处理后的波形进行频率分析,即可判明各种故障原因。

图10-8为高通绝对值频率分析法的测试分析原理框图。图10-8(c)给出了振动波形绝对值处理结果。

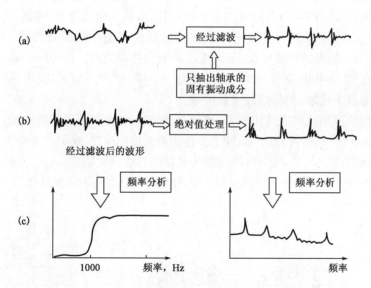

图10-8 高频绝对值频率分析法的测试分析原理图

(二)滚动轴承其他监测方法

1. 光纤监测技术

1)基本原理

前面所讨论的一些振动监测方法,通常是在轴承座上安装传感器,即用传感器测量轴承盖的振动信号。这样所检测的信号中完全接收了外界干扰,轴承的故障信号可能会因为较弱而被淹没。这里所讨论的光纤监测技术，则直接从轴承套圈的表面提取信号，其基本原理如图 10-9(a) 所示。

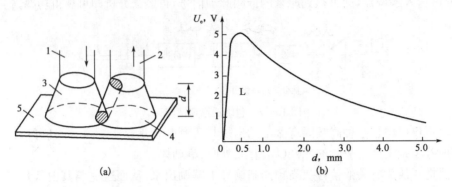

图 10-9　光纤式位移传感器的原理及特性曲线

1—发送光纤束；2—接收光纤束；3—导光锥；4—反光锥；5—轴承表面；L—前侧线性区

用光导纤维束制成的位移传感器包含发送光纤束和接收光纤束，光线由发送光纤束经过传感器端面与轴承套圈表面的间隙反射回来，再由接收光纤束接收，经过光电元件转换为电压输出。间隙量 d 改变时，导光锥照射在轴承表面的面积也随之改变。传感器输出电压—间隙量特性曲线如图 10-9(b) 所示。

在图 10-9(b) 中，特性曲线开始有一段线性区，这是由于导光锥照射在轴承表面的面积越来越大，接收光纤束所接收的照度不断增大，直到达到峰值为止。此后，当间隙量进一步增大时，接收光纤所接收的照度与间隙量的平方成反比，其输出电压逐渐下降。

图 10-10 是发送光纤束和接收光纤束在传感器横截面中的布置方式。整个传感器由600 根直径为 60 μm 的光导纤维组成，分为发送光束和接收光束。图中(a)为两种纤维在横截面内的随机分布，(b)为相间分布，(c)为圆环状分布。在这三种分布形式中，圆环状分布最为常用，等间隔分布最为灵敏，但制造起来最困难。

由上所述可知，采用这种光纤传感器，可减小或消除振动传递通道的影响，从而提高信噪比；可以直接反映滚动轴承的制造质量，轴承工作表面磨损的程度，轴承的载荷、润滑和间隙的情况以及进行现场动平衡。另外，光导纤维位移传感器还具有高灵敏度（可达 50mV/μm 的输出电压）、外形细长、便于安装的优点。图 10-11 是这种光纤传感器在轴承振动监测中的安装实例。

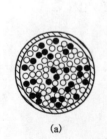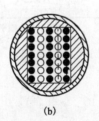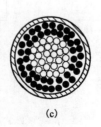

图 10-10　光纤传感器的横截面形式

●—发送光纤；○—接收光纤

图 10-11　光纤传感器的安装方法

2）诊断指标

常采用的诊断指标包括有效值、峰值指标、轴承速率比。下面将分述这些指标的含义。

有效值（即均方根幅值）ψ_x：轴承由于其零件的制造缺陷，如表面粗糙度、波纹度和圆度误差形成不规则的轮廓，运行时就会产生振动。这一振动由光纤传感器接收后，即可得如图 10 - 12 所示的 ψ_x 脉动波形。图 10 - 12(a) 为一个接近理想的高精度电动机轴承形成的波形，其套圈的弹性变形接近简谐图形，其波数等于通过测点的钢球数目；图 10 - 12(b) 为精度级最低的轴承形成的复杂波形，这种轴承不但表面粗糙度大，几何形状误差大，而且钢球直径也有明显的不同。因此，可用光纤传感器直接在所使用的机器上测量轴承的质量，它是一种简单而有效的试验方法。

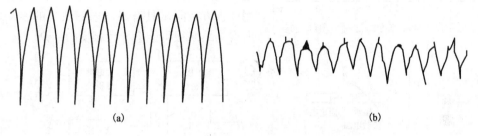

(a)   (b)

图 10 - 12 均方根幅值的变化反映轴承制造质量的不同

峰值指标（即峰值有效值比）G_x：经过一段时间运行的滚动轴承，其工作表面会由于磨损而变得粗糙。虽然此时轴承表面粗糙状况也可用上述均方根幅值指标来反映，但是，当轴承零件上有局部的剥落、凹坑一类缺陷时，均方根幅值就无法反映出来。这时峰值指标则可以反映出来。一般来说，当 $G_x > 1.5$ 时，认为轴承零件上有局部缺陷产生。

轴承速率比 BSR：定义为钢球通过频率与轴的回转频率之比。BSR 值取决于轴承的载荷和间隙的大小以及轴承的润滑状况，图 10 - 13 为 BSR 值与轴向载荷的关系。图中的阴影部分是轴承正常工作时的 BSR 值。当 BSR 值偏高时，则可能是载荷过高、润滑不良或者轴承间隙过大；当 BSR 值偏低时，则可能是载荷不足、润滑过多（例如润滑油脂涂敷过多）或者轴承间隙过小。BSR 值可以说是机器中轴承运行性能的直接指标。

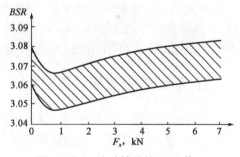

图 10 - 13 滚动轴承的 BSR 值

由于载荷是由钢球与滚道传递的，当钢球通过滚道上的监测点时，滚道将以钢球的接触点为中心产生弹性变形区。这样，光纤传感器可以直接测量这一变形，从而确定钢球的通过频率。而轴的回转频率则需另外安装一位移传感器作为时标加以确定。

2. 接触电阻法

接触电阻法所依据的基本原理和振动测量完全不同，它是与振动监测法相互补充的一种监测技术。

轴承在运转过程中，滚道面与滚动体之间便会形成油膜，这样在内外圈之间就有很大的电阻。正常轴承的油膜厚度至少是表面粗糙度的 4 倍，由于润滑剂是有机碳氢化合物，轴承内外圈间的平均电阻很高，一般在 $1 \sim 1 \times 10^6 \ \Omega$ 之间变化（图 10 - 14），而当轴承零件出现剥落、腐蚀、裂纹或磨损时,油膜破坏,接触电阻下降。根据这一性质,可对轴承故障进行诊断。

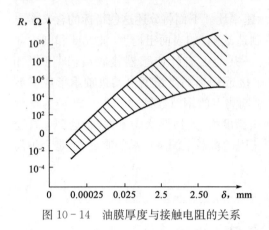

图 10 - 14　油膜厚度与接触电阻的关系

用接触电阻法监测轴承的故障时,需要在轴承上施加一微小的直流电压,电流大小约为 100mV,测量轴承接触表面间的接触电阻(图 10 - 15)。依靠如图 10 - 15 所示的仪器和线路,可以求出在不同轴承缺陷下的接触电阻谱。

显然,振动监测法和接触电阻法两者对不同轴承缺陷敏感的程度是不一样的。振动监测法对剥落、凹坑比较敏感,而接触电阻法对磨损、腐蚀这一类缺陷比较敏感。两者是互相补充的。因此用两种方法测试具有不同内部缺陷的滚动轴承,所得的结果很可能会导致相反的结论。

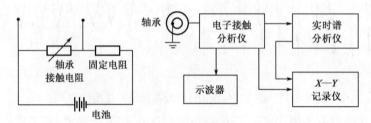

图 10 - 15 接触电阻法的原理图

当前,滚动轴承运行的故障诊断和监测,是重点发展的技术。测振、测温、测磨损、测润滑剂各种方法都有应用的可能。例如,测温技术,可以采用温度计、热电偶、双金属片、易熔金属以及液晶和温敏涂料等各种手段;润滑剂检查可用目测油标、润滑油成分化验、流量监测、铁谱、磁塞等多种方式进行,此外,在关键的部位,还可以用放射性元素测量磨损,等等。这里就不一一详细讨论了,其中有的方法和一般的测试技术没有很大的区别,可以参阅有关的文献。

五、滚动轴承故障诊断实例

某石化公司腈纶厂聚合 205 排风机振动强烈,机组本体及楼板振动烈度均很强,强烈振动使得放置在轴承处的磁性传感器座都无法安放。通过初步检测,发现振动源为排风机的轴承。该轴承型号为 111622,相当于 SKF 的 2322K 双列向心球轴承,转速为 600r/min,内圈频率为 78.2Hz,外圈频率为 51.8Hz,保持架频率为 4Hz,滚子频率为 45.9Hz,估算滚子的固有频率为 2630Hz。

排风机的频谱图如图 10 - 16 所示。由图可知,速度频谱图中最大幅值频率为 52.5Hz,其次为 102.5Hz 和 155Hz,分别对应的是 1 倍外圈的故障频率 51.8Hz、2 倍外圈的故障频率 103.6Hz 和 3 倍外圈的故障频率 155.4Hz,表面轴承的外圈存在严重故障。

另外,在加速度谱中表面存在 2700Hz 的

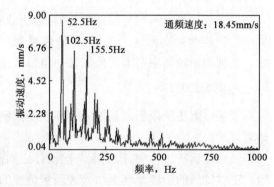

图 10 - 16　排风机的频谱

滚子固有频率分量,说明滚子存在故障。诊断结束后,维修车间对 205 排风机进行检修,停机检查轴承发现,轴承外圈和多数滚子均已产生严重缺陷,外圈已产生宽为 4～8mm、最深近 1mm、环向大于 200°的沟槽。

第二节 滑动轴承的故障及其诊断方法

一、滑动轴承的结构

滑动轴承具有结构简单、工作平稳、可靠、噪声低、承载能力强等特点,如果能够保证液体摩擦润滑,滑动表面被润滑油分开而不发生直接接触,还可以大大减小表面摩擦和摩擦损失,油膜还具有一定吸振能力等独特的优点,特别适用于极高转速、高支撑定位精度、巨大振动和冲击载荷、要求支撑为剖分形式、小的径向尺寸以及工作条件特殊(在水或腐蚀介质中工作)等场合。

滑动轴承类型很多,按承受载荷方向不同可分为径向轴承(承受径向载荷)和止推轴承(承受轴向载荷),按滑动表面间润滑状态不同可分为液体润滑轴承、不完全液体润滑轴承(滑动表面间处于边界润滑和混合润滑状态)和无润滑轴承(工作时不加润滑剂),按液体润滑承载机理不同可分为液体动力润滑轴承(简称液体动压轴承)和液体静压润滑轴承(简称液体静压轴承)。

图 10-17 为对开式滑动轴承的基本结构,它由轴承座、轴承盖、上轴瓦、下轴瓦、注油孔、连接螺栓以及轴颈组成。为使轴承盖和轴承座很好地对中并承受径向力,在对开剖分面上做出阶梯形的定位止口。剖分面放有少量垫片,以便在轴瓦磨损后借助减少垫片来调整轴颈和轴瓦之间的间隙。轴承盖应适度压紧轴瓦,使轴瓦不能在轴承孔中转动。轴承盖上制有螺纹孔,以便安装油杯或油管。轴承所受的径向力一般不超过对开剖分面垂线左右 35°的范围,否则应采用对开式斜滑动轴承,使对开剖分面垂直于或接近垂直于载荷方向。

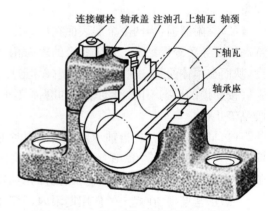

图 10-17 对开式滑动轴承的基本结构

对开式滑动轴承便于装拆和调整间隙,因此在轻工机械和其他机械上都得到广泛应用。除此之外,还有整体式滑动轴承和自动调位滑动轴承,这些都属于径向滑动轴承,在此不一一介绍。

滑动轴承一般由轴承体(简称轴承,包括轴承座及轴瓦等)和润滑系统(包括供油系统及润滑油)两部分组成。工作时,轴颈在轴承中旋转,带动润滑油形成动压油膜,靠油膜压力与外载荷相抵来实现支撑并保证轴颈灵活转动。动压油膜不仅是载荷的传递体,而且也是避免轴颈与轴承直接接触的中介物质。油膜的性质和工作状态将严重影响滑动轴承的工作品质。由于油膜的形成和性质不仅与轴承结构本身有关,还与工作条件(如转速)、供油系统(如油的种类和供油量)和环境因素(如温度、尘埃等)等有关,这一切就决定了滑动轴承故障的特殊性和复杂性。

二、滑动轴承的主要失效形式

流体润滑轴承用油膜支承轴颈,不发生金属的直接接触,因此在静载荷下,这类轴承的寿命理论上是无限的;在动载荷下,寿命取决于轴承材料的疲劳寿命。

在预期寿命内,轴承使用性能的劣化或损伤导致不能正常工作,称为失效。滑动轴承失效是导致故障的主要原因。滑动轴承在使用过程中,由于设计参数、制造工艺、工作条件和环境的影响,往往会发生磨损、疲劳、腐蚀、气蚀、油膜振荡等多种形式的失效,使轴承不能继续正常工作,下面分别介绍各种失效形式。

(一)磨损

滑动轴承零件的磨损是一种表面损伤现象,它既可以缓慢地发展,也可以急速地发展。嵌入轴承表面的颗粒使轴承表面对轴颈起研磨作用,磨损轴颈。进入轴承间隙的较大颗粒也将磨损轴颈和轴承表面。当出现边缘接触、缺油或油膜破裂等情况时,将会产生剧烈磨损。磨损导致轴颈和轴承孔的几何形状改变、精度丧失、间隙加大,使轴承性能在预期寿命前急剧劣化。

磨损的类型很多,如下所述。

按磨损机理的不同,滑动轴承的磨损可分为磨粒磨损、黏附磨损等。

(1)磨粒磨损:这是轴承表面在与硬质颗粒发生摩擦的过程中引起表面划伤或材料脱落的现象。

(2)黏附磨损:当两个金属表面在压力作用下接触并作相对滑动时,凸峰局部接触产生局部高压而导致冷焊黏合。发生黏合的表面相对运动时,由于黏合强度可能高于材料本体的强度,从而在本体的某一深度发生撕裂破坏形成黏附磨损。

按磨损的形态不同,滑动轴承的磨损又分为早期磨合磨损、正常磨损、伤痕、异常磨损和咬黏等几种。

(1)早期磨合磨损:指轴承新开始使用时,由于启动、停产未形成油膜时工作表面的微峰谷间相互切割,从而产生微观磨合。磨合结果使轴颈和轴承的接触面积增大,接触面粗糙度降低,趋向均匀承载。这是一种正常有益的磨损,不属失效。

(2)正常磨损:在规定的使用期限内,滑动轴承的正常磨损量逐渐积累并超过了规定极限而不能再用。其特征为:轴颈和轴承的配合间隙逐渐增大,轴承承载能力逐渐减弱,磨损过大时将发生振动、噪声,磨损速度也大大加快。

(3)伤痕:由于异物作用,在滑动轴承表面形成点状凹坑或沿轴向分布形成线状痕迹和拉槽。其特征是:它是一种不均匀磨损,凹坑和拉槽使油膜变薄或破坏,从而导致轴承过快磨损而失效。

(4)异常磨损:安装时轴线偏斜、负载偏载、轴承背钢与轴承座孔之间有硬质点和污物、轴和轴承座的刚性不良等,造成轴承表面严重损伤。其特征为:轴承承载不均、局部磨损大、表面温度升高,影响了油膜的形成,从而使轴承过早失效。

(5)胶粘:轴承温度过高使其材料软化,或在高负载、偏载、轴承间隙过小时开车、停车,使轴颈和轴承直接局部接触,都会产生胶粘现象。其特征是:油路堵塞或机器停止运转。

(二)疲劳

滑动轴承表面在交替变化载荷作用下发生疲劳失效,其特征是:首先产生裂纹,继而裂纹扩展,最终形成疲劳剥落。

疲劳失效有以下几种:

(1)轴承表面受到交变应力作用而产生的疲劳失效。正常使用条件下的轴承,交变负载通过油膜传递到轴承工作表面,由于油膜压力的作用,在轴承表面产生往复作用的拉应力、压应力和剪切应力,从而萌发裂纹。随着应力不断重复,裂纹垂直于轴承表面向深处发展。特别是当润滑油进入裂纹缝隙后,由于润滑油的尖裂作用,裂纹在轴承中不断扩展,最后造成疲劳破坏。

(2)铅相腐蚀和渗出形成疲劳源,在交变应力作用下形成疲劳失效。这种失效常在铜铅合金轴承中见到。由于润滑油中混入水和重油,产生铅相被腐蚀而渗出,只留下铜的枝晶髁,强度降低并形成频率源,在油膜的交变载荷作用下产生变形,并以铅渗出后的空隙作为裂纹进行扩展,最终形成疲劳破坏。

(3)热应力引起的疲劳失效。由于轴承工作时产生的摩擦热和咬黏现象,轴承工作表面温度升高产生热应力,导致裂纹的萌生和扩展,形成疲劳剥落。

(三)腐蚀

腐蚀破坏是滑动轴承工作表面与周围介质产生化学反应引起的轴承工作表面呈黑色或无光泽的色变、孤立状且不连续的起毛,或者呈随机分布的麻坑状、蜂窝状或不规则的连通凹坑。腐蚀原因是:润滑油被氧化或者被污染、轴承防腐不良、轴承减磨材料含有害杂质元素、轴承工作表面有寄生电流通过等。常见的轴承腐蚀失效有3类:

(1)电解质腐蚀:由于表面金属被溶解或在表面形成硬而脆的氧化膜,在载荷作用下崩碎剥离,从而在轴承表面形成受酸、碱、盐水溶液腐蚀而产生的麻点。

(2)有机酸腐蚀:来自内燃机燃料油不完全燃烧、润滑油被氧化等的有机酸与轴承工作表面发生化学反应。

(3)其他腐蚀:如寄生电流通过潮湿的轴承面产生腐蚀、润滑油中的硫化物与轴承中的银和铜等元素生成硬而脆的硫化膜、工作环境对轴承的污染腐蚀等待。

(四)烧瓦

烧瓦是滑动轴承的恶性损伤,是由轴承中产生高温造成的。产生高温的原因有:长时间缺乏润滑油、装配或几何形状误差太大。当滑动轴承持续较长时间缺乏润滑油时,轴承温度将急剧上升,轴和轴承发生较大的热变形,此时轴承间隙逐渐减小,金属之间的直接接触更加严重,摩擦系数增大,产生更多的热量。在高温作用下,轴与轴承的金属发生局部熔化,并黏结在一起。另一方面,流体动压润滑对轴承间隙的大小十分敏感,当装配或几何形状存在很大误差时,轴承间隙过小,从而限制润滑油流动,难以形成稳定的油膜,摩擦热不易被带走,金属直接接触的可能性增大,导致烧瓦;间隙过大,润滑油容易流失,难以形成足以承载负荷的动压力,导致烧瓦。

(五)气蚀

在重载、高速运行的情况下,滑动轴承工作表面与轴颈表面间的油膜压力降低到润滑油蒸气压以下时,会形成小的油蒸气气泡。若气泡运动到高压区域或润滑油压力升高时,气泡就会爆裂,周围的润滑油迅速补充气泡所占的空间,从而形成一个个强劲的压力冲击波。该压力波的作用面积很小但量值很高,使轴承表面受到强烈冲击,发生表面塑性变形,形成较大的应力,最终导致轴承表面局部剥离。气蚀使轴承表面出现不规则的剥落,一般较轻微,而其他部位没有磨损或腐蚀的迹象。

(六)油膜振荡

利用动压油膜工作的滑动轴承虽有许多优点,但同时也带来了动力失稳产生的油膜涡动和油膜振荡问题,它是造成回转机械亚同步振动(自激振动)的重要因素之一。油膜振荡在第八章第四节中已作过介绍,这里不再赘述。

三、滑动轴承故障诊断方法

(一)基于振动信号的滑动轴承故障诊断方法

1.时域分析法

该方法主要通过对滑动轴承振动信号时域波形进行统计分析,计算时域诊断指标如均值、有效值、方差、偏度、峭度等。当诊断指标大于某一界限值时,将被检测轴承判为有故障。此法简单易行,常用于简易诊断中。

此外,概率密度分析也是常用的诊断方法之一。概率密度分析又称为幅值域分析,不同的随机信号具有不同的概率分布,可以借此来识别信号的性质。无故障滑动轴承振幅的概率密度函数曲线是典型的正态分布曲线,一旦出现故障,则概率密度曲线可能出现偏斜或分散的现象。

2.频域分析法

对于机械设备故障的诊断而言,时域分析所提供的信息量是非常有限的。时域分析往往只能粗略地回答机械设备是否有故障,有时也能得到故障严重程度的信息,但不能回答故障发生的部位等信息。当分析故障类型、故障位置以及故障严重程度时,振动信号的频谱分析是比较有效的方法,根据频谱图中的频率成分以及各有关频率成分的幅值大小进行故障诊断。

对滑动轴承振动信号进行频谱分析,根据待检频谱和滑动轴承正常时的振动频谱(标准谱)之间的差异,以及差异处的频率成分与振源频率之间的对应关系,能确定故障的存在、程度、类别和原因。这是一种较为精密和可靠的振动诊断方法。

3.轴心轨迹法

轴心上一点相对于轴承座的回转误差运动轨迹就是转轴的轴心轨迹。轴心轨迹可以反映转子、轴承的运行状态。据统计,约70%的故障或事故都在轴心轨迹中有所反映。轴心轨迹是诊断专家在现场诊断过程中采用的一项不可缺少的故障征兆信息。

轴心轨迹的形状可以作为判断转子运行状态和故障的重要依据,从不同形状和特性的轴心轨迹图形中获得转子弯曲、不平衡、轴瓦失稳、油膜涡动、油膜振荡和动静件摩擦等信息。轴心轨迹也是滑动轴承内部润滑规律的外部表征,是轴承工作状态的综合反映,可以判断轴承工作的稳定性,确定轴承的承载能力,判断轴承设计参数的合理性;由轴心轨迹可以估计工作过程中瞬时空穴的产生与迁移;进一步研究轴心轨迹的变化规律,还可以抑制或消除临界油膜涡动,实现轴心轨迹的主动控制。

正常情况下,滑动轴承的工作过程如图 10-18 所示。当轴承开始工作时,转速极低,这时轴承和轴颈主要是金属接触,见图 10-18(a)。由于轴承对轴颈的摩擦力方法与轴颈表面的圆周速度方向相反,迫使轴颈向右滚动而偏移,见图 10-18(b)。随着转速的增大,带入油楔内的油量也逐渐加多,于是金属接触面被润滑油分割开的面积将逐渐增大,而摩擦阻力却逐渐减小,使轴颈向左上方移动。当转速增大到一定程度后,已能带入足量的油把金属接触面分开,油层内的压力已建立到能抵消轴颈上外载荷的程度,轴承开始按液体摩擦状态工作。由于油压的作用,轴颈抬起且偏向左边,见图 10-18(c)。当轴颈转速进一步增加,油层内的压力也会进一步增大,轴颈被抬高的程度也会增加,使轴颈中心更接近轴承孔的中心,见图 10-18(d)。理论上,只有轴颈转速无穷大即 $n=\infty$ 时,轴颈中心才会与孔的中心重合。所以,在有限转速内,永远达不到两个中心重合的程度。

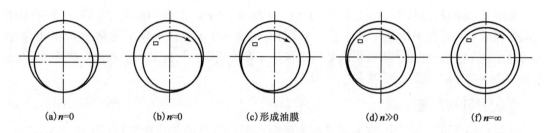

(a) $n=0$　　(b) $n\approx 0$　　(c)形成油膜　　(d) $n\gg 0$　　(f) $n=\infty$

图 10-18　滑动轴承的工作情况

不同的轴心轨迹形状反映不同的转子运行状态或故障信息,如椭圆形一般对应不平衡故障或轻微的不对中故障,香蕉形一般对应中等负荷的不对中故障或不平衡不对中综合故障,外 8 字形一般为不对中故障,内 8 字形一般为油膜涡动故障,而梅花形一般对应于动静件碰磨故障,如图 10-19 所示。由轴心轨迹可以计算动载荷作用下最大油膜压力的变化规律,研究轴承的气蚀,计算轴承产生的噪声。

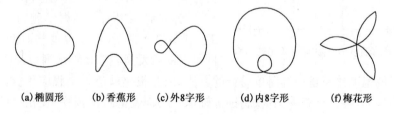

(a)椭圆形　　(b)香蕉形　　(c)外8字形　　(d)内8字形　　(f)梅花形

图 10-19　5 种轴心轨迹图形

目前,轴心轨迹的识别方法主要由基于视频特征的方法和基于图像特征的方法组成,这两类方法各有优缺点。其中,基于轴心轨迹视频特征的方法主要提取组成轴心轨迹的两个方向的位移信号的时域、频域特征,这与轴心轨迹所代表的故障联系比较紧密,需要研究故障的机理和故障的特征。基于图像特征的方法,是将图像识别的主要原理与轴心轨迹的形状特点结合起来,是图像识别的具体应用。当确定一个合理的特征提取算法后,不同轴心轨迹的图像特征分类比较明确,并且若要增加识别图像的种类,算法的扩充比较容易,故轴心轨迹图像特征的提取可以方便轴心轨迹形状的识别。

(二)基于温度的滑动轴承故障诊断方法

滑动轴承在工作时,因油膜剪切和摩擦会引起轴承和润滑油温度升高。温度的升高则不仅会引起润滑油的黏度下降,使滑动轴承丧失原有的承载能力,而且还会引起金属软化变形,硬度下降,从而加快滑动轴承的磨损。

1. 滑动轴承温度诊断的原理

滑动轴承在工作过程中存在着产生热量和释放热量两个过程。为了防止轴承的过热,必须在某一容许的温度下达到热平衡。

轴承中的热量主要由摩擦损失的功率转变而来。热量除了被润滑油带走一部分外,还可以由轴承的金属表面通过传导和辐射把一部分热量散发到周围介质中去。因此,轴承上各点的温度是不相同的,润滑油从入口到出口,温度是逐渐升高的,因而在轴承中不同之处,油的黏度也不同。

在滑动轴承设计时,为了保证轴承的承载能力,规定平均温度不得超过75℃。如果滑动轴承达到热平衡时的平均温度超过了75℃,则说明轴承在工作中出现了异常现象,即滑动轴承可能出现了过载、磨损严重或供油系统工作不正常等问题。因此必须积极采取措施,以防止故障的进一步发展,带来不必要的经济损失。

2. 温度判别方法

在滑动轴承温度诊断中,在测得其润滑油温随时间变化的关系曲线后(图10-20),可以采用以下3种方法判别轴承工作是否异常。

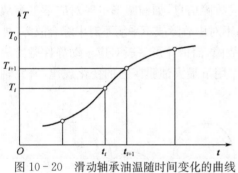

图 10-20　滑动轴承油温随时间变化的曲线

(1)门槛判别法。如果油温达到门槛值时,便认为滑动轴承工作出现异常。

(2)斜率判别法。利用不同时刻t_i、t_{i+1}所测得的温度值T_i、T_{i+1},求出油温从t_i到t_{i+1}的平均变化率$k_c = (T_{i+1} - T_i)/(t - t_i)$,根据油温变化率$k_c$的符号和绝对值大小,可以判断故障发展的速度。

(3)趋势预报法。根据已测得的温度值$T_1 \sim T_n$,利用拟合原理,建立温度与时间的数学模型,即可对故障发展趋势及轴承剩余寿命作出预报。

滑动轴承的温度诊断是一种简单易行的方法,因此很早就进入工程应用。但它对某些故障诊断的能力较弱,特别是表面剥落、腐蚀等轴承转动面上的局部损伤,在初期阶段几乎不可能用这种方法检测出来。但是,轴承由于受轴承材料或润滑油等使用温度界限的制约,检测温度是否超出规定界限对防止轴承的异常是非常重要的。

(三)基于油样分析的滑动轴承故障诊断方法

从滑动轴承的工作原理可知,润滑油是其工作中不可缺少的部分,它们一方面在滑动轴承和轴颈表面间形成动压油膜,支撑轴颈及其部件,减轻轴瓦和轴颈的摩擦;另一方面,无论轴承正常磨损、异常磨损还是腐蚀、疲劳,都免不了有某些产物落入润滑油中。因此,通过对润滑油油样的成分进行分析,可以诊断轴承的故障类型、程度和部位,以及故障原因并预测轴承的剩余寿命。

油样分析的步骤如下：

（1）成分分析。润滑油中的落入物主要来自含有相同成分的轴承元件，滑动轴承中各种落入物的成分及可能来源见表 10-1。

表 10-1　滑动轴承磨损成分表

落入物成分	铁	铜	铅	锡
可能来源	各种轴颈	轴承衬套	轴瓦	轴瓦

（2）油液中落入物的含量及其增长速度与轴承磨损速度的关系。在无烧伤、无漏损的情况下，油液磨损产物的浓度与轴承磨损量之间存在着线性关系，因而测定磨损产物的浓度可以判断零件磨损量的大小。

（3）根据油液中落入物的粒度和形状判定滑动轴承的故障类型及磨损状态。油液中落入物的粒度大小与磨损速度有很大关系。根据磨损规律，当轴承处于正常磨损阶段时，磨损物的颗粒一般很小而均匀；在磨合阶段，磨损物的颗粒相对较大；而达到磨损极限状态时，可能出现粗大的颗粒。正常的磨损可能出现表面无光泽的颗粒，而疲劳剥落时碎屑成片状，这种碎屑的工作表面光滑而明亮，而另一面是粗糙的组织。

滑动轴承油样分析的主要特征如下：

（1）瓦面腐蚀：光谱分析可发现有色金属元素浓度异常；铁谱中会出现较多有色金属成分的亚微米级磨损颗粒；润滑油水分超标、酸值超标。

（2）轴颈表面腐蚀：光谱分析发现铁元素浓度异常；铁谱中有许多铁成分的亚微米颗粒；润滑油水分超标或酸值超标。

（3）轴颈表面拉伤：铁谱中有铁系列切削磨粒或黑色氧化物颗粒；金属表面存在回火色。

（4）瓦背微动磨损：光谱中可见铁浓度异常；铁谱中有许多铁成分亚微米磨损颗粒；润滑油水分及酸值异常。

（5）轴承表面拉伤：铁谱中发现有切削磨粒，磨粒成分为有色金属。

（6）瓦面剥落：铁谱中发现有许多大尺寸的疲劳剥落合金磨损颗粒、层状磨粒。

（7）轴承烧瓦：铁谱中有较多大尺寸的合金磨粒及黑色金属氧化物。

（四）基于声发射检测的滑动轴承故障诊断方法

滑动轴承声发射检测的基本原理是利用耦合在轴承座表面上的压电式声发射传感器将声发射源产生的弹性波转变为电信号，通过分析采集到的声发射信号获得材料声发射源的特征参数，即可知道滑动轴承运行状态。

滑动轴承工作中产生声发射机理如下。

1. 干摩擦状态下的声发射机理

在启动和停车过程中，由于轴瓦与轴颈表面缺乏润滑油而使表面凸起部分发生接触摩擦，造成干摩擦，使得轴瓦分子晶体和轴颈分子晶体的晶格吸收能量；当积累到一定程度后，晶格发生位错或滑移释放能量，产生弹性波，从而发生了声发射现象。

2. 半干摩擦状态下的声发射机理

随着转速的增加，油膜逐渐形成，开始部分承担轴承的载荷。轴瓦承受的载荷逐步减小，轴颈与轴瓦的接触由紧密接触逐步分离，部分轴瓦和轴颈的表面凸起部分发生接触摩擦，造成半干摩擦。同时，由于旋转带动润滑油流动，产生了润滑油作用于轴颈和轴瓦表面的剪切力，这两种作用使得轴瓦分子晶体和轴颈分子晶体的晶格吸收能量。当积累到一定程度后，晶格发生位错或滑移释放能量，产生弹性波，从而发生了声发射现象。

3. 正常润滑状态下的声发射机理

当转速足够大时，轴瓦与轴颈已经由最开始的紧密接触变成完全分离，在轴瓦与轴颈间形成完全油膜来支撑轴承载荷。由于轴瓦与轴颈弯曲分离，两者之间的表面突起不再发生接触摩擦。由于轴颈与轴瓦的相对运动，产生了润滑油作用于轴颈和轴瓦表面的剪切力，使得轴瓦分子晶体和轴颈分子晶体的晶格吸收能量。当积累到一定程度后，晶格发生位错或滑移释放能量，产生弹性波，从而发生了声发射现象。

一般来说，滑动轴承的声发射能量主要来源于滑动轴承的功率损失。滑动轴承的功率损失来源于轴瓦与油样的摩擦、油样与油样的摩擦、油样与轴颈的摩擦以及轴瓦与轴颈的碰磨。在正常运行时主要是前面三种损失之和。正常运行时，由于油样的阻隔以及油样与油样之间的摩擦损失较小，那么轴承声发射能量的主要来源于油样与轴瓦的剪切力引起的摩擦功率损失。

四、滑动轴承故障诊断实例

(一)滑动轴承油膜涡动的诊断

某单缸双支撑六级离心压缩机，转子两侧支撑轴承为滑动轴承，设计工作转速为8886r/min。

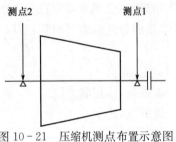

图 10-21 压缩机测点布置示意图

转子第一临界转速为 3010r/min，第二临界转速为 11200r/min。在 2、3、5 号压缩机运行过程中先后出现振动突然加大，并伴有异常"嗒嗒"声。为此，在压缩机上布置传感器(图 10-21)采集振动数据，振动变化数据见表 10-2。先后对转子动平衡、轴系对中、润滑间隙等可能影响振动的原因进行检查调整，试车 10 余次，均无法消除异常。

表 10-2　原始振动值

	测点 1	测点 2
支撑运行时,mm	0.01～0.15	0.01～0.15
2 号压缩机故障发生时,mm	0.27	0.38
3 号压缩机故障发生时,mm	0.24	0.29
5 号压缩机故障发生时,mm	0.31	0.37

在诊断过程中发现，振动值与环境温度的变化存在一定规律：温度下降，振动值略有升高，反之会下降。分析认为：环境温度的变化影响润滑油油温、润滑油黏度、油膜刚度的变化，从而影响轴承振动值的变化。另外，其他运行参数变化时，振动值变化较迟钝，压缩机在空负荷运行时(吸风阀未打开时)就产生强烈振动，在吸风、加压过程中，振动值基本不变，可以排除密封间隙失稳故障。故障特征频率为 48～50Hz，转子转动基频为 148.1Hz，转子的第一临界转速对应 50.2Hz，故障特征频率约为转子转动基频的 0.3 倍，接近转子第一阶临界转速，且峰值超过基频振动峰值，轴心轨迹扩散不规则，符合油膜振荡的基本特征。综上所述，初步诊断为油

膜振荡故障。

对压缩机解体检测后,轴瓦乌金表面有明显的摩擦亮痕,说明转子有可能除自转外还存在由涡动引起的公转现象,这也是滑动轴承油膜涡动的基本特征。

(二)利用油样检测技术判别或预报轴承故障

图 10-22 为主排风机结构简图,其中 1、2、3、4 为滑动轴承的监测点。表 10-3 为主排风机润滑系统磨粒浓度铁谱分析结果。其中,D_L 为大颗粒(大于 5 μm)的相对浓度,D_S 为小颗粒(1~2 μm)的相对浓度,总磨损量与磨损严重度的乘积 $I = (D_L + D_S)(D_L - D_S)$,每毫升稀释样品的总磨损量 $WPC = (D_L + D_S)/$ 样品量。

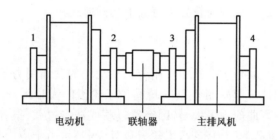

图 10-22　主排风机示意图

表 10-3　主排风机润滑系统磨粒浓度铁谱分析结果

参数	各分析日期的参数值				
	2003-06-18	2004-02-25	2004-07-15	2005-02-15	2005-04-15
D_L	4.28	4.28	3.92	28.70	16.45
D_S	1.60	1.98	2.10	3.95	3.50
WPC	6.20	6.40	4.50	35.20	20.30
I	16.12	15.20	3.00	860.40	350.20

该排风机滑动轴承采用铅基,衬套用巴氏合金。由表 10-3 可知,在对油样分析时,2005年 2 月 15 日的铁谱分析数据较前几次有明显提高。通过对铁谱谱片的分析发现,除少量正常滑动磨粒外,全长位置沉积有较多的有色金属颗粒,大小在 10~25 μm。这表明轴瓦出现异常磨损,主要是润滑油不良造成。在 2005 年 4 月 15 日又进行一次采样检查,其中包括系统油箱内油样,结果发现油样中含有较多的巴氏合金磨料,表明有明显的熔融现象,轴瓦有进一步磨损的发展趋势,后经实际拆检证实判断是准确的。

第三节　齿轮的故障及其诊断方法

齿轮传动是机械设备中最常见的传动方式,在机械设备中占有重要地位。现代机械对齿轮传动的要求日益提高,既要求齿轮能在高速、重载、特殊介质等恶劣环境条件下工作,又要求齿轮装置具有高平稳性、高可靠性和结构紧凑等良好的工作性能,由此齿轮发生故障的因素越来越多,而齿轮异常又是诱发机器故障的重要因素。根据国外资料统计,齿轮失效引起的机械设备故障约占 10.3%，在变速器中齿轮损坏的比例最大，达 60%，其次是轴承故障，占 19%，轴类故障的比例是 10%，箱体故障的比例是 7%，其他故障占 4%，可见齿轮本身的故障是最主要的。减速器的传动轴、齿轮和轴承在工作时，都伴随着振动的产生，发生故障时通常会引起振动的异常增大，振动信号的能量分布发生变化。因此，齿轮故障诊断技术的应用研究是非常重要的课题。

一、齿轮异常的基本形式

齿轮由于制造、操作、维护以及齿轮材料、热处理、运行状态等因素不同，产生故障或失效的形式也不同。据国外抽样分析，齿轮各种故障的比例是：断齿占 41%，疲劳占 31%，磨损及划痕占 20%，其他占 8%。常见的齿轮异常有以下几种形式。

(一)齿的断裂

齿轮副在啮合传递运动时，主动轮的作用力和从动轮的反作用力都通过接触点分别作用在对方轮齿上，最危险的情况是接触点某一瞬间位于轮齿的齿顶部，此时轮齿如同一个悬臂梁，受载后齿根处产生的弯曲应力最大，若因突然过载或冲击过载，很容易在齿根处产生过载断裂。即使不存在冲击过载的受力工况，当轮齿重复受载后，由于应力集中现象，也容易产生疲劳裂纹，并逐步扩展，致使轮齿在齿根处产生疲劳断裂。另外，淬火裂纹、磨削裂纹和严重磨损后齿厚过分减薄时，在轮齿的任意部位都可能产生断裂。轮齿的断裂是齿轮最严重的故障，常因此造成设备停机。

(二)齿面磨损或划痕

(1)黏着磨损。在低速、重载、高温、齿面粗糙度差、润滑油不足或黏度太低等情况下，油膜极易破坏而发生黏着磨损。润滑油的黏度高，有利于防止黏着磨损的发生。

(2)磨粒磨损与划痕。润滑油中含有的杂质颗粒以及在开式齿轮传动中的外来砂粒或在摩擦过程中产生的金属磨屑，都可以产生磨粒磨损与划痕。一般齿顶、齿根处摩擦较节圆处严重，这是因为齿轮啮合过程中节圆处为滚动接触，而齿面、齿根为滑动摩擦。

(3)腐蚀磨损。润滑油中的一些化学物质如酸、碱或水等污染物与齿面发生化学反应，造成金属的腐蚀而导致齿面损伤。

(4)烧伤。烧伤是过载、超速或不充分润滑引起的过分摩擦所产生的局部区域过热。这种温度升高足以引起齿面变色和过时效，会使钢的几微米厚表面层重新淬火，出现白层。损伤的表面容易产生疲劳裂纹。

(5)齿面胶合。大功率软齿面或高速重载的齿轮传动，齿面工作区温度很高，当润滑条件不好时，齿面间的油膜破裂，容易产生齿面胶合(咬焊)破坏，即一个齿面的金属会熔焊在与之啮合的另一个齿面上而在此齿面留下坑穴。在后续的啮合传动中，这部分胶合上的多余材料很容易造成其他齿面的擦伤沟痕，形成恶性循环。

(三)齿面疲劳

齿面疲劳主要包括齿面点蚀与剥落。齿轮在实际啮合过程中，既有相对滚动，又有相对滑动，而且相对滑动的摩擦力在节点两侧的方向相反，从而产生脉动载荷。这两种力的作用使齿轮表面层深处产生脉动循环变化的剪应力，当这种剪应力超过齿轮材料的剪切疲劳极限时，接触表面将产生疲劳裂纹,继而裂纹扩展,最终使齿面剥落小块金属,在齿面上形成小坑,称为点蚀。当"点蚀"扩大连成一片时,形成齿面上金属块剥落。此外,材质不均或局部擦伤,也易在某一齿上首先出现接触疲劳,产生剥落。剥落与严重点蚀只有程度上的区别而无本质上的不同。实验表明,在闭式齿轮传动中,点蚀是最普遍的破坏形式;在开式齿轮传动中,由于润滑不够充分以及污物进入,磨粒磨损总是先于点蚀破坏。

(四)齿面塑性变形

软齿面齿轮传递载荷过大(或在大冲击载荷下)时,易产生齿面塑性变形。在齿面间过大的摩擦力作用下,齿面接触应力会超过材料的抗剪强度,齿面材料进入塑性状态,造成齿面金属的塑性流动,使主动轮节圆附近齿面形成凹坑,从动轮节圆附近齿面形成凸棱,从而破坏了正确的齿形。有时可在某些类型的齿轮的从动轮齿面上出现"飞翅",严重时挤出的金属充满顶隙,引起剧烈振动,甚至发生断裂。

齿轮异常还可分为局部的和分布的,前者集中于某个或几个齿上,后者分布在齿轮各轮齿上。

二、齿轮振动及其特点

(一)齿轮的振动频率

1.齿轮振动的类型

齿轮在运行过程中产生的振动是比较复杂的,由于齿轮所受的激励不同,齿轮产生的振动类型也不同。下面分别介绍各种类型振动产生的原因及其特征:

(1)齿轮啮合过程中,周节误差、齿形误差或均匀磨损等都会使齿与齿之间发生撞击,撞击的频率就是它的啮合频率。齿轮在此周期撞击力的激励下产生了以啮合频率为振动频率的强迫振动,频率范围一般在几百到几千赫内。

(2)齿轮啮合过程中发生弹性变形,使刚刚进入啮合的轮齿发生撞击,因而产生沿着啮合线方向作用的脉动力,于是也会产生以啮合频率为频率的振动。对于齿廓为渐开线的齿轮,在节点附近为单齿啮合,而在节点两侧为双齿啮合,故其刚度是非简谐的周期函数,所产生的强迫振动与上述第(1)种情况不同,不仅有以啮合频率为频率的基频振动,而且还有啮合频率的高次谐波振动。

(3)齿与齿之间的摩擦在一定条件下会诱发自激振动,主要与齿面加工质量及润滑条件有关,自激振动的频率接近齿轮的固有频率。

(4)齿与齿之间撞击是一种瞬态激励,它使齿轮产生衰减自由振动,振动频率就是齿轮的固有频率,通常固有频率在 $1\sim10kHz$ 内。

(5)齿轮、轴、轴承等元件不同心、不对称、材料不均匀等会产生偏心、不平衡,其离心惯性力使齿轮轴系统产生强迫振动,振动的频率等于轴的转动频率(一般在 $100Hz$ 以内)及其谐倍频。

(6)由齿面的局部损伤而产生的激励,其相应的强迫振动频率等于损伤的齿数乘以轴的转动频率。

综上所述,齿轮的振动频率基本上可归纳为 3 类,即轴的转动频率及其谐倍频、齿轮的啮合频率及其谐倍频、齿轮自身的各阶固有频率。而齿轮的实际振动往往是上述各类振动的某种组合。表 10-4 是齿轮几种常见工作状态下振动的时间历程曲线和相应的幅频谱图。从图中可以看到,不同状态下其时域和频域图形均有明显的区别。但这些振动曲线都是经过低通滤波后得到的,它只显示出其中频率较低的转动频率和啮合频率及它们的谐倍频,滤去了高频的自由衰减振动。实际上,齿轮的自由振动经由轴、轴承传到齿轮箱体时,高频冲击振动已衰减,犹如通过一个机械低通滤波器,因此在轴承座等处测得的振动信号,一般只包含转动频率与啮合频率及其谐倍频。

表 10-4　各种状态齿轮的振动(低频部分)

齿轮的状态	时域	频域
正常	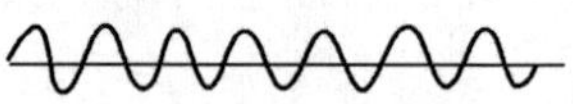	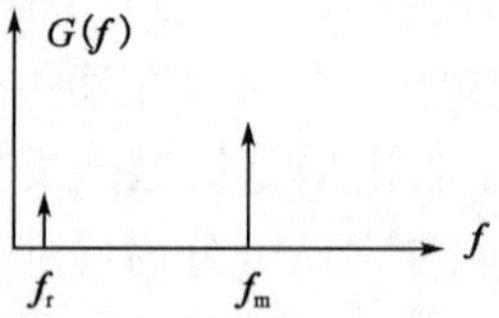
齿轮轴不同轴	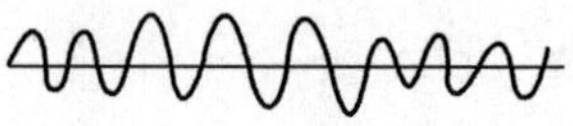	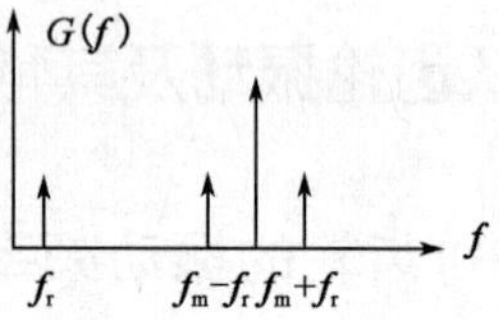
偏心	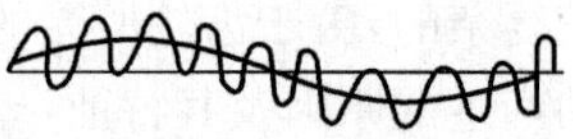	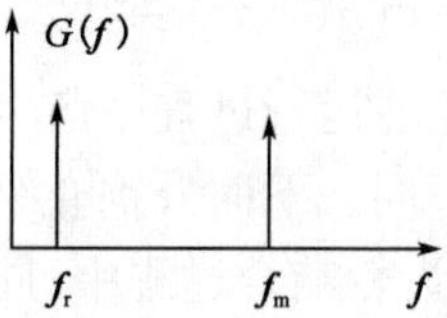
局部异常	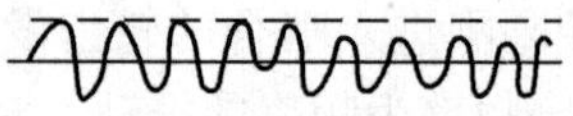	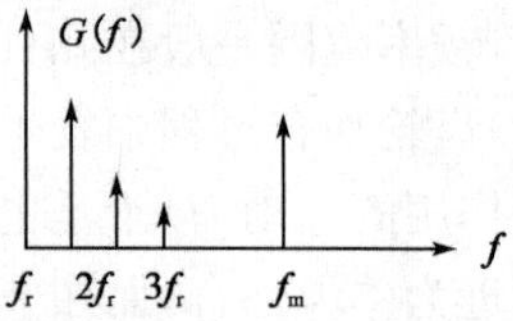
磨损	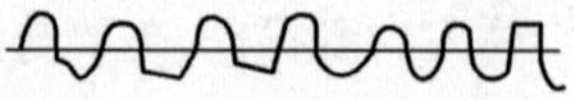	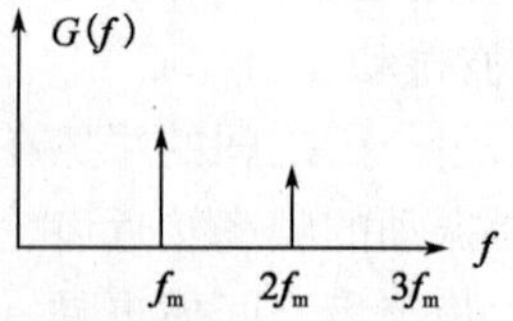
齿距误差	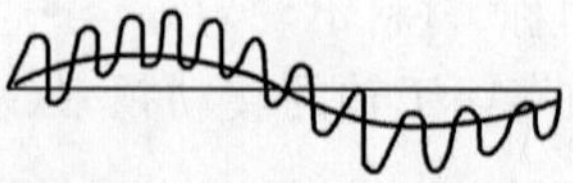	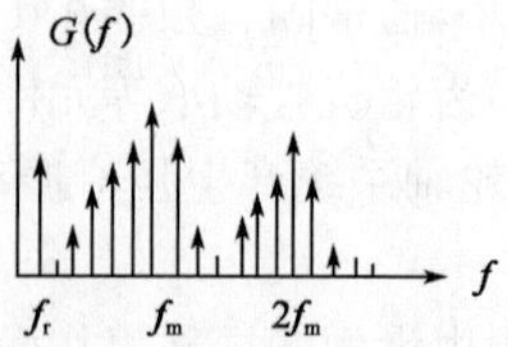

注:f_r—转动频率;f_m—啮合频率。

　齿轮箱各不同部件故障的振动特征见表 10-5。

表 10-5　齿轮箱故障的振动特征简表

部件	失效类型	振动频率	振幅特征	振动方向	其他
转子	失衡	f_r	随 f_r 增大 $f_r=f_n$ 时有峰值	径向	受悬臂式载荷时有轴向振动
轴	弯曲	f_r、$2f_r$ 及 nf_r	随 f_r 增大	径向最大	
	截面扁平	$2f_r$		径向	
联轴器	对中不良	f_r、$2f_r$ 及 nf_r	变化不定	轴向较大	齿轮联轴节的振动特征基本上与齿轮相同,但 $f_r=f_{cr}$ 时有峰值
	配合松	f_r/n、f_r 或 nf_r		径向	
	不平衡	f_r		径向	
齿轮	齿面损伤	损伤齿数×f_r	随 f_r 增大	径向	磨损严重时出现高阶振动, f_n 的振动能量明显增大
	断齿	断齿数×f_r、f_n		径向	
滚动轴承	内圈剥落	$0.5nZ\left(1+\dfrac{d}{D}\cos\alpha\right)f_r$	变化不定	径向	轴承的高频振动(10～60kHz)不易传给其他部件
	外圈剥落	$0.5nZ\left(1-\dfrac{d}{D}\cos\alpha\right)f_r$		径向	
	钢球剥落	$n\dfrac{d}{D}\left[1+\left(\dfrac{d}{D}\right)^2\cos^2\alpha\right]f_r$		径向	
滑动轴承	润滑不良	f_r	突变	径向	
	油膜涡动	$(0.42～0.48)f_r$		径向	
	油膜振荡	f_{cr}		径向	
基础	翘曲(不平)	f_r、$2f_r$ 及 nf_r	随 f_r 增大	轴向较大	
	刚性不好	f_r	随 f_r 增大而减小	径向	

注:f_r—轴的转动频率;f_{cr}—轴的临界转动频率;f_n—齿轮的固有频率;Z—轴承钢球数;d—轴承钢球直径;D—轴承平均直径;α—轴承的接触角;n—自然数。

2. 齿轮各类振动频率的计算

(1)齿轮及轴的转动频率 f_r 计算公式如下

$$f_r=\frac{N}{60}(\text{Hz}) \tag{10-22}$$

式中　N——齿轮及轴的转速,r/min。

(2)齿轮的啮合频率 f_m。对于定轴转动的齿轮,有

$$f_m=Z_i\frac{N_i}{60} \tag{10-23}$$

式中　Z_i——第 i 个齿轮的齿数;

N_i——第 i 个齿轮的转速,r/min。

由式(10-23)可知,一对啮合齿轮的啮合频率是相同的。

对于有固定齿圈的行星轮系,有

$$f_m=Z_r(N_r\pm N_c)/60 \tag{10-24}$$

式中　Z_r——齿轮的齿数;

N_r——该齿轮的转速,r/min;

N_c——转臂的转速,r/min。

当 N_c 与 N_r 转向相反时,式(10-24)取正号,否则就取负号。

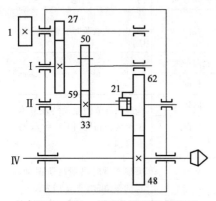

图 10-23　车床主轴齿轮箱简图

齿轮以啮合频率为振动频率振动的特点:

① 振动频率随齿轮的转速变化;

② 由于非线性的影响,往往有啮合频率的高阶谐频振动;

③ 随着转速升高,振动能量增大,噪声增强;

④ 当啮合频率接近或等于齿轮的固有频率时,齿轮发生共振形成强烈振动。

【例 10-2】 图 10-23 为某车床主轴齿轮箱当主轴转速为 1000r/min 的传动简图。各传动轴的转动频率与各齿轮的啮合频率列于表 10-6 中,可以看出,这种频率的数值相差一个数量级或更多。

表 10-6　齿轮箱各轴的转动频率与齿轮的啮合频率

轴号	轴的转速,r/min	轴转动频率,Hz	啮合齿轮副	齿轮啮合频率,Hz
I	1120	18.7	27/50	504
II	513	8.5	50/33	427
III	777	12.9	21/21	272
IV	1000	16.7	62/48	802
计算公式	N_i	$f_r = \dfrac{N_i}{60}$	Z_i/Z_j	$f_m = Z_i f_{ri} = Z_j f_{rj}$

3. 齿轮的固有频率

1) 单个齿轮固有频率的计算及测定方法

单个齿轮的固有频率是指齿轮轴向振动的固有频率。把齿轮近似地看作是周边自由、中间固定的圆板时,其轴向振动的固有频率可近似地用下式计算:

$$f_n = \frac{a_{NS}}{2\pi R^2}\sqrt{\frac{Et^3}{12(1-\mu^2)\rho_A}} \tag{10-25}$$

式中　R——齿轮的分度圆半径;

　　　E——齿轮材料的弹性模量;

　　　t——齿轮厚度;

　　　μ——齿轮材料的泊松比;

　　　ρ_A——齿轮的单位面积质量;

　　　a_{NS}——齿轮的振型常数;

　　　N——振型的径向节线数,见图 10-24;

　　　S——振型的节圆数。

式(10-25)是将齿轮简化为圆板得到的,用此式计算出来的固有频率有一定误差,准确的数值需用实验测定。稳态激振法可同时测出齿轮的振型和相应的固有频率,其方法如下:将齿轮装到垂直固定的芯轴上,在水平的齿轮表面撒上细砂粒,沿轴向激振齿轮,缓慢地提高激振频率。当齿轮发生共振时,激振频率就是齿轮的固

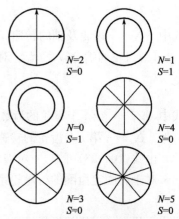

图 10-24　齿轮的几种振型

有频率,而齿轮上的细砂料这时就逐渐移动到节圆和径向节线附近,形成明显的振型。齿轮的几种振型见图 10-24。任何一个齿轮都具有多种振型,而每种振型有各自的固有频率,因此每个齿轮都有多个固有频率。

【例 10-3】 某钢质齿轮其模数 $m=5\text{mm}$,齿数 $Z=39$,齿厚 $t=10\text{mm}$。表 10-7 为振型常数 a_{NS} 的数值。同时用计算法与实验法求得的固有频率列于表 10-8 中。

表 10-7 振型常数 a_{NS} 的数值

S \ N	0	1	2	3	4	5	6
0	—	—	5.251	12.23	21.62	33.06	43.56
1	9.076	20.52	35.24	52.91	73.10	95.26	121.00
2	38.52	59.86	83.91	111.30	142.80	175	210.30
3	78.8	119.00	154.00				

表 10-8 某齿轮的固有频率

齿轮的振型		齿轮的固有频率,Hz	
节线数 N	节圆数 S	计算值	实测值
2	0	1218	1160
0	1	2106	2160
3	0	2837	2760
1	1	4761	4520
4	0	5016	4640
5	0	7670	6800
6	0	10106	9080

从表 10-8 中可以看出,计算值都偏离实测值,其原因就在于用计算法时将齿轮简化为无内孔的圆板。显然,若齿轮的内孔相当大,式(10-25)就不再适用。

2)单组齿啮合时齿轮的固有频率

齿轮啮合时的固有频率实际是指齿轮轴系扭转振动的固有频率。振动系统由啮合齿轮和传动轴组成,齿轮轴系的扭振包括轴的扭振和轮齿的弹性振动。轴的刚度系数约为 $(0.5\sim2)\times10^6\text{kN/m}^2$,而齿轮轮齿的刚度系数约为 $(2\sim10)\times10^7\text{kN/m}^2$,两者相差一个数量级。因此在分析轴的弹性变形引起的齿轮扭振时,就不考虑转动轴及其他零件的惯性载荷,认为转矩是一个常量。显然,与齿轮损伤信息有关的是轮齿弹性引起的振动,此时振动系统可认为由齿轮体(质量块)与轮齿(弹性体)构成,而齿的刚度周期性变化、齿面损伤及扭矩的变化等为齿轮扭振提供了激励。

直齿圆柱齿轮扭振的固有频率可用下式进行近似计算:

$$f_n = \frac{1}{2\pi}\sqrt{\frac{K_e}{M_e}} \tag{10-26}$$

式中　K_e——齿轮副的等效刚度系数;

　　　M_e——齿轮副的等效质量。

设系数 K 与大齿轮的刚度系数 K_G 和小齿轮的刚度系数 K_P 存在关系:

$$\frac{1}{K} = \frac{1}{K_G} + \frac{1}{K_P} \qquad (10-27)$$

当 K_G 与 K_P 的数值由图 10-25 根据齿轮的齿数 Z 和修正系数 x 确定后,用式(10-27)求出 K,再由图 10-26 根据啮合(重叠)系数和 K 值求出齿轮副的等效刚度系数 K_e。

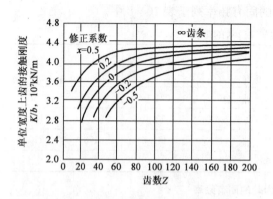 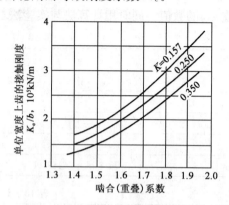

图 10-25　齿轮的刚度变化曲线　　　　图 10-26　齿轮副的等效刚度变化曲线

齿轮副的等效质量 M_e 的计算公式为

$$\frac{1}{M_e} = \frac{1}{M_G} + \frac{1}{M_P} \qquad (10-28)$$

式中　　M_G——大齿轮的等效质量;

　　　　M_P——小齿轮的等效质量。

M_G 与 M_P 的数值计算公式与齿轮的形状有关,其中最常见的两种齿轮的计算公式如下:

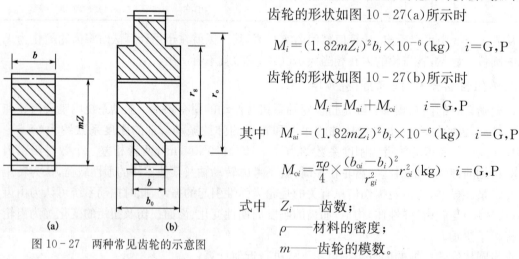

齿轮的形状如图 10-27(a)所示时

$$M_i = (1.82mZ_i)^2 b_i \times 10^{-6} \text{(kg)} \quad i=\text{G,P}$$

齿轮的形状如图 10-27(b)所示时

$$M_i = M_{ai} + M_{oi} \quad i=\text{G,P}$$

其中　$M_{ai} = (1.82mZ_i)^2 b_i \times 10^{-6} \text{(kg)} \quad i=\text{G,P}$

$$M_{oi} = \frac{\pi\rho}{4} \times \frac{(b_{oi}-b_i)^2}{r_{gi}^2} r_{oi}^2 \text{(kg)} \quad i=\text{G,P}$$

式中　Z_i——齿数;

　　　ρ——材料的密度;

　　　m——齿轮的模数。

图 10-27　两种常见齿轮的示意图

(二)齿轮振动频谱的特点

1. 齿轮振动的边频带谱

在运行过程中,无论齿轮发生异常与否,齿的啮合都会发生冲击啮合振动,其振动波形表现出振幅受到调制的特点,既调幅又调频。图 10-28 为某齿轮箱的振动频谱。从图中可以看出,齿轮振动的频谱图是非常复杂的,除了有明显表示啮合频率的谱线①和啮合频率的高阶谐频的谱线②、③、④外,还有许多按一定规律分布的小谱线,这就是在齿轮振动的频谱图中常见的边频带谱。它是几种动载同时作用在齿轮上,使其同时产生几种振动相互叠加产生调制的结果。通常载频为啮合频率及其高阶谐频或其他高频成分,而轴的转动频率及其高阶谐频则为调制频率。齿轮发生故障时,啮合频率的振动成分或轴的转动频率及谐频的振动成分随之发生显著的变化。因此,如果能从齿轮振动的边频带谱中分析出载频或调制信号的频率,对于分析齿轮的故障将十分有用。

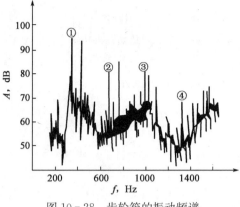

图 10-28　齿轮箱的振动频谱

2. 振动信号的调制原理

齿轮振动信号既有幅值调制又有频率调制,这两种调制在频谱图中均表现为在啮合频率及其谐频的两侧各有一簇边频带,各边频带的间隔即是调制信号的频率。下面以幅值调制为例简述产生边频带的原理。

1)幅值调制

幅值调制就是载频的时域信号幅值受到调制信号的调制。若载频是啮合频率 f_m,其时域信号用 $x(t)$ 表示,调制信号为余弦数 $\cos 2\pi f_0 t$ 或正弦函数 $\sin 2\pi f_0 t$(f_0 即是调制信号的频率),则幅值调制信号为 $x(t)\cos 2\pi f_0 t$ 或 $x(t)\sin 2\pi f_0 t$ 。根据傅里叶变换的性质,有:

$$F[x(t)\mathrm{e}^{\mathrm{j}2\pi f_0 t}] = F[x(t)(\cos 2\pi f_0 t + \mathrm{j}\sin 2\pi f_0 t)] = X(f_m - f_0) \tag{10-29}$$

$$F[x(t)\mathrm{e}^{-\mathrm{j}2\pi f_0 t}] = F[x(t)(\cos 2\pi f_0 t - \mathrm{j}\sin 2\pi f_0 t)] = X(f_m + f_0) \tag{10-30}$$

式(10-29)与式(10-30)相加得　$F[x(t)\cos 2\pi f_0 t] = \dfrac{1}{2}[X(f_m - f_0) + X(f_m + f_0)]$

式(10-29)减去式(10-30)得　$F[x(t)\sin 2\pi f_0 t] = \dfrac{1}{2}[X(f_m - f_0) - X(f_m + f_0)]$

$$\tag{10-31}$$

式(10-31)表明,时域中的幅值调制(相乘)在频域中反映为频移,即原载频的谱线 f_m 的位置移动了 f_0,而且由调前的一条谱线 f_m 变为两条谱线($f_m - f_0$,$f_m + f_0$),分布在原谱线 f_m 的两侧,形成边频带,如图 10-29 所示。

齿轮振动中的调制信号一般不是正弦信号或余弦信号,而是以一定周期变化的脉冲信号。从振动分析中得知,脉冲信号可以看成是一系列简谐信号的组合。齿轮局部缺陷激发的是窄脉冲,其频谱在较宽的频率范围内具有相等而较小的幅值;若齿轮的缺陷是连续的,则激发的脉冲较宽,频谱的频带窄且幅值衰减较快。因此,这两种缺陷的边频带有明显的差别:前者的边频带范围宽而幅值小且变化平缓;而后者的边频带窄,集中于载频谱线附近、幅值较大而衰减较快。这样,就可根据这两种故障的时域波形或频域边频带对这两种故障加以区别,如图10-30 所示。

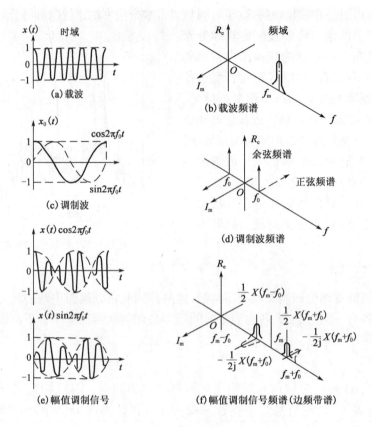

图 10-29　边频带谱的形成原理

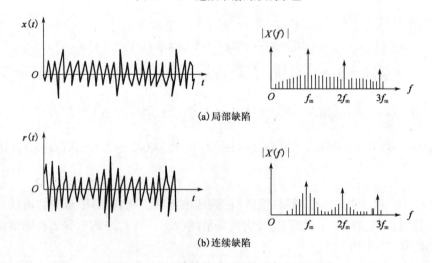

图 10-30　两种缺陷在时域和频域上的差别

2)频率调制

频率调制就是载频信号受到调制信号的调制后,变成变频信号,如图 10-31 所示。

齿轮由于齿间距误差或载荷发生周期性变化而产生振动时,不但有幅值调制,同时也有频率调制。频率调制波的频谱也是在载频(如 f_m)谱线的两侧产生等间隔的边频带,边频带的间隔 f_0 就是调制信号(往往是与齿轮故障有关的信号)的频率。由于幅值调制与频率调制的边频都相同,所以在频谱图中,这两种调制的边频带是重叠的。对于同一频率的边频带谱线,如果两者的相位相同,则它们的幅值相加;当两者的相位相反时,则它们的幅值相减。所以载频谱线两侧的边频带的分布一般是不对称、不规则的,如图 10-32 所示。

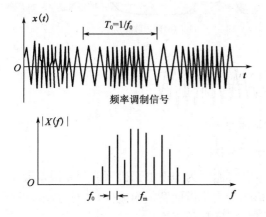

图 10-31　频率调制信号及其频谱　　　　图 10-32　两种调制的综合频谱

齿轮振动时,由于各种因素的影响,往往既有以啮合频率为基频的振动,又有它的高阶谐频分量;而轴的转动频率也常有高阶谐频分量。齿轮振动的各调制边频可用下式表示:

$$f_{边}=Pf_{m}\pm Mf_{r1}\pm Nf_{r2} \tag{10-32}$$

式中　f_{m}——齿轮副的啮合频率;

　　　f_{r1}、f_{r2}——主动齿轮、被动齿轮的转动频率;

　　　P——啮合频率各阶谐频的序数($P=1,2,3,\cdots$);

　　　M、N——主动齿轮、被动齿轮转动频率的各阶谐频的序数($M,N=1,2,3,\cdots$)。

由式(10-32)可以看出,齿轮振动的边频带分布非常复杂,倘若齿轮箱中同时有几对齿轮啮合的话,几对齿轮振动的边频带重叠在一起,其频谱图就更加复杂了,在这种情况下,就很难直接从频谱图中识别出各特征频率来。

3)齿轮振动频谱图的组成成分

齿轮振动频谱图的谱线一般有下列几种:

(1)齿轮的转动频率及其低阶谐频:主要由转轴对中不良、轴变形、零部件松动等原因引起,使齿轮在运转过程中产生附加脉冲。图 10-33(a)为有附加脉冲时的振动信号,其曲线不对称于零线;而被周期(轴系失衡产生振动信号)信号调制的齿轮振动信号如图 10-33(c)所示,其振动曲线对称于零线。显然,由时域曲线就可很容易地将其与被周期信号调幅的现象区分开来。

(2)齿轮的啮合频率及其谐频、边频带:如前所述,这些振动成分是由齿形误差、齿面损伤等原因引起的。

(3)齿轮副的各阶固有频率:是由齿轮啮合时齿间撞击(往往是由故障所致)而引起的齿轮自由衰减振动。从振动波形曲线上看,它是衰减曲线;在振动频谱图中,它们位于高频区,幅值较小,易被噪声信号淹没。

(4)齿轮加工机床分度齿轮的啮合频率及其谐波(称为隐含成分):其谱线往往在啮合频率的附近。这是齿轮加工机床分度齿轮的误差较大,影响到被加工齿轮的齿形精度而引起的振

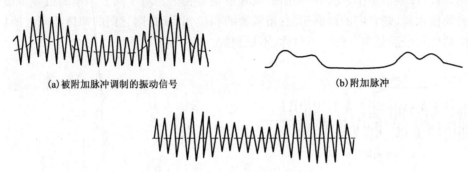

(a) 被附加脉冲调制的振动信号

(b) 附加脉冲

(c) 被周期信号调制的振动信号

图 10-33　附加脉冲的特征

动。此种谱线并非所有齿轮的振动频谱图中都是明显的,因为即使加工机床的分度误差较大,但当齿轮经过一段时间的运转后,其分度误差的影响会由于齿面磨损而减少,其对应谱线的幅值也就随之变小。不过可利用此种谱线了解齿轮磨合、磨损的程度。

三、齿轮故障分析方法

(一)频谱分析法

1.频率细化分析技术

如上所述,齿轮的振动频谱图包含着丰富的信息,不同的齿轮故障具有不同的振动特征,其相应的谱线发生特定的变化。齿轮各种工作状态的振动波形及其频谱如图 10-34 所示。

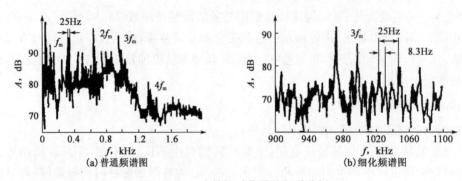

(a) 普通频谱图　　　　　　　　(b) 细化频谱图

图 10-34　齿轮振动信号的频谱分析

对信号进行频谱分析时必须有足够高的频率分辨率。当边频带的间隔(故障频率)小于频率分辨率时,就分析不出齿轮的故障,此时就应采用频率细化分析技术以提高分辨率。以某齿轮变速箱的频谱图[图 10-34(a)]为例,从图中可以看出,在所分析的 0~2kHz 频率范围内,有 1~4 阶的啮合频率的谱线,还可清晰地看出有间隔为 25Hz 的边频带,而在两边频带间似乎还有其他的谱线,但限于频率分辨率已不能清晰分辨。为此,对其中 900~1100Hz 的频段进行细化分析,其细化频谱如图 10-34(b)所示。由此图中可清晰地看出边频带的真实结构,两边频带的间隔为 8.3Hz,它是转动频率为 8.3Hz 的小齿轮轴不平衡引起的振动分量对啮合频率调制的结果。本例表明,用振动频谱的边频带进行齿轮的故障诊断时,必须要有足够的频率分辨率,否则会造成误诊或漏诊,影响诊断结果的准确性。

2.倒频谱分析

对于同时有数对齿轮啮合的齿轮箱振动频谱图,由于每对齿轮啮合都将产生边带谱,几个边频带谱交叉分布在一起,仅进行频率细化分析是不行的,还需要进一步作倒频谱分析。倒频谱将原来谱上成簇的边频带谱线简化为单根谱线,使监测者便于观察,而齿轮有故障时的振动频谱具有的边频带恰是具有等间隔(故障频率)的结构。利用倒频谱这个优点,可以检测出功率谱中肉眼难以辨识的周期性信号。

图 10-35 说明了倒频谱具有检测周期性信号的能力。图 10-35(a)是齿轮箱振动信号的频谱,频率范围为 0~20kHz。其中包含啮合频率(4.3kHz)的三次谐波,谱上没有分解出边频带。图 10-35(b)是 2000 线细分功率谱,频率范围为 3.5~13.5kHz。谱中包含前三次啮合谐波,但不包含两根轴回转频率的低次谐波。再将图 10-35(b)中 7.5~9.5kHz 的频带用高分辨率的信号分析仪处理,可以得到如图 10-35(c)所示的谱图。在这一谱图中经已可以看到由轴转速形成的边频带。图 10-35(d)是图 10-35(b)功率谱的倒频谱。倒频谱上清楚地表明了对应于两根轴回转频率(85Hz 与 50Hz)的两个分量 A_1(11.8ms)和 B_1(20.0ms),而在高分辨率谱图 10-35(c)中却难以分辨出来。

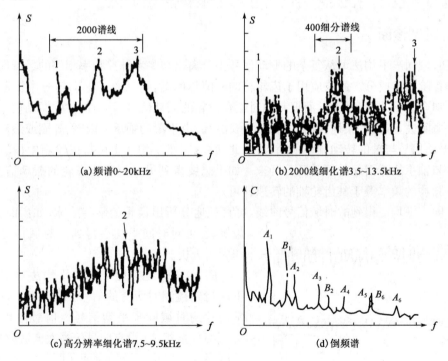

(a)频谱0~20kHz

(b)2000线细化谱3.5~13.5kHz

(c)高分辨率细化谱7.5~9.5kHz

(d)倒频谱

图 10-35　齿轮箱振动信号边频带的倒频谱分析

1—啮合频率;2,3—高次频率;A_1,A_2,…—周期为 11.8ms 的谐波;B_1,B_2,…—周期为 20ms 的谐波

图 10-36 是正常和异常状态下卡车变速箱一挡齿轮啮合时振动的功率谱和倒频谱,说明倒频谱用于诊断的第二个优点,即能精确地辨识频谱中的周期特性。正常状态的功率谱无明显周期性,而从异常状态的功率谱中可看出有大量间距约为 10Hz 的边频,相应的倒频率为 95.9ms(10.4Hz)。而在倒频谱图上能清晰地看到两个倒频率,除 95.9ms 的倒频率外,还有一系列对应于输入轴转速的倒谱谐波(28.1ms 或 35.6Hz)。因为输出轴的回转频率为 5.4Hz,所以,最初怀疑调制频率是输出轴的二次谐波,但调制频率应该是 10.8Hz 而不是

10.4Hz。最后找到空转不受载荷的二档齿轮是调制源,其回转频率准确地等于 10.4Hz。由此说明了倒频谱辨识周期性的精确度。

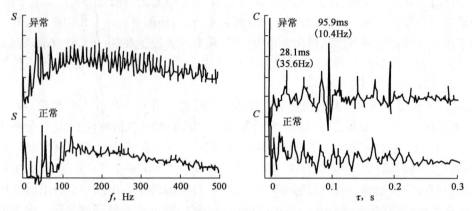

图 10-36 卡车齿轮箱正常与异常时的功率谱和倒频谱

由以上分析可看出,倒频谱分析对于齿轮故障诊断是一种有效的方法。当频率分辨率不够时,将频率细化分析与倒频谱分析结合起来,则可得到满意的结果。

(二)时域诊断

应用时域同步平均法可从复杂的振动信号中分离出与参考脉冲频率相等的最低周期成分以及它的各阶谐波成分。此法应用于齿轮箱的故障诊断时,可从总的振动信号中提取出感兴趣的那对啮合齿轮的振动信号,而把其他对啮合齿轮的振动信号、其他部件的振动信号及噪声成分都一概除去,从而大大地提高了信号的信噪比。由于滚动轴承的内圈、外圈或滚动体有损伤时,其振动信号与轴的转动频率不同步,因此,时域同步平均法也可将齿轮箱中齿轮故障引起的振动与轴承故障引起的振动区分开来。如果想要得到另一对啮合齿轮的振动信号,则只需使参考脉冲的频率等于其齿轮轴的转速即可。

根据同步平均法得到的时域信号曲线,可直观地分析出齿轮的某些故障,如齿面剥落、断齿等,也可对时间平均后得到的时域信号进一步作频谱分析。

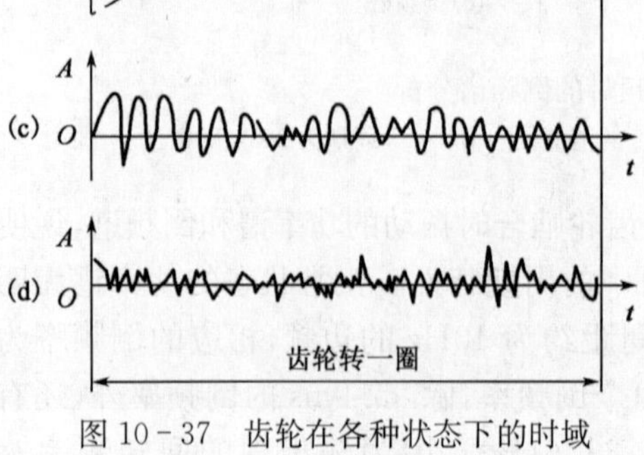

图 10-37 是用时域同步平均法对不同状态下的齿轮检测时所得的信号。图 10-37(a)是正常齿轮的时域同步平均信号。信号由均匀的啮合频率分量组成,没有明显的高次谐波,整个信号长度相当于齿轮一转的时间。图 10-37(b)是齿轮安装错位的情况。信号的啮合频率分量受到幅值调制。调制信号的频率比较低,主要是齿轮转速及其倍频。图 10-37(c)是齿轮齿面严重磨损的情况。啮合频率分量出现较大的高次谐波分量,但由图中可见,磨损仍然是均匀磨损。图 10-37(d)的情况不同于前三种,在齿轮一转的信号中有突跳现象,这种情况是在个别齿断裂时出现的。

图 10-37 齿轮在各种状态下的时域同步平均信号

图 10-38 是对一个齿轮链用时域同步平均法提取信号的情况,说明了时标提取的位置不同时,得到的信号也不同。图中 $Z_1=51$ 的大齿轮上齿面有局部的剥落,当时标信号由位置 A 的传感器拾取时,由于大齿轮依次与两个 $Z_2=Z_4=16$ 齿的小齿轮啮合,经过的转角为 $61.2°$,在时域同步平均信号 A 上有两个脉冲,其时间间隔相当于大齿轮转过 $61.2°$所需的时间;相反,时标信号由位置 B 的传感器拾取时,大齿轮每转过一转时,大齿轮上有剥落的齿面与小齿轮只啮合一次,产生一次撞击,在时域同步平均信号 B 上只有一个脉冲。

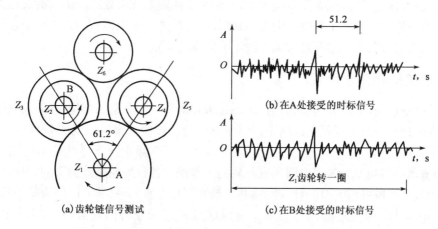

图 10-38   齿轮链的时域同步平均信号受时标周期的影响

图 10-39 是用时域同步平均法对光栅测量信号处理后的效果。两个光栅分别装在汽车齿轮箱的输入轴与输出轴上,在不同的输出扭矩[图 10-39(a)]和不同的输入轴转速[图 10-39(b)]下记录了传动误差曲线,然后将此传动误差作时域同步平均处理,得到齿轮箱中第三个齿轮的传动误差。

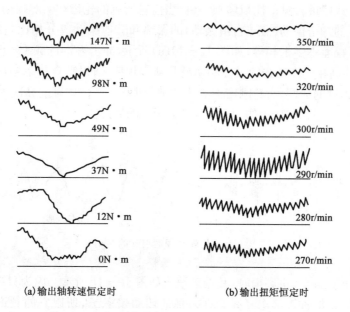

图 10-39   汽车齿轮箱输入轴上单一齿轮的传动误差

图 10-39(a)中的一组曲线,是齿轮箱输出轴转速保持在 48r/min 而输出扭矩由 0N·m 增大到 150N·m 时的传动误差。当载荷小时,有脱啮现象存在;载荷逐渐增加时,开始时单

齿啮合误差减小,而后又逐渐增大。这可以解释为轮齿弯曲和输入轴悬臂弯曲共同作用的结果。后一种弯曲效应开始时对齿轮的啮合螺旋线有所改善,而当载荷进一步增大时却造成相反方向的错位。图 10-39(b)是保持输出扭矩不变逐渐增大转速时的情况,在 290r/min 附近齿轮箱内部有共振现象,此时单齿啮合误差显著增大。

比较频域方法和时域方法可以看到:频谱分析只需用加速度传感器拾取一个信号,而时域分析则除了加速度传感器外,还需要一个时标信号;频域方法不能略去输入信息中的任何分量,因此待检的齿轮信号可能淹没在噪声中,而时域方法则能够有效地消除与时标周期无关的分量;频域方法依靠边频带来反映个别齿的缺陷,而时域方法可以很直观地查出个别齿的节距误差、剥落与断裂现象。这些都是时域方法不可忽视的优点。

(三)齿轮的精密诊断

齿轮的精密诊断,不仅要判断其运行状态是否异常及发生异常的部位,还要求判断异常的类型和异常的程度。齿轮的精密诊断是以频率分析为基础的。齿轮振动的频率范围很宽(从几赫到几十千赫),用同一个频谱图来表示它所包含的所有频率含量显然是不恰当和有困难的,因为频率范围与频率分辨率之间是有矛盾的。考虑到各种齿轮失效类型的特征频率分布,一般可分为 3 个阶段:(1)0~100Hz 即各轴的转动频率;(2)100~1000Hz 即齿轮的啮合频率;(3)1000~10000Hz 即齿轮的固有频率。应根据需要选择分析的频段,一般分析的频率在 0~1kHz(低频)时,即可从频谱图中得到轴的转动频率及其谐频的谱线与啮合频率及其谐频的谱线,以及它们的边频带,从中可分析出故障的特征频率来。若谱线分布很复杂、很密集时,可进一步进行细化频谱分析以及倒频谱分析。几种典型齿轮状态低频(滤去固有频率成分)的时域波形和频谱示于表 10-4,从表中可知,若同时分析时域波形与频谱,齿轮失效的类型是容易确定的。

以齿轮失效形式中最常见的轮齿磨损为例,当齿轮所有的轮齿均匀磨损而使齿隙增大时,在啮合过程中产生的冲击振动(衰减自由振动)的振幅和其他振动成分相比是相当大的,而且各次冲击振动的振幅差不多都相等,如图 10-40(a)所示,冲击振动的频率(近似等于固有频率)为 1kHz 以上的高频。而冲击的重复频率就是啮合频率,所以啮合频率振动的成分也相应增大,并随着磨损程度的加剧,齿轮刚度的非线性愈加明显、啮合频率的高次谐频成分随之增大,振动波形(低频)由正弦波变为如图 10-40(b)所示的波形。

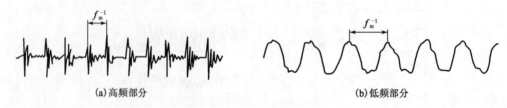

(a)高频部分　　　　　　　　　　　　(b)低频部分

图 10-40　齿轮磨损后引起的振动

f_m—啮合频率

当齿轮仅个别轮齿有严重磨损时,其振动波形如图 10-41 所示。因为只有在异常啮合时才发生较大的冲击振动,冲击的重复频率即是轴的转动频率 f_r,所以它的频谱图中轴的转动频率及其高阶谐频谱线相应较大。

如果确定齿轮上齿的位置,可用时域同步平均法。因为异常齿啮合时,冲击振动的振幅要比其他齿的大,所以曲线上幅值最大的峰值位置即是异常齿的位置(图 10-42)。

图 10-41　局部有异常的齿轮发生的振动

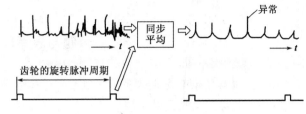

图 10-42　时域同步平均分析

四、齿轮故障诊断实例

某钢厂一台减速器(图 10-43)大修后运行振动值很大。电动机驱动,可调速,工作转速 500r/min,功率 970kW,小齿轮齿数 50,大齿轮齿数 148。当电动机转速为 150r/min 时测量的振动值如表 10-9 所示。

表 10-9　电动机转速为 150r/min 的振动值

测　点	1	2	3	4
水平振动值,mm/s	5.5	15.4	9.5	12.3
轴向振动值,mm/s	7.8	13.6	8.3	14.8

由表 10-9 可以发现,测点 2、4 的水平振动值和轴向振动值都很大,测点 2 的水平振动值达到了 15.4mm/s,初步估计测点 2 附近的大齿轮有故障。该点的频谱和细化谱,如图 10-44 所示。

已知齿轮啮合频率为 148×0.85=125.8Hz,在测点 2 的频谱上并没有发现啮合频率,却在 213Hz 处出现高的幅值。对 213Hz 进行细化分析,发现 213Hz 附近存在 0.85Hz 的边频带,而 0.85Hz 是低速轴的转频。为了验证产生 213Hz 高幅值的原因,

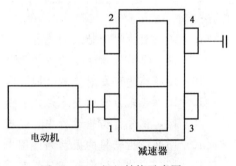

图 10-43　机组结构示意图

对该机组进行升速试验。当转速升到 500r/min 的时候,测点 2 的频谱中 213Hz 高幅值仍然存在,说明 213Hz 是齿轮的固有频率,低速轴大齿轮存在严重故障。停机检查后发现,大齿轮面凹凸不平,有 3 个齿顶呈台阶状突起,这是大齿轮齿顶撞小齿轮齿根引起的现象,实际情况与诊断结论相一致。

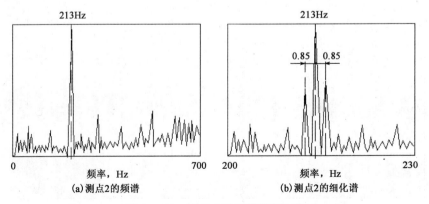

图 10-44　测点 2 的频谱和细化谱

习题与思考题

10-1　滚动轴承常发生那些异常现象？引起各种异常的原因是什么？

10-2　推导滚动轴承缺陷特征频率的计算公式。

10-3　简述滚动轴承内圈、外圈及滚动体有损伤时，引起振动的时频域特点。

10-4　损伤轴承与正常轴承幅值域中的概率密度相比有什么不同？

10-5　在滚动轴承振动故障诊断方法中，有效值判断法、峰值指标法各适于检测什么性质的故障？轴承发生损伤时，峰值指标如何变化？

10-6　冲击脉冲法进行轴承振动故障诊断时，使用哪些指标对轴承正常或异常情况进行判断？

10-7　试说明滚动轴承的包络分析诊断法的优点。

10-8　某鼓风机用轴承型号 210，滚动体直径 12.7mm，轴承节圆直径 70mm，滚动体个数为 10，压力角 0°，鼓风机的旋转频率为 15Hz。如果每次只出现一处缺陷，计算滚珠、内外滚道以及保持架内外圈缺陷的重复频率。

10-9　阐述用光纤监测法和接触电阻法进行滚动轴承故障诊断的诊断原理，说明各自的优点。

10-10　简述滑动轴承的优点。

10-11　滑动轴承主要的失效形式有哪些？

10-12　简述声发射检测不同于常规无损检测技术的优点。

10-13　齿轮异常的基本形式有哪几种？

10-14　试分析齿轮运行中可能产生的振动形式及其频率特点。

10-15　在齿轮箱的振动频谱图中，如何识别调制现象？

10-16　为什么说倒频谱分析对于齿轮故障诊断是一种有效的方法？

10-17　如何确定齿轮上损伤轮齿的位置？

10-18　齿轮的轮齿均匀磨损、个别齿严重磨损时，其频域特性有什么不同？

10-19　齿轮振动信号的幅值调制和频率调制是怎样产生的？它们有什么异同点？

参 考 文 献

[1] 屈梁生,何正嘉. 机械故障诊断学[M]. 上海:上海科技出版社,1986.

[2] 黄文虎,等. 设备故障诊断原理、技术及应用[M]. 北京:科学出版社,1997.

[3] 徐敏. 我国设备故障诊断技术发展简史与未来[M]//姚振汉,王勖成,岑章志. 力学与工程:杜庆华院士八十寿辰庆贺文集. 北京:清华大学出版社,1999.

[4] 邝朴生,等. 现代机器故障诊断学[M]. 北京:中国农业出版社,1991.

[5] 王江萍,宁延平. 机械设备故障诊断技术水平与发展预测[J]. 石油机械,2005,33(8).

[6] 卢文祥,杜润生. 工程测试与信息处理[M]. 武汉:华中理工大学出版社,1992.

[7] 刘金环,任玉田. 机械工程测试技术[M]. 北京:北京理工大学出版社,1990.

[8] 黄志坚,高立新,廖一凡. 机械设备振动与诊断[M]. 北京:化学工业出版社,2010.

[9] 樊永. 机械设备诊断的现代信号处理方法[M]. 北京:国防工业出版社,2009.

[10] 邝朴生,蒋文科,等. 设备诊断工程[M]. 北京:中国农业科学技术出版社,1997.

[11] 钟秉林,黄仁. 机械故障诊断学[M]. 北京:机械工业出版社,2006.

[12] 裴峻峰,杨其俊. 机械故障诊断技术[M]. 东营:石油大学出版社,1997.

[13] 徐章遂. 故障信息诊断原理及应用[M]. 北京:国防工业出版社,2000.

[14] 唐德修. 设备机械故障预测技术[M]. 成都:西南交通大学出版社,2007.

[15] 张碧波,丛文龙. 设备状态监测与故障诊断[M]. 北京:化学工业出版社,2005.

[16] 张来斌,等. 机械设备故障诊断技术及方法[M]. 北京:石油工业出版社,2000.

[17] 杨志伊,郑文. 设备状态监测与故障诊断[M]. 北京:中国计划出版社,2006.

[18] 张雨,徐小林,张建华. 设备状态监测与故障诊断的理论和实践[M]. 长沙:国防科技大学出版社,2000.

[19] 杨国安. 机械状态检测与故障诊断实用技术[M]. 北京:中国石化出版社,2007.

[20] 沈庆根,郑水英. 设备故障诊断[M]. 北京:化学工业出版社,2005.

[21] 张梅军. 机械状态检测与故障诊[M]. 北京:国防工业出版社,2008.

[22] 周东华,叶银忠. 现代故障诊断与容错控制[M]. 北京:清华大学出版社,2000.

[23] 张键. 机械故障诊断技术[M]. 北京:机械工业出版社,2008.

[24] 何正嘉. 机械故障诊断理论及应用[M]. 北京:高等教育出版社,2010.

[25] 屈梁生,张西宁,沈玉娣. 机械故障诊断理论与方法[M]. 西安:西安交通大学出版社,2009.

[26] 屈梁生. 机械故障的全息诊断原理[M]. 北京:科学出版社,2007.

[27] 谢明,丁康. 离散频谱分析的一种新校正方法[J]. 重庆大学学报:自然科学版,1995(2):48-54.

[28] 谢明,丁康. 谱分析的校正方法[J]. 振动工程学报,1992(2).

[29] 年大中. 机械检测与诊断技术[M]. 北京:中国铁道出版社,1995.

[30] 彭军. 传感器与检测技术[M]. 西安:西安电子科技大学出版社,2003.

[31] 吕琛. 故障诊断与预测技术及应用[M]. 北京:北京航空航天大学出版社,2012.

[32] 胡广书. 现代信号处理教程[M]. 北京:清华大学出版社,2004.

[33] 杨叔子,吴雅. 机械故障诊断的时序方法[M]. 西安:西安交通大学出版社,1989.

[34] 汪荣鑫. 随机过程[M]. 西安:西安交通大学出版社,1987.

[35] 褚秀萍,凌正炎. 用时序建模法研究机器磨损状态的动态历程[J]. 唐山工程技术学院学报,1992(1):36-40.

[36] 蒋宇,李志雄. 利用时序模型参数指标的齿轮故障诊断研究[J]. 现代制造工程,2009(6):126-129.

[37] 张卫民,王信义,王克勇,等. 时序模型参数及 AR 谱在压缩机故障检测中的应用[J]. 压缩机技术,1997

(1):25－28.

[38] 张海波,黄洋洋.基于随机时间序列的数控机床伺服系统故障频率预测[J].东北电力大学学报,2014 (2):62－66.

[39] Mallat S. A Theory of Multiresolution Signal Decomposition:the Wavelet Representation[J]. IEEE Trans Pattern Anal Machine Intell,1989(11):674－693.

[40] 程正兴.小波分析算法与应用[M].西安:西安交通大学出版社,1998.

[41] 刘贵忠.小波分析及其应用[M].西安:西安电子科技大学出版社,1992.

[42] 杨建国.小波分析及其工程应用[M].北京:机械工业出版社,2005.

[43] 张德丰.MATLAB 小波分析[M].北京:机械工业出版社,2009.

[44] 徐长发.实用小波方法[M].武汉:华中科技大学出版社,2001.

[45] 张国华.小波分析与应用基础[M].西安:西北工业大学出版社,2006.

[46] Prabhakar S, Mohanty A R, Sekhar A S. Application of discrete wavelet transform for detection of ball bearing race faults[J]. Tribology International,2002(35):793－800.

[47] 何岭松,等.小波分析及其在设备故障诊断中的应用.华中理工大学学报,1993,21(1):82－87.

[48] 耿中行.小波分析方法及其在机械状态监测信号处理中的应用[D].西安:西安交通大学,1993.

[49] 张静远,张冰,蒋兴舟.基于小波变换的特征提取方法分析[J].信号处理,2000(16):156－162.

[50] 杨宗凯.小波去噪及其在信号检测中的应用[J].华中理工大学学报,1997(3):1－4.

[51] 王江萍,王鸿飞.基于小波多分辨分析的往复机械故障特征提取与识别[J].西安石油学院学报,1998, 13(1):30－32.

[52] 王鸿飞,王江萍.小波分析在柴油机监测信号处理中的应用[J].机械科学与技术,1998(3):440－441.

[53] 王江萍,鲍泽富.小波变换在柴油发动机故障诊断中的应用[J].石油机械,2006,34(9):73－76.

[54] 张茂,万方义.基于小波包的碰磨信号能量辨识[J].机械设计与制造,2006,3(9):143－145.

[55] 李友荣,曾法力.小波包分析在齿轮故障诊断中的应用[J].振动与冲击,2005,24(5):101－103.

[56] Rubini R, Meneghetti U. Application of the Envelope and Wavelet Transform Analyses for the Diagnosis of Incipient Faults in Ball Bearings[J]. Mechanical Systems and Signal Processing, 2001, 15(2): 287－302.

[57] 王江萍,孙文莉.基于小波包能量谱齿轮振动信号的分析与故障诊断[J],机械传动,2011,35(1).

[58] Lin J, Qu L. Feature extraction based on Morlet wavelet and its application for mechanical diagnosis[J]. Journal of Sound and Vibration,2000,234(1):135－148.

[59] 杨国安,钟秉林,黄仁.机械故障信号小波包分解的时域特征提取方法研究[J].振动与冲击,2001(20): 25－28.

[60] 张佩瑶,马孝江,王吉军,等.小波包信号提取算法及其在故障诊断中的应用[J].大连理工大学学报, 1997(8):67－72.

[61] 胡子谷,宓为建,石来德.故障振动信号的小波包分解与诊断[J].振动与冲击,1998,4(4):54－59.

[62] 张兢,路彦和.基于小波包频带能量检测技术的故障诊断[J].微计算机信息,2006,22(2－1): 202－204.

[63] 沈清,汤霖.模式识别导论[M].长沙:国防科技大学出版社,1991.

[64] 温熙森,等.模式识别与状态监控[M].长沙:国防科技大学出版社,1997.

[65] 边肇祺.模式识别[M].北京:清华大学出版社,1988.

[66] 王碧泉,陈祖荫.模式识别理论、方法和应用[M].北京:地震出版社,1989.

[67] 彭勇.模式识别及其在石油工业中的应用[M].西安:陕西科学技术出版社,1998.

[68] 熊洪允,等.应用数学基础[M].修订版.上册.天津:天津大学出版社,1994.

[69] 王江萍.机械故障信号主分量分析的最大熵谱分析[J].机械科学与技术,1998(6):980－982.

[70] 王小强,王耀华.故障树分析法在工程机械维修中的应用[J].矿山机械,1999(12):41－42.

[71] 朱继洲. 故障树原理和应用[M]. 西安:西安交通大学出版社,1989.

[72] 吴宏春,曲涛,张树勇. 机械系统故障树分析[J]. 飞机设计,2009(5):78-80.

[73] 李贵虎,李强,赵君官,等. 基于故障树的机械击发故障仿真分析[J]. 机械设计,2013(3):8-11.

[74] 陈玲玲,杨剑锋. 可倾瓦轴承故障模式及其故障树的定性分析[J]. 新技术新工艺,2013(4):93-95.

[75] 喻全余,蒋洋. 叉车机械变速箱齿轮失效故障树可靠性分析[J]. 安徽机电学院学报,2001(3):31-34.

[76] 李著成. 基于独立分量分析盲源分离算法的研究[D]. 太原:太原理工大学,2006.

[77] 李悦,黄晋英,杨晓霞. 基于盲源分离的齿轮箱故障诊断[J]. 煤矿机械,2012(3):259-261.

[78] 张新成,杜志勇,周俊青. 盲源分离技术及其应用[J]. 电声技术,2004(4):4-6.

[79] 权友波,王甲峰,岳旸,等. 盲源分离技术现状及发展趋势[J]. 通信技术,2011(4):13-15.

[80] 钟振茂,陈进,钟平. 盲源分离技术用于机械故障诊断的研究初探[J]. 机械科学与技术,2002(2):282-284.

[81] 臧观建,刘正平. 盲源分离技术在齿轮故障诊断中的应用[J]. 煤矿机械,2008(1):189-192.

[82] 张小兵. 盲源分离算法及其应用研究[D]. 西安:西北工业大学,2006.

[83] 高建彬. 盲源分离算法及相关理论研究[D]. 成都:电子科技大学,2012.

[84] 徐丽琴. 盲源分离算法研究[D]. 西安:西安电子科技大学,2006.

[85] 牛奕龙. 盲源分离算法研究[D]. 西安:西北工业大学,2005.

[86] 冯汝鹏. 盲源分离算法研究[D]. 西安:西安电子科技大学,2013.

[87] 王晓伟,石林锁. 盲源分离在振动机械故障诊断中的应用[J]. 电子测量技术,2008(3):138-140.

[88] 周晓峰,杨世锡,甘春标. 一种旋转机械振动信号的盲源分离消噪方法[J]. 振动·测试与诊断,2012(5):714-717.

[89] 马少平,朱小燕. 人工智能[M]. 北京:清华大学出版社,2004.

[90] 蔡自兴,徐光佑. 人工智能及其应用[M]. 北京:清华大学出版社,2004.

[91] 长仰森. 人工智能原理与应用[M]. 北京:高等教育出版社,2004.

[92] 李德毅. 不确定性人工智能[M]. 北京:国防工业出版社,2005.

[93] 杨叔子. 基于知识的诊断推理[M]. 北京:清华大学出版社,1995.

[94] 鄂加强. 智能故障诊断及其应用[M]. 长沙:湖南大学出版社,2006.

[95] 肖建华. 智能模式识别方法[M]. 南京:华南理工大学出版社,2005.

[96] 熊和金. 智能信息处理[M]. 北京:国防工业出版社,2006.

[97] 王仲生. 智能故障诊断与容错控制[M]. 西安:西北工业大学出版社,2005.

[98] 李明,王燕,年福忠. 智能信息处理与应用[M]. 北京:电子工业出版社,2010.

[99] 王道平,张义忠. 故障智能诊断系统[M]. 北京:冶金工业出版社,2001.

[100] 张金玉,张炜. 装备智能故障与预测[M]. 北京:国防工业出版社,2013.

[101] 杨叔子,郑晓军. 人工智能与诊断专家系统[M]. 西安:西安交通大学出版社,1990.

[102] 虞合济,侯光林. 故障诊断的专家系统[M]. 北京:冶金工业出版社,1991.

[103] 瓦克赛万诺斯,等. 工程系统中的智能故障诊断与预测[M]. 袁海文,译. 北京:国防工业出版社,2013.

[104] 吴今培. 智能故障诊断与专家系统[M]. 北京:科学出版社,1997.

[105] Jian-Da Wu, Mingsian R. Bai, Fu-Cheng Su, Chin-Wei Huang. An expert system for the diagnosis of faults in rotating machinery using adaptive order-tracking algorithm [J]. Expert Systems with Applications,2009(36):5424-5431.

[106] Milne C,Nicol L. Trave-Massuyes, TIGER with model based diagnosis:initial deployment[J]. Knowledge-Based System ,2001(14):213-222.

[107] Cen Nan, Faisal Khan, Tariq Iqbal M. Real-time fault diagnosis using knowledge-based expert system [J]. Process safety and environmental protection,2008(86):55-71.

[108] Lo C H, Wong Y K, Rad A B. Intelligent System for Process Supervision and Fault Diagnosis in Dy-

namic Physical Systems [J]. IEEE Trans Ind Electron,2006,53(2):581－592.

[109] Jian'an L, Changjiang F, Xuemin S, et al. Research of fault diagnosis expert system based on case reasoning for complex dynamic equipments [J]. Proc Int Sym Test Meas,2001(1):369－372.

[110] Bo-Suk Yanga, Seok Kwon Jeonga, Yong-Min Ohb, et al. Case-based reasoning system with Petri nets for induction motor fault diagnosis [J]. Expert Systems with Applications ,2004(27):301－311.

[111] 陈守昱. 工程模糊集理论与应用[M]. 北京:国防科技大学出版社,1998.

[112] 吴今培. 模糊诊断理论及其应用[M]. 北京:科学出版社,1995.

[113] 郭桂蓉. 模糊模式识别[M]. 长沙:国防科技大学出版社,1993.

[114] 萧筱南. 实用模糊数学[M]. 北京:亚洲出版社,1993.

[115] 张涵垺,何正嘉. 模糊诊断原理及应用[M].西安:西安交通大学出版社,1992.

[116] 赵振宇,等. 模糊理论和神经网络的基础与应用[M]. 北京:清华大学出版社,1996.

[117] 王江萍,王玮,赵晓宏. 柱塞泵故障振动频谱模糊识别法[J]. 石油矿场机械,2001,30(4):18－21.

[118] Klir G J, Wang Z, Harmanec D, Constructing fuzzy measures in expert systems [J]. Fuzzy Sets and Systems,1997(92):251－264.

[119] Jiangping Wang. Vibration-Based Fault Diagnosis of Pump Using Fuzzy Technique [J]. Measurement, 2006(2).

[120] Fansen Kong, Ruheng Chen. A Combined Method for Triplex Pump Fault Diagnosis based on Wavelet Transform, Fuzzy Logic and Neuro-networks [J]. Mechanical Systems and Signal Processing,2004,18 (1):161－168.

[121] Biglari F R , Fang X D. Real-time Fuzzy Logical Control for Maximising the Tool Life of Small-diameter drills[J]. Fuzzy Sets and Systems,1995(72):91－101.

[122] An-Pin Chen, Chang-Chun Lin. Fuzzy approaches for fault diagnosis of transformers[J]. Fuzzy Sets and Systems,2001(118):139－151.

[123] 张立明. 人工神经网络的模型及其应用[M].上海:复旦大学出版社,1993.

[124] 王伟. 人工神经网络原理[M].北京:北京航空航天大学出版社,1995.

[125] 李孝安,等. 神经网络与神经计算机导论[M].西安:西北工业大学出版社,1994.

[126] 程相君,等. 神经网络原理及其应用[M].北京:国防工业出版社,1995.

[127] 周开利. 神经网络模型及其 MATLAB 仿真程序设计[M].北京:清华大学出版社,2005.

[128] 高隽. 人工神经网络原理及仿真实例[M].北京:机械工业出版社,2007.

[129] Karayiannis N B, Mi G W. Growing radial basis neural networks:merging supervised and un supervised learning with network growth techniques [J]. IEEE Trans on Neural Networks, 1997, 8(6): 1492－1506.

[130] 黄加亮. RBF 神经网络在船用低速柴油机故障诊断中的应用研究[D]. 大连:大连海事大学,2000.

[131] 罗自来,常汉宝,刘伯运. 基于 BP 网络的柴油机故障诊断方法研究[J]. 车用发动机,2008(6).

[132] Czeslaw T Kowalski, Teresa Orlowska－Kowalska. Neural networks application for induction motor faults diagnosis [J]. Mathematics and Computers in Simulation, 2003, 63:435－448.

[133] 谢培甫,夏立斌,谭青. 基于神经网络的大型风机智能故障诊断系统的研究[J]. 风机技术,2007(2): 49－52.

[134] 刘晋钢,韩燮,李华玲. BP 神经网络改进算法的应用[J]. 华北工学院学报,2002,23(6): 449－451.

[135] 吴蒙,贡璧,何振亚. 人工神经网络和机械故障诊断 [J]. 振动工程学报,1993,10(5):153－163.

[136] 师汉民,陈吉红,阎兴. 人工神经网络及其在机械工程领域中的应用[J]. 中国机械工程,1997,8(2): 5－10.

[137] 文成林,徐晓滨. 多源不确定信息融合理论及应用[M].北京:科学出版社,2012.

[138] 沈怀荣. 信息融合故障诊断技术[M].北京:科学出版社,2013.

[139] 腾召胜. 智能监测系统与数据融合[M]. 北京:机械工业出版社,2000.

[140] 杨万海. 多传感器数据融合及其应用[M]. 西安:西安电子科技大学出版社,2004.

[141] 刘同明,等. 数据融合技术及其应用[M]. 北京:国防工业出版社,1998.

[142] Sasiadek J Z. Sensor Fusion[J]. Annual Reviews in Control,2002(26):203-228.

[143] 李洪义,王岩,裴文成. 基于神经网络和案例推理的相控阵雷达识别技术[J]. 电子信息对抗技术,2012, 27(6):25-30.

[144] 钟珞,饶文碧,邹文明. 人工神经网络及融合技术[M]. 北京:科学出版社,2007.

[145] 李建洋,郑汉垣,刘慧婷. 基于多层前馈神经网络的案例推理系统[J]. 计算机工程,2006,32(7):188-190.

[146] 吴丽娟,张健宇,高立新. 基于神经网络和案例推理的智能诊断系统综述[J]. 机械设计与制造,2009 (3):261-263.

[147] 王江萍. 基于神经网络的信息融合故障诊断技术[J]. 机械科学与技术,2002,21(1):127-130.

[148] 王江萍. 基于多传感器融合信息的故障诊断[J]. 机械科学与技术,2000,19(6):950-952.

[149] Yang B S, Han T, Kim Y S. Integration of ART-Kohonen neural network and case-based reasoning for intelligent fault diagnosis[J]. Expert Systems with Applications, 2004,26(3):387-395.

[150] Jiangping Wang, Hongfei Wang. The Reliability & Self-Diagnosis of sensors in a Multisensor Data Fusion Diagnostic System[J]. Journal of Testing and Evaluation, 2003(9).

[151] Hongfei Wang, Jiangping Wang. Fault Diagnosis Theory:Method and Application based on Multisensor Data Fusion[J]. Journal of Testing and Evaluation, 2000(11).

[152] Jiangping Wang, Hongfei Wang. A Fault Diagnosis Approach and It's Application Based on Multi-sensor Data Fusion[J]. ACSIM2000, Published by Queensland University of Technology, Brisbane, Australia.

[153] Shafer G. Belief functions and parametric models [J]. Journal of the Royal Statistical Society, 1982, 44:322-352.

[154] Chinmay R Parikh, Michal J Pont, Barrie Jones. Application of Dempster-shafer theory in condition monitoring application:a case study [J]. Pattern Recognition Letters,2001(22):777-785.

[155] Otman Basi, Xiaohong Yuan. Engine fault diagnosis based on multi-sensor information fusion using Dempster-Shafer evidence theory[J]. Information Fusion,2007(8):379-386.

[156] Yang B S, Kim K J. Application of Dempster-Shafer theory in fault diagnosis of induction motor using vibration and current signals[J]. Mechanical Systems and Signal Processing,2006(20):403-420.

[157] 张金玉,张优云,谢友柏. 基于证据理论的综合诊断理论及其应用[J]. 机械科学与技术,2000,19(2): 183-186.

[158] Shafer G. Belief functions and parametric models[J]. Journal of the Royal Statistical Society,1982,44: 322-352.

[159] 王江萍,王潇. 基于信息融合理论的柴油机故障诊断技术[J]. 石油机械,2010,38(6):49-52.

[160] 王江萍,张宁生. 油气储层损害识别及诊断信息融合模型研究[J]. 石油学报,2006,27(6):107-111.

[161] 杨其明,严新平,贺石中. 油液监测分析现场实用技术[M]. 北京:机械工业出版社,2006.

[162] 杨俊杰,陆思聪,周亚斌. 油液监测技术[M]. 北京:石油工业出版社,2009.

[163] 李柱国. 油液分析诊断技术[M]. 上海:上海科学技术文献出版社,1997.

[164] 杨家诚. 简便易行的机器状态监测工具:磁塞[J]. 设备维修. 1985(6):43.

[165] 费逸伟,张冬梅,姜旭峰,等. 油液监测技术在航空发动机故障诊断中的应用[J]. 新技术新工艺,2004 (5):27-29.

[166] 张文明,吴玲娥. 柴油机润滑油的监测与故障诊断[J]. 冶金设备,1992(5):48-52.

[167] 刘沂松,郑惠强. 工程机械液压系统油污染监测方法探讨[J]. 通用机械,2004(8):38-39.

[168] 李常禧. 电力设备诊断技术概论[M]. 北京:水利电力出版社,1994.

[169] 张安华.机电设备状态监测与故障诊断技术[M].西安:西北工业大学出版社,1995.

[170] 赵林度.大型机电系统故障诊断技术[M].北京:中国石化出版社,2001.

[171] 张正松,等.旋转机械振动监测及故障诊断[M].北京:机械工业出版社,1991.

[172] 刘雄,等.转子监测和诊断系统[M].西安:西安交通大学出版社,1991.

[173] 张正松,等.旋转机械振动监测及故障诊断[M].北京:机械工业出版社,1991.

[174] 王全先.机械设备故障诊断技术[M].武汉:华中科技大学出版社,2013.

[175] 袁健.机械设备故障诊断技术[M].哈尔滨:哈尔滨工程大学出版社,2011.

[176] 杨国安.旋转机械故障诊断实用技术[M].北京:中国石化出版社,2012.

[177] 黄志坚,高立新,廖一凡.机械设备振动故障监测与诊断[M].北京:化学工业出版社,2010.

[178] 胡立新,陈长征.设备振动分析与故障诊断技术[M].北京:科学出版社,2007.

[179] 杨国安.往复机械故障诊断及管道减振实用技术[M].北京:中国石化出版社,2012.

[180] 朱子新,王峰,毛美娟.机械装备油液监控技术与应用[M].北京:国防工业出版社,2006.

[181] 王江萍,等.柴油机故障诊断技术的现状与展望[J].机械科学与技术,1997,16(5):878-882.

[182] 王江萍,王玮,赵晓宏.五柱塞泵机组振动试验测试与振动特性分析[J].石油矿场机械,2001,30(1):19-22.

[183] 王江萍,王玮,赵晓宏.柱塞泵机组故障诊断振动信号分析法[J].西安石油学院学报:自然科学版,2001,16(6):58-61.

[184] 杨建国,周轶尘.内燃机振动监测与故障诊断[M].大连:大连海运学院出版社,1994.

[185] 王江萍,等.柴油机运行状态监测信息获取试验研究[J].西安石油学院学报,1998,13(3):57-61.

[186] 杨国安.滚动轴承故障诊断实用技术[M].北京:中国石化出版社,2012.